办公软件高级应用
（Office 2010）

吴　卿　主编
陈天洲　主审

浙江大学出版社

图书在版编目（CIP）数据

办公软件高级应用：Office 2010 / 吴卿主编. —杭州：浙江大
学出版社，2012.11
ISBN 978-7-308-10086-1

Ⅰ.①办… Ⅱ.①吴… Ⅲ.①办公自动化－应用软件
－水平考试－自学参考资料 Ⅳ.①TP317.1

中国版本图书馆 CIP 数据核字（2012）第 130539 号

办公软件高级应用(Office 2010)

吴　卿　主编

陈天洲　主审

责任编辑	许佳颖　黄娟琴	
封面设计	续设计	
出版发行	浙江大学出版社	
	（杭州市天目山路 148 号　邮政编码 310007）	
	（网址：http://www.zjupress.com）	
排　版	杭州中大图文设计有限公司	
印　刷	浙江省良渚印刷厂	
开　本	787mm×1092mm　1/16	
印　张	24.25	
字　数	590 千	
版印次	2012 年 11 月第 1 版　2012 年 11 月第 1 次印刷	
书　号	ISBN 978-7-308-10086-1	
定　价	39.80 元（含光盘）	

前　言

　　日新月异的科学技术使计算机的应用得到了普及。如今,计算机的应用已经渗透到了各行各业,融入到了我们的工作、学习和生活中,特别是在办公领域中,运用计算机技术能实现办公自动化,成倍地提高了工作效率,能够方便地管理大量资料以及整理繁杂的文件,提升工作质量。在众多的办公软件中,微软公司的 Office 系列软件是办公自动化软件中的佼佼者,其强大的功能深受全世界广大用户的青睐。

　　随着"云计算"时代的到来,信息化理念不断提升,能够熟练运用办公软件,掌握办公软件高级应用技术的人才将是社会急需的人才。根据当前业界的需求以及办公软件的实际应用范围,本书针对 Office 2010 系列产品,深入浅出地讲解其高级应用知识和操作技能,向使用者展示 Office 2010 系列产品鲜为人知的一些操作技巧。给使用者提供更为快捷的,更为强大的文稿编辑、数据处理和安全应用的功能

　　全书共分为五个篇章:

　　第一篇 Word 高级应用。本篇主要介绍长文档的排版,以毕业设计论文为对象,包括了版面设计,样式设置、域的使用以及文档修订等。

　　第二篇 Excel 高级应用。本篇结合"淘宝销售网店"应用实例,主要介绍了 Excel 的常用函数,以及如何对数据进行有效管理、处理、分析和统计

　　第三篇 PowerPoint 高级应用。本篇以"毕业论文答辩"为应用实例,深入介绍了演示文稿制作过程以及应用技巧。

　　第四篇 Outlook 高级应用。本篇以"个人邮件与事务管理"为应用实例,介绍了联系人、邮件、日历、任务、便笺的管理和使用技巧。

　　第五篇 Office 安全与 VBA 宏应用。本篇首先从 Office 文档的安全性出发,介绍了保护文档的基本方法;其次概要介绍了 VBA 宏及其在 Office 文档中的实际应用。

　　本书的主要特点如下。

　　(1)适用范围广。本书不仅适用于高校各专业大学生,而且还适用于企、事业单位的办公人士、政府公务员等社会各界人士。

　　(2)通俗易懂。本书语言平实,讲解详细。对于每个知识点都进行了详细的讲解,并辅以各种与我们工作、学习紧密联系的应用实例,以帮助读者加深理解。

　　(3)实用性强。本书所涉及的知识和内容,不仅在实际应用中得到了广泛使用,而且是有助于提高实际办公效率和质量的高级应用方法。

　　本书由杭州电子科技大学吴卿博士任主编,胡志凌副主编;参加编写的人员还有浙江理工大学庄红、浙江工商大学金海卫、浙江工业大学潘健、浙江大学城市学院张琦、杭州电

子科技大学郭艳华、叶睿等。杭州电子科技大学胡维华教授、浙江大学和颜晖教授、浙江工业大学胡同森教授、浙江师范大学瞿有甜教授、浙江万里学院张文祥教授等对本书的编写提出了不少宝贵的意见。在此一并向他们表示衷心的感谢。

本书编写的具体分工如下：第1、2章由张琦负责编写，第3章由庄红负责编写，第4章由胡志凌负责编写，第5章由潘建负责编写，第6章由金海卫负责编写，第7章由郭艳华负责编写，第8、9章由吴卿负责编写。全书由吴卿统稿。

本书主要为大学教学编写，也可作为办公软件培训机构的相关教材，对于在企事业单位从事文秘工作和信息处理的人员也有较好的参考价值。

由于办公软件高级应用技术范围广、发展快，本书在内容取舍与阐述上难免存在不足，甚至谬误，敬请广大读者批评指正。作者邮箱：wuqing@hdu.edu.cn。

如需课件等相关教学资料，请联系浙江大学出版社，邮箱 jiaying_xu@zju.edu.cn。

作者　2012.08
于杭州下沙高教园

目　　录

第一篇　Word 高级应用

第 1 章　版面设计 ··· 3

1.1　应用实例 ··· 3

1.2　开始文件 ··· 5

 1.2.1　"开始"选项卡中的用户界面 ·························· 5

 1.2.2　文件选项卡与 Backstage 视图 ······················ 8

1.3　页面布局 ··· 9

 1.3.1　纸张选取 ··· 9

 1.3.2　版心设置 ··· 10

 1.3.3　页面背景 ··· 12

 1.3.4　文档网格 ··· 12

1.4　视图方式 ··· 14

 1.4.1　导航窗格与页面视图 ····························· 14

 1.4.2　草稿视图 ··· 16

 1.4.3　大纲视图与主控文档视图 ························· 16

 1.4.4　Web 版式视图与阅读版式视图 ··················· 19

1.5　分隔设置 ··· 19

 1.5.1　换行与分页 ······································ 19

 1.5.2　分　节 ··· 21

 1.5.3　分　栏 ··· 24

1.6　页眉、页脚和页码 ·· 26

 1.6.1　页眉和页脚 ······································ 26

 1.6.2　页　码 ··· 30

1.7　习　题 ··· 31

第 2 章　内容编排 ··· 33

2.1　应用实例 ··· 33

2.2　图文混排 ··· 35

2.2.1　插入插图 ····················· 35
2.2.2　编辑插图 ····················· 38
2.3　表格应用 ························· 40
2.3.1　创建表格 ····················· 40
2.3.2　编辑表格 ····················· 41
2.4　样　式 ·························· 44
2.4.1　图片图形与表格样式 ················ 45
2.4.2　文字与段落样式 ·················· 45
2.4.3　样式的创建与应用 ················· 47
2.4.4　样式管理 ····················· 53
2.5　文档注释与交叉引用 ·················· 55
2.5.1　脚注与尾注 ···················· 56
2.5.2　题　注 ······················ 57
2.5.3　引文和书目 ···················· 61
2.5.4　交叉引用 ····················· 63
2.6　目录和索引 ······················ 66
2.6.1　目　录 ······················ 66
2.6.2　索　引 ······················ 71
2.6.3　引文目录 ····················· 74
2.6.4　书　签 ······················ 75
2.7　模　板 ·························· 77
2.7.1　模板类型 ····················· 77
2.7.2　构建基块、库、集和模板 ·············· 78
2.7.3　使用模板新建文档 ················· 82
2.7.4　模板与加载项 ··················· 84
2.8　习　题 ·························· 86

第3章　域与修订 ························ 88
3.1　应用实例 ························ 88
3.1.1　活动通知 ····················· 88
3.1.2　论文修订 ····················· 88
3.2　域的概念 ························ 90
3.2.1　什么是域 ····················· 90
3.2.2　域的构成 ····················· 91
3.2.3　域的分类 ····················· 92
3.3　域的操作 ························ 95
3.3.1　插入域 ······················ 95
3.3.2　编辑域 ······················ 96
3.3.3　更新域 ······················ 98

3.3.4 域的快捷键操作 ·· 99

3.4 常用域与应用 ·· 99

3.5 批注与修订的设置 ·· 108

3.6 批 注 ··· 109

3.7 修 订 ··· 111

3.8 习 题 ··· 113

第二篇 Excel 高级应用

第 4 章 函数与公式 ··· 117

4.1 Excel 实例介绍 ·· 117

4.1.1 Excel 表的建立 ·· 117

4.1.2 Excel 中数据的管理与分析 ······························ 118

4.2 Excel 中数据的输入 ·· 119

4.2.1 自定义下拉列表输入 ······································ 119

4.2.2 自定义序列与填充柄 ······································ 120

4.2.3 条件格式 ·· 121

4.2.4 数据输入技巧 ·· 124

4.2.5 数据的舍入方法 ·· 126

4.3 Excel 中函数与公式 ·· 128

4.3.1 公式的概述 ·· 128

4.3.2 单元格的引用 ·· 129

4.3.3 创建名称及其使用 ·· 133

4.3.4 SUM 函数的应用 ·· 133

4.3.5 AVERAGE 函数的应用 ··································· 135

4.3.6 IF 函数的应用 ··· 136

4.4 Excel 中数组的使用 ·· 138

4.4.1 数组的概述 ·· 138

4.4.2 使用数组常数 ·· 139

4.4.3 编辑数组 ·· 140

4.4.4 数组公式的应用 ·· 140

4.5 Excel 的函数介绍 ·· 142

4.5.1 财务函数 ·· 142

4.5.2 文本函数 ·· 149

4.5.3 日期与时间函数 ·· 151

4.5.4 查找与引用函数 ·· 154

4.5.5 数据库函数 ·· 155

4.5.6 统计函数 ·· 160

4.5.7 其他类型的函数 ·· 163

4.6 习 题 ………………………………………………………… 165

第5章 数据管理与分析 …………………………………………… 167

5.1 Excel 表格和记录单 ……………………………………… 167
    5.1.1 使用 Excel 表格 …………………………………… 167
    5.1.2 使用记录单 ………………………………………… 169
5.2 数据排序 …………………………………………………… 171
    5.2.1 普通排序 …………………………………………… 171
    5.2.2 排序规则 …………………………………………… 174
5.3 数据筛选 …………………………………………………… 174
    5.3.1 自动筛选 …………………………………………… 175
    5.3.2 高级筛选 …………………………………………… 177
5.4 分类汇总 …………………………………………………… 180
    5.4.1 分类汇总概述 ……………………………………… 180
    5.4.2 创建分类汇总 ……………………………………… 180
    5.4.3 删除分类汇总 ……………………………………… 184
5.5 使用数据透视表 …………………………………………… 184
    5.5.1 数据透视表概述 …………………………………… 184
    5.5.2 创建数据透视表 …………………………………… 185
    5.5.3 修改数据透视表 …………………………………… 189
    5.5.4 使用迷你图 ………………………………………… 192
    5.5.5 使用切片器 ………………………………………… 194
    5.5.6 制作数据透视图 …………………………………… 196
5.6 外部数据导入与导出 ……………………………………… 198
    5.6.1 导入 Web 数据 …………………………………… 198
    5.6.2 文本文件的导入与导出 …………………………… 199
    5.6.3 外部数据库的导入 ………………………………… 202
5.7 习 题 ………………………………………………………… 203

第三篇　PowerPoint 高级应用

第6章 演示文稿高级应用 …………………………………………… 207

6.1 演示文稿的制作 …………………………………………… 207
    6.1.1 演示文稿制作步骤 ………………………………… 207
    6.1.2 开始制作演示文稿 ………………………………… 209
6.2 素材1——图片 …………………………………………… 212
    6.2.1 编辑图片 …………………………………………… 212
    6.2.2 设置图片格式 ……………………………………… 213
    6.2.3 设置图片外观 ……………………………………… 218

6.2.4　公式使用 ……………………………………………… 220

6.2.5　SmartArt 使用 ………………………………………… 220

6.3　素材 2——图表、表格 ………………………………………… 223

6.3.1　插入图表 ……………………………………………… 223

6.3.2　编辑图表 ……………………………………………… 224

6.4　素材 3——多媒体 ……………………………………………… 226

6.4.1　声音管理 ……………………………………………… 226

6.4.2　视频管理 ……………………………………………… 228

6.5　布局和美化 ……………………………………………………… 231

6.5.1　母版和模板设计 ……………………………………… 231

6.5.2　版式设计 ……………………………………………… 232

6.5.3　主题设计 ……………………………………………… 233

6.5.4　背景设置 ……………………………………………… 235

6.6　动画设置 ………………………………………………………… 236

6.6.1　设置切换效果 ………………………………………… 236

6.6.2　自定义动画 …………………………………………… 237

6.6.3　动作按钮和超级链接 ………………………………… 241

6.6.4　触发器使用 …………………………………………… 243

6.7　演示文稿放映及输出 …………………………………………… 244

6.7.1　放映设置 ……………………………………………… 244

6.7.2　自定义放映 …………………………………………… 244

6.7.3　排练计时 ……………………………………………… 245

6.7.4　笔的使用 ……………………………………………… 246

6.7.5　录制幻灯片演示 ……………………………………… 246

6.7.6　演示文稿打包与解包 ………………………………… 247

6.8　习　题 …………………………………………………………… 248

第四篇　Outlook 高级应用

第 7 章　邮件与事务日程管理软件 …………………………………… 253

7.1　应用示例 ………………………………………………………… 254

7.1.1　邮件账户管理 ………………………………………… 255

7.1.2　联系人管理 …………………………………………… 258

7.1.3　日历管理 ……………………………………………… 259

7.1.4　任务管理 ……………………………………………… 260

7.2　界面环境与基本配置 …………………………………………… 261

7.2.1　界面环境 ……………………………………………… 261

7.2.2　添加配置邮件账号 …………………………………… 261

7.2.3　Outlook 数据文件 …………………………………… 265

7.3 联系人 …………………………………………………………………… 269

7.3.1 新建联系人 …………………………………………………… 269

7.3.2 由收到的邮件创建联系人 …………………………………… 270

7.3.3 由收到的电子名片添加联系人 ……………………………… 271

7.3.4 建议联系人 …………………………………………………… 271

7.4 邮件 ……………………………………………………………………… 272

7.4.1 选择账户创建新邮件 ………………………………………… 272

7.4.2 邮件正文与附件 ……………………………………………… 272

7.4.3 向电子邮件添加跟踪 ………………………………………… 276

7.4.4 用会议要求答复电子邮件 …………………………………… 281

7.4.5 快速步骤 ……………………………………………………… 284

7.4.6 管理邮件 ……………………………………………………… 286

7.5 日历 ……………………………………………………………………… 292

7.5.1 个人约会日程 ………………………………………………… 292

7.5.2 与他人关联的会议 …………………………………………… 294

7.5.3 创建附加日历 ………………………………………………… 295

7.5.4 管理日历 ……………………………………………………… 296

7.6 任务 ……………………………………………………………………… 299

7.6.1 建立任务 ……………………………………………………… 300

7.6.2 管理任务 ……………………………………………………… 302

7.6.3 自定义外观 …………………………………………………… 303

7.7 其他 ……………………………………………………………………… 306

7.7.1 Backstage 后台视图 ………………………………………… 307

7.7.2 宏 ……………………………………………………………… 308

7.7.3 邮件合并 ……………………………………………………… 316

7.7.4 安全保密 ……………………………………………………… 317

7.8 习题 ……………………………………………………………………… 318

第五篇　Office 2010 文档安全和宏

第8章　Office 2010 文档的安全和保护 …………………………………… 323

8.1 文档的安全设置 ………………………………………………………… 323

8.1.1 安全权限设定 ………………………………………………… 323

8.1.2 文件安全性设置 ……………………………………………… 327

8.2 Office 2010 文档的保护 ……………………………………………… 332

8.2.1 文档保护 ……………………………………………………… 332

8.2.2 Word 文档窗体保护 ………………………………………… 343

8.3 习题 ……………………………………………………………………… 347

第 9 章　Office 2010 中的 VBA 宏及其应用 ············ 348

9.1　宏的概念和 VBA 基础 ············ 348
9.1.1　宏的概念 ············ 348
9.1.2　VBA 基础 ············ 349

9.2　VBA 宏的简单应用 ············ 351
9.2.1　设置 Word 文本格式宏 ············ 352
9.2.2　Word 批量设置图片格式并添加题注 ············ 357
9.2.3　制作语音朗读的宏 ············ 359
9.2.4　Excel 日期格式转换的宏 ············ 359
9.2.5　Excel 对行的排序 ············ 363

9.3　宏安全性 ············ 367
9.3.1　宏安全性设置 ············ 367
9.3.2　宏病毒 ············ 368

9.4　习　题 ············ 369

附录　办公软件高级应用技术考试大纲(2012) ············ 370

参考文献 ············ 375

第 一 篇

Word 高级应用

在众多的文字处理软件中，Word 之所以受到大多数人的青睐，是因为它是目前功能最强大、操作最简便的文字编辑工具。使用 Word 能够输入和编辑文字，制作各种表格，处理各种图片，创建联机文档，制作 Web 网页和打印各式文档等，同时，它操作简便，初学者易学易懂。

然而，熟悉了 Word 的文字输入和简单的格式化编辑功能，仅仅是对于 Word 功能的初级入门。可能经常听到这样一种说法，80% 的 Word 用户只使用了 Word 全部功能的 20% 左右。尤其是随着 Word 2010 的广泛使用，高级 Word 功能得以进一步提升，再不加紧学习，将会离 Word 高级应用越来越遥远。

Word 高级应用，是读者对于 Word 软件更高层次的探索，应当尝试用一种新的思想、新的视角、新的方法来研究和学习 Word。在 Word 高级应用的过程中应尝试以下几点。

- 转换观念，带着专业精神和艺术感去设计一个长文档。

Word 不仅是一个文字编辑软件，更是一款优秀的排版软件，它将页面设置、视图方式、样式设置多角度融合，使得所排文档规范、美观而且专业。在长文档的撰写编辑过程中，应当放弃原有只是输入文字、调整格式的习惯，尝试对版面做规划和设计，也不要吝惜对于页眉、页脚等页面元素的使用。高级应用是一种追求和态度，在细节中彰显专业设计精神。

- 转换观念，去寻找最适合自己的创作平台。

是否认为 Word 只是一个文字编辑工具？是否寻求过 Word 对于文档的编写或者修订有何促进？Word 不仅是一个编辑平台，更是一个创作平台、一个修订平台。在标题导航和页面视图共同构成的视窗中，清晰的文档结构和所见即所得的视图方式，能够让执笔者文如泉涌。在大纲视图中提供的主控文档和子文档功能，可将长文档分解为多个部分，零散却不失控制，是长文档编写的重要方式。Word 提供的修订功能、并排比较功能让文档的修改清晰明了。

- 转换观念，用研究的心态去使用 Word。

应当用研究的心态、快乐的心情去操作 Word。在 Word 应用中有很多小技巧，例如多应用预置快捷键、给样式自定义快捷键等。用短暂的研究时间，换来加倍的效率提升。

- 尝试用节来组成文档。

曾经，是页面组成了文档，但现在，请关注文档整体，而不是单独的页面。页面不过是打印的一种显示方式，页面视图也不过是查看文档的一种视图。在 Word 页面中，只能看到行和列构筑的文档网格；但是在 Word 文档中，节和栏，重新将文档分隔成了纵横交错的大网格。在同一文档不同的节中，可以设置不同的页眉页脚、页码，采用不同的页面设置，这才是让 Word 版面设计生动起来的根源所在。

- 尝试用样式驾驭格式。

对于一篇长文档，琐碎的格式调整犹如一个梦魇。用一个命名的样式去驾驭全文的格式，才是 Word 高级应用的体现。样式关系各类目录的自动生成、关系着多重编号的自动生成，也关系到文档标题导航的自动生成，是 Word 排版和自动化设置的基础。

- 尝试追求自动化的 Word 享受。

Word 内置各类自动功能命令，通过对域与宏的支持，有效实现了编辑排版的自动化流程，自动编码、自动生成目录、自动生成索引、自动邮件合并……全面的自动化设置使操作更为便捷、高效。

本篇以大学生毕业论文撰写为主要应用环境，引导读者在 Word 初级功能的基础上，逐步学习使用高级排版功能。毕业设计论文是一个典型的 Word 应用场景，因为毕业论文篇幅较长，对于版面设计和样式设置有明确要求和严格限定。

本篇分三个章节介绍 Word 2010 的高级应用。

第 1 章，版面设计。版面设计章节以节为基础，分析了分节文档中页面设置、视图方式、页眉页脚、以及页码的设置技巧。

第 2 章，内容编排。内容编排章节以统一化管理的思路，围绕样式的应用，研究了文档中图片图形、表格、文档注释、目录等与模板、构建基块间的相互关系。

第 3 章，域与修订。域与修订章节以域为对象，介绍了常用域的操作以及文档修订的相关内容。

第 1 章

版面设计

要使一篇文档美观、规范,仅仅进行简单的文字段落格式化操作是不够的,必须对文档进行整体版面设计。一般而言,文字段落格式化操作是指对文档中文字、段落本身的处理,包括文字的字体、大小、颜色、字距、特殊效果等以及段落的间距、缩进、排列等;整体排版,也就是本章提到的版面设计,则是从文档整体出发,通过编排达到整体效果。完成一篇文档高质量的排版,应当首先根据文档的性质和用途进行版面设计。

一个文档的页面中包含了许多页面元素,包括纸张、页边距、版式、文档网格、页眉和页脚、页码、文字、图片、标注、书签、目录、索引等。版式设计并不关注版心内文字和图片的细节,而是结合文档内容,着眼于完成文档版面的宏观布局分布,确定版心的位置,对于版心外元素页眉、页脚和页码等的整体设置。

本章版面设计重点关注如下内容。

• 页面布局:文档整体的页面设置,包括选择纸张、设置页边距、纸张方向、页眉页脚区域、行列数等,规划版心的位置。

• 文档大纲:根据文档实际内容确定文档的结构,并设置大纲级别或标题样式用以显示标题导航图或大纲视图。文档大纲明晰了文档的结构,有助于文档的撰写和修订,也是文档分节的依据。

• 文档分节:根据文档内容的框架,确定文档的分节情况。根据节设置不同页眉、页脚和页码。根据节设置分栏。根据节调整页面设置。

相对 Word 初级应用而言,节的引入是 Word 高级应用中最为重要的环节,也是多样化版面设计的基础。

1.1 应用实例

本章以一篇毕业论文的撰写过程为例介绍 Word 2010 的高级应用。毕业论文的撰写前,毕业论文导师首先会告知学生毕业论文的主要内容,包括封面、目录、图目录、表目录、绪论、各章节、结论、参考文献以及致谢等组成部分。鉴于毕业论文对于文档一致性和规范性的严格规定,导师随后还会下发一纸格式规范,给出包括字体、段落、间距、纸张、页眉页脚、页码等的明确要求。

因此,毕业论文的版面设置必须从文档实际要求出发,根据论文特点,将论文分为多节,通过节格式的设定,给版面设计注入鲜活的生命力。表 1-1 为毕业论文版面设计的关注点。在图 1-1 中,可以更清晰地查看版面设计的基本元素。

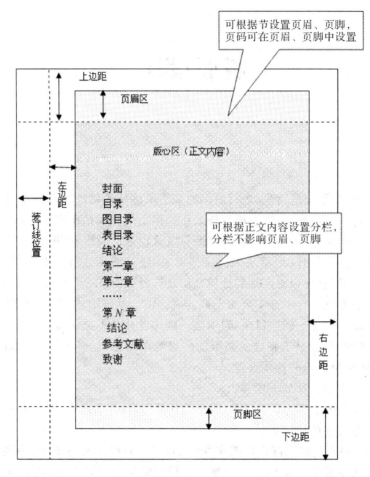

图 1-1　毕业论文版面设计的基本元素

表 1-1　毕业论文版面设计的关注点

关注点	主要设置方法	说　明
页　面	页面布局→页面设置	选取纸张、设定纸张方向、设置版心和页眉页脚区域、选择页面背景、设置文档网格等。
视　图	视图→显示→导航窗格 视图→文档视图→大纲视图	选择合适的视图方式,能够使论文结构清晰,撰写思路畅通。建议采用标题导航和页面视图方式,或者主控文档视图方式撰写毕业论文。
节	页面布局→页面设置→分隔符→分节符	插入分节符是按节设置节格式的前提。 将毕业论文的每个组成部分单独分节。 通过分节能够在同一文档不同节中设置不同的页面、页眉页脚、页码、纸张方向等节格式。

续表

关注点	主要设置方法	说　明
栏	页面布局→页面设置→ 分栏页面布局→页面设置→ 分隔符→分栏符	根据文档实际内容需要,可设置分栏,分栏页面自动分节。 若希望将栏内的文字切换到另一栏,可插入分栏符。
页眉和页脚	插入→页眉和页脚→ 页眉和页脚	按节设置页眉和页脚。 按节设置页码,将页码插入到页脚中。
页　码	插入→页眉和页脚→页码	

☞小技巧:自动生成表 1-1 中的→符号

在英文输入法状态下,输入两个等号和一个右向尖括号"＝＝＞"可自动生成→。可以单击文件→选项,在"Word 选项"对话框的"校对"栏中单击"自动更正选项",可查看更多的 Word 自动替换符号,或者自行设置替换方案。比如连续输入三条短横"———"后回车可自动生成一条横线—,输入":)"可自动生成一个笑脸☺。如果不希望 Word 自动更正输入,可以按"Backspace"键,或者在自动更正选项卡中的列表框中删除自动更正设置。

1.2　开始文件

1.2.1　"开始"选项卡中的用户界面

成功启动 Word 2010 后,屏幕上默认出现"开始"选项卡中的界面,如图 1-2 所示。Word 2010 的用户界面相对 Word 2003 而言,确实发生了巨大的变化。

全新的、注重实效的用户界面条理分明、井然有序。Word 2010 摒弃了以往通过菜单栏下拉的方式,主要功能在功能区中集中体现;Word 2010 也无需用户自己选择工具栏,主要的工具以选项卡功能组的形式出现,其余的工具在用户需要时自动出现,操作更智能化;Word 2010 为多个格式选项提供了实时预览功能,用户在操作时将根据鼠标移动显示操作结果,更为直观、便于操作。

此外,Word 2010 还设置了快速访问工具栏,允许用户进行个性化设置;设置了微型工具栏,让用户几乎不移动鼠标就可以进行格式操作。以下对 Word 2010 在"开始"选项卡中设置的部分新功能进行简要介绍。

1. 功能区

Word 2010 中的功能区旨在帮助用户快速找到完成某一任务所需的命令。为了便于浏览,功能区包含多个围绕特定方案或对象进行处理的选项卡。每个选项卡里的空间进一步分成多个组。功能区比菜单和工具栏承载了更为丰富的内容,每个组又包括按钮、图片库和对话框等内容。部分组的右下角设有对话框启动器,单击后可显示包括完整功能的对话框或任务窗格。

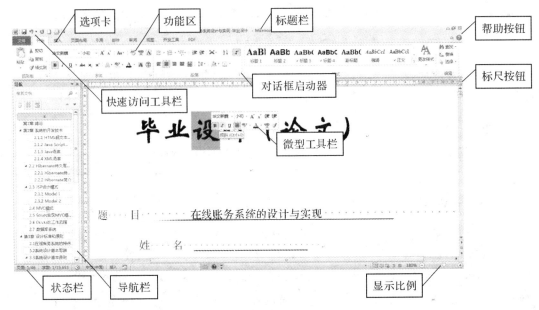

图 1-2 "开始"选项卡用户界面

图 1-3 中的选项卡是面向任务设计的，每个选项卡都与某类型功能相关。标准选项卡可以包括以下 9 种：开始、插入、页面布局、引用、邮件、审阅、视图、开发工具、加载项等，但实际显示的选项卡数量却随着设计任务的不同，可能有很大的不同。例如"开发工具"选项卡，一般默认不显示，可以在"文件"选项卡的"选项"工具对话框中勾选复选框后显示。

图 1-3 功能区

有一类选项卡称为上下文选项卡，它们只在需要执行相关处理任务时才会出现在选项卡界面中。上下文选项卡提供用于处理所选项目的控件。例如，仅当选中图片后，图片工具会以高亮形式显示在格式项上面，如图 1-4 所示。上下文选项卡类型非常多，例如表格工具、绘图工具、图表工具等，但都需选中对象才会出现。

图 1-4 上下文选项卡——图片工具选项卡

在选项卡操作时的实用技巧。

（1）双击当前选中的选项卡可以隐藏该选项卡，双击任意选项卡可取消隐藏。

（2）按"Alt"键将显示当前上下文中的快捷键，如图 1-5 所示。在当前界面再按"Alt"＋

"1"保存、"Alt"＋"F"切换到"文件"选项卡。

图 1-5 按"Alt"显示快捷键

2. 快速访问工具栏

用户界面左上角的快速访问工具栏是一个可自定义的工具栏,它包含一组独立于当前所显示的选项卡的命令,并提供对常用工具的快速访问。一般该工具栏默认包括保存、撤销键入、重复键入等命令按钮。若需要向快速访问工具栏中添加按钮,可单击工具栏右侧的按钮,显示如图 1-6 所示的下拉列表。例如,若需添加"新建"按钮,只需在列表中勾选"新建",新建文件的按钮会自动出现在快速访问工具栏中。

若列表所列内容无法满足需要,可直接在功能区上,单击相应的选项卡或组以显示要添加到快速访问工具栏的命令。右击该命令,在快捷菜单上选择"添加到快速访问工具栏",如图 1-7 所示。在打开的列表中,还可选择"在功能区下方显示"或"在功能区上方显示"项移动快速访问工具栏位置。

图 1-6 自定义快速访问工具栏

图 1-7 添加到快速访问工具栏

3. 微型工具栏

Word 早期版本有一个问题:格式工具栏距离所编辑的文本很远,用户每次想要对文本进行格式设置时鼠标都不得不移动很长的距离。在 Word 2010 中,若需要对文本进行格式操作时,会自动出现一个弹出式微型工具栏,包括一些最常用的格式化命令,包括选择字体、大小、颜色和突出显示等,如图 1-8 所示。

图 1-8 微型工具栏

显示工具栏有以下两种方法:①先选择文本,然后将鼠标悬浮在选择的区域,微型工具栏就会像一个"幽灵"一样浮现。②先选择文本,然后单击右键。微型工具栏会出现在右键快捷菜单的上方。

1.2.2　文件选项卡与 Backstage 视图

Word 2010 中的另一项新设计是使用"文件"选项卡(如图 1-9 所示)取代了 Word 2007 中的"Office 按钮"以及早期版本中的"文件"选项卡。单击"文件"选项卡后,可以看到 Microsoft Office Backstage 视图。如果说功能区中包含用于在文档中工作的命令集,Backstage 视图则是用于对文档执行操作的命令集。在 Backstage 视图中可以执行"新建"、"打开"、"保存"、"信息"和"打印"等操作。简而言之,可通过该视图对文件执行所有无法在文件内部完成的操作。

若要从 Backstage 视图快速返回到文档,可单击"开始"选项卡,或者单击屏幕右侧的预览图,或者按键盘上的"Esc"键。

以下简要介绍 Word 2010 通过"文件"选项卡设置的部分新功能。

图 1-9　"文件"选项卡

1. 支持 PDF 格式

Word 2010 文档可直接另存为 PDF 格式,不再需要通过 Adobe Acrobat 等软件转换;也可单击"保存与发送",选择"创建 PDF/XPS 文档"。

2. 使用新文件格式

在 Word 2010 中保存文档时,文档将被默认保存为.docx 格式。这个格式的最大特点是基于 XML,这也可能是为何在早期的.doc 格式后添加 x 的原因。由于技术变革,该格式无法使用 Word 2003 及以下版本打开,需安装格式兼容包。若希望保存为低版本 Word 可兼容的文档格式,需在保存时选择另存为"Word 97－2003 文档"。

在 Word 2010 中,可以直接打开 Word 97－2003 版本的文档(.doc)和 Word 2007 (.docx)文档,但它们是以兼容模式打开的,有些功能会被禁用,如图 1-10 所示。

图 1-10　兼容模式字样会显示在状态栏

3. 可作为邮件附件/正文发送

Word 2010 可将文档作为邮件附件发送。若已经设置了 Outlook 2010 作为邮件发送客户端,单击"文件"选项卡中的"保存并发送"按钮,选择"作为附件发送",将直接出现如图 1-11 所示的邮件发送界面。也可选择将文档的 PDF 副本、XPS 副本作为邮件附件发送。

也可以将文件作为邮件正文发送。为此,只需先将"发送至邮件收件人" 命令添加到快速访问工具栏。添加方法:直接在快速访问工具栏中选择"其他命令"或者在"文件"选项卡左侧

图 1-11　作为邮件附件发送

选择"选项",则可查看如图 1-12 所示的对话框。

图 1-12　作为邮件正文发送

1.3　页面布局

熟悉 Word 2010 的用户界面和基本操作方法后,我们将进入 Word 2010 版面设计的第一个步骤——页面布局。

页面布局是版面设计的重要组成部分,它反映的是文档中的基本格式设置。在 Word 2010 中,"页面布局"选项卡包括"页面设置"、"页面背景"等多个功能"组"。"组"中列出了页边距、纸张方向、纸张大小、页面颜色、边框等功能。

虽名为"页面"布局,但其作用对象却不局限于页面,可以是文档、节和段落文字。在一个没有分节的文档中,页面布局可选择作用于整篇文档或者是插入点之后。但在分节后的文档中,页面布局可以选择只应用于当前节。在 Word 排版中,页面只是一种与打印纸匹配的显示方式,而页面设置的最小有效单位,是"节"。

1.3.1　纸张选取

Word 新建文档默认使用 A4 幅面的纸张,纸张方向为纵向。A4 纸张是日常使用中最普遍的纸张大小,一般毕业论文的纸张选取虽然各所学校有所不同,但大多要求为标准 A4 幅面或 16 开幅面。

1."纸张选取"的常规设置

在"页面设置"组中单击"纸张方向"和"纸张大小"可直接进行设置。若文档未分节,该操作应用于整篇文档,而若文档已分节,该操作默认应用于光标所在节。

(1)纸张方向:可将文档设为横向或者纵向。

(2)纸张大小:可按照 A 系列、B 系列、K 系列、信封、明信片等设置纸张大小。

2."纸张大小"高级设置

单击"纸张大小"下拉列表中的"其他页面大小",或者"页面设置"组右下角的页面设置

启动器 ![] 图标,可以打开"页面设置"对话框的"纸张"选项卡,对纸张进行高级设置。

3. 应用于"本节"

应用于"本节",这是经常被人疏忽的一个功能,但在实际应用中却非常实用。"节"是贯穿 Word 高级应用的重要概念,通常用分节符表示。在插入分节符将文档分节后,选择将页面设置的操作应用于本节,则可在指定的节内改变格式。在"页面设置"对话框的各个选项卡,包括纸张、页边距、版式和文档网格设置中,都可以将操作应用于本节。

若在文档中选中某些文字再进行页面设置,则"应用于"下拉菜单中会变为"所选文字"、"所选节"、"整篇文档",选择"所选文字"可为文字设置不同的页面参数。

4. 纸张规格

经常使用的纸张大小为 A4 和 16 开(A4 规格为 21cm×29.7cm,16 开为 18.4cm×26cm),这些名称是根据纸张的幅面命名的。一般我国的纸张生产企业会按照纸张幅面的基本面积,把常用于复印打印的纸张幅面规格分为 A 系列、B 系列等。其中最为常用的 A 系列幅面规格为:A0 的幅面尺寸为 84.1cm×118.9cm,幅面面积为 1 平方米。若将 A0 纸张沿长边对开成两等分,便成为 A1 规格,将 A1 纸张沿长边对开,便成为 A2 规格,如此对开至 A8 规格;B0 纸张亦按此法对开至 B8 规格。不难发现,一张 An 纸的面积恰好是 A0 纸面积的 $1/2n$。

"开"型纸的命名略有不同,它是把一张大的 1 开纸分为两张为 2 开,把 2 开的纸分为一半为 4 开,由此直至 32 开,因而两张 32 开纸等于一张 16 开纸的大小。

鉴于纸张的幅面国内外有许多不同标准和规格,细心者一定早已发现,Word 在纸张设置中有多种规格的纸型选择,比如 B5(JIS)是指 Japan Industry Standards,该标准与国内常用的 B 系列纸有所不同。再如 32 开和大 32 开也是不同的,我国的"开"型纸张分为正度和大度,32 开属于正度,大 32 开属于大度。正度是我国标准,而大度属于国际标准。在使用时需按照实际纸张情况设置纸张大小。

1.3.2 版心设置

版心一般是指页面中去除上下左右留白的正文内容所在区域,更为直观地说,版心就是页面视图中表示页面的四个直角中间的区域。版心设置是指根据纸张选取情况,调整页边距和装订线距离,设置正文撰写的页面中心留白区域。

1. 版心的常规设置

页边距是指文档中的文本与纸张边线之间的距离。在新建的空白文档中,Word 2010 默认左右页边距为 3.18cm,上下页边距为 2.54cm。版心设置可直接单击"页面设置"组中的"页边距"按钮进行设置。Word 可保留上次的自定义设置供单击,也提供了普通、窄、适中、宽、镜像等五种页边距供选择。如图 1-13 所示,前三种页边距设置都是设置页面上下左右的边距,只有"镜像"方法设置的是上下里外的边距,里宽外窄,主要用于双面打印的文档,可直接装订。同样,若文档未分节,该操作应用于整篇文档,而若文档已分节,该操作默认应用于光标所在节。

2. 版心的高级设置

单击"页边距"下拉菜单底部的"自定义边距"或"页面设置"组右下角的页面设置启动

器图标,可打开"页面设置"对话框的"页边距"选项卡,对页边距、方向、页码范围等进行设置。

• 可自定义页边距大小和装订线位置。在 Word 2010 中装订的位置可以在页面的上部。

• 页码范围给出了文档多页时的选项:普通、对称页边距、拼页、书籍折页、反向书籍折页。下文将详细介绍。

3. 使用标尺设置页边距

有时候为了更大的装订空间,需要增大左右页边距以缩短行的长度;对于页面很长的文档,则可以缩小页边距,从而减少其页数。有时恰好一个页面多出几个文字,通过更改页面可以将文字缩成一页,并不影响页面美观。

使用"页面设置"对话框的"页边距"选项卡,可以精确地设置页边距,见图 1-14。还有一种便捷的设置页边距的方法,就是通过在水平标尺或垂直标尺上拖动页边距线来设置页边距。使用步骤如下:

步骤 1:切换到页面视图,确认文档中是否有标尺。

如果没有标尺,可单击滚动条顶部的 [图标] 按钮显示标尺,或在"视图"选项卡的"显示"组中勾选标尺。

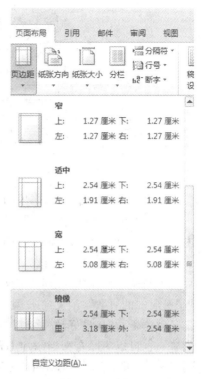

图 1-13　页边距

步骤 2:将插入点放置在需要改变页边距的节或文档中。

步骤 3:将鼠标指针移至水平标尺或垂直标尺的页边距线上。

步骤 4:当鼠标指针变成双向箭头时,左键拖动水平标尺或垂直标尺上的页边距线。此时屏幕会显示一条点划线,表示当前页边距的位置。如想显示文本区域的尺寸和页

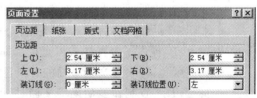

图 1-14　"页边距"选项卡

边距大小,可按住"Alt"键拖动页边距。拖至适当位置后,释放鼠标左键即可。

注意:若文档中含有表格,在调整页边距后,可能也需要调整表格栏的宽度,以配合新设定的页边距。

4. 多页设置

在"页码范围"的"多页"中,Word 2010 为排版中不同情况提供了普通、对称页边距、拼页、书籍折页、反向书籍折页等五种多页面设置方式,便于书籍、杂志、试卷、折页的排版。

• 书籍杂志页面设置:选取"对称页边距",则左、右页边距标记会修改为"内侧""外侧"边距,同时"预览"框中会显示双页,且设定第 1 页从右页开始。从预览图中可以看出左右两页都是内侧比较宽。如图 1-15 所示。

• 试卷页面设置:选取"拼页",在"预览"框可观察到单页被分成两页。

【例 1-1】　打印试卷时,如何将两张 A4 纸的内容打印到一张 A3 纸上?

可以按照如下步骤设置(打印机必须支持 A3 打印,否则无法设置)。

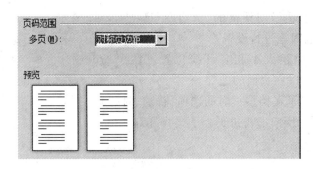

图 1-15　对称页边距

步骤 1：将"页面设置"中里的"纸型"设成 A3，并设成"横向"。

步骤 2：选中"页边距选项卡"中的"拼页"。此时，虽然打印预览中仍然显示两张 A4 的内容，实际打印时将按照 A3 打印。

同样，用两张 A5 页面在 A4 纸上拼页也可采用这种方法。

• 书籍折页设置：选取"书籍折页"或"反向书籍折页"，将以折页的形式打印，并可以设置"每册中的页数"。"反向书籍折页"创建的是文字方向从右向左的折页。

创建折页时，最好从一个新的空白文档开始，以便更好地控制文本、图形和其他元素的位置。也可以为原有文档添加书籍折页，但是添加书籍折页后，就需要重新安排一些元素。创建时，如果文档没有设为横向，Word 会将其自动设为横向。

1.3.3　页面背景

在"页面布局"选项卡的"页面背景"组中，可以对页面的颜色、边框和水印进行设置。

• 水印：在页面内容后插入虚影文字，一般用于一些特殊文档，如"机密"、"严禁复制"等。Word 2010 提供了多种样式可直接选择，也可自定义水印，自行设置图片或文字水印。

• 页面颜色：可设置文档页面的背景色。

• 页面边框：在制作邀请函等文档时，可使用页面边框，单击"页面边框"按钮后直接弹出"边框和底纹"对话框，可选择边框的样式、颜色、宽度和艺术型。

注意：在"边框与底纹"对话框右侧，同样有"应用于"下拉菜单，可选择将边框应用于整篇文档、本节、节中的首页、或是节中除首页外的所有页。单击"页面设置"组右下角的页面设置启动器 图标，在"页面设置"对话框的"版式"选项卡中，单击"边框"按钮，同样可设置页面边框。

1.3.4　文档网格

有些文档要求每页包含固定的行数及每行包含固定的字数，可在"文档网格"选项卡中对页面中的行和字符进行进一步设置。

单击"页面设置"组右下角的图标，打开"页面设置"对话框，切换到"文档网格"选项卡，如图 1-16 所示。

在"网格"中，可选择"只指定行网格"、"指定行和字符网格"、"文字对齐字符网格"。

若在"网格"中选择了"指定行和字符网格"复选框，可以设置每行的字符数、字符的跨度、每页的行数、行的跨度。字符与行的跨度将根据每行每页的字符数自动调整。

在"文档网格"选项卡的下方有两个按钮,分别是"绘图网格"和"字体设置"。通过"字体设置"可以预设或设置文档中的字体。"绘图网格"功能也较为实用,单击"绘图网格"按钮后,可在如图1-17所示的对话框中,选择"在屏幕上显示网格线",根据实际需要选择"垂直间隔"和"水平间隔"。网格线作为一种辅助线,能够作为文字或者图形对齐的参照,非常实用。

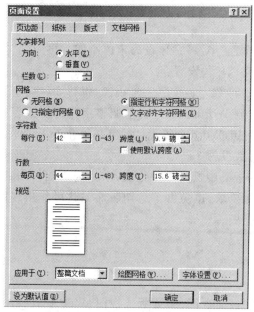

图1-16 文档网格选项卡

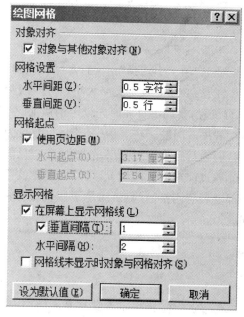

图1-17 绘图网格

事实上,Word提供的稿纸设置功能也是基于文档网格的应用。单击"页面设置"组中的"稿纸设置"按钮,可选择方格式稿纸、行线式稿纸和外框式稿纸,如图1-18所示。可根据需要设置行数列数、页眉页脚后,单击"确认"即可。若选择方格式稿纸,每输入的一个字都会依据文档网格自动出现在方格中,如图1-19所示。

在了解了页面设置的相关功能和技巧后,结合案例尝试利用"页面设置"对话框完成大学生毕业论文的页面设置。

【例1-2】 毕业论文页面设置。

某高校的毕业设计(论文)版面格式要求:毕业设计(论文)应采用统一的A4纸打印,每页约40行,每行约30字;打印正文用宋体小四号字;版面页边距上空3.5cm,下空3.5cm,左空4.5cm(或左空4cm,装订线0.5cm),右空3.5cm,页脚距边界3cm。

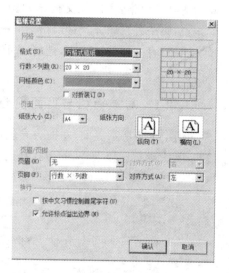

图1-18 稿纸设置

以下操作最好在论文撰写前完成。

步骤1:单击"页面设置"组右下角的图标,打开"页面设置"对话框。

步骤2：Word默认为A4纸型，纸张无需设置；进入"页边距"选项卡设置页边距；注意装订线位置一般都是在左边。

图1-19　稿纸显示效果

步骤3：在"版式"选项卡中设置页脚距边界的距离。

步骤4：在"文档网格"选项卡下方的"字体设置"中，将字体设为宋体小四。再回到"文档网格"选项卡中选择"指定行和字符网格"，并完成相关设置。

注意：必须先设定文字大小，再选择行数和字符数。若按照字号小四、每行30字、每页40行设置，会超出页面原先设定的版心区域，一般Word会通过自动调整字符跨度或者行跨度解决该问题。在本例中，若将行数设为每页40，Word会提示："数字必须介于1—39之间"，因为行跨度最少要满足16.3磅。只能将行数设为39。

通过前期的页面设置，可以直接在设置好的版心中撰写毕业论文，字号为小四，行和字符都受到了网格的约束，满足了版面设计的全部要求，也免去了后期版面调整可能出现的问题。

1.4　视图方式

Word 2010提供了多种查看文档的方式，如页面视图、阅读版式视图、Web版式视图、大纲视图、草稿视图等，还可以按照不同比例显示文档或调整窗口分布，尤其是Word 2010新增的导航窗格，在以往文档结构图的基础上进行了改良，使得长文档的编写更为便捷。应该说，每一种视图方式都给出了同一个文档的不同显示方式，各有特色。在撰写文档、编辑文档、修订文档的过程中，选择一个合适的视图方式，能够使编写思路畅通，取得事半功倍的效果。

1.4.1　导航窗格与页面视图

如图1-20所示界面，左框为导航窗格，右框为页面视图的视窗。右框也可以设置成草稿视图、大纲视图以及Web版式视图。视图之间可以通过视图选项卡切换，也可以通过页

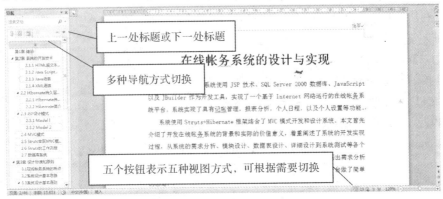

图1-20　带导航窗格的页面视图

面左下角的图标切换。

1. 文档导航

Word 2010 新增的文档导航功能有四种:标题导航、页面导航、关键字(词)导航和特定对象导航,可以轻松查找、定位到想查阅的段落或特定的对象。

• 标题导航:文档标题导航是最简单的导航方式,使用方法也最简单。打开"导航"窗格后一般默认显示。或单击"浏览您的文档中的标题"按钮,将文档导航方式切换到"文档标题导航",Word 2010 会对文档进行智能分析,并将文档标题在"导航"窗格中列出,只要单击标题,就会自动定位到相关段落。

• 页面导航:文档页面导航是根据 Word 文档的默认分页进行导航的,单击"导航"窗格上按钮,Word 2010 会在"导航"窗格上以缩略图形式列出文档分页,单击分页缩略图,就可以定位到相关页面查阅。

• 关键字(词)导航:Word 2010 还可以通过关键字(词)导航,单击"导航"窗格上的按钮,然后在文本框中输入关键字(词),"导航"窗格上就会列出包含关键字(词)的导航链接,单击这些导航链接,就可以快速定位到文档的相关位置。

图 1-21　特定对象导航

• 特定对象导航:一篇完整的文档,往往包含有图形、表格、公式、批注等对象,Word 2010 的导航功能能可以快速查找文档中的这些特定对象。单击搜索框右侧放大镜后面的"▼",选择"查找"栏中的相关选项,就可以快速查找文档中的图形、表格、公式、脚注尾注和批注,如图 1-21 所示。

Word 2010 提供的四种导航方式都有优缺点:标题导航很实用,但是事先必须设置好文档的各级标题、大纲级别才能使用;页面导航很便捷,但是精确度不高,只能定位到相关页面,要查找特定内容还是不方便;关键字(词)导航和特定对象导航比较精确,但如果文档中同一关键字(词)很多,或者同一对象很多,就要进行"二次查找"。

2. 大纲级别设定

文档标题导航,必须预先为文字设定大纲级别。可以通过套用 Word 内置的样式标题 1～标题 9 来设置。Word 预置样式标题 1～标题 9 的属性中,默认包含了大纲级别 1～9 级,逐级对应,数字越小大纲级别越高。

在撰写一篇文章前,最好先拟好各章节标题,并按照标题的级别分别设定样式。样式的设定可以在"开始"选项卡的"样式"组中选取,如图 1-22 所示。

图 1-22　应用标题样式

☞小技巧:快速设置标题1～9样式

首先选中需要设置为标题的文字,或者将光标定位到需要设置为标题的段落中。按下"Alt"+"Shift"+"←"组合键,则可以把选中的文字或段落设置为标题样式"标题1"。然后按下"Alt"+"Shift"+"→"组合键,可以将样式标题1修改为标题2、标题3等,一直到标题9。

3. 最佳长文档撰写视图组合:导航窗格与页面视图

页面视图与导航窗格的组合,一般被认为是最适合长文档编写采用的视图方式。导航窗格对应文档中的具体位置,可以在文档中快速移动,对整个文档进行快速浏览,并可定位用户在文档中的位置。在页面视图中,文档的显示与实际打印效果相同。例如,页眉、页脚、和文本等项目会出现在实际位置上。在该视图方式下,不仅可以正常地编辑,还可显示完整的页面安排效果。"视图"选项卡"显示"组中的"网格线"、"显示比例"组中的"单页"和"双页"等功能只有在此模式下才能使用。利用垂直滚动条上的"上一页"和"下一页"按钮,可以轻易地在不同页间切换。状态栏上会显示当前页的页码。

1.4.2 草稿视图

草稿视图在 Word 早期版本中被称为普通视图。该视图可以键入、编辑文本和设置文本格式,尤其可以显示一些页面视图中不直接显示的文本格式,例如,在草稿视图中,页与页之间的分页符用一条虚线表示,节与节之间的分节符用双行虚线表示,而分页符、分节符这些符号在页面视图中无法直接查看。

草稿视图简化了页面的布局,运行速度较快,适于文本录入和简单的编辑,但草稿视图方式忽略了一些格式,比如多栏显示为单栏,页眉页脚以及页边距等页面格式不显示,某些带格式的图片无法显示。因此,在草稿视图中无法看到页面的实际效果。

选择"开始"选项卡中"段落"组的"显示隐藏编辑标记",同样可以解决某些格式标记在页面视图中不显示的问题。

1.4.3 大纲视图与主控文档视图

大纲视图以大纲形式提供文档内容的独特显示,是层次化组织文档结构的一种方式。不仅如此,它还提供特别适合于大纲的工作环境。它通过清晰的大纲格式构建和显示内容,所有的标题和正文文本均采用缩进显示,以表示它们在整个文档结构即层次结构中的级别。在大纲视图创建的环境中,可以快速对大纲标题和标题中的文本进行操作。

1. 大纲视图与文档标题导航

图 1-23 中左边是文档标题导航、右边是大纲视图。不难看出,大纲视图与文档标题导航在形式上有些类似,都可以通过大纲标题显示文档结构,还可以折叠或者展开标题。但是这两者还是有明显区别的。

首先,大纲视图是对文档全文的显示方式,可对整个文档按照大纲级别进行折叠或展开。而文档标题导航只显示标题而不显示正文内容。

其次,文档标题导航本身不可编辑,只是显示右侧视图中标题的更新作为自身的编辑。

图 1-23　大纲视图

而大纲视图中可以通过"大纲工具"组设置大纲级别,这是文档标题导航产生的依据。此外,大纲视图中可以通过拖动标题来移动、复制和重新组织文本,具备较好的文档编辑功能。在大纲视图下,移动、复制和重组长文档也变得相当容易。但与草稿视图一样,大纲视图中不显示页边距、页眉页脚、背景,因而编辑速度较快。

再者,大纲视图还使得主控文档的处理更为方便。主控文档视图是一种出色的长文档管理模式视图,切换至主控文档视图的按钮"显示文档"嵌入在"大纲"选项卡的"主控文档"组中。

在大纲工具栏(见图 1-24)关于大纲设置的按钮中,有以下几个按钮请注意。

* 显示级别:控制只显示相应级别的标题。例如单击其右侧的下拉按钮,从"显示级别"列表中选择"显示级别 1",将只显示 1 级标题;选择"显示级别 3",将显示 3 级及 3 级以上的标题;选择"显示所有级别",显示文档中所有级别的标题和正文文本。

* 仅显示首行:只显示标题下的首行正文文本,以省略号表示隐藏的其他内容。

* 显示文本格式:控制大纲视图中是否显示字符的格式。

图 1-24　"大纲"选项卡

2. 主控文档视图

在大纲视图中,"主控文档"组包括关于主控文档和子文档的设置按钮。这些按钮只能在大纲视图中显示,其他四种视图的工具栏中都不包含主控文档的相关设置按钮。默认情况组中只有"显示文档"和"折叠子文档"两个按钮,更多按钮需单击"显示文档"才会出现。

主控文档是一组单独文件(或子文档)的容器。使用主控文档可创建并管理多个子文档。例如,如果一部书籍的每个章节需由不同的人来撰写,就可以把每一个章节都设定成一个子文档,然后分别将每个章节当作一般的文档来处理,再由主控文档来汇集和管理。

在主控文档视图中,每个子文档是主控文档的一个节。用户可以针对每个节设定专属的段落格式、页眉页脚、页面大小、页边距、纸张方向等,甚至可以在子文档中插入分节符以控制子文档的格式。主控文档与子文档之间的关系类似于索引和正文的关系。子文档既是主控文档中的一部分,又是一份独立的文档。

关于主文档和子文档的创建和设置如表 1-2 所示。

表 1-2　主控文档视图的操作方式

序号	操作名称	操作步骤
1	创建新的主控文档	• 输入主控文档的大纲,并用内置的标题样式对应各大纲级别; • 将插入点移动到插入子文档的位置,使用"主控文档"组中的"插入"按钮插入子文档。重复操作,直至插入多个子文档; • 单击"保存"或"另存为"即可创建主控文档
2	将已有文档转换为主控文档	• 打开需要转换的文档; • 逐个选取要成为子文档的标题和正文,使用"主控文档"组中的"创建"按钮,直至完成所有子文档的创建和设定; • 单击"保存"或"另存为"可保存主控文档的所有子文档
3	合并子文档	• 在主控文档中,通过拖动将要合并的两个子文档连续排放; • 用"Shift"键选取文档方框左上角的子文档图标 ； • 通过"主控文档"组中的"合并"功能完成文档合并,合并后的子文档按照第一个子文档的名称和地址保存
4	拆分子文档	• 将插入点置于拆分的位置; • 单击"主控文档"组中的"拆分"按钮

图 1-25 显示,子文档都是一个个单独的文档,而主控文档在两个分节符间保存着对于子文档的链接。在主控文档中可设定子文档的格式,可确保整份文档的格式相同。子文档的格式也可以自行设置,在主控文档中查看。

图 1-25　新创建的主控文档

使用主控文档可帮助用户在长文档中快速移至某特定位置;利用移动标题重组长文档;无需打开相关的个别文档,便能查看长文档中最近所做的更改;可打印长文档;可在不同子文档之间建立交叉引用,主控文档会忽略子文档之间的界限;可以根据子文档的标题等级编排主控文档的索引和目录。

采用主控文档方式具有安全性好、文档启动速度快等特点,因此,在一篇长文档的撰写(如书籍编写)通过功能强大的主控文档视图更为便捷高效。但对于毕业论文,由于其文档篇幅中等,且对版面、样式以及引用有严格要求,基本仍需在主控文档中编辑,其子文档的优势难以体现,且操作略显繁琐。

1.4.4　Web 版式视图与阅读版式视图

Web 版式视图和阅读版式视图,顾名思义,Web 版式视图显示的是文档在 Web 浏览器中的外观,而阅读版式视图适合用户在计算机上阅读文档和简单编辑文档,为了优化阅读体验而创建。

Web 版式视图以网页的形式显示 Word 2010 文档。Web 版式视图适用于发送电子邮件和创建网页。在 Web 版式视图中,可以创建能在屏幕上显示的 Web 页或文档,其显示将与 Web 浏览器中一致。文档将显示为一个不带分页符的长页,并且文本和表格将自动调整以适应窗口的大小,图形位置与在 Web 浏览器中的位置一致,还可以看到背景。如果使用 Word 打开一个 HTML 页面,Word 将自动转入 Web 版式视图。

阅读版式视图是为了便于文档的阅读和评论而设计的。阅读版式视图以图书的分栏样式显示 Word 2010 文档,“文件”按钮、功能区等窗口元素被隐藏起来,取而代之的是工具、打印预览、批注、翻译屏幕等按钮。在阅读版式视图中,默认不进行编辑,若需要输入文字,可以单击窗口右侧的“视图选项”,在下拉菜单中,选择“允许键入”选项即可。

对于一篇毕业论文而言,因为文中含有多个表格图形,采用页面视图和导航窗格的组合视图方式仍为最佳方式。如果需要修订功能,切换到“审阅”选项卡即可。

1.5　分隔设置

在 Word 文档中,文字和标点组成了段落,一个或者多个段落组成了页面和节。Word 为段落与段落的分隔提供了换行符、为页面与页面的分隔提供了分页符、为节与节的分隔提供了分节符。再提供分栏符调节分栏页面中的文字排版。多种分隔符组合应用,使得版面设计更为灵活自如。

1.5.1　换行与分页

1. 软回车与硬回车

段落间换行,最常使用的是键盘上的回车键“Enter”,在 Word 中显示为一个弯曲的小箭头↵,习惯称这种回车为硬回车。硬回车是一种清晰的段落标记,在两个硬回车之间的文字自成一个段落,可以单独设置每个段落的格式而不对其他段落造成影响,因此在排版中最为常用。

在“页面布局”选项卡“页面设置”组的“分隔符”下拉菜单中,可以选择插入“自动换行符”,如图 1-26 所示。这种换行符显示为一个向下的箭头↓,不同于硬回车,习惯称这种回车为软回车。软回车不是段落标记,虽然在形式上换行,但换行而不换段,换行前后段落格式相

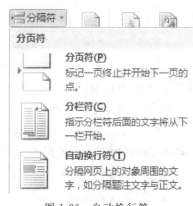

图 1-26　自动换行符

同,且无法设置自身的段落格式,在网页中使用较多。

【例1-3】 在含项目符号与编号的列表编写时使用软回车。

如图1-27所示,在自动生成项目符号与编号列表编写中,如使用硬回车,Word自动在每个段前添加黑色圆点。如果不希望Word自动添加圆点,可用快捷键"Shift"+"Enter"添加软回车换行,Word判断换行后的内容属于同一段落。图中"平台无关性"以及"分布式"后都插入了软回车。

Java 语言具有以下特点:

● 平台无关性
　　平台无关性是指 Java 能运行于不同的平台。

● 安全性

● 面向对象

● 分布式
　　Java 建立在 TCP/IP 网络平台上。库函数提供了用 HTTP 和 FTP
　　协议传送和接受信息的方法。这使得程序员使用网络上的文件和
　　使用本机文件一样容易。

图1-27 软换行符的应用　　　　　　　　图1-28 粘贴选项

在撰写文档时经常需要到网上去查阅资料,因网页制作时广泛使用软回车"br"(HTML代码中的软回车),所以网页内容粘贴到 Word 文档中经常显示为软回车,给重新排版造成麻烦。在 Word 2010 中,若需要将网页内容粘贴到文中,在粘贴时请不要直接使用"Ctrl"+"V"粘贴,该粘贴将默认按照保留源格式操作。可以右键粘贴时在"粘贴选项"中选取"合并各式"。如图1-28所示,右键列表中显示从左到右的三个按钮分别是保留源格式(保留网页格式)、合并格式(使用文档的格式)和只保留文本(除文本外的其他格式和内容将删除,包括图片)。Word 2010 还在粘贴时提供了粘贴效果的实时预览。

2. 软分页与硬分页

当文档排满一页时,Word 2010 会按照用户所设定的纸型、页边距值及字体大小等,自动对文档进行分页处理,在文档中插入一条单点虚线组成的软分页符(草稿视图)。随着文档内容的增加,Word 会自动调整软分页符及页数。

虽然 Word 2010 会自动按照页面情况进行页面软分页,但也并非不能控制分页。有两种方法可以控制分页。如果需要在特定位置分页,可以通过插入手动分页符(硬分页符)在指定位置强制分页,并开始新的一页。或者,可以进入"开始"选项卡,单击"段落"组右下角的段落启动器图标 ,打开"段落"对话框的"换行与分页"选项卡设置分页情况。表1-3列出了软分页符与硬分页符的区别。如图1-29

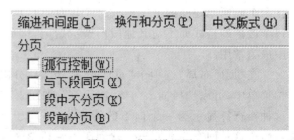

图1-29 分页设置图

所示的"换行和分页"选项卡中,设有孤行控制、与下段同页、段中不分页、段前分页等功能。Word 会根据勾选的情况,调整自动分页符的位置。

表 1-3　软分页符与硬分页符

名　称	又　名	操作方法	页面显示(草稿视图)
自动分页符	软分页符	Word 2010 自动插入,无法手动删除	在草稿视图中显示为一条单点虚线,页面视图默认不显示。 ………………………………
手动分页符	硬分页符	在"插入"选项卡中,选择"页"组中的"分页"(快捷键"Ctrl"+"Enter"); 在页面视图选择显示标记或者在草稿视图中可手动删除硬分页符	在草稿视图中显示为一条单点虚线并在中央位置标有"分页符"字样 ————————分页符————————

此外,Word 2010 在"插入"选项卡的"页"组中还增设了两项非常实用的功能:"空白页"和"封面"。单击"空白页",即表示在当前光标位置插入一个空白页面。打开"封面"的下拉列表,可以查看到许多预设好的封面,只需修改文字便可使用,在制作文案、撰写个人简历等许多场合都非常实用。这些预设样式的封面是存放在"封面库"中的"构建基块"。选择所需封面后,文档中会自动插入封面页,并以"分页符"分隔。在页眉页脚设定中,默认设定为首页(封面页)页眉页脚不同于其他页。

注意:Word 2010 为封面、水印、页眉、页脚、页码、文本框、表格、目录、书目等都设定了内置样式,这些内置样式被称为构建基块,存放在对应的库中。关于构建基块的管理,详见第 2.7.2 节。

1.5.2　分　节

在建立新文档时,Word 将整篇文档默认为一节,在同一节中只能应用相同的版面设计。为了版面设计的多样化,可以将文档分割成任意数量的节,用户可以根据需要为每节设置不同的节格式。在第 1.3 节部分,"页面布局"包括纸张、页边距、文档网格等都可以针对节单独设置,可选择"应用于本节"或者是"整篇文档"。在第 1.4 节主控文档视图方式中,子文档是嵌入在主控文档的两个分节符之间,因此才可以为子文档的版面进行个性化设置。

"节"作为一篇文档版面设计的最小有效单位,可为节设置页边距、纸型或方向、打印机纸张来源、页面边框、垂直对齐方式、页眉页脚、分栏、页码、行号、脚注和尾注等多种格式类型。节操作主要通过插入分节符来实现。

1. 添加分节符

可以手动添加分节符,分节符共有四种类型,如表 1-4 及图 1-30 所示。

表 1-4 分节符类型

分节符类型	操作方法	页面显示(草稿视图)
下一页	页面布局→页面设置→分隔符→分节符类型→下一页插入一个分节符后新节从下一页开始	显示一条双点线,在中央位置有"分节符(下一页)"字样
连续	页面布局→页面设置→分隔符→分节符类型→连续插入一个分节符后新节从同一页开始	显示一条双点线,在中央位置有"分节符(连续)"字样
奇数页	页面布局→页面设置→分隔符→分节符类型→奇数页插入一个分节符后新节从下一个奇数页开始	显示一条双点线,在中央位置有"分节符(奇数页)"字样
偶数页	页面布局→页面设置→分隔符→分节符类型→偶数页插入一个分节符后新节从下一个偶数页开始	显示一条双点线,在中央位置有"分节符(偶数页)"字样

图 1-30 分节符类型

如果需要单独调整某些文字或者段落的页面格式,也可先在文档中选取这些文字。在"页面设置"对话框中完成相关设置后,选择应用于"所选文字",即可将设置应用到所选文字中。Word 2010 会自动在所选文字的前后分别插入一个分节符,为该文字单独创建一个节。

2. 改变分节符类型

分节符一般都是控制其前面文字的节格式。在页面视图或草稿视图中,双击已插入的分节符,会出现"页面设置"对话框,可以更改分节符前文字的节格式。在对话框的"版式"选项卡,可以更改分节符的类型。

在"版式"选项卡中,可以设置"节的起始位置",即该节的开始页。下拉菜单中"接续本页"表示设为连续分节符、"新建栏"表示分栏符、"新建页"表示下一页分节符,"偶数页、奇数页"也分别对应偶数页分节符和奇数页分节符。

【例 1-4】 在图 1-31 所示这篇毕业论文的页面中共有上下两个"下一页"分节符,如何更改分节符使得论文摘要这一节与前一节连续?即如何操作使得上方分节符改为"连续"?

问题的解决方式有两种:

(1)删除上一个"下一页"分节符,在同一位置手动插入"连续"分节符。

删除分节符,只需要选中要删除的分节符,然后按"Delete"键即可。

注意:删除分节符时,同时还删除了节中文本的格式。例如,如果删除了某个分节符,其前面的文字将合并到后面的节中,并且采用后者的格式设置。

(2)通过"页面设置"对话框的"版式"选项卡设置。使用删除的方法在对个别分页符操作时比较方便,但如果需要更改文档中所有节的类型,就非常麻烦。

"版式"选项卡中的节设置针对的是节的起始位置,即为双击下方的分节符显示的节操

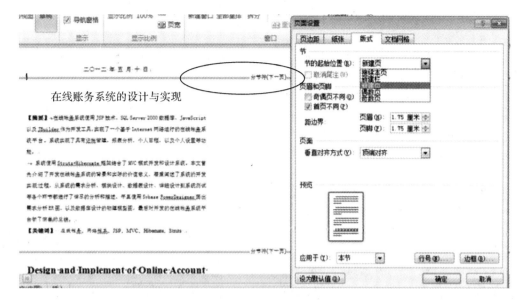

图 1-31 设置节的起始位置

作,实际上是针对本节的起始位置。在双击下方分节符显示的"版式"选项卡中,将"节的起始位置"设为接续本页,并选择应用于"本节",上方的分节符变为了"连续"分节符。

如果需要将全文中所有的"连续型"分节符都改为"下一页"分节符,只需在操作时选择"新建页",并且应用到"整篇文档"。

图 1-31 中的文档更改分节符后的显示效果如图 1-32 所示。

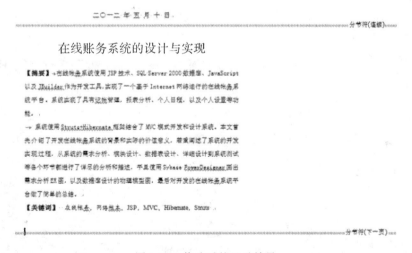

图 1-32 修改后的显示效果

注意:虽然"下一页"分节符与分页符同样显示为换页的效果,但如果需要进行节格式操作,必须插入分节符。文档分节主要是依据版式设计以及内容分布的需要。文档分节之后,就可以根据节设置版式。本章下文中的各部分内容,将会介绍分节文档中的分栏、分节文档中的页眉和页脚设置以及分节文档中的页码设置。

1.5.3　分　栏

分栏常用于报纸、杂志、论文的排版中，它将一篇文档分成多个纵栏，而其内容会从一栏的顶部排列到底部，然后再延伸到下一栏的开端。

是否需要分栏，要根据版面设计实际而定。在一篇没有设置"节"的文档中，整个文档都属于同一节，此时改变栏数，将改变整个文档版面中的栏数。如果只想改变文档某部分的栏数，就必须将该部分独立成一个节。

1. 创建分栏

文档分栏一般有三种情况：①将整篇文档分栏；②在已设置节的文档中，将本节分栏；③在没有设置节的文档中，将某些文字和段落分栏。

分栏可使用如下两种方法。

(1)使用"页面设置"对话框分栏。在"页面设置"的"文档网格"选项卡中，可以将文档分栏，设置文档的栏数，如图 1-33 所示。与"页面设置"对话框中的其他操作一样，选择应用于"整篇文档"即可对全文分栏，而选择应用于"本节"，只对本节分栏。在选取了某些文字后，选取应用于"所选文字"可将所选文字分栏，但是该选项卡默认栏宽相等。

图 1-33　"文档网格"选项卡

(2)使用"页面布局"选项卡中的分栏功能。如果需要精确地设计分栏的版式，就必须使用"页面布局"选项卡中的分栏功能，如图 1-34 所示。

单击"分栏"按钮可在预设的栏数中选择，可以是"一栏"、"两栏"、"三栏"、"偏左"表示两栏左窄右宽、或是"偏右"表示两栏左宽右窄。如果预设的栏数无法满足要求，可以单击"更多分栏"，打开"分栏"对话框，如图 1-35 所示。

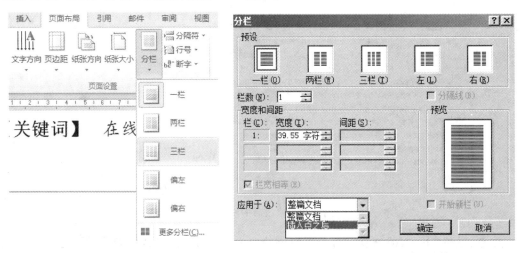

图 1-34　分栏　　　　　　　　　　　　图 1-35　"分栏"对话框

"分栏"对话框中还可以设置栏的宽度与间距。在"宽度"和"间距"框设置各栏的宽度，以及栏与栏之间的间距。要使各栏宽相等，可以选取"栏宽相等"复选框，Word 2010 将自动把各栏的宽度调为一致。注意：Word 2010 规定栏宽至少为 3.43cm，无法设置三个以上栏数。

在没有节设置的文档中，选择应用于整篇文档即可对全文分栏；而在已设置节的文档中，选择应用于"本节"可对光标所在节分栏。在一个没有节设置却需要将某些文字独立分栏的文档中，可先选取需分栏的文字，Word 2010 会自动在文字前后添加分节符，并将文字分栏。

该操作方式与在"页面设置"的"文档网格"选项卡中的操作基本相同。

【例 1-5】 杂志论文分栏排版。

杂志的版面设置一般都要求文章标题、摘要为一栏，正文、参考文献为两栏。此类的跨栏标题可以直接设置，步骤如下。

步骤 1：鼠标选取论文正文和参考文献（需要设置为两栏的部分）。

步骤 2：单击"页面布局"，在"页面设置"组中单击"分栏"。

步骤 3：在下拉列表中选择"更多分栏"。

图 1-36　杂志页面

步骤 4：选择分为两栏，并将选择应用于"所选文字"，单击"确定"即可。如图 1-36 所示，Word 2010 自动在摘要和正文之间插入了一个连续"分节符"。

2. 分栏符

在设定文档分栏时，Word 2010 会在适当的位置自动分栏。如果希望手动选择分栏的位置，可通过插入分栏符来实现。分栏符表示指定文档中一栏结束、另一栏开始的位置。可选择"页面布局"选项卡中的"分隔符"命令，在显示的下拉列表中选取"分栏符"，即可在需分栏处插入分栏符，图 1-37 为分栏符示意图。

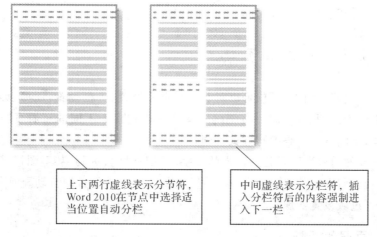

上下两行虚线表示分节符，Word 2010 在节点中选择适当位置自动分栏

中间虚线表示分栏符，插入分栏符后的内容强制进入下一栏

图 1-37　分栏符示意图

【例1-6】 毕业论文分栏应用。

在毕业论文撰写中,有一些横向图片、复杂表格插入到纵向页面中会出现变形,需要将文档中某一页面的内容转换为横向页面,该页面中包括图和文字,要求分栏显示,如图1-38所示。

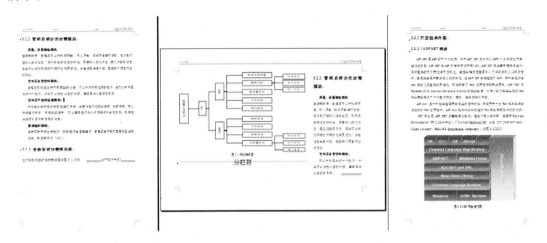

图1-38 毕业论文分栏案例

操作步骤如下。

步骤1:在需单独分节内容的上下两边,分别插入一个"下一页"分节符。

步骤2:将光标置于两个分节符之间,在"页面布局"选项卡的"页面设置"组中,设置"纸张方向"为横向,"分栏"为两栏。单击确定后,将自动设置本节页面为横向,栏宽为两栏。

步骤3:由于图片的大小不适合页面栏宽相等的情况,可先将光标置于横向页面中,单击"分栏"下拉菜单底部的"更多分栏",在"分栏"对话框中去掉"栏宽相等"复选框前的勾,为图片栏加大栏宽,并选择"应用于本节"。

步骤4:由于图片的宽度不及页面宽度,所以部分文字会显示在图片之下。为页面美观起见,在图片后插入分栏符,让文字在第二栏中显示。如图1-38所示,分栏符显示为一条单线,中间有"分栏符"字样。设置完成。

1.6 页眉、页脚和页码

在分节后的文档页面中,不仅可以对节进行页面设置、分栏设置,还可以对节进行个性化的页眉页脚设置。例如,在同一文档的不同节中设置多个不同的页眉页脚,奇偶页页眉页脚设置不同,不同章节页码编写方式不同,等等。

页眉和页脚的内容可以是任意输入的文字、日期、时间、页码,甚至图形等,也可以手动插入"域",实现页眉页脚的自动化编辑。例如,在文档的页眉右侧自动显示每章章节名称等,这都可以通过域设置实现。

1.6.1 页眉和页脚

为文档插入页眉和页脚,可利用"插入"选项卡中的"页眉和页脚"组完成。

选择"插入"选项卡中的"页眉"按钮,可在下拉菜单中预设的多种页眉样式中选择,这些样式存放在页眉"库"中的"构建基块"。需注意,若已插入了系统预设样式的封面,则可挑选预设样式的页眉和页脚以统一文档风格。也可单击"编辑页眉",此时系统会自动切换至"页面视图",并且文档中的文字全部变暗,以虚线框标出页眉区,在屏幕上显示页眉和页脚工具"设计"选项卡,此时可自己键入文字,或根据页眉页脚工具自行插入时间日期、图片等。如需插入域代码,可选择"设计"选项卡的"插入"组,在下拉菜单中选择"域"。单击"关闭页眉和页脚"可退出页眉页脚编辑状态。

若需插入页脚,可单击"页脚"按钮,在预设样式中选取,或是通过编辑页脚,在页眉和页脚工具"设计"选项卡中设置。在编辑页眉时,单击"设计"选项卡中的"转至页脚"按钮,也可编辑页脚。页眉和页脚工具"设计"选项卡如图 1-39 所示。

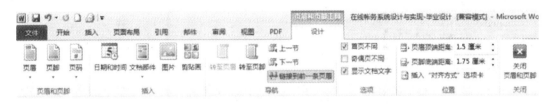

图 1-39　"页眉和页脚"设计工具栏

页眉和页脚工具"设计"选项卡是辅助建立页眉和页脚的工具栏,包括"页眉和页脚"、"插入"、"导航"、"选项"、"位置"和"关闭"六个功能组。

"位置"组可以设置页眉和页脚距边界的尺寸。注意,是距离页边界的尺寸而不是页眉页脚本身的尺寸。例如,在页眉中插入图片等之后调节页面页脚距页边界的距离,如果"页眉"值大于"上"页边距值,正文将延伸到页眉区域中。页脚范围也同样如此。当页眉或页脚区所键入的内容超出默认的高度时,Word 2010 会自动以最小高度的方式调整,缩小文档工作区的范围,即增加文档的页边距值,以便容纳页眉及页脚的内容。

"导航"组中有三个与节相关的按钮功能。

(1)链接到前一条:当文档被划分为多节时,单击该按钮可建立或取消本节页眉/页脚与前一节页眉/页脚的链接关系。

(2)上一节:当文档被划分为多节时,单击该按钮可进入上一节的页眉或页脚区域。

(3)下一节:当文档被划分为多节时,单击该按钮可进入下一节的页眉或页脚区域。

注意:在文档的页眉和页脚区域直接双击也可进入页眉和页脚编辑状态,出现页眉和页脚工具"设计"选项卡,但无法选择页眉和页脚的构建基块。

如需删除页眉和页脚,可单击"插入"选项卡"页眉和页脚"组中的"页眉"或"页脚",选择下拉菜单中的删除页眉/删除页脚即可。或是直接双击页眉和页脚区域,在编辑状态下删除。需要注意的是,在未分节的文档中,选择删除某页页眉后,Word 2010 会删除所有页眉。而在分节文档中,若已经断开与前后节的链接,删除页眉只会影响本节的页眉设置。

1. 多样化页眉页脚设置

我们经常可以看到一些多样化的页眉页脚设置,如一本书的封面或内容简介不设置页眉与页脚,而其他部分都设有页眉页脚;页眉中偶数页是书籍名称,奇数页是章节名称等。这些设置在 Word 2010 中可以通过页眉和页脚工具"设计"选项卡中的"选项"组,或是"页面设置"对话框的"版式"选项卡进行设置。方法很简单,勾选"首页不同"或是"奇偶页"不同的页眉和页脚即可。

勾选"首页不同"的页眉页脚之后进入页眉页脚编辑状态,页面顶部将显示"首页页眉"字样,底部显示"首页页脚"字样,其他页中则显示"页眉"和"页脚"。如果需要指定文档或节的首页与文档其他各页有不同的页眉和页脚,可在页眉区或页脚区中输入相应的文字。如果首页中不显示页眉或页脚,则清空页眉区或页脚区的内容,即可使首页不出现页眉或页脚。

勾选"奇偶页不同"的页眉页脚,奇数页页眉页脚区将分别显示"奇数页页眉"、"奇数页页脚"字样;偶数页显示"偶数页页眉"、"偶数页页脚"字样。

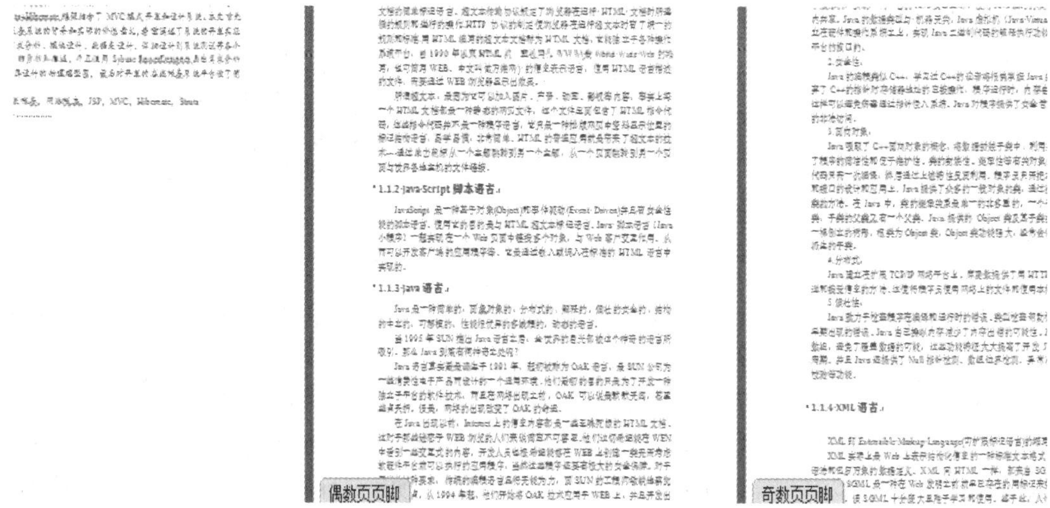

图 1-40 首页不同/奇偶页不同的页眉页脚设置

图 1-40 中连续三页的页眉页脚分别是"首页页眉"、"首页页脚","偶数页页眉"、"偶数页页脚","奇数页页眉"、"奇数页页脚"。

在 Word 2010 中,还有一种方法可设置首页不同和奇偶页不同。单击"页面布局"选项卡"页面设置"组右下角的页面设置启动器图标,可打开"页面设置"对话框。其中"版式"选项卡包含页眉和页脚工具中的"选项"和"位置"组中的部分功能。

2. 分节文档的页眉页脚设置

通过页眉和页脚"设计"选项卡设置首页不同、奇偶页不同的页眉和页脚时,文档无需分节。如果需要为文档的不同章节设置不同的页眉和页脚,"设计"选项卡就无法实现了,只能通过文档分节来实现。

【**例 1-7**】 毕业论文页眉设置。

图 1-41 为一篇毕业论文的前三部分,根据毕业论文版面设置的要求,另一部分(封面页)不设置页眉页脚,第二部分(中文摘要页)页眉的两端分别显示中文"毕业论文"和"摘要"字样,第三部分(英文摘要页)页眉的两端分别设置中文"毕业论文"和英文"Abstract"字样,均为两端对齐。若中文和英文摘要都不止一页,就无法设置首页不同、奇偶页不同,将文档分节后根据节设置页眉是最好的选择。

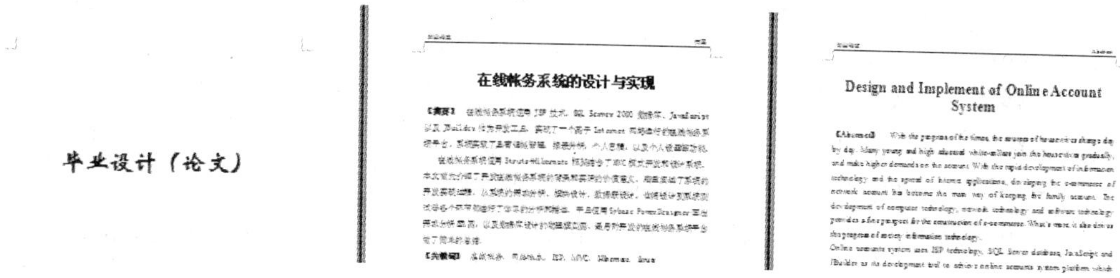

图 1-41 一篇毕业论文的前三部分

操作步骤如下。

步骤1:要对文档设置不同的页眉页脚,首先要将文档章节分节,每部分分别为一节(页面布局→分隔符 →分节符 →下 一 页)。详见分节。

步骤2:选择"插入"选项卡中的"页眉"命令,选择内置的空白(三栏)构建基块,进入页眉编辑状态。

步骤3:首页不设置页眉,分别进入第二页和第三页并单击页眉,在出现的页眉和页脚工具"设计"选项卡的"导航"组中,取消"链接到前一条",确认该图标为灰色。

步骤4:在第二页和第三页页眉中分别根据预设格式输入文字。完成设置。

若不取消"链接到下一条"按钮,在第二页设置页眉时,Word 2010 将默认第一页和第三页都是用相同的页眉,并在页眉边显示"与上一节相同"。如图 1-42 所示。

图 1-42 链接到前一条

小技巧:页眉页脚文字的左右对齐。

在纵向页面中,若页眉和页脚中有连续的两部分内容在同一行中,例如"第 1 页共 10 页",如果需要分别对齐页面的左右边,除选择预设样式外,也可将光标置于"第 1 页"之后按两次"TAB"键即可。

【例1-8】 页眉页脚工具与分节符综合应用。

如果编写一本书籍,需要每个章节都从奇数页开始,并且每个章节都设置不同的页眉和页脚,但章节的首页都不设置页眉和页脚,应当如何操作?

该情况下的页眉页脚设置与一般分节文档的页眉页脚设置相似,请注意以下两点:

(1)每个章节都需要单独成节,但通过分节符分节时,插入奇数页分节符;

(2)分节完成后,在页眉和页脚工具"设计"选项卡的"选项"组中选中"首页不同",此时的首页不同表示每个节的首页不同,即可实现每个节的首页都不设置页面和页脚。

3. 页眉页脚中的域

域,就是引导 Word 在文档中自动插入文字、图形、页码或其他信息的一组代码。在一篇 Word 文档的编写修改过程中，有些内容是需要不断变更的，如页码、打印日期、目录、总行数等，Word 设置了域来实现这些自动化功能。

域比较像是一个 Excel 公式，我们平时看到的都是公式的运算结果，即为域代码的运算结果。域代码可以通过快捷键切换显示。一个比较容易识别域的方法是，域都设有底纹，默认底纹为单击时显示，若某段内容单击时出现灰色底纹，则该内容就是域。

在页眉和页脚"设计"工具的按钮中，设有插入页码、页数、日期、时间等功能，事实上这些都是通过插入域来实现自动变更的。插入页码，就是插入页码域{PAGE}、插入页数对应页数域{NUMPAGES}、插入日期就是插入日期域{DATE}，插入时间就是插入时间域{TIME}。

域的使用将在第 3 章中详细介绍。

1.6.2　页　码

Word 2010 具有较为强大的页码编号功能，其最大优点在于，用户只需告诉系统页码显示的位置，无论用户怎样编辑文档，以及如何对页号和分页进行格式化，Word 2010 都可以准确地进行页面编号，并在打印时正确地布置页码。用户可以将页码放在任意标准位置上：页面顶部（页眉）、页面底部（页脚），也可以采用多种对齐方式，可以设置多种样式的多重页码格式。还可以在对称页中选择在内侧页边距或外侧页边距的位置显示页码。

1. 创建页码

通过"插入"选项卡的"页码"按钮或是在页眉页脚编辑状态中单击页眉和页脚"设计"选项卡中的"页码"按钮都可以创建页码。

2. 页码格式设置

单击"页码"按钮，在下拉菜单中选择"设置页码格式"，可见如图 1-43 所示的对话框。

在"编号格式"下拉式列表框中显示了多种页码格式，如阿拉伯数字、小写字母、大写字母、小写罗马数字、大写罗马数字、中文数字等，选择需要的页码格式即可。

用户可创建包含章节号的页码，例如：6－18，9－62 等分别表示第 6 章、第 9 章的页码。该类型页码格式的创建是依据章节标题样式创建的，可选择"章节起始样式"以及"使用分隔符"，分隔符共有三种：连字符、点号、冒号等。

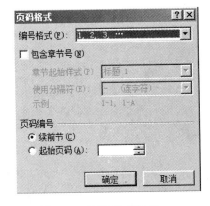

图 1-43　页码格式设置

可根据所有节连续编排页码，即下一节按顺序接续前一节的页码。如果需要单独编排某些章节的页码，就必须先对这些章节进行分节，然后在"页码编号"框中选取"起始页码"选项，并在输入框中键入首页的起始页码。

3. 分节文档的多重页码设置

【例 1-9】　毕业设计论文中的多重页码设置。

假设毕业论文分为封面、摘要、目录、正文、参考文献和致谢六部分。要求封面首页不显示页码,从摘要页开始至目录,以罗马字从Ⅰ开始连续显示页码,正文、参考文献、致谢这三部分以阿拉伯数字从 1 开始连续页码,全部页码页底居中显示,应当如何设置?

操作步骤如下。

步骤 1:根据页码设置的需要将文档分为三节,封面单独为一节、摘要目录为第二节、正文、参考文献、致谢为第三节。分别在前一节末尾插入"下一页"分节符。

步骤 2:断开三个节彼此间的关联。在页眉页脚编辑状态中,取消页眉和页脚工具中"链接至前一条"的设置。

步骤 3:将光标置于第二节的第一页,单击插入→页码→页面底端→普通数字 2 构建基块。

步骤 4:在页眉页脚编辑状态中,单击页眉页脚工具"设计"选项卡的页码按钮,选择"页码格式"。将编号格式设置为大写的罗马字,起始页码设为Ⅰ。

步骤 5:在第三节中,重复步骤 3。

步骤 6:重复步骤 4,将编号格式设置为阿拉伯数字,起始页码设为 1。

4. 分栏页面的页码设置

使用分栏命令可以将页面分为多栏,但是如果使用分栏页面制作折页,无法分别在左右两侧添加页码,只能通过插入域代码的方式解决,比较复杂。关于域代码的相关内容详见第 3 章。

若希望使用域代码为分栏页面设置页码,可以按照如下步骤操作。

左边页可插入域代码{＝2 ＊ { PAGE }－1}右边页可插入{＝2 ＊ { PAGE }}。用"Ctrl"＋"F9"生成{}后,在灰色处的光标闪烁处输入上面的代码即可,其中{ PAGE }表示真实页码的域代码。

注意:每一对大括号({})必须用"Ctrl"＋"F9"生成,不能直接用键盘输入的{}。每对大括号{}跟内部的代码之间有空格。

1.7　习　题

1. 某毕业论文页面设置要求为:纸张 A4,方向为纵向,版面中心区域为 260 mm×156 mm,其中不含页眉、页码区域为 240 mm×156 mm,中文字体为宋体小四,每行 32 字,每页 29 行。要求上下边距相等、左右边距相等,装订线在左边,宽度为 5 mm,应当如何进行页面设置?

2. 在大纲视图中,为一篇无格式的文档(文本样式默认为正文)设置大纲级别,要求可以在文档结构图中显示三层文档结构,并将此文档创建为主控文档。

3. 某书籍共有 1 张封面和若干个章节。排版时要求每个章节都起始于奇数页。奇偶页设置不同的页眉和页脚,奇数页页眉显示章节名称,并右对齐于页边。偶数页显示书籍名称,左对齐于页边。页码在页脚中设置,第一、二页不显示页码。从第一章内容开始以阿拉伯数字 1 开始连续编码,且页码显示在页面外侧。应当如何设置?

4. 对某篇论文进行分栏,要求标题和摘要部分通栏显示,而正文分两栏显示,栏与栏之间间距为 2 个字符,并添加分隔线。

5. 使用查找和替换功能,在长文档中删除文档中多余的空格。查找一个多次出现的词语,并将其标为红色。

6. 在 Word 2010 中制作如图 1-44 所示邀请函(折页),要求可以在一张 A4 纸中双面打印。

图 1-44　邀请函正反面

版面设置要求:采用 A4 纸张默认页边距设置。

使用拼页和分节,在同一个 Word 文档中设置。

正面:采用 Word 艺术型页面边框,文字方向为纵向,页面垂直对齐方式为居中。

反面:页眉设置为××大学 100 周年校庆邀请函,要求页面垂直对齐方式为顶端对齐。

第 2 章

内容编排

一篇文档包括文字、图、表、脚注、题注、尾注、目录、书签、页眉、页脚等多种元素,其中可见的页面元素都应该以适当的样式加以管理,而不需逐一调整。初级的 Word 文字处理是单击菜单逐一调整格式,高级的 Word 排版则是把多种格式设置统一收纳起来成为样式,并对样式进行设置或修改。

图片图形和表格样式可以在单击出现的上下文工具栏中设置,而文字和段落样式则通过样式库和样式集进行管理。对某段文字的直接格式修改,影响的只是该段文字,通过样式进行调整,其影响将遍及整份文档内所有套用此样式的文字。

内置的标题样式不仅可规范全文格式,更与文档大纲逐级对应,可由此创建题注、页码的自动编号,以及文档的目录、标题导航、多级编号等。

本章内容编排将重点关注如下内容。

(1)样式:样式的创建和使用,可规范全文的格式,便于文档内容的修改和更新。

(2)注释:使用脚注、尾注、题注、引文(书目)等注释文档。

(3)引用:基于样式的目录创建和基于题注的图表目录创建;为脚注、题注、编号项等创建交叉引用;书签在目录创建、索引生成和交叉引用中的定位作用。

(4)模板:文档和模板间的相互关系,创建模板和使用模板,在模板中管理样式。

(5)构建基块:为文档中的自动图文集、书目、封面、公式、页眉、页脚、页码、目录、表格、文本框、水印都设有标准样式库。

构建基块涵盖了 Word 版面设计和内容编排所需的主要页面元素,可使用构建基块快速编排文档。

2.1 应用实例

在高校毕业设计论文的撰写规范中,除了对版面设置、文档结构有要求外,对文字、段落、图片图形、表格等也有格式要求。例如,要求按规定设置摘要与关键字的格式、设置多级列表的格式以及目录的格式,这些都可以通过样式来解决。此外,还可以在文档中通过套用样式创建文档的多级编号、目录、题注的自动编号、页码的编号等。表 2-1 列出了毕业论文样式设置的关注点。通过图 2-1,可以更清晰地看出样式在文档中的作用。

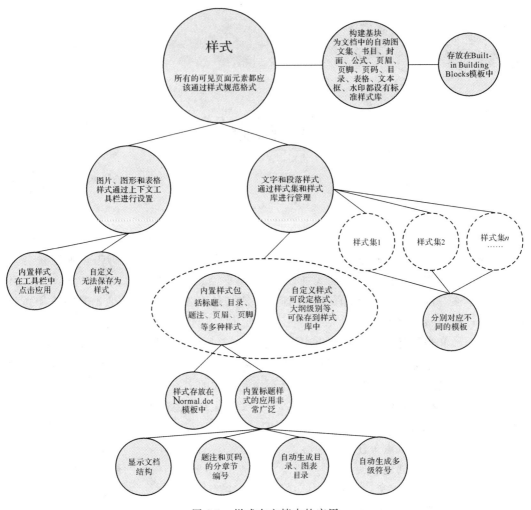

图 2-1　样式在文档中的应用

表 2-1　毕业论文样式设置的关注点

关注点	设置方法	说　　明
样式	开始→样式	可使用内置样式,套用标题样式、列表、页眉等样式,可自定义样式,创建摘要与关键词、参考文献、封面文字等样式
脚注 尾注	引用→脚注	为文档中的专有名词创建脚注,为参考文献创建尾注,Word内置脚注引用、脚注文本、尾注引用、尾注文本 4 种样式
题注	引用→题注	为文档中的图片、表格、公式等添加注释,可根据标题样式设置题注自动编号
交叉引用	引用→题注→交叉引用	将文档正文与各注释项、编号项、书签、标题建立引用,可保持自动更新
引文书目	引用→引文与书目	将文档参考文献设置为引用源,并可根据源在正文引用处添加标注,或自动生成书目
目录	引用→目录	可根据标题样式、大纲级别、自定义样式自动生成目录,可根据题注标签和编号创建图表目录

续表

关注点	设置方法	说　明
书签	插入→书签	可插入书签便于论文修改和阅读时的定位,目录出错提示"未定义书签!"
模板	开发工具→文档模板	可根据现有毕业论文创建模板,或者创建毕业论文模板,了解毕业论文模板中的样式管理

2.2　图文混排

在毕业设计论文的撰写过程中,经常需要插入一些图形图片。插图作为信息的载体比起文字来具有容量大、易引起读者注意等特点。插图的插入可以使得论文内容更为翔实,更具说服力。目前常用的插图主要包括以下几类。

(1)位图:由一系列小像素点组成的图片,就好像一张方格纸,填充其中的某些方块以形成形状或线条。位图文件通常使用的文件格式是.BMP。

(2)图形对象:可用于绘制或插入的图形,可对这些图形进行更改和完善。图形对象包含自选图形、图表、SmartArt、曲线、线条和艺术字。

(3)图片:包括屏幕截图、扫描的图片、照片和剪贴画等。插入图片的文件格式常用的有 BMP、PSD、JPEG、GIF 等。

(4)形状:包括如矩形和圆这样的基本形状,以及各种线条和连接符、箭头总汇、流程图符号、星与旗帜、标注等。

2.2.1　插入插图

Word 2010 允许以 6 种方式插入插图:插入来自文件中的图片、插入剪贴画、插入形状,插入 SmartArt、插入图表和插入屏幕截图。使用"插入"选项卡下的"插图"组中的 6 个功能按钮即可方便地插入图片,如图 2-2 所示。

图 2-2　插图

在这 6 个功能按钮中,图片、剪贴画、形状(自选图形)和图表在 Word 以往版本就已被广泛应用,只是在工具界面和样式的美观性方面进行了改良,详见表 2-2 所示。

表 2-2　插图对应的编辑工具

插入内容	工具名称	选项卡
图片/剪贴画/屏幕截图	图片工具	格式
形状	绘图工具	格式
SmartArt	SmartArt 工具	设计/格式
图表	图表工具	设计/布局/格式

以下主要介绍 SmartArt 和屏幕截图。

1. 插入图示:SmartArt

SmartArt 图可用来说明各种概念性的材料,只需单击几下鼠标即可创建具有设计师水准的插图,从而快速、轻松、有效地传达信息。Word 2010 支持的 SmartArt 包括列表、流程图、层次结构图、关系图、矩阵和棱锥图等,如图 2-3 所示。

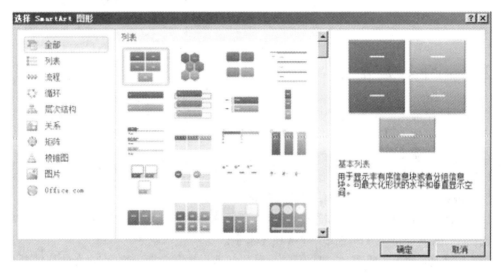

图 2-3　SmartArt 图示

【例 2-1】　插入组织结构图。

组织结构图能够清晰地反映组织的分层信息和上下级关系,且应用非常广泛,可以用于描述系统架构、人事关系、组织结构等。插入组织结构图操作如下。

步骤 1:单击"插入"选项卡"插图"组中的"SmartArt"按钮。

步骤 2:在弹出的"选择 SmartArt 图形"对话框的左边列表中选择"层次结构",在右边窗口中选择所需的样式,如"组织结构图"。

步骤 3:单击"确定"按钮,文档中就插入了一个基本组织结构图,同时系统会自动显示 SmartArt"设计"和"格式"选项卡,并切换到"设计"选项卡中,如图 2-4 所示。

图 2-4　SmartArt 工具"设计"选项卡

SmartArt"设计"选项卡包括创建图形、布局、SmartArt 样式和重置四个组。在布局组中可以将基本组织结构图切换成图片型、半圆形、圆形等多种形式,在样式组中可以在多种预设的图形样式中选取,从而修改图形的边框、背景色、字体等。若需要对图形进行精细修改,可以单击进入"格式"选项卡,如图 2-5 所示,进行进一步设置。

步骤 4:输入文字。向一个形状中添加文字,可用鼠标单击该形状,此形状会自动切换为编辑模式,这时可以直接输入文字,也可以使用"文本窗格"进行文字编辑,如图 2-6 所示。

图 2-5　SmartArt 工具"格式"选项卡

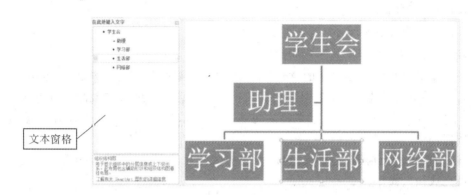

图 2-6　使用"文本窗格"进行文字编辑

步骤 5：若需要在图中"生活部"的右侧增加一个宣传部，可以单击选中"生活部"，在 SmartArt"设计"选项卡的"创建图形"组中选择"添加形状"，或直接右击"生活部"，选择"添加形状"，也可查看如图 2-7 所示的下拉菜单，选择"在后面添加形状"，则可生成如图 2-8 所示的组织结构。

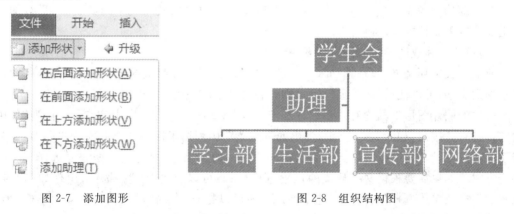

图 2-7　添加图形　　　　　　　　　　图 2-8　组织结构图

若要删除一个形状，选择该形状并按"Delete"键即可。

2. 插入屏幕截图

毕业论文中，经常需要通过截取屏幕把正在编辑的图像插入到文档中。以往需要截屏，可按键盘上的"Print Screen(prt sc)"按键，抓取屏幕上显示的全部内容，并存在剪贴板中，之后可以直接在文档中应用。如果需要对图像进行进一步编辑，可以先将其放到一些图像处理工具中，处理完毕后再利用编辑工具中的"图像选取"工具，选取图像，"复制"到剪贴板中，单击文档需要插入的位置，执行"粘贴"命令（快捷键为"Ctrl"＋"V"）或直接单击"剪贴板"窗格中要粘贴的项目。

Word 2010 提供了非常方便和实用的"屏幕截图"功能，该功能可以将任何最小化后收藏到任务栏的程序屏幕视图等插入到文档中,也可以将屏幕任何部分截取后插入文档。

插入任何最小化到任务栏的程序屏幕的操作步骤如下。

步骤1:将光标置于要插入图片的位置。

步骤2:单击"插入"选项卡下的"插图"组中的"屏幕截图"按钮,弹出"可用视窗"窗口,其中存放了除当前屏幕外的其他最小化的藏在任务栏中的程序屏幕视图步骤,单击所要插入的程序屏幕视图即可。

插入屏幕任何部分的图片的操作步骤如下。

步骤1:将光标置于要插入图片的位置。

步骤2:单击"插入"选项卡下的"插图"组中的"屏幕截图"按钮,在弹出的"可用视窗"窗口中,单击"屏幕剪辑"选项。此时"可用视窗"窗口中的第一个屏幕被激活且成模糊状。注意:第一个屏幕在模糊前大约有1~2秒的间隔,若需截取对话框等操作步骤图,可在此间隔中单击按钮操作。

步骤3:将光标移到需要剪辑的位置,拖曳剪辑图片的大小。图片剪辑好后,放开鼠标左键即可完成插入操作。

2.2.2　编辑插图

1. 设置图片或图形对象的版式

在插入的6类图片图形中,除了插入的"形状"默认"浮于文字上方"外,其余的图片图表均默认以"嵌入"方式插入文档中,不能随意移动位置,且不能在周围环绕文字。

在一篇毕业论文的排版中,经常需要更改图片的位置以及与文字间的关系,进行的操作主要有以下2种方式。

(1)更改图片或图形对象的文字环绕方式。

所谓的文字环绕方式,是指插入图片后,希望达到图片文字混排的效果,如果希望图片旁不排列文字,可以使用"嵌入型",反之则有各种文字环绕方式可供选择。

各类的图片图形工具均有"格式"选项卡,如图2-9所示,单击"格式"选项卡"排列"组中的"自动换行"按钮,如图2-10所示,弹出的下拉菜单中列出了四种环绕方式:"四周型"、"紧密型"、"穿越型"、"上下型",以图示表示该环绕方式的效果,用户可以根据需要选择相应的环绕方式。如果需要根据文字环绕的位置进行选择,可以单击"位置"按钮,出现如图2-11所示的下拉菜单。选择"其他布局选项"命令,还可以打开"布局"对话框。如果对于选取后的位置没有把握,可将鼠标浮在选项之上,预览环绕方式设置的结果。

(2)将图形对象移到文字前后。

可以把不在绘图画布上的绘图画布或图片移到文字前后,但是不能更改嵌入对象或在绘图画布上的对象的设置。选定图片、图形对象或绘图画布后,单击"格式"选项卡下的"排列"组中的"自动换行"按钮,在弹出的下拉菜单中选择"浮于文字上方"或"衬于文字下方"命令即可。

注意:Word 2010创建形状时不再自动创建绘图画布,但如需使用绘图画布还是可以单击形状→新建绘图画布。

图 2-9　"格式"选项卡"排列"组　　图 2-10　根据环绕方式分类　　图 2-11　根据位置分类

☞小技巧：

如果图片是嵌入型环绕，无法设置"浮于文字上方"或"衬于文字下方"，需调整为其他环绕方式。

2. 设置图片和图形的大小

在很多情况下，插入文档中的图片因为大小参差不齐，会导致文档很不美观。一般会使用鼠标拖动图片四周控点的方式调整图片大小，但在多图的大小需要统一时，该方式无法做到精准。最好的方法是在工具栏的"格式"选项卡"大小"组中，精确输入图片的尺寸。

在图片调整大小的过程中要避免图片变形。若要保持图片的长宽比例，在使用鼠标拖动时，拖动图片四个角其中一个角控点。或是单击工具"格式"选项卡"大小"组中的右下角的启动器图标，打开"布局"对话框的"大小"选项卡，勾选"锁定纵横比"的复选框。

3. 裁剪图片和压缩图片

注意：该功能仅对于图片、剪贴画、屏幕截图编辑时的图片工具有效。

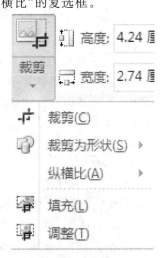

很多情况下，可能只需要使用某张图片的一部分区域，这样就需要对插入的图片进行一定的剪裁。Word 2010 裁剪功能经过增强后，可以轻松裁剪为特定形状、经过裁剪来调整或填充形状，或保持纵横比进行裁剪。只需单击图片工具"格式"选项卡下的"大小"组中的"裁剪"按钮向下的箭头，可见如图 2-12 所示的下拉菜单。

（1）裁剪：若要裁剪某一侧，请将该侧的中心裁剪控点向里拖动。若要均匀地裁剪两侧或四侧，须按住"Ctrl"的同时将任一侧的中心裁剪控点/或任一角的裁剪控点向里拖动。完成后

图 2-12　裁剪图片

按"Esc"退出。

（2）裁剪为形状：可将图片裁剪为特定形状，如圆形、方形等。在剪裁为特定形状时，将自动修整图片以填充形状的几何图形，但同时会保持图片的比例。

（3）填充或调整形状：若要删除图片的某个部分，用图片来填充形状，应选择"填充"。相反，如果要使整个图片都适合形状，应选择"适合"。这两种操作都将保留原始图片的纵横比。

☞ 注意：裁剪图片中的某部分后，被裁剪部分仍将作为图片文件的一部分保留。

在毕业论文中，经常发现文档过于庞大，导致毕业论文无法作为邮件的附件发送(邮件系统不支持过大的附件)。文档庞大的主要原因是过多图片、屏幕截图的使用，这个问题可以通过裁切图片或压缩图片解决。

在图片工具"格式"选项卡下的"调整"组中有"压缩图片"按钮，如图 2-13 所示，单击后出现"压缩图片"对话框，如图 2-14 所示。在压缩选项中，勾选删除图片中的剪裁区域，可删除裁剪部分。在目标输出中可根据文档用途选择：用于打印的文档，如毕业论文，可选择"打印"；用于网页和投影仪的，可选择"屏幕"；希望尽可能小满足共享，可选择"电子邮件"。

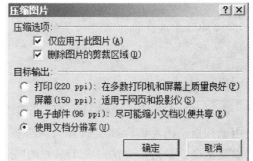

图 2-13　图片工具"格式"选项卡"调整"组　　　　图 2-14　压缩图片

2.3　表格应用

表格作为显示成组数据的一种形式，用于显示数字和其他项，以便快速引用和分析数据。表格具有条理清楚、说明性强、查找速度快等优点，因此使用非常广泛。Word 2010 提供了非常完善的表格处理功能，使用它提供的用来创建和格式化表格的工具，可以轻松制作出满足需求的表格。

2.3.1　创建表格

Word 2010 提供了多种建立表格的方法，切换到"插入"选项卡，单击"表格"按钮可弹出如图 2-15 所示的下拉菜单，其中提供了创建表格的 6 种方式：用单元格选择板直接创建表格、使用"插入表格"命令、使用"绘制表格"命令、使用"文本转换成表格"命令、"Excel 电子表格"命令、使用"快速表格"命令。在这六种创建方式中，前三种都是非常常用的方法，值得一提的是后三种创建方式。

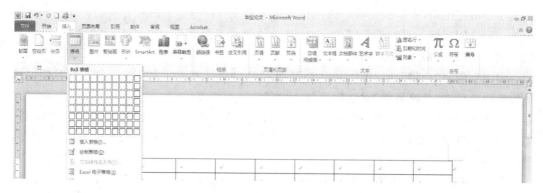

图 2-15　创建表格时，Word 2010 提供预览功能

（1）从文字创建表格：可以使用逗号、制表位或其他分隔符标记新列的开始，从而将文本转换为表格。①输入文本，并选中；②在文本中，使用逗号、制表位等标记新列的开始位置；③选择"插入"选项卡"表格"下拉菜单中的"文本转换成表格"；④在弹出的"将文字转换成表格"对话框中选择列数和使用的列分隔符。若输入的列数多于预设的列数，后面会添加空行。单击确定后，可生成表格。从文字创建表格是一个可逆的过程，在文档中有不用的表格同样可以将其转换为文字。在选中表格后出现的表格工具"布局"选项卡的数据组中，单击"转换为文本"可将表格转换成文本。

（2）插入 Excel 电子表格：可在 Word 表格中嵌入 Excel 表格，并且双击该表格后，Word 功能区会变为 Excel 的功能区，可以像操作 Excel 一样操作表格。使用该方式插入表格，与单击"插入"选项卡"文本"组中的"对象"按钮后，在出现的"对象"对话框中选择某类型的 Excel 表是相同的。

（3）快速表格：Word 2010 提供了一个内置的表格库，可以将表格套用为预制样式，也可以单击"将所选内容保存到快速表格库"以供下次使用。这类的内置表格，与内置的封面、页眉、页脚、页码一样都是构建基块，存放在构建基块库中可供选择。

注意：Word 2010 中取消了一个非常实用的功能：绘制斜线表头，如需使用只能通过插入斜线和文本框，并将其组合而成。

2.3.2　编辑表格

Word 2010 提供的表格工具非常直观地列举出 Word 表格操作的各项功能，如图 2-16 所示，包括行列的操作、单元格的操作和文字操作都分别在"行和列"、"合并"、"单元格"大小、"对齐方式"组中显示。以下对毕业论文中常用的几个功能进行介绍。

图 2-16　表格工具"布局"布局选项卡

1. 设置表格版式

在默认情况下，新建表格是沿着页面左端对齐的。有时为了美观需要调整，可以将鼠

标置于表格左上角,直至表格移动控点四角箭头出现,即可拖动表格。

一般使用表格工具"布局"选项卡对表格的版式进行调整。单击选项卡"表"组的"属性"按钮,出现"表格属性"对话框,如图2-17所示。

需注意的是"布局"选项卡"对齐方式"组是针对单元格文字的对齐方式,而不是表格。该设置同样可在"表格属性"对话框的"单元格"选项卡中完成。

切换到"行"选项卡,如果在表格中希望表格自动分页,可在"行"选项卡中的选项部分中,勾选"允许跨页断行",如图2-18所示。需注意,若设置后表格还是没有分页,检查表格的文字环绕方式是否设为无。

若表格跨页后需为跨页中的表格设置顶端标题行,可勾选"在各页顶端以标题行形式重复出现"复选框。该功能与表格工具"布局"选项卡数据组中的"重复标题行"是一致的。

图2-17 表格版式设置

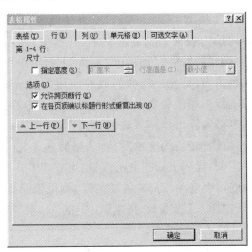

图2-18 跨页断行与标题行重复

2. 表格排序

在很多情况下,表格中存储的信息需要按照一定方式排列,以往大家往往使用Excel完成相关的功能,事实上Word本身就包含一个功能强大的排序工具。

Word 2010中排序的规则如下:①升序,顺序为字母从A到Z,数字从0到9,或最早的日期到最晚的日期;②降序,顺序为字母从Z到A,数字从9到0,或最晚的日期到最早的日期。

Word 2010支持使用笔画、数字、日期、拼音等四种方式进行排序,并可同时使用多个关键词进行排序。在中文的名单中经常被要求按照姓氏笔画排序,此时可直接将关键字的排序类型选择为笔画即可。

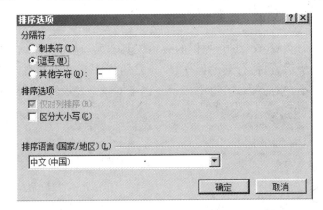

图2-19 "排序选项"对话框

在 Word 2010 中,如果一组数据未包含在表格中,而是由分隔符分割(如制表符、逗号等),同样可以对这些分隔数据进行排序。而只需在"排序选项"对话框中选择分隔符的类型(制表符、逗号、其他字符)即可,如图 2-19 所示。

3. 公式

Word 2010 的表格通过内置的函数功能,并参照 Excel 的表格模式提供了强大的计算功能,可以帮助用户完成常用的数学计算,包括加、减、乘、除以及求和、求平均值等常见运算。

如果需运算的内容恰好位于最右侧或是最底部,可以通过简单函数完成运算。

【例 2-2】　求总分和平均分。

操作步骤如下。

步骤 1:将光标置于要放置求和结果的单元格中。

步骤 2:单击"布局"选项卡下的"数据"组中的"公式"按钮,打开"公式"对话框。

步骤 3:如图 2-20 所示,选定的单元格位于一列数值的最右边,直接采用公式=SUM(LEFT)即可。公式中括号内的参数包括 4 个,分别是左侧(LEFT)、右侧(RIGHT)、上面(ABOVE)和下面(BELOW),可以根据不同情况进行选择。在"编号格式"框中选择数字的格式,如要以两位小数显示数据,请选择"0.00"。

序号	姓名	微积分	大学英语	计算机概论	大学物理	大学生修养	总分	平均分
1	杨不悔	73	66	51	73	61		
2	杨过	82	91	74	93	92		
3	郭芙	86	95	93	88	98		
4	郭靖	86	91	63	86	91		
5	郭襄	76	95	89	92	97		
6	黄蓉	92	92	78	94	88		

图 2-20　表格运算

注意:如果单元格中显示的是大括号和代码(例如{=SUM(LEFT)})而不是实际的求和结果,则表明 Word 正在显示域代码。要显示域代码的计算结果,请按"Shift"+"F9"组合键切换。关于域代码的操作请参照第 3 章。

如果该行或列中含有空单元格,则 Word 将不对这一整行或整列进行累加。要对整行或整列求和,请在每个空单元格中输入零值。

在很多情况下要参加计算的数据并不都是连续排列在某一行(或列)中,这时进行运算就需要进行单元格的引用。在表格中执行计算时,可用 A1、A2、B1、B2 的形式引用表格单元格,其中字母表示"列",数字表示"行",方式与 Excel 相同,具体可参见第 4 章的单元格应用部分,如表 2-3 所示。

表2-3　Excel单元格对应

	A	B	C
1	A1	B1	C1
2	A2	B2	C2
3	A3	B3	C3

在例 2-2 中,如果采用单元格引用的方式计算,则可以在"公式"对话框中输入=SUM(C2:G2),或者=SUM(C2+D2+E2+F2+G2)。同样,平均值

序号	姓名	微积分	大学英语	计算机概论	大学物理	大学生修养	总分	平均分
1	杨不悔	73	66	51	73	61	324	
2	杨过	82	91	74	93	92		
3	郭芙	86	95	93	88	98		
4	郭靖	86	91	63	86	91		
5	郭襄	76	95	89	92	97		
6	黄蓉	92	92	78	94	88		

图 2-21　公式

的公式也可使用＝AVERAGE(C2：G2)。

需注意的是，Word 是以域的形式将结果插入选定单元格的。如果更改了引用单元格中的值，请选定该域，然后按"F9"键，即可更新计算结果。

Word 表格的计算只是一些简单的计算，可以考虑使用 Excel 来执行复杂的计算。

另需注意的是表格工具中的公式图标为 fx，而"插入"选项卡中也有一个公式图标为 π，这两个按钮虽都名为公式，实际应用却很不同。前者对应的是表格的"公式"对话框，用于使用公式计算表格中的数据。而后者对应的是公式编辑器，主要用于在文档中编写数学公式。Word 2010 为公式提供了多个预置构建基块可供选择，这些构建基块存放在公式库中。

☞小技巧：Word 表格小技巧

在文档第一页插入表格后，若需插入表格标题，可直接在表格第一格回车。

在表格最后一个单元格，按"Tab"或回车，则插入一行。

在表格需要拆分位置的前一行使用"Ctrl"＋"Shift"＋回车可拆分表格。

按"Ctrl"后用鼠标调整列边线，可在不改变整体表格宽度的情况下，调整当前列宽。以后的各列，依次向后进行压缩。按住"Shift"后用鼠标调整列边线，效果是当前列宽发生变化但其他各列宽度不变。表格整体宽度会因此增加或减少。而按"Ctrl"＋"Shift"后用鼠标调整列边线，效果是不改变表格宽度的情况下，调整当前列宽，并将当前列之后的所有列宽调整为相同。

删除表格可使用快捷键"Shift"＋"Delete"。

2.4　样　式

图片、图形、表格、文字、段落等文档的元素都可以使用样式。使用样式，而不是直接使用格式，可以快速轻松地在整个文档中一致应用一组格式选项。例如，可以通过应用内置标题 1 样式在一个步骤中实现相同结果，而不是采取多个不同的步骤将标题的格式设置为"字体 2 号"、"加粗"、"多倍行距"、"段前 17 磅、段后 16.5 磅"。只需单击鼠标应用样式库中的"标题 1"样式，即可实现格式的统一设置。

在 Word 2010 中,样式管理又有了新的变化。图片图形和表格工具的出现,让图片图形和表格样式的选择变得游刃有余,而样式集、快速样式库的分层样式管理让文字、段落样式的应用,从单一向多样化发展。

2.4.1　图片图形与表格样式

各类工具的"格式"或"设计"选项卡都已提供了一组预设了边框、底纹、效果、色彩等内容的样式,只需单击所需的样式即可套用。如图 2-22～2-26 所示。若是预设的样式无法满足需要,也可以自行调整。例如,图片工具预设的边框颜色都是黑色,若需更改边框的颜色,只需单击"图片样式"组中的"图片边框"按钮,即可对边框颜色进行调整。

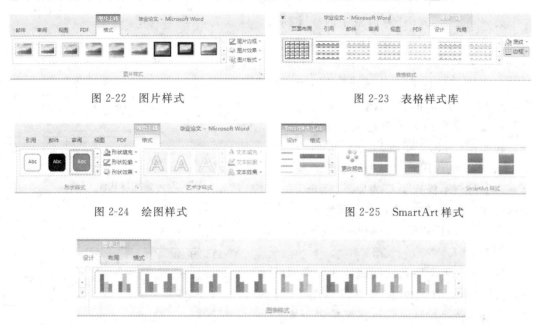

图 2-22　图片样式　　　　　　　　图 2-23　表格样式库

图 2-24　绘图样式　　　　　　　　图 2-25　SmartArt 样式

图 2-26　图表样式

Word 2010 一个显著的特色就是图片图形和表格中的样式添加,虽然以往 Word 版本中也有部分内容可以应用"自动套用格式",但该功能往往不为人所知,使用也不方便。在 Word 2010 中,只需单击对象→套用样式→修改样式,漂亮的图片和表格就会根据需要自动生成,简单且美观。需注意的是,表格工具和图形图像工具中的样式库有一个区别在于,表格工具被设定为构建基块,允许自定义并保持到表格库;而图形图片工具只能够自定义修改,无法保存。

2.4.2　文字与段落样式

文字和段落是一篇文档的主体,表格和列表也是由文字和段落组成。文字和段落样式的设定能够让文档内容更为整齐规范,且内容编排更为便利。相对图形图片和表格样式而言,图形图片和表格样式主要规范的是边框、效果、颜色、底纹等内容,而文字与段落样式主要规范字体、段落格式等,在应用于表格和列表中也可规范编号项、边框底纹等内容。例如,内置样式"标题 1"就包含了如图 2-27 所示的格式特点。

此外文字与段落样式允许保存样式信息以备下次使用,且每种样式都有唯一的样式名加以区分,并且可以设定快捷键。

1. 样式库

Word 2010 提供了两种样式库可供选用,第一类被称为快速样式库,位于"开始"选项卡中的"样式"组,快速样式库中默认列出了多种常用样式作为推荐样式,当然也可以将自定义的样式列入快速样式库。如图 2-28 所示,单击右下角的其他按钮可查看更多推荐样式。

另一类是"样式"任务窗格中的样式列表。样式列表默认显示与快速样式库相同的推荐样式。但如果推荐样式无法满足需要,可单击"样式"任务窗格右下角的"选项"按钮,在"样式窗格选项"对话框中,将选择要显示的样式改为"所有样式",可以查看到相对较为完整的样式列表。在如图 2-29 所示的所有样式列表中,所有样式的作用对象都是文字或者段落。回车符表示样式类型为段落,字母 a 表示样式类型为字符,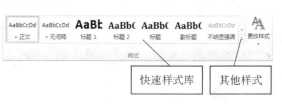表示类型为链接段落和文字,该样式既可以应用于段落,也可以应用于文字。

"样式"任务窗格默认按照样式冲突时的优先级排序(排序方式可在"样式窗格选项"对话框中修改为按字母顺序等),将鼠标置于样式上可查看样式包含的格式内容。在"样式"任务窗格的底端还包含了三个按钮,分别是:新建样式、样式检查器和管理样式。

使用"新建样式"按钮创建样式时,可选的样式类型不仅有字符型、段落型和链接型,还有列表和表格,似乎与"样式"任务窗格中列出的三种类型并不匹配。事实上,列表型和表格型主要应用于 Word 早期版本中,目前功能已逐步被弱化。Word 2010 的样式列表已经将列表型样式都采用回车符表示,即为段落型。表格型样式虽然还被保留在 Word 2010 中,但"样式"任务窗格中已不显示,使用"管理样式"可以查看到内置的表格型样式。随着第 2.3 节中提到"表格"工具的广泛使用,相信很少人会在"样

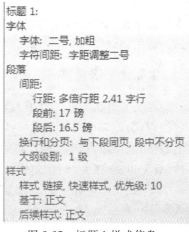

图 2-27　标题 1 样式信息

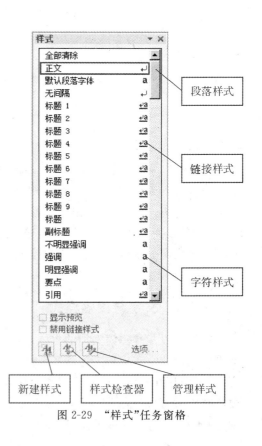

图 2-28　快速样式库

图 2-29　"样式"任务窗格

式"任务窗格中创建或修改表格样式。

2. 样式集

无论是快速样式库或是"样式"任务窗格显示的样式列表,都属于同一组样式。以前版本的 Word 中都只包含一组内置样式,旨在美化外观,但只有一组。如果希望使用相同名称的样式,在某些文档居中标题,但在其他文档中对齐左边距,只能使用单独的模板或创建每种格式的单独样式。

Word 2010 提供了多种风格各异的样式集,可以将同一文档模板和相同样式用于不同种类的文档。只需应用样式,就可以通过选择快速样式集,快速更改文档的外观。在"开始"选项卡"样式"组中的"更改样式"命令,并不是对某种样式进行格式修改,而是在不同的样式库、主题等间进行切换。图 2-30 和图 2-31 为切换为"正式"和"流行"后的论文。同样的标题样式在不同样式集中,体现为完全不同的风格。

图 2-30　"正式"样式集

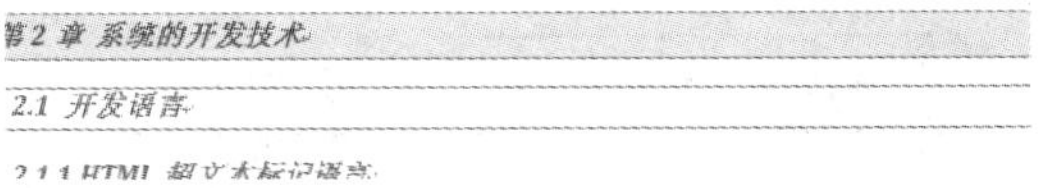

图 2-31　"流行"样式集

此外,Word 2010 的主题功能还能够为样式集的提供字体和配色方案。在应用主题时,同时应用字体方案、配色方案和一组图形效果,主题的字体方案和配色方案将继承到样式集,取得非常好的艺术效果。

2.4.3　样式的创建与应用

1. 内置样式

文字和段落样式的分类,根据创建主体不同可分为两种类型:①Word 2010 为文档中许多部件的样式设置提供的标准样式,可称之为内置样式;②用户根据文档需要自己设定的样式,可称为自定义样式。基本上,内置样式可满足大多数类型的文档,而自定义样式能够让文档样式更为个性化,符合文档实际需求。

例如,在一篇毕业论文中,总是习惯于在章标题上应用内置样式标题 1,随后逐级递减,在插入页眉和页脚、题注、脚注、尾注等部件后,Word 2010 会自动调用这些部件相对应的样式与之匹配。但如摘要和关键词、论文正文等有特定需要的样式,仍然需用户自行创建。

在符合论文格式要求的前提下,如表 2-4 所示的内置样式可以在论文中使用。

表 2-4　部分毕业论文所需的 Word 内建样式

样式名称	样式类型	用　　途	快捷键
正文	段落	套用于主体文字	"Ctrl"+"Shift"+"N"
标题 1～标题 9	链接	套用于章名、大标题、中标题、小标题……关系到页码格式的编号设置、题注的编号设置、目录的自动生成、文档结构图的生成、多级编号的设置等	标题 1～标题 3 "Ctrl"+"Alt"+"1" "Ctrl"+"Alt"+"2" "Ctrl"+"Alt"+"3"

续表

样式名称	样式类型	用　途	快捷键
列表	段落	套用于项目符号与编号中的多级编号　.	
目录 1～目录 9	段落	套用于 1～9 层目录	
题注	段落	套用于题注	
图表目录	段落	套用于各种(图、表……)题注所产生的目录	
脚注引用	字符	套用于脚注的代表符号(安插于正文之中)	
脚注文本	链接	套用于脚注的说明文字	
尾注引用	字符	套用于尾注的代表符号(安插于正文之中)	
尾注文本	链接	套用于尾注的说明文字	
页码	字符	套用于页码	
页眉	链接	套用于页眉(包括文字下方的横线)	
页脚	链接	套用于页脚	

2. 自定义样式

内置样式的套用可以满足部分文档的要求,但在很多情况下,需自定义创建样式。例如,在毕业论文的撰写过程中,需要统一正文的格式为:字体:宋体、小四;行距:1.5 倍行距、首行缩进 2 字符。

很显然,没有内置的样式满足论文要求。该格式的设置对于一小段文字虽然不复杂,但对于一篇数万字的论文,如果不使用样式,将非常繁琐。在长文档的撰写中,通过样式来管理格式能够简化文档的编写与修改,并且目录、页码、题注编号的生成也都基于样式,便于日后对文档内容进行查找和引用。自定义样式一般使用以下三种方法。

方法一:用修改法建立段落的样式。可以通过"修改"原有样式的方法,快速更改某一类段落的格式。修改法处理样式后,原样式名称不变,但其中的一组修饰参数不同。此方法在统一标题类样式的基础上,便于批量更改统一段落的格式。

【例 2-3】　通过修改现有样式新建样式。

设置目的:在毕业论文中,将 Word 默认的"正文"样式"宋体、五号",更改为毕业论文实际所需的"宋体、小四、1.5 倍行距、首行缩进"格式。通过套用新样式格式化文本。

使用工具:"样式"任务窗格。

操作步骤(假定论文中论文正文套用了内置"正文"样式):

步骤 1:在当前文档中,选中采用正文文本的某一段落。

步骤 2:按照要求设置格式,调整字体大小为小四,在段落对话框中设置特殊格式为"首行缩进",行距为"1.5 倍"行距。

步骤 3:在"样式"任务窗格上的"正文"样式右侧单击下拉按钮,弹出快捷菜单。

步骤 4:在快捷菜单中单击"更新正文以匹配所选内容"。可以查看到文档中所有采用正文样式的段落都已被更新为"宋体、小四、1.5 倍行距、首行缩进"格式。

需要注意的是:由于"正文"样式是内置样式,一旦发生修改,将会对后续文字输入产生持续影响。由于 Word 文档默认文字采用正文样式,在本文档中随后输入的文字也都会自动套用修改后的样式。若文档中还需要使用标准的"正文样式",建议采用方法二和方法三新建样式。

方法二:使用"根据格式设置创建新样式"对话框创建新样式。

【例 2-4】　毕业论文正文字体样式创建。

使用工具:"根据格式设置创建新样式"对话框。

操作步骤如下。

步骤 1:在"样式"任务窗格中,单击底部的"新建样式"按钮,打开"根据格式设置创建新样式"对话框。

步骤 2:在"样式名称"框中键入新样式的名称"论文正文"。

步骤 3:在"样式类型"框中选择新样式的类型为段落样式。

步骤 4:调整文字与段落的属性,将格式设置为字体:宋体、小四;行距:1.5 倍行距、首行缩进 2 字符,单击"确定"完成设置。可查看到论文正文样式出现在快速样式库中。

"根据格式设置创建新样式"对话框中主要设置样式的属性和格式两部分内容,如图 2-32 所示。具体选项说明如下。

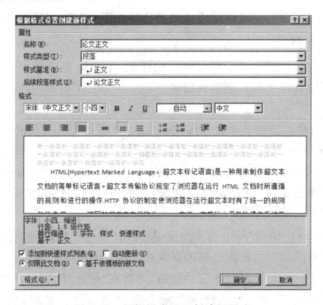

图 2-32　根据格式设置创建新样式

(1)名称。新样式的名称,名称可以包含空格,但必须区分大小写。

(2)样式类型。可选择字符、段落、列表、表格和链接段落和字符五种样式类型。若选择的是"字符"项,则对话框中用于设置段落格式的属性将灰色显示,选择新建表格样式或列表样式,则该对话框明显不同。

(3)样式基准。Word 将选定段落或插入点所在段落作为新样式的基准样式。若要以另一种样式作为新样式的基准样式,则单击下拉按钮,从"样式基准"下拉列表中进行选择。如果不需要基准样式,可以从下拉列表中选取"无样式"。

(4)后续段落样式。在"后续段落样式"下拉列表框中,可选取使用新建样式设定的段落后,下一个新段落应用的样式。

(5)仅限此文档和基于该模板的新文档。如果希望今后在创建文档时都带有该新建样式,可勾选基于该模板的新文档,否则新样式仅在当前的文档中存在。

(6)如果希望新建的样式在使用过程中修改以后,所有应用该样式的地方都自动更新成修改后的样式,则选取"自动更新"复选框。

(7)勾选"添加到快速样式列表"后,"开始"选项卡的样式区域内便可查看到"论文正文"样式,否则该样式仅在"样式"任务窗格的列表中存在。

方法三:将所选内容保存为新快速样式。

【例 2-5】 根据现有样式新建毕业论文字体样式。

使用工具:快速样式库下拉菜单中的"将所选内容保存为新快速样式"。

操作步骤如下。

步骤 1:根据格式要求调整某正文段落的格式。在文档中选中正文的一个段落,将格式设置为字体:宋体、小四;行距:1.5 倍行距、首行缩进 2 字符。

步骤 2:单击"样式库"右下方其他按钮,显示全部快速样式。在出现的下拉菜单中,选择"将所选内容保存为新快速样式",在弹出的"根据格式设置创建新样式"对话框中,输入样式名称,单击确定后,会自动将样式添加到快速样式库和"样式"任务窗格。

3. 创建样式快捷键

Word 2010 给内置样式创建了部分样式快捷键,也允许用户使用"Ctrl"、"Alt"或功能键指定快捷键组合给自定义样式创建快捷键。

操作步骤如下。

步骤 1:在"根据格式设置新样式"对话框中,单击"格式"按钮,在出现的弹出菜单中,选择"快捷键"项,屏幕将显示"自定义键盘"对话框。

步骤 2:在"命令"列表框中显示了要设置快捷键的样式。在"当前快捷键"框中显示了所选择样式的当前快捷键,若未设置快捷键,则此框为空。在"说明"区域中显示了该样式的格式说明。

步骤 3:在"请按新快捷键"框中键入快捷键的组合键,如"Ctrl"+"O",也可以直接在键盘上按下组合键"Ctrl"+"O",该组合键即显示在"请按新快捷键"框中。

如果需要给一个已创建的样式指定快捷键,可以在"修改样式"对话框中操作。

注意:在默认情况下,Word 不显示自定义键盘快捷键。必须记住应用于样式的快捷键。

4. 应用样式

样式创建完成后,可在快速样式库中和"样式"任务窗格的列表中查看。如需应用样式,可选中相应文字段落或直接将鼠标置于文档中,然后在这两个样式库中选择应用。

例如,例 2-4 中已经新建了"论文正文"样式,需要将文中正文样式的文字替换为论文正文样式。但正文样式的文字都不连续,应当如何将文档中原来为正文样式的文字都套用为"论文正文"?

【例 2-6】 应用样式。

方法一:使用快速样式库("样式"任务窗格的使用方法基本相同)。

步骤 1:将光标置于"正文"样式的段落中,可查看到"开始"选项卡"样式"组的快速样式库中正文样式有个黄色边框,表示当前应用。

图 2-33　选择样式

步骤 2:右击快速样式库中的正文样式,在下拉列表中选择"全选(无数据)",如图 2-33 所示。一般第一次单击"全选"命令的参数会显示"无数据",若第二次单击该命令会变为"选择所有 26 个实例"等。此时可查看文档中应用正文样式的段落已被全部选中。

步骤 3:单击快速样式库中的"论文正文"样式,即可完成样式的全部应用,原"正文"样式的文字已全部应用"论文正文"样式。

方法二:使用"查找和替换"功能替换样式。

步骤 1:全选文档。单击"开始"选项卡右侧"编辑"组中的替换按钮,显示"查找和替换"对话框。

步骤 2:将光标置于查找内容框,单击"查找和替换"对话框底部的"格式"按钮,在下拉菜单中选择"样式"。

步骤 3:在"查找内容"对话框中找到所需的"正文"样式。

步骤 4:同样将光标至于"替换为对话框",重复步骤 2 和 3,直至找到"论文正文"样式。

步骤 5:单击替换即可。

提示:查找与替换功能在 Word 中非常实用,尤其在长文档中。例如,希望删除文档中过多的换行符,可以查找两个段落标记^p^p,替换为一个段落标记^p,多替换几轮,就能够将空行基本都删除。再如,需要删除某些带格式的文本,可以单击"查找和替换"对话框中的"更多"部分的"格式"按钮设置文字的格式,并且在替换栏中不要输入任何文字,可起到删除的效果。在查找过程中,若对查找项不确定,可以使用通配符替代。例如"＊"星号表示是任意字符串,"?"问号表示单个字符。

应用样式也可以在"应用样式"对话框中设置。"应用样式"对话框的设置主要是为了快速应用样式,简化操作。

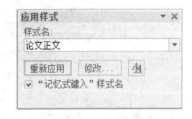

图 2-34　应用样式

如图 2-34 所示,单击快速样式库右下角的其他按钮,在下拉列表中选择最底部的 应用样式按钮打开"应用样式"对话框。在"样式名"框中可自行输入样式名称,或在下拉列表中选择应用的样式。确定样式名后单击"重新应用"即可完成套用。

应用样式还可以使用以下两种便捷方法。①"开始"选项卡中的格式刷 格式刷功能,使用格式刷可以将已套用样式的文字样式复制到另外文字和段落中。注意如果要使用格式刷复制一个段落的样式,请先用鼠标选中整个段落,包括段落结束时的换行符。单击格式刷只能将源文本的格式复制到一个目标文本。如果双击格式刷,可一直复制,直至再单击格式刷按钮、或者是按"ESC"键退出格式复制状态。②快速工具栏中的重复键入按钮("Ctrl"＋"Y"),该工具可重复上一次进行的操作。例如将某标题套用内置样式标题 1 后,选中另一个标题,使用"重复"后可将标题 1 样式重复套用到另一标题处。但重复按钮和格式刷的区别在于,重复按钮仅复制前一次的操作,而格式刷复制当前文字段落的全部格式。

4.修改样式

要修改某一样式,同样可以在快速样式库、"样式"任务窗格和"应用样式"对话框中操作,但并不是使用快速样式库右侧的"更改样式"命令。在上例中,如果希望将论文中的正文字体全部改为楷体,可以通过直接修改论文正文样式完成。

【例2-7】 将论文正文样式中的字体修改为"楷体"。

使用工具:快速样式库。

步骤1:在快速样式库中,右击"论文正文",在下拉菜单中选择"修改"。

步骤2:在显示的"修改样式"对话框中,如图2-35所示,将字体改为"楷体",单击确定后。文档中应用为"论文正文"的样式将直接全部应用楷体字体。

图2-35 "修改样式"对话框

若样式已经应用在文字中,则直接修改样式将直接体现在文字中。若样式还未应用,则还需将修改后的样式应用到文字才能够生效。

"样式"任务窗格的使用方法与快速样式库基本相同,使用"应用样式"对话框在选定样式后可直接单击"修改"按钮。

前面介绍的用修改法建立段落样式,应用的是"更新以匹配选择"的方式,也是一种修改样式的方法。

5.删除样式和清除格式

当文档不再需要某个自定义样式时,可以将该样式删除。文档中原先由删除的样式所格式化的段落改变为"正文"样式。只需在快速样式库或"样式"任务窗格中,选择要删除的样式即可。但两者略有区别。

在快速样式库中,可右击要删除的样式,在下拉菜单中选择"从快速样式库中删除"命令。删除后该样式不会出现在快速样式库中,但在"样式"任务窗格的列表中不会被删除。在"样式"任务窗格的列表中找到该样式,单击样式右侧的下拉菜单,如图 2-36 所示,选择"添加到快速样式库"后,可重新在快速样式库中查看该样式。若选择"删除论文正文"该样式将被彻底删除。注意:Word 2010 提供的内置样式不能被彻底删除。

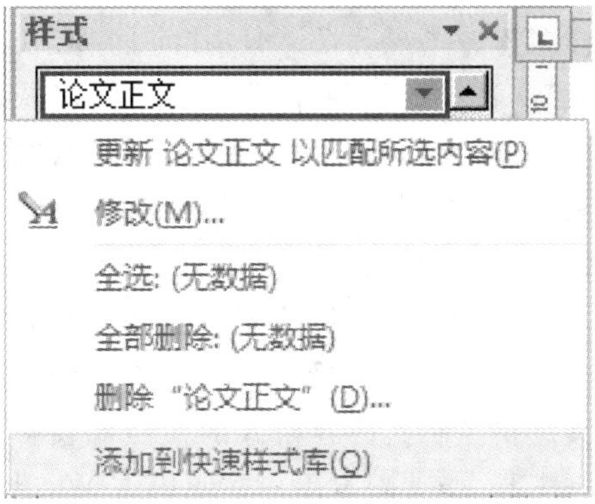

图 2-36　将样式添加到快速样式库

6. 清除格式

了解一篇文档排版是否专业,可以通过查看样式而知。如果使用中的格式清单冗长,必然是文档中应用了过多的格式而显得混乱。此时,可以通过清除格式,将文档内容中的格式全部清除,再根据样式重新排版,保证文档的美观性。

清除格式是指,在不删除样式的情况下,将文字的格式全部清除,回归正文样式。有以下 3 种方法。①选中该段文字,直接在样式库中套用正文样式。②选中该段文字,单击快速样式库右下角的其他按钮,在下拉列表中,选择"清除格式"。该方法同样可删除所选文字的全部格式。③选中该段文字,在"样式"任务窗格的样式列表中选择"全部清除"。全部清除命令通常位于样式列表的第一个。

若要清除文档中的全部格式,可先使用"Ctrl"+"A"全选文档,再使用这三种方法清除文档格式。但有时,可能只需要将应用某个样式的多段文字清除格式。在保留该样式的前提下,可在"样式"任务窗格中,单击该样式右侧的下拉列表,选择"全部删除"。这个命令并不会删除该样式,只是将应用该样式的文字的格式全部清除。

清除格式一般是指版心内正文内容的格式,如果需要清除页眉页脚、脚注尾注的格式,必须先进入编辑状态,再选择清除格式,同样可将原有的全部样式转换为正文样式。

2.4.4　样式管理

"样式"任务窗格下方还提供两个非常实用的功能,分别是"管理样式"和"样式检查器"。其中"管理样式"功能可以说是样式的总指挥站,使用该对话框可以控制快速样式库和"样式"任务窗格的样式显示内容,创建、修改和删除样式(只删除自定义样式)。"样式检查器"功能可以帮助用户显示和清除 Word 文档中应用的样式和格式,"样式检查器"将段落格式和文字格式分开显示,用户可以对段落格式和文字格式分别清除。

1. 管理样式

单击"样式"窗格底部的 管理样式图标,打开"管理样式"对话框,显示"编辑""推荐"、"限制"和"设置默认值"四个选项卡,如图 2-37 所示。

"编辑"和"推荐"选项卡都默认将样式"按推荐"排序。所谓的"推荐"样式,即为在出现"快速样式库"中的部分样式。在"编辑"选项卡中可以进行样式的新建和修改。在"推荐"选项卡中可以同时选择一个或多个样式修改优先级，或将所有样式设置在快速样式库中"显示"、"使用前隐藏"或"隐藏"。这种方法集中了控制文档格式的主要选项，要优于被动控制。请注意"全选"和"选择内置样式"按钮，可以通过它们快速区分 Word 的内置样式和自定义样式。

"设为默认值"选项卡主要是对正文样式进行修改。而"限制"选项卡是设计需极其严格控制其内容格式的模板和窗体的优秀工具，能够限定用户在使用该 Word 文档时可使用的样式，若配合模板使用将发挥很大的作用。关于"限制"选项卡的应用将在本书的文档安全章节详细介绍。

请注意，在"管理样式"四个选项卡的底部都有选择是"仅限于此文档"还是"基于该模板的新文档"，如图 2-37 所示。若选择基于该模板的文档，表示目前的设置修改将会被保存到模板中。

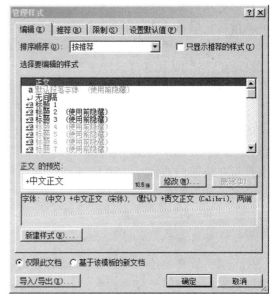

图 2-37　"编辑"选项卡

2. 样式检查器

单击"样式"任务窗格中的样式检查器按钮，打开"样式检查器"任务窗格。如图 2-38 所示，在样式检查器中，可将段落格式和文字级别格式进行区分，有针对性地进行管理。一般应用了段落型和链接型样式的段落，样式名称会显示在段落样式窗格中，文字级别格式显示"默认段落字体"。而应用了字符型样式的文字样式会显示在文字级别格式窗格中，段落格式显示为"正文"。图 2-38 和图 2-39 分别为套用了标题 1（链接型样式）和书籍标题（字符型样式）时的显示情况。

图 2-38　链接样式：标题 1

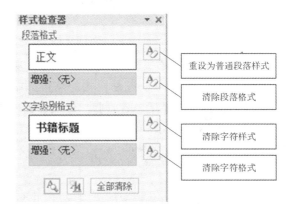

图 2-39　字符样式：书籍标题

段落和文字级别格式下分别有一个名为"增强"的窗格，主要用于确认该段落或文字是否有除应用样式以外的直接格式操作。直接格式操作是指应用"段落"或"字体"等对话框等进行段落或文字格式的直接编辑。假如某人应用了标题 1 样式，却又发现希望文字能居中，间距不要太大，随后又直接修改了文字的格式，而不是修改样式。此类的直接格式修改将会出现在"增强"窗格中。

　　样式检查器右侧的四个按钮分别是"重设为普通段落样式"、"清除段落格式"、"清除字符样式"和"清除字符格式"，可根据实际情况选择按钮。若无法区分段落和文字的格式，可以借助"显示格式"按钮来查看。

　　【例 2-8】　如何在"显示格式"任务窗格中，比较两段文本的格式区别？

　　可以采用如下步骤（见图 2-40）。

　　步骤 1：选取若干文字或段落，在任务窗格中显示被选取文字或段落的排版格式。即为第一个框显示的内容。

　　步骤 2：选中"与其他选定内容比较"复选框。

　　步骤 3：在文档中选取要与之比较排版格式的文字或段落。

　　步骤 4："格式差异"框中列出了两处文字或段落排版格式上的差异。符号"→"左边为源文字或段落的排版格式，右边为后选取的文字或段落的排版格式。对比显示，选取的第一段英

图 2-40　比较格式

文文字字体为 Calibri，而第二段英文字字体为 Times New Roman。

　　在"显示格式"任务窗格中，如果要改变选定字符的字体，可以单击"字体"链接，即可以打开"字体"对话框"字体"选项卡，在其中设置字体。

2.5　文档注释与交叉引用

　　通常在一篇论文或报告中，在首页文章标题下会看到作者的姓名单位，在姓名边上会有一个较小的编号或符号，该符号对应该页下边界或者全文末页处有该作者的介绍；在文档中，一些不易了解含义的专有名词或缩写词边上也常会注有小数字或符号，且在该页下边界或本章节结尾找到相应的解释，这就是脚注与尾注。

　　区别于脚注和尾注，题注主要针对文字、表格、图片和图形混合编排的大型文稿。题注设定在对象的上下两边，为对象添加带编号的注释说明，可保持编号在编辑过程中的相对连续性，以方便对该类对象的编辑操作。

　　在书籍、期刊、论文正文中用于标识引用来源的文字被称为引文。书目是在创建文档时参考或引用的文献列表，通常位于文档的末尾。

　　一旦为文档内容添加了带有编号或符号项的注释内容，相关正文内容就需要设置引用说明，以保证注释与文字的对应关系。这一引用关系称为交叉引用。

　　在 Word 2010"引用"选项卡的各组中，提供了关于脚注尾注、题注、引文和交叉引用等各项功能。

2.5.1 脚注与尾注

在一篇毕业论文中,脚注一般置于每页的底部,而尾注则置于每节或文档的结尾,作为文档中某些字符、专有名词或术语的注释。脚注和尾注由两个关联部分组成:注释引用标记、与其对应的文字内容。标记可自动编号,还可以自定义标记。采用自动编号时,当增、删或移动脚注与尾注时,Word 2010 会自动将参照标记重新编号。

1. 插入脚注和尾注

如需要插入脚注或尾注,可将插入点置于文档中希望脚注或尾注参照标记出现的位置。单击"引用"选项卡中"脚注"组中的"插入脚注"或"插入尾注"命令(见图 2-41),Word 2010 会在插入点所在位置插入参照标记,并在文档底部打开一个脚注或尾注窗口,用户可在其中键入注释文本。若在同一页面插入多个注释,插入的参照标记会自动按照对应文本在文档中的顺序编号。Word 会自动为插入的脚注标记套用"脚注引用"样式,为脚注的说明文字套用"脚注文本"样式。若插入尾注,Word 也会自动套用尾注样式。

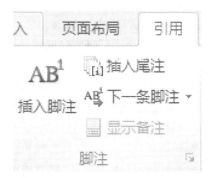

图 2-41 "脚注"组

若希望查看在文档正文中的脚注或尾注引用标记,可以在"脚注"组中,单击"下一条脚注"旁的三角箭头,可以在上一条脚注、下一条脚注和上一条尾注和下一条尾注中切换。

若希望查看脚注或尾注对应的文字内容,在正文中的注释引用标记和脚注尾注内容之间互相切换,可单击"显示备注"按钮。同样,双击文档正文或注释中的注释标记也可在正文位置和注释中跳转。

若单击脚注组右下角的脚注和尾注启动器按钮，会显示"脚注和尾注"对话框。"脚注和尾注"对话框可分为三个区域:位置、格式和应用更改,如图 2-42 所示。

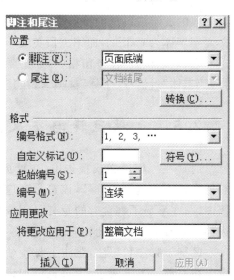

图 2-42 "脚注和尾注"对话框

(1)在位置区域中,若选择"脚注"单选按钮,可以在其后的下拉列表框中选择脚注的位置:页面底端、文字下方。若选择"尾注"单选按钮。可以在其后的下拉列表框中选择尾注的位置:文档结尾、节的结尾。单击"转换"可以完成脚注全部转换为尾注、尾注全部转换为脚注,或是脚注与尾注间的互相转换。

(2)要自定义注释引用的标记,可以在"自定义标记"文本框中键入字符,作为注释引用的标记,最多可键入 10 个字符。还可以单击"符号"按钮,在出现的"符号"对话框中选择作为注释引用标记的符号。与页码设置一样,脚注也支持节操作,可在"编号"下拉列表框中,选取编号的方式:连续、每节重新编号、每页重新编号。

(3)可设置应用范围:本节、整篇文档,应用脚注的效果见图 2-43。

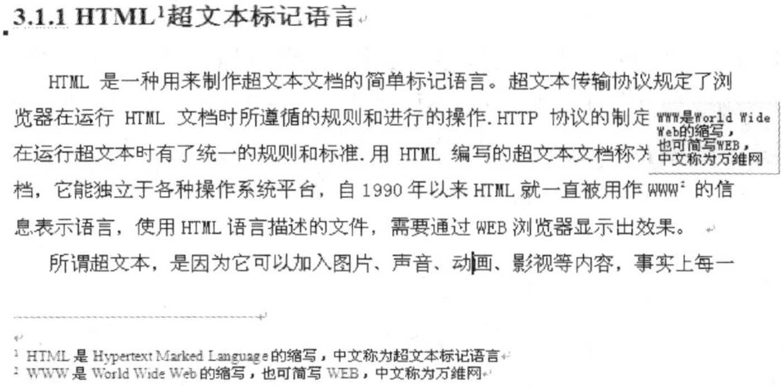

3.1.1 HTML[1]超文本标记语言

HTML 是一种用来制作超文本文档的简单标记语言。超文本传输协议规定了浏览器在运行 HTML 文档时所遵循的规则和进行的操作.HTTP 协议的制定在运行超文本时有了统一的规则和标准.用 HTML 编写的超文本文档称为档，它能独立于各种操作系统平台，自 1990 年以来 HTML 就一直被用作 WWW[2] 的信息表示语言，使用 HTML 语言描述的文件，需要通过 WEB 浏览器显示出效果。

所谓超文本，是因为它可以加入图片、声音、动画、影视等内容，事实上每一

WWW是World Wide Web的缩写，也可简写WEB，中文称为万维网

1 HTML 是 Hypertext Marked Language 的缩写，中文称为超文本标记语言
2 WWW 是 World Wide Web 的缩写，也可简写 WEB，中文称为万维网

图 2-43　脚注

2. 编辑脚注和尾注

要移动、复制或删除脚注或尾注时,所处理的事实上是注释标记(见图 2-44),而非注释窗口中的文字。

(1)移动脚注或尾注:可以在选取脚注或尾注的注释标记后,将它拖至新位置。

(2)删除脚注或尾注:可以在选取脚注或尾注的注释标记后,按“Delete”键删除。此时若使用自动编号的脚注或尾注,Word 2010 会重新替脚注或尾注编号。可使用查找替换功能,查找脚注或尾注标记并替换为空格,以此删除全文中的脚注或尾注。

图 2-44　注释标记

(3)复制脚注或尾注:可以在选取脚注或尾注的注释标记后,按住“Ctrl”键,再将它拖至新位置。Word 2010 会在新的位置复制该脚注或尾注,并在文档中插入正确的注释编号。相对应的脚注或尾注文字也将被复制到适当位置。

(4)编辑脚注和尾注:可进入草稿视图,查看备注窗格。如需删除尾注的前横线,只需切换到尾注分隔符,单击“Delete”即可。如图 2-45 所示,若文档中有尾注,则下拉列表中还会显示“所有尾注”。

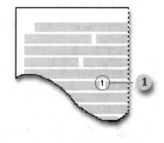

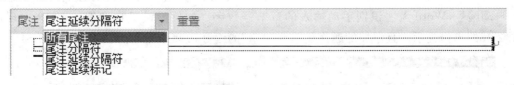

图 2-45　草稿视图下的脚注和尾注备注窗格

2.5.2　题　注

在 Word 2010 中,可为表格、图片或图形、公式以及其他选定项目加上自动编号的题注。“题注”由标签及编号组成。用户可以选择 Word 2010 提供的一些标签的项目及编号

的方式,也可以自己创建标签项目,并在标签及编号之后加入说明文字。

1. 创建题注

选定要添加题注的项目,如图形、表格、公式等,或将插入点定位于要插入题注的位置。选择"引用"选项卡中"题注"组中的"插入题注"命令,出现"题注"对话框。

图 2-46 中题注框中的"Figure 1",Figure 为标签,1 为自动编号。可在标签编号后输入需要说明的文本。

可在"标签"下拉列表中选取所选项目的标签名称,默认的标签有:表格(Table)、公式(Equation)、图片(Figure)。在"位置"下拉列表框中,可选择题注的位置:所选项目下方、所选项目上方。一般论文中,图片和图形的题注在其下方,表格的题注在其上方。若 Word 2010 自带的标签不满足需要,可单击下方的新建标签按钮,自定义标签。在论文撰写中,一般需要新建"图"、"表"两个标签。

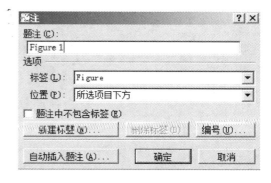

图 2-46 "题注"对话框

2. 样式、多级编号与题注编号

为图形、表格、公式或其他项目添加题注时,可以根据需要设置编号的格式。设置方式与页码格式中的编号方式相似。

单击"图 2-46"中的"编号"按钮,弹出如图 2-47 的"题注编号"对话框,在"格式"下拉列表中选择一种编号的格式;如果希望编号中包含章节号,则选中"包含章节号"复选框,并设

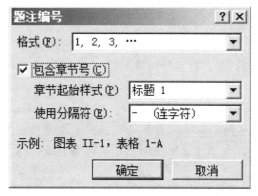

图 2-47 多级题注编号

置"章节起始样式",以及章节号与编号之间的"使用分隔符"。设置完毕,单击"确定"按钮返回"题注"对话框。

注意:如果需要在编号中包含章节号,必须在文档的撰写过程中,将每个章节起始处的标题设置为内置的标题样式,否则在添加题注编号时无法找到在"题注编号"对话框中设定的样式类型。此外,在标题样式中必须采用项目自动编号,即为章节号必须为 Word 2010 的自动编号,Word 无法识别手动输入的章节号数字。如果不设置自动编号,将会出现如图 2-48 的出错提示。且添加的题注显示为"0-X"的编号,0 就表示了无法识别的章节号。

图 2-48 不含章节号的出错提示

【例 2-9】 若需要在毕业论文中添加如图 2-49 所示样式的题注,应当如何操作?

步骤 1:将每一章的章标题设为标题 1,将每章中仅次于章标题的第二层次标题设为标

图 6-1 首页界面

图 2-49　创建题注示例

图 2-50　多级编号列表

题 2,可根据需要设置最多九级的标题样式。

步骤 2:为标题设置多级自动编号。可单击"开始"选项卡的"多级列表"按钮,在下拉菜单中的列表库中,选择预览图中标有标题 1、标题 2、标题 3 样式的列表样式,如图 2-50 所示。有标题字样表示已与标题样式建立了关联。单击定义新的多级列表,打开"定义新多级列表"对话框。

步骤 3:首先设定第 1 级编号,选择编号样式为阿拉伯数字 1,2,3…,起始编号为 1,在编号格式框中,可以在编号两边自行输入文字,将编号格式变为第 1 章。

需注意的是,若多级列表一开始未选择与标题样式相链接的模板,可在"定义新多级列表"对话框的左下侧单击"更多"按钮,在对话框右侧"将级别链接到样式"的下拉列表中选择"标题1"。如果希望在多级编号后自动插入一个空格,可在"编号之后"下拉列表中选择"空格"。

步骤 4:将级别选择为 2,设置第 2 级编号。首先选择"包含的级别编号来自"为"级别 1",可以在输入编号的格式框中看到显示的自动编号数字 1。若未设置与标题样式的关联,操作方法与第一级标题相同。

步骤 5:在输入编号的 1 后,输入".1",在此级别的编号样式中继续选择编号样式为阿拉伯数字,起始样式为 1,则二级符号如图 2-51 的编号格式框中所示。

步骤 6:可根据实际需要设定标题 3,但无需设置过多标题,显得层次混乱。

步骤 7:在"题注编号"对话框中,勾选"包含章节号"。将章节起始样式设为标题 1,选择分隔符为短横,单击确定即可。

事实上,题注设定只引用某一个级别标题样式中的自动编号,因此只需根据题注要求设置某个级别的自动编号即可。但通过多级符号设置,文中的各个层级标题都设为自动编号的规范样式,编号项移动、删除等,系统将会自动更新,使用非常方便。

建议在论文编写的最初就预先设定标题样式中的项目符号和编号,而不是在需插入题注时才设定编号。

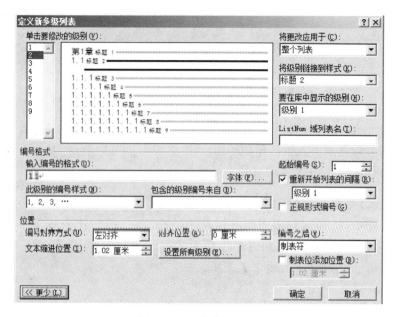

图 2-51　更多编号选项

3. 自动插入题注

通过设置"自动插入题注",当每一次在文档中插入某种项目或图形对象时,Word 2010 能自动加入含有标签及编号的题注。在单击"引用"选项卡"插入题注"按钮出现的"题注"对话框中,单击对话框中的"自动插入题注"按钮,出现"自动插入题注"对话框,如图 2-52 所示。

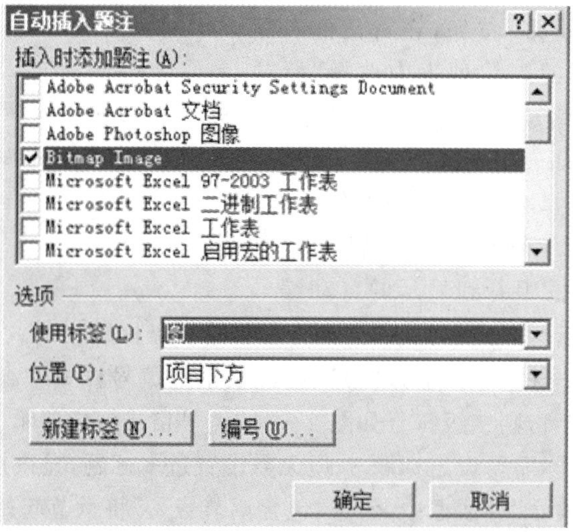

图 2-52　自动插入题注

在"插入时添加题注"列表中选取对象类别(可用的列表项目依所安装 OLE 应用软件而定),然后通过"新建标签"按钮和"编号"按钮,分别决定所选项目的标签、位置和编号方式。

设置完成后,一旦在文档插入设定类别的对象时,Word 2010 会自动根据所设定的格式,为该图形对象加上题注。如要中止自动题注,可在"自动插入题注"对话框中清除不想自动设定题注的项目。

2.5.3　引文和书目

Word 2010 提供的引文和书目功能让参考文献的管理以及引用内容的标注变得十分简单。只需通过建立一个引文"源",无论这个源是自己录入的、计算机中其他文档的,还是网络共享的,都可以根据源,套用国际通用样式,将规范化的引文标识插入到文档中。不仅如此,使用引文还可根据源自动生成参考文献目录(书目)。

1. 插入引文

可按照如下步骤插入引文。

步骤 1:在"引用"选项卡上的"引文与书目"组中,单击"样式"旁边的箭头。选择用于引文和源的样式。样式列表的选取请参见表 2-5。

表 2-5　引文样式列表

样式名称	代表意义	用　于
APA	美国心理协会	
Chicago	Chicago 样式手册	
GB7714		中国
GOST	俄语,国家标准	俄国和苏联
ISO690	国际标准组织	专利、工业和制造业
MLA	现代语言协会	英语学习、比较文学、文艺评论、人学学科
SIST02		日本
Turabian	以发明者命名	学术研究,尤其是音乐、历史和地理

步骤 2:在要引用的句子或短语的末尾处单击。在"引用"选项卡上的"引文与书目"组中,单击"插入引文",如图 2-53 所示。引文可以在已有的源中选取,也可以选择添加新源或是添加新占位符。

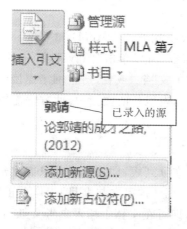

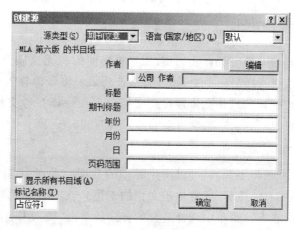

图 2-53　插入引文　　　　　　　　　图 2-54　创建源

若要添加源信息，请单击"添加新源"。要是对源信息掌握不完全，希望添加占位符，以便之后可以创建引文和填写源信息，可单击"添加新占位符"。在"源管理器"中，占位符源旁边将显示一个问号。

步骤3：添加新源后，显示"创建源"对话框。如图2-54通过单击"源类型"旁的箭头开始填写源信息。例如，源可能是一本书、一篇报告或一个网站。图中显示的是源的推荐信息列表，要添加有关源的更多信息，可以单击"显示所有书目域"复选框。

单击"确定"后，引文将被插入到文档，且向文档添加新引文的同时新建了一个将显示于书目中的源。单击该引文，显示下拉列表。其中单击"编辑引文"，允许编辑引文中的内容，添加页数，而取消作者、年份、标题等，如图2-55所示；单击"编辑源"，则显示"编辑源"对话框，这个对话框与"创建源"对话框非常相似；也可以在此将引文转换为静态文本。

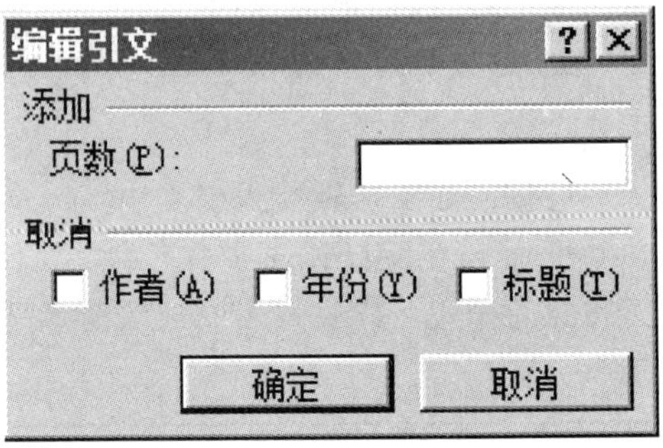

如果需要调整预选的引文样式，同样可以在"引用"选项卡上的"引文与书目"组中，单击"样式"进行更改。

图 2-55　编辑引文

2. 管理源

源，可以是在当前文档中，也可以是在这台计算机的其他文档中，可以使用"管理源"命令搜索在其他文档中引用的源，了解多个源之间的关联。

在"引用"选项卡上的"引文与书目"组中，单击"管理源"，将显示"源管理器"对话框。可以使用源管理器提供的工具，将主列表中的源复制到当前列表中。或是对列表中的样式进行新建、编辑、删除等操作。

如果打开一个尚未包含引文的新文档，则在之前文档中使用过的所有源都将显示在"主列表"下。如果打开的文档包含引文，则这些引文的源会显示在"当前列表"下。之前文档或当前文档中已引用的所有源都将显示在"主列表"下。

如果要查找特定源，可在排序框中，按照作者、标题、引文标记名称或年份进行排序，然后在产生的列表中搜索要查找的源。或在"搜索"框中，键入要查找的源的标题或作者。列表范围将动态缩小，以与搜索条件相匹配。

请注意：在 Win 7 系统中，默认源位于 C：\ Users \ 用户名 \ AppData \ Roaming \ Microsoft\Bibliography。若您觉得当前的源无法满足需要，可以单击"源管理器"中的"浏览"按钮选择另一个主列表，可从该列表中将新源导入您的文档。或者，通过网络连接到新源所在的位置，并将其导入到文档中。在一篇参考文献列表很长的文档中，此方法能够实现协同信息共享，减少过多的源录入时间。

3. 创建书目

在创建了源后，可以调用源中的数据自动产生参考文献列表，即为书目。只需单击要插入书目的位置（通常位于文档的末尾），在"引用"选项卡上的"引文与书目"组中单击"书目"。在下拉菜单中选择适合的样式后单击"插入书目"，即可在文档中插入参考文献列表。占位符引文不会显示在书目中。

如图 2-56 所示，书目下拉菜单中显示了两种参考文献列表方式，第一种名为书目（默认）的样式包含文档中所有相关的源，无论该源是否在文档中被引用；而第二种名为引用作品的样式仅包含文档中被引用的源。可以根据杂志或论文的排版要求进行选取。

在这两种内置书目样式中选取一种创建书目后，如果需要更新书目，可将鼠标置于书目列表中，使用框架上方的"更新引文和书目"按钮，更新书目列表。也可单击  图标在下拉菜单中选择更换书目的样式。若不需要书目自动更新，可选择下拉列表中的"将书目转换为静态文本"，此后只能手动更新书目列表。

图 2-56　创建书目

内置书目也是 Word 2010 设置的构建基块，可创建书目并保存到书目库。只有通过内置书目样式创建的书目，才能够出现如图 2-57 所示的框架中。如果需要自定义书目，可单击"书目"下拉菜单中的"插入书目"进行创建，但采用这种方式创建的书目只能以更新域的方式进行更新。

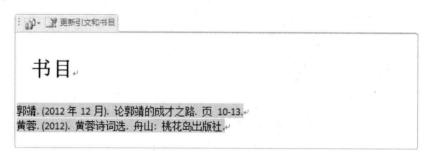

图 2-57　书目

2.5.4　交叉引用

交叉引用可以将文档插图、表格、公式等内容，与相关正文的说明内容建立对应关系，既方便阅读，也为编辑操作提供自动更新手段。用户可以为编号项、内置标题样式、脚注、尾注、书签、题注标签（表格、公式、图表、新建的标签）等多种类型进行交叉引用。在创建对某一项目的交叉引用之前，用户必须先标记该项目，以便 Word 2010 将项目与其交叉引用链接起来。

可选择"引用"选项卡"题注"组中的"交叉引用"命令设置交叉引用，根据引用类型的不同，可引用的内容也有所区别。交叉引用仅可引用同一文档中的项目，若要在主控文档中交叉引用子文档中的项目，首先要将文档合并到主控文档。

1. 题注的交叉引用

【**例 2-10**】 在论文正文中引用题注。

在为图片插入题注后,需要在图片前面的正文中添加"如下图 6-1 所示",就可以使用交叉引用来实现,如图 6-58 所示。

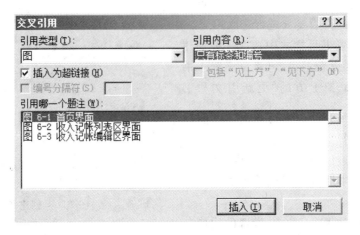

图 2-58　题注的交叉引用

步骤 1:在文档中输入交叉引用开始部分的介绍文字"如下所示",并将插入点放在要出现引用标记的位置,即为文字"如下"之后。

步骤 2:选择"引用"选项卡"题注"组中的"交叉引用"命令,出现"交叉引用"对话框。

步骤 3:在"引用类型"列表框中选择新建的"图"标签。注意:下拉列表中并没有名为题注的选项,题注的标签"图"直接显示在下拉列表中。

步骤 4:在"引用内容"列表框中,选取要插入到文档中的有关项目内容,即为"只有标签和编号"。

步骤 5:在"引用哪一个题注"项目列表框中,选定要引用的指定项目。单击插入完成设置。

2. 脚注的交叉引用

【**例 2-11**】 多次引用同一脚注。

在毕业论文的撰写中,若已为一段文字添加了脚注,在同一页面中另一段文字需要添加相同的脚注,可以通过插入交叉应用,在第二次插入的位置引用第一个脚注。同样,在一篇普通学术性论文的撰写中,需要以脚注的形式添加作者的所在学校,若该论文的多个作者来自同一学校,也可以采用多次交叉引用同一脚注的方式解决,效果如图 2-59 所示。

步骤 1:将插入点放在要出现引用标记的位置。

步骤 2:进入"交叉引用"对话框。

步骤 3:在"引用类型"框中,选择"脚注",选择引用内容为"脚注编号"。

注意:在引用内容下拉列表中,选择插入脚注编号,则该编号显示为正文样式,需自行将其设为上标。另可选择脚注编号(带格式)选项,会自动将引用标志设置为上标形式。但通过这两个选项生成的引用标志都不采用脚注标志的内置样式"脚注引用"样式。如有需

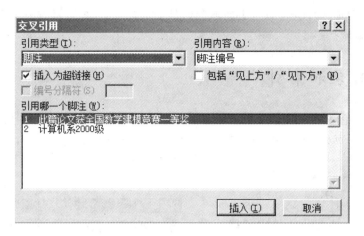

图 2-59　脚注的交叉引用

要,可以在"样式"任务窗格的样式列表中选择"脚注引用"样式。

步骤 4:在"引用哪一个脚注"项目列表框中,选定要引用的指定项目。单击"插入"完成设置。

3. 更新注释编号和交叉引用

如果对脚注和尾注进行了位置变更或删除等操作,Word 2010 会即时将变动的注释标记更新。如果论文中的引文源内容发生了变更,可以通过管理源进行编辑。如果题注和交叉引用内容变化,需要等用户要求"更新域",Word 才会调整。为了将脚注、引文、题注以及交叉引用的情况相比较,我们将域底纹设置为始终显示,通过中的域显示比较其区别(域底纹设置可单击"开始"选项卡的"选项"按钮,打开"Word 选项"对话框,单击"高级",在右侧的"显示文档内容"栏中,将域底纹设置为始终显示)。

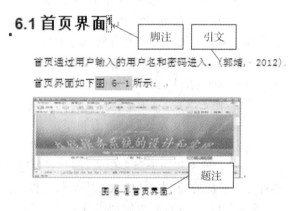

图 2-60　注释和引用的更新

域的底纹显示为灰色。在图 2-60 中可以看出,交叉引用的内容和题注中的编号部分都显示为灰色,而脚注的注释标记没有显示为灰色,引文也没有变化。但如图 2-57 所示由源生成的书目底纹为灰色。由此表明编号项、交叉引用、题注、书目都应用"域",而脚注、尾注和引文的标识本身都不是域。

在页眉页脚章节已经提到了页码、页数等几种域,在表格公式的章节提到了域运算,在本章节又提到了域。对于域内容的更新可以采用统一的方法处理。方法如下。

在该域上单击鼠标右键,然后在快捷菜单中选择"更新域"命令,即可更新域中的自动编号。如果有多处域需要更新,可以选取整篇文档,然后在某个域上单击鼠标右键,在快捷菜单中选择"更新域"命令,即可更新全篇文档中的域。采用快捷键更新全文的域更为方便,全选的快捷键是"Ctrl"+"A",更新域的快捷键是"F9"。文档修改完成后,使用这两个快捷键即可更新域。

2.6 目录和索引

报告、书本、论文中一般总少不了目录和索引部分。目录和索引分别定位了文档中标题、关键词所在的页码,便于阅读和查找。而在目录和索引的生成过程中,书签起到了很好的定位作用。

2.6.1 目 录

通常认为,目录就是文档中各级标题以及页码的列表,通常放在文章之前。Word 2010 中设有文档目录、图目录、表格目录等多种目录类型,可以手动或自动创建目录。

1. 创建目录

创建目录有多种方式,使用制表位或者占位符可以手工创建静态目录,操作方便,但一旦页码发生变更就无法自动更新,如图 2-61 所示。也可以使用标题样式、大纲级别等自动生成目录,该方法基于样式设置和大纲级别,因此要求前期在文档中预先设定,创建的目录可自动更新目录页码和结构,便于维护,对于毕业论文类的长文档尤为方便。

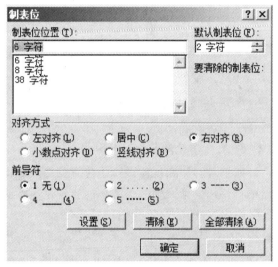

图 2-61 使用制表位创建目录

方法一:通过制表位创建静态目录。

制表位主要用于定位文字。一般按一次"Tab"键就右移一个制表位,按一次"Backspace"键左移一个制表位。打开"开始"选项卡"段落"组右下角的段落启动器按钮,单击对话框底部的"制表位"按钮,显示"制表位"对话框,可设置制表位。

【例 2-12】 通过制表位创建目录。

步骤 1:在制表位位置中输入"6",在对齐方式中选择"右对齐",无前导符,单击"设置"。

步骤 2:在制表位位置中输入"8",在对齐方式中选择"左对齐",无前导符,单击"设置"。

步骤 3:在制表位位置中输入"38",在对齐方式中选择"右对齐",前导符选择"5",单击"确定"。

以上三步设置的实际效果,可在图 2-62 中查看。

通过以上设置,可在 Word 页面上方的标尺上看到显示的三个制表位。(⌐表示左对齐;⌐表示右对齐。)"6"、"8"、"38"都是制表位在标尺上的位置。在输入了章节序号、目录内容、页码后,可分别在这三个位置根据设置情况对齐。图 2-62 中灰色的右向箭头,表示实际输入时按的"Tab"键。

随后的操作就按照图 2-62 上的标记输入文字即可。

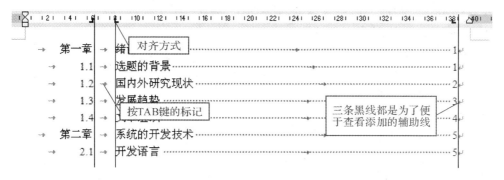

→　第一章　→　绪　对齐方式　·················· 1
→　　1.1　→　选题的背景　·················· 1
→　　1.2　→　国内外研究现状　·················· 2
→　　1.3　→　发展趋势　·················· 3
→　　1.4　→　按TAB键的标记　·················· 4
→　第二章　│　系统的开发技术　三条黑线都是为了便于查看添加的辅助线 ·· 5
→　　2.1　→　开发语言　·················· 5

图 2-62　根据制表位创建目录

步骤 4:按"Tab"键,输入第一章;按"Tab"键,输入绪论;按"Tab"键,出现前导符,输入页码1,回车。

重复操作,直至目录输入完成。

熟悉了制表位的插入方法,无需通过"制表位"对话框创建,可直接在标尺上单击插入制表符。除上文出现的左对齐和右对齐两种制表符外,另有如图 2-63 所示的三种制表位。

制表位切换按钮,可在五种制表符中切换

⊥　居中制表位:输入文本以制表位为对齐位置,居中对齐文本。

⊥　小数点对齐制表位:输入数字的小数点与制表位对齐。

│　竖线对齐制表位:在制表位处生成一条贯穿段落的竖线。

图 2-63　制位表

通过制表位创建的目录具有明显的缺点,就是目录为静态,更新维护不便。

方法二:使用手动目录样式创建静态目录。

单击"引用"选项卡"目录"组中的"目录"按钮,显示如图 2-64 所示的下拉菜单。下拉菜单中列出了三种常用的内置目录样式,选择所需样式单击后,即可生成目录。

这三种内置目录样式名称分别是:手动目录、自动目录 1 和自动目录 2。

选用手动目录样式能够使用内容控件占位符来创建目录,它可以在输入以后转换为普通文本。这种目录和通过制表位创建目录一样,不能自动更新,也无法使用目录的属性;只是简单的用手动创建目录的外表。

方法三:通过内置标题样式创建目录。

目录的生成主要是基于文字的大纲级别。标题 1 样式中包含了大纲级别 1 级的段落属性,标题 2 样式和标题 3 样式则分别对应 2 级和 3 级。如果论文中的各级标题套用了 Word 内置的标题 1、标题 2 等样式,那可以直接套用内置的目录样式自动生成目录。

如果选用内置目录样式自动目录 1 或自动目录 2,Word 会引用设置为标题 1、标题 2 和标题 3 的文字作为目录文字,自动生成一个三级的目录,操作非常便捷。自动目录 1 和自动目录 2 的显著区别就是目录字体的不同。

方法四:通过自定义样式创建目录。

通过默认的三种目录样式建立目录具有局限性,如果希望显示三级以上的目录,或是希望不仅仅局限于标题样式,可以单击"目录"下拉列表中的"插入目录"命令,显示"目录"对话框的"目录"选项卡。如图 2-65 所示,"目录"具有如下功能。

(1)打印预览框中显示,Word 2010 默认将套用内建样式标题 1、标题 2、标题 3 的文本,按照预览中显示的模式生成目录。

(2)Web 预览表示目录在 Web 浏览器中的显示效果,一般在网页中使用超链接而不使用页码。

(3)可勾选显示页码以及页码右对齐两个复选框。

(4)可在制表符前导符下拉列表中选择前导符样式。

(5)在"格式"下拉列表框中选取目录的格式:来自模板、古典、优雅、流行、现代、正式、简单。

(6)在"显示级别"选项框中,可选择在目录中显示标题的级别(可以是 1~9 级)。若一篇论文中设置了标题样式 1~4,希望设置 4 层

图 2-64 创建目录

的目录,可将显示级别改为 4,在打印预览框中将会出现从标题 1~标题 4 逐层缩进的预览显示。

(7)单击"目录选项卡"右下角的"选项"按钮,可查看到目录默认建自标题 1~标题 3,且目录级别分别对应为 1~3 级。若希望增加目录的层数,可根据实际情况设置标题 4~标题 9 的目录级别,其效果与目录选项卡的"显示级别"相同。

如图 2-66 所示,目录选项中的有效样式列表不仅包括了内置样式,也可以包括自定义样式。若自定义样式具有大纲级别,将自动对应产生目录级别。若自定义样式并未设置大纲级别,也通过目录级别的设置让文字在目录中显示。

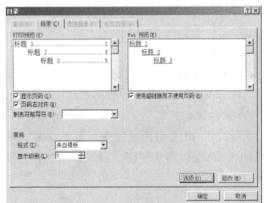

图 2-65 "目录"对话框

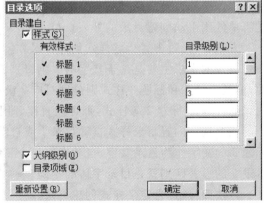

图 2-66 "目录选项"对话框

【**例 2-13**】　在一篇毕业论文中，如果正文中的各章节都已经根据需要设置为标题 1、标题 2，但目录要求将摘要和关键词与标题 1 同样作为目录第一级别显示。但摘要在文中的样式为"摘要和关键词"，无法将其套用为标题 1 样式，应该如何处理？

（1）可以通过为"摘要和关键词"样式设置大纲级别的方式创建目录。

在"样式"任务窗格中，单击"摘要和关键词"样式右侧的下拉列表，单击"修改"。在"修改样式"对话框中，单击下方的"格式"按钮，选择"段落"。将"段落"对话框"缩进与间距"选项卡中的"大纲级别"设为 1 级。

由于"摘要和关键词"样式具有了 1 级的大纲级别，在单击"目录"按钮的下拉菜单中"插入目录"后，"目录"选项卡的打印预览框自动显示出"摘要和关键词"与标题 1 同样位于目录的第一级别。

（2）可以通过为摘要和关键词样式设置目录级别创建目录。

如果摘要和关键词样式不具有大纲级别，可在如图 2-67 所示的"目录选项"对话框中，下拉目录级别的滚动条，在有效样式列表中找到"摘要和关键词"样式，将该样式的目录级别设为 1，即可在目录中显示该样式。

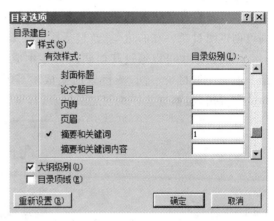

图 2-67　摘要和关键词具有 1 级目录级别

图 2-68　标记目录项

注意：由于大纲级别属于段落属性，需要添加到目录中的样式必须是段落型或链接型的样式，字符型的样式无法添加。字符型样式会将包括字符样式在内的整个段落文字放入目录，请在最初设定样式时注意。

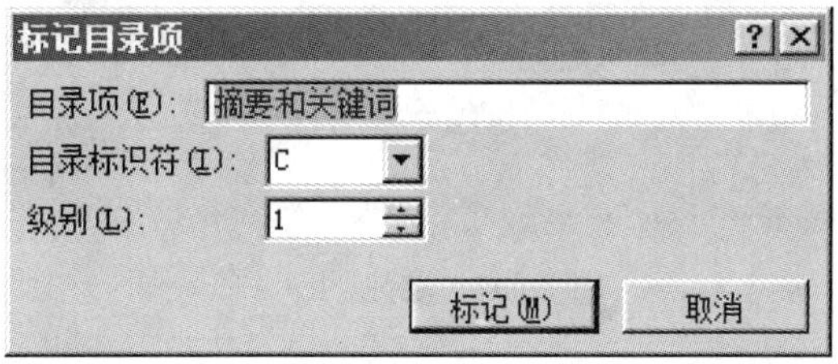

方法五：通过目录项域创建目录。

在图 2-67 中，在"目录"选项的下方还有"目录项域"复选框，表明目录可自目录项域。

目录项，就是可被引用创建为目录的文字。通过标题样式创建模式时，是将文字设为标题样式，Word 在自动创建目录时只需查找文中的标题样式将其引用到目录中即可。设立目录项也是一个创建目录时的标识，目录项本身也是一个域，如图 2-68 所示。

创建方法：首先需标识文中的目录项，选中需要创建目录的文字，按下"Alt"＋"Shift"＋"O"组合键，弹出"标记目录项"对话框，其中有三个选项：目录项、目录项标识符和级别，为目录项选择相应的级别，然后单击"标记"按钮即可，此时在文字旁边会出现带隐藏符号的标记符（不会打印出来），用同样的方法再依次标记其他文字，完成后关闭"标记目录项"对话框。

随后与一般目录的创建方式一样，单击"目录"下拉菜单中的"插入目录"可自动生成目录，但前提是必须在目录的"选项"对话框中，勾选目录建自"目录项域"。

利用标记目录项来插入目录方法优点在于：一篇文档可设置多个目录（只需将目录项标识符设置为不同），无需为文字设置样式。但由于标题样式在文档中使用非常广泛，通过标题样式创建目录仍为最快捷的方式，可用大纲级别、其他样式和目录项域作为补充。

2. 创建图表目录

对于包含有大量插图或表格的书籍、论文，附加一个插图或表格目录，会给用户带来很大的方便。图表目录的创建主要依据文中为图片或表格添加的题注。

在"引用"选项卡的"题注"组中，单击"插入表目录"命令，如图 2-69 所示，显示为"图表目录"选项卡，如图 2-70 所示，可以创建图表目录。该选项卡与目录选项卡比较相似。主要区别在于选项卡右下角的题注标签下拉列表。在题注标签列表中包括了 Word 2010 自带的标签以及自己新建的标签，可根据不同标签创建不同的图表目录。若选择标签为"图"，则可创建图目录。在右边勾选"包括标签和编号"复选框，则可生成一个图目录。

图表目录也可以通过其他题注标签生成，如果将题注标签改为"表"，就可以生成表目录。但与一般目录不同，图目录的生成不涉及大纲级别。可以单击"图表目录"选项卡的"选项"按钮，根据自选样式创建图目录，其设置方法与一般目录相同。

图 2-69　"题注"组

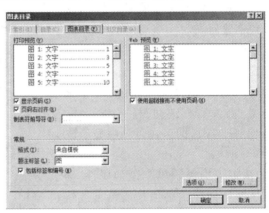

图 2-70　"图表目录"选项卡

3. 修改目录样式与更新目录内容

修改目录的样式，可选择"插入目录"后，在弹出的"目录"对话框右下角，单击"修改"按钮，弹出"样式"对话框。可以通过修改目录改变目录的格式，使之满足个性化修饰的要求。

以修改一般目录样式为例，单击"修改"，打开如图 2-71 所示的"样式"对话框。Word 2010 提供了 9 个内建目录样式供自由选择。如果这 9 个目录样式无法满足用户需要，可单击"样式"对话框右下侧的"修改"按钮，修改目录样式。在目录选项卡中修改样式，与打开样式与格式任务窗格，直接修改内建样式目录 1～目录 9，效果是一样的。

同样，图表目录的修改也是通过修改图

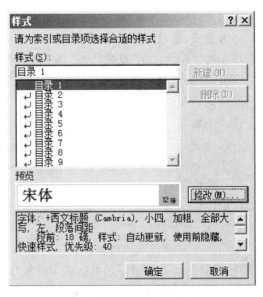

图 2-71　目录样式

表目录样式实现,但 Word 2010 只提供了一种图表目录样式,可直接根据需要对图表样式进行个性化修改。

目录也是一种域。如果需要对目录内容进行更新,和在第2.5.3节的书目更新一样,如果是套用自动目录样式创建的目录,单击目录会出现目录框架,单击框架顶端的"更新目录"按钮,可以在"更新目录"对话框中选择更新页码或更新整个目录。如果是通过插入"目录"创建自定义目录,则不会出现蓝色的目录框架,只能单击"引用"选项卡"目录"组中的"更新目录"按钮对目录进行更新。

目录的出错经常表现为显示"错误!未定义书签。"的提示字样。一般目录的创建,都是通过设置标题样式的套用,但在出错时却没有显示为"未定义样式",却显示"未定义书签",可见书签在目录的生成中起到了很大的作用。关于书签的作用,后面将详细分析。

2.6.2 索 引

索引可以列出一篇文章中重要关键词或主题的所在位置(页码),以便快速检索查询。索引常见于一些书籍和大型文档中。在 Word 2010 中,索引的创建主要通过"引用"选项卡中的"索引"组来完成。

第2.6.1节,我们已经尝试试了用标记目录项方式创建目录。与目录项的原理一样,在创建索引前,必须对索引的关键词建立索引项,Word 2010 提供了标记索引项和自动索引两种方式建立索引项。索引项实质上是标记索引中特定文字的域代码,将文字标记为索引项时,Word 2010 将插入一个具有隐藏文字格式的域。

1. 标记索引项

采用标记索引项方式适用于添加少量索引项。单击"引用"选项卡中"索引"组的"标记索引项"按钮,显示如图 2-72 所示的"标记索引项"对话框。

(1)主索引项。选取文档中要作为索引项的文字,进入"标记索引项"对话框后,所选中的文字会显示在主索引项中。或把插入点移至要输入索引项目的位置,在标记索引项中输入需索引的文字。

(2)次索引项。可在"次索引项"框中输入次索引项。若需加入第三层项目,可在"次索引项"框中的次索引项后输入冒号,再输入第三层项目文字。

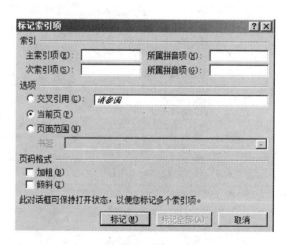

图 2-72 标记索引项

(3)选中"交叉引用"选项,并在其后的文本框中输入文本,就可以创建交叉引用。

(4)选中"当前页"选项,可以列出索引项的当前页码。

(5)选中"页面范围"选项,Word 会显示一段页码范围。如果一个索引项有几页长,必须先选取该文本,再选择"插入"菜单中的"书签"命令,将索引项定义为书签。通过"页码格式"区中的"加粗"或"倾斜"复选框,可将索引页码设定为粗体或斜体。

单击"标记"按钮,可完成某个索引项目的标记。单击"标记全部"按钮,则文档中每次出现此文字时都会被标记。标记完成后，若需标记第二个索引项，请不要关闭"标记索引项"对话框。在对话框外单击鼠标，进入页面编辑状态，查找并选择第二个需要标记的关键词。直至全部索引项标记完成。

标记索引项后，Word 会在标记的文字旁插入一个{XE}域，若无法查看域，可单击"常用"工具栏上的显示/隐藏编辑标记 。该域同样不会被打印出来。

虽然 Word 允许用户制作多达 9 层的索引，不过在实际还是 2～3 层的索引最为实用。

标记索引项也可以通过单击"引用"选项卡"索引"组中的"插入索引"按钮，在出现的"索引"对话框中设置。

2. 自动索引

如果有大量关键词需创建索引，采用标记索引项命令逐一标记显得繁琐。Word 2010 允许将所有索引项存放在一张双列的表格中，再由自动索引命令导入，实现批量化索引项标记。这个含表格的 Word 文档被称为索引自动标记文件。单击"索引"组中的"插入索引"按钮，在出现的"索引"选项卡右下角单击"自动索引"按钮，如图 2-73 所示。

图 2-73　打开索引自动标记文件

双列表格的第一列中键入要搜索并标记为索引项的文字。第二列中键入第一列中文字的索引项。如果要创建次索引项，请在主索引项后键入冒号再输入次索引项。Word 搜索整篇文档以找到和索引文件第一列中的文本精确匹配的位置，并使用第二列中的文本作为索引项。如果需要第三层索引，则依照主索引项:次索引项:第三层索引方式编写，如表 2-6 所示。

表 2-6　索引自动标记文件

标记为索引项的文字 1	主索引项 1:次索引项 1
标记为索引项的文字 2	主索引项 2:次索引项 2
……	……

3. 创建索引

手动或自动标记索引项后，就可以创建索引。将插入点移到要插入索引的位置，单击"引用"选项卡中"索引"组的"插入索引"按钮，单击确定，插入点后会插入一个{INDEX}域，即为索引。图 2-74 为"索引和目录"对话框中的"索引"选项卡。

（1）选取"缩进式"，次级索引项相对主索引项以缩进方式排列。如果选取了"缩进式"排放类型，还可以选取"页码右对齐"复选框，使页码右对齐排列。选取"接排式"，次引项与主索引项排列在同一行，必要时文字会自动换行。

（2）在"栏数"选项框中设置栏数，将生成的索引按多栏方式排放。

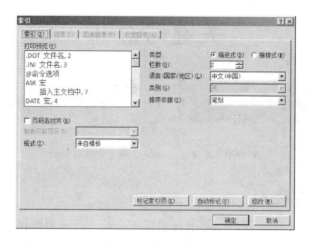

图 2-74　创建索引

（3）排序依据可设置索引按照中文笔画或拼音方式自动排序。

（4）修改索引即可修改索引的样式，与修改目录相似，Word 2010 提供了 9 个内建索引样式可供自由选择。如果这 9 个索引样式无法满足需要，可再单击样式对话框右下侧的修改按钮，修改索引样式。

【例 2-14】　通过自动标记索引项为毕业论文创建索引。

步骤 1：创建索引自动标记文件。新建 Word 文档，插入一个两列表格。

步骤 2：在左侧单元格中键入要建立索引的文字，在右侧单元格中键入第一列中文字的索引项以及次索引项，中间以冒号分隔。索引自动标示文件如表 2-7 所示。单击"保存"。

步骤 3：创建索引。在毕业论文需插入索引处，单击引用→索引→插入索引，在如图 2-74所示的对话框中，单击"自动标记"按钮，在"打开索引自动标记文件"对话框中，选择要使用的索引文件，单击"打开"按钮。Word 会在整篇文档中搜索索引文件第一列中文字的确切位置，使用第二列中的文本作为索引项标记，全部完成后，状态栏中将显示标记索引项的数目。如图 2-75 所示为自动标记索引项的显示效果，如果被索引文本在一个段落中重复出现多次，Word 只对其在此段落中的首个匹配项作标记。

表 2-7　自动标记索引项示例

Struts	Struts
Hibernate	Hibernate
JSP	JSP
系统	系统：在线账务系统

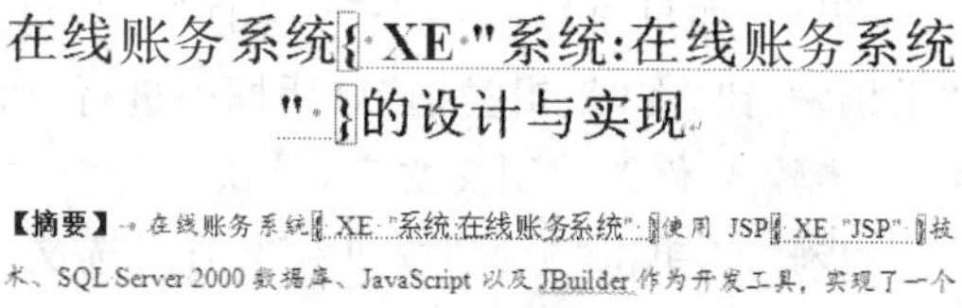

在线账务系统{ XE·"系统:在线账务系统·"·}的设计与实现

【摘要】→ 在线账务系统{·XE·"系统:在线账务系统"·}使用 JSP{·XE·"JSP"·}技术、SQL Server 2000 数据库、JavaScript 以及 JBuilder 作为开发工具，实现了一个

图 2-75　自动标记索引项显示效果

如果增加或删除了索引项，需更新索引，可以将光标置于原索引中，右键选择更新域。或者再次打开"索引和目录"对话框中的"索引"选项卡创建索引，单击"确定"，则原索引被更新。单击"取消"，则会建立一份新的索引。最终效果见图 2-76。

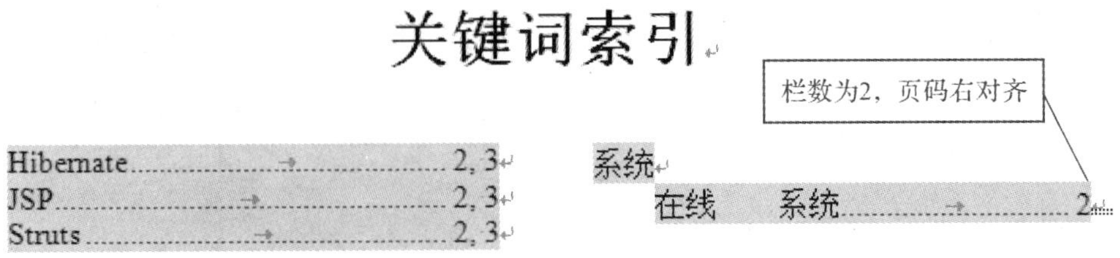

关键词索引

栏数为2，页码右对齐

Hibernate		2,3
JSP		2,3
Struts		2,3

系统

在线　系统　　　　→　　　　2

图 2-76　最终显示的毕业论文关键词索引

2.6.3　引文目录

引文目录在名称上很容易与引文书目相混淆。引文目录主要用于在文档中创建参考内容列表，如法律类事例、法规和规章等。而引文与书目中的"引文"在部分翻译书籍中也被称为是引用源，它更多用于研究论文中对于参考文献的引用。引文目录的操作和索引非常相似，需要通过标记引文生成引文目录。

1. 标记引文

标记引文是指在文档中所需标记的位置添加参考内容。区别于脚注和尾注，标记引文在需标记的位置插入{TA}域，且最终以引文目录的形式汇总参考内容；脚注和尾注的注释一般出现在文档的页脚或结尾处。

当在文档中第一次标记引文时，通常会输入很多信息，包括事例编号、日期和其他的信息。然后在之后的同一文档引用中，通常会输入较短的版本，只包括事例名。

【例 2-15】　创建引文目录。

标记引文的步骤如下。

步骤 1：选择在文档中第一次引用的长版本。

步骤 2：在"引用"选项卡"引文目录"组中单击"标记引文"，如图 2-77 所示，可打开"标记引文"对话框，或者按"Alt"＋"Shift"＋"I"，可以直接打开"标记引文"对话框。被选文字将出现在"所选文字"框中。

步骤 3：在"类别"的下拉列表框中选择合适的类型。

提示：如果要修改一个存在的类别，可选择此类别，单击"类别"按钮，在"编辑类别"对话框中进行替换。

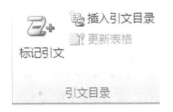

图 2-77　"引文目录"组

步骤 4：修改短引文文字，默认与长引文相同。

步骤 5：单击"标记"按钮对当前所选文字进行标记，单击"标记全部"按钮，将对存在于文档中每一段首次出现的与所选文字匹配的文字进行标记。

如图 2-78 所示的案例中，长引文为中华人民共和国合同法，短引文为合同法。类别为法规。

2. 创建引文目录

【续上例】　步骤 6：在完成标记引文之后，只需将光标放在希望插入引文目录的位置，在"引用"选项卡的"引文目录"组中选择"插入引文目录"，

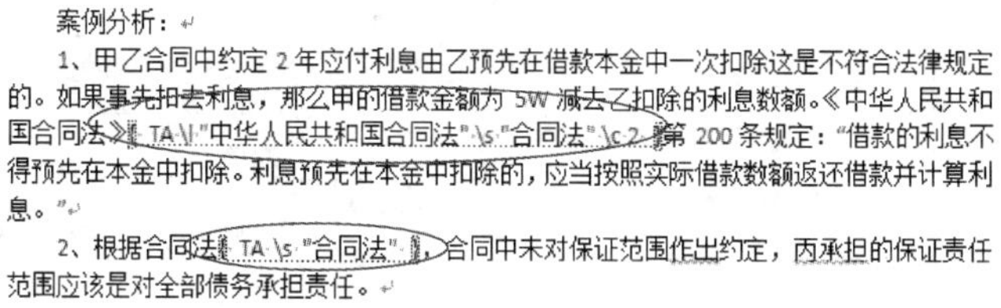

案例分析：

1、甲乙合同中约定 2 年应付利息由乙预先在借款本金中一次扣除这是不符合法律规定的。如果事先扣去利息，那么甲的借款金额为 5w 减去乙扣除的利息数额。《中华人民共和国合同法》 TA \l "中华人民共和国合同法" \s "合同法" \c 2 第 200 条规定："借款的利息不得预先在本金中扣除。利息预先在本金中扣除的，应当按照实际借款数额返还借款并计算利息。"

2、根据合同法 TA \s "合同法" 合同中未对保证范围作出约定，丙承担的保证责任范围应该是对全部债务承担责任。

图 2-78　长引文和短引文都被标注了引文标记

步骤 7：在"引文目录"对话框中选择"类别"为全部，单击"确定"后，生成引文目录如图 2-79 所示。

事例	
【案例】	2
法规	
中华人民共和国合同法	2
合伙企业法	2
担保法	2

图 2-79　生成的引文目录

"引文目录"对话框与目录、图表目录等对话框内容基本相似。在打印预览框下方有一个勾选的"使用各处"；该意思表明，若某个引文项在文档中出现超过 5 次，则引文目录将不显示其页码，显示为"各处"。如果要查看真实页码，可以不要勾选这个选项。

引文目录的修改只需通过单击"引文目录"组中的"更新表格"按钮即可，同样，引文目录也是域的一种，可以通过更新域的方式进行更新。

2.6.4　书　签

Word 2010 中的书签是一个虚拟标记，是为了便于以后引用而标识和命名的位置或文本。例如，可以使用书签来标识需要日后修订的文本，不必在文档中上下滚动来寻找该文本。

1. 标记/显示书签

要在文中插入书签，首先选定需插入书签的文本，或者单击要插入书签的位置。在"插入"选项卡"链接"组中单击"书签"，将显示"书签"对话框，在"书签名"文本框中，键入或选择书签名，单击"添加"按钮即可。注意：书签名必须以字母或者汉字开头，首字不能为数字，不能有空格，可以有下划线字符来分隔文字。

书签在文中默认不显示，如需显示，可在"开始"选项卡中单击"选项"，在"Word 选项"对话框中，选择"高级"，在显示文档内容中，选中"显示书签"复选框。如果已经为一项内容指定了书签，该书签会以括号[　]的形式出现（括号仅显示在屏幕上，不会打印出来）。如果是为一个位置指定的书签，则该书签会显示为 I 形标记。

2. 定位到书签

在"书签"对话框中，取消选取"隐藏书签"复选框可显示全部书签，然后在列表中选中所需书签的名称，单击定位，即可定位到文中书签的位置。

在一个包含自动目录的文档中，勾选如图 2-80 中的"隐藏书签"复选框，可以查看到定

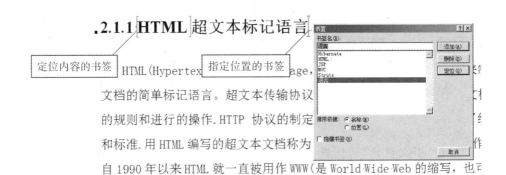

.2.1.1 HTML 超文本标记语言

定位内容的书签　　指定位置的书签

HTML(Hypertext ... age, ...

文档的简单标记语言。超文本传输协议 ...

的规则和进行的操作.HTTP 协议的制定 ...

和标准.用 HTML 编写的超文本文档称为 ...

自 1990 年以来 HTML 就一直被用作 WWW(是 World Wide Web 的缩写,也 ...

图 2-80　书签类型

位目录所用的标签,书签名一般以_Toc 开头。单击"定位"后,就可以查看到单击目录后实际跳转的位置。

3. 书签和引用

可以通过引用书签的位置创建交叉引用。单击"插入"菜单中的"引用"命令,打开"交叉引用"对话框,将"引用类型"选择为"书签","引用内容"设为"书签文字",如图 2-81 所示,则可以在文中指定位置与书签位置之间实现交叉引用。在"交叉引用"对话框中,若不勾选"插入为超链接",则单击书签文字后无法链接跳转到书签插入的位置。

事实上,书签在 Word 引用部分起的作用非常大。比如,我们在使用交叉引用命令为题注创建交叉引用时,Word 会自动给创建的题注添加书签,并通过书签的定位作用,使用超链接连接书签所在的题注位置。这一系列的动作,都是通过域代码实现的。不仅是题注,引用到脚注和尾注、编号项等,都是按交叉引用到书签的模式,创建超链接而成。

☞小技巧:取消文本超链接。

在一个目录中,若不希望单击超链接跳转到相应文字,可以按全部选中整个文档的目录,然后按"Ctrl"+"6"快捷键,取消所选文本的超级链接功能。

在目录章节曾经提到,当文档自动生成目录后,若文中标题项发生了改变,目录中可能会显示出"错误! 未定义书签。"字样,其原因正是缺失了用以定位目录项的书签。超链接到书签时未查找到书签,所以显示出错标记为"未定义书签"。同样,在索引章节中,也曾经提到将书签用于定位一个长索引项的位置,若该书签缺失,同样无法建立索引。关于域代码的用法,将在第 3 章详细介绍。

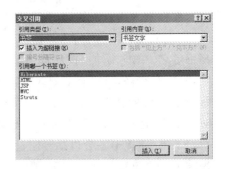

图 2-81　交叉引用到书签

在了解了书签和超链接的组合功能之后,即使不通过域也能够手工创建具有超链接功能的目录。只需在文中给每个标题项插入书签,并给通过制表位创建的目录的每个标题创建页内超链接,链接到书签,就可以手工完成目录的创建。

选择"插入"选项卡"链接"组的"超链接"命令,切换到"在本文档中的位置"选项卡,查找显示框中的书签,就可以看到为标题项创建的书签,选择后单击确定即可,如图 2-96 所示。

2.7　模　板

在 Word 2010 中,模板是一个预设固定格式的文档,模板的作用是保证同一类文体风格的整体一致性。使用模板.能够在生成新文档的时,包含某些特定元素,根据实际需要建立个性化的新文档,可以省时、方便、快捷地建立用户所需要的具有一定专业水平的文档。

2.7.1　模板类型

1. 模板分类

当某种格式的文档经常被重复使用时,最有效的方法就是使用模板。

Word 2010 根据后缀名区分,支持三种类型的模板。当用户使用模板创建新文档时,这三种模板的区别并不明显,但是当用户修改和创建模板时,模板类型就显得很重要了。

(1)Word 97－2003 模板(.dot):用户在 Word 早期版本中创建的模板。这种模板无法支持 Word 2007 和 2010 的新功能。基于此类模板创建文档时,标题栏会显示"兼容模式"字样。

(2)Word 2007－2010 模板(.dotx):这是 Word 2010 的标准模板,支持 Word 2007－2010 的所有新功能,但是不能储存宏。用户可以在基于该模板的文档中储存宏,但是不要在模板中储存。无法储存宏主要是为了安全起见,因为宏可以携带病毒。

(3)启用宏的 Word 模板(.dotm):这个模板和标准模板唯一的区别就在于这个模板储存了宏。

2. 模板的模板:Normal.dotm

在 Word 中,任何文档都衍生于模板,即使是在空白文档中修改并建立的新文档,也是衍生于 Normal.dotm 模板。

在"文件"选项卡中选择"新建"或者是单击快速工具栏上的新建空白文档按钮,会自动生成一个空白文档。这个文档就是依据模板 Normal.dotm 生成的,也继承了共用的 Normal 模板默认的页面设置、格式和内置样式设置。基本上 Word 文档都是基于 Normal.dotm 生成的,即使将新建文件另存为一个新模板,该模板也同样基于 Normal.dotm,故可将 Normal.dotm 称为模板的模板。正是因为文档中存在着如下三层关系:文档←文档基于的模板←Normal.dotm,在用户调整样式或宏时,可以选择将变更保存在当前文档、当前文档的模板或者是 Normal 模板三个位置,而且不同的存储位置有不同的影响范围。

(1)如果选择 Normal 模板,则所做的改变对以后的所有文档都有效。

(2)如果选择当前文档名,则所做的改变只对本文档有效。

(3)如果选择当前文档基于的模板名,则所做的改变对以后建立的基于该模板的文档有效。

例如,在调整页面设置之后,可以单击"页面设置"对话框下方的"默认"按钮,将更改写入 Normal. dotm，改变默认设置。这样，每次新建文件时，都可以根据自定义页面设置生成新文件。Normal 模板默认存放在 C：\ Users \用户名 \ AppData \ Roaming \ Microsoft \ Templates 文件夹下（Win 7），可以通过第 2.7.4 节的"模板和加载项"查看。

注意：建议不要将过多更新添加到 Normal 模板中，可以想象，在新文件的建立过程中，过于臃肿的 Normal. dotm 会导致载入速度变慢，启动时间变长。可以删除 Normal 模板，Word 2010 会自动重新生成一份，只是原先对模板所做的更改都不会被保留。

再例如，在"根据格式设置创建新样式"对话框下方，可选择"基于该模板的新文档"复选框。意思是指将新建的样式添加到当前活动文档选用的模板中，从而使基于同样模板的文档都可以使用该样式。否则新样式仅在当前的文档中存在。

在"根据格式设置创建新样式"对话框下方选择：格式→快捷键，可以在"自定义键盘"对话框中查看到如图 2-82 所示的效果：修改后的快捷键可以选择保存到 Normal 模板、当前文档模板以及当前文档中，保存不同位置的影响范围不同。

图 2-82　将样式变更保存到模板

2.7.2　构建基块、库、集和模板

在早期的 Word 版本中，关于文档构建的样式信息都主要存放在 Normal. dot 中，Normal. dot 提供了一组内置的样式，包括目录、页眉页脚、题注、标题等样式都存放在这个模板中。

但在 Word 2010 中情况有所变化。图 2-83是在设置"页脚"时所显示的下拉菜单，我们在创建页眉、目录、封面等页面元素时都见到过与之类似的下拉菜单。该菜单中首先显示了部分内置的页脚样式，然后在底部有一个操作命令——"将所选内容保存到页脚库"。页脚样式、页脚库，这类的样式和库是否和 Normal. dotm 有关联？

不仅如此，在样式的创建过程中，我们还了解了快速样式库和样式集。在单击创建样式的"快速样式库"的其他按钮后，同样可看到"将所选内容保存为新快速样式"，即将所选内容保存到快速样式库。在样式集中同样可以看到"另存为快速样式集"等字样。样式库、样式集与模板又是怎样的关联呢？

图 2-83　"页脚"下拉菜单

1. 构建基块、库和模板

在 Word 2010 中，"构建基块"特征很像是 Word 早期版本中的自动图文集，用户可以使

用它去保存文本块，或页眉、页脚、页码、表格、目录、水印、文本框等，并根据内容的分类建立库。构建基块库中默认安装了 Word 2010 内置的各类元素，也可以将自己创建的构建基块添加到对应的库中。构建基块的识别非常容易，若单击某文档部件后顶端出现框架和设置按钮，这个部件就是构建基块。若该自定义项目并未添加到库中，则不会出现顶端框架。为了访问构建基块，可以在"插入"选项卡单击"文档部件"按钮，选择"构建基块管理器"。

在如图 2-84 所示的构建基块管理器中，构建基块、库和模板之间的关系一目了然。Word 2010 设有自动图文集、书目、封面、公式、页眉、页脚、页码、目录、表格、文本框、水印、文档部件等多个库，库中包含了多个预制样式的构建基块。库存放在 Built-In Building Blocks 模板中。由此可见，如果在操作如书目、封面等构建基块时出现如图 2-85 所示的出错提示，则表明 Built-In Building Blocks 模板出了问题。

图 2-84 构建基块管理器

出错的解决方案是：Built-InBuilding Blocks. dotx 共有两份复本，其中一份复本储存在用户的数据文件夹中，另一份储存在 Office 安装文件夹中。通常是储存在用户数据文件夹中的复本损毁。

在 Win 7 系统中，Office 安装文件夹：C:\ Program Files \ Microsoft Office \ Office14 \ Document Parts\2052\14；用户文件夹：C:\Users\

图 2-85 出错信息

用户名\AppData\Roaming\Microsoft\Document Building Blocks\2052\14。可以尝试用 Office 安装文件夹下的文件替换用户文件夹中的文件。总之复制一个完好的模板到这两个目录中即可解决这个出错。

Built-In Building Blocks 模板是为了保存文档中的构建基块而设定的，与 Normal. dotm 模板等文档主体模板并不存放在同一位置，因此无论文档主体使用 normal. dotm 或是其他模板，始终需要调用 Built-Inbuilding blocks. dotx 模板中的构建基块内容。

使用构建基块管理器可以执行编辑属性、插入、删除等操作。

【例 2-16】 使用构建基块管理器快速创建文档模板。

步骤 1：打开构建基块管理器（插入→文本→文档部件→构建基块管理器）。

步骤 2：在"构建基块管理器"对话框中，单击"名称"，将构建基块按照名称排序。可以查看到同一设计风格的各类构建基块都汇总到一起。例如，奥斯汀系列包括了封面页脚页眉文本框等。

步骤 3：单击"编辑属性"仔细查看各构建基块的格式特点。

步骤 4：选择所需构建基块，单击"插入"。

步骤 5：分步在文档中插入封面、页眉、页脚等版面构建基块，也可根据内容需要插入文本框、目录等构建基块。

步骤 6：保存为模板格式。如图 2-86 所示的模板，分别插入了封面、页眉、页脚、表格、水印等构建基块。

图 2-86　使用构建基块快速创建文档

通过各选项卡中的按钮创建构建基块后，一般都存放到各自对应的库中，例如页眉存入页眉库，页脚存入页脚库。在库的类型中，有一种称为"文档部件"库，可根据需要将所有类别构建基块放置在其中。操作方法如下。

步骤 1：选中所需保存的构建基块，或称为文档部件。

步骤 2：在"插入"选项卡单击"文档部件"按钮，然后选择"将所选内容保存到文档部件库"，出现如图 2-87 所示的"新建构建基块"对话框。

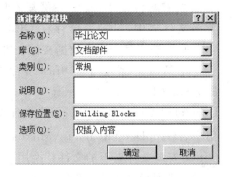

图 2-87　新建构建基块

（1）库：即为选择存放的库，包括文档部件、页眉、页脚、页码在内的多个库都可选择。

（2）类别：如果需要创建新的库，可选择在类别中将"常规"改为"创建新类别"，并输入新类别名称。

（3）保存位置：选择保存位置可以是 Building Blocks 模板，也可以是 Normal 模板。

（4）选项：包括仅插入内容、插入自身的段落中的内容和将内容插入其所在的页面。

步骤 3：单击"确定"。

2. 样式集和模板

通过第 2.4.2 节的介绍，我们已经知道样式集中包括了各种风格的样式库，如传统、典雅、独特、简单等。在样式库的切换中，同一个样式将被更换为不同的文字段落属性。文档的主体模板中，例如 Normal.dotm 一般只包含一组内置样式，且只具有一组文字段落属性。那样式集是如何让模板中的样式具有多种风格的属性，从而实现快速切换？

事实上，样式集和构建基块库一样，都是从另外模板中获取信息。区别在于构建基块库需要一个 Building Blocks.dotx 模板，而样式集包括了一组.dotx 模板，该模板存放在 C:\Program Files \Microsoft Office\Office14\2052\QuickStyles(Win 7)路径下。

当单击"开始"选项卡"样式"组中的"更改样式"按钮后，可在样式集中选择某个显示的样式库。此时 Word 就将当前文档中的样式定义用那些包含在相应.dotx 文件中的样式替换。这能有效地将一个新文档模板覆盖在当前使用的主体文档模板上。但如果文档未使用样式，而直接使用格式化工具，套用样式集对于文档的编排没有任何作用。

"样式集"不是固定不变的，可以修改 Microsoft 提供的样式集，也可以创建自己的快速样式集。一般内置样式集与自定义样式集并不存放在同一文件夹下，因此即便是修改内置样式集，也不会覆盖内置样式。在以往定义模板时，若内置样式无法满足需要，为了不影响内置样式，一般不会选择修改内置样式，而是选择新建一个样式，并将其应用在文字中。但使用这种方式的问题在于，一旦需要修改自定义样式时，只能将样式逐个修改，很不方便。但采用建立自定义样式库并添加到样式集就可以解决这个问题。

特别提示：一般系统内置样式来自于 Normal 模板，一旦更改了 Normal 模板设置将无法修复。请在创建样式集时，不要单击样式集下拉列表中的"重设为模板中的快速样式"。或者将 Normal 模板也定义为一个样式库，就可以实现在 Normal 样式库和其他样式库间切换。

【例 2-17】 创建杂志论文样式库。

若某杂志投稿要求如下：主标题为黑体、小三、加粗，章标题为宋体、四号、加粗，节标题为宋体、小四、加粗。正文采用宋体、五号、首行缩进。所有标题样式为 1.5 倍行距，正文样式采用单倍行距（假定文章只有这些样式）。如果同学们撰写了多篇论文都需向该杂志社投稿，应如何设置杂志论文样式库？

步骤如下。

步骤 1：在撰写完成的论文中，将主标题套用标题 1 样式，章标题套用标题 2 样式，节标题套用标题 3 样式（套用样式可以在快速样式库中，或使用"Ctrl"＋"Alt"＋"1"/"2"/"3"的快捷键）。

步骤 2：在快速样式库中，右键分别单击标题 1、标题 2、标题 3 和正文样式，将样式修改为杂志要求的格式。

步骤 3：创建自定义样式库，命名为"杂志模板"（开始→样式→更改样式→样式集→另存为快速样式集）。创建完成后，样式集下拉列表中可查看到"杂志模板"库已被选取。

步骤4:在当前计算机中编辑其余文档样式时,同样可在样式集列表中查看到该样式库。或者将该模板从自定义快速样式库中复制出来,发给他人即可。注:自定义的样式库存放路径为 C:\users\用户名\AppData\Roaming\Microsoft\QuickStyles(Win 7)。

2.7.3 使用模板新建文档

在新建文档过程中,Word 2010 根据模板所在的位置,也将模板分为两类:一是可用模板,二是 Office.com 模板。可用模板显示位于本机中的模板,包括已安装的模板和用户的自定义模板。Office.com 模板包括了报表、标签、表单表格等多个分类,但模板需要连接网络到 Office.com 中去获取。

1. 使用已安装的模板

单击"文件"选项卡中的"新建"命令,在右侧的可用模板中将显示博客文章、书法字帖、样本模板等,这些都是系统的内置模板。双击"样本模板"后,还将显示包括信函、简历等多种模板。图 2-88 是根据书法字帖模板创建的字帖,很实用。

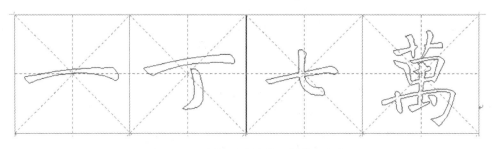

图 2-88　根据书法字帖模板创建的字帖

Word 2010 支持博客同步,可以通过博客文章模板完成博文编写并发布到博客服务提供商。在 Word 中已捆绑了 Windows Live Spaces、Windows SharePoint Services、Blogger、Community Server 等博客服务提供商的接口,我国主流博客如新浪、网易等也都支持使用 Word 2010 发布博客。

【例 2-18】 在 Word 2010 中撰写博客并发布到新浪博客。

提示:博客发布必须已申请成为新浪会员,或者立刻登录到新浪网站申请成为会员。

步骤 1:进入"文件"选项卡,单击"新建",选择"博客文章"模板,并在屏幕右下角单击"创建"。

步骤 2:若首次使用,则将出现如图 2-89所示的对话框,要求将 Word 关联注册到博客账户。单击立即注册。选择博客提供商为:其他。该注册环节也可待博文撰写完成后在发布时完成。

图 2-89　注册博客账户

步骤 3:API 默认选择选择 MetaWebLog,在博客文章 URL 中输入:

http://upload.move.blog.sina.com.cn/blog_rebuild/blog/xmlrpc.php

随后填写已申请的新浪用户名和密码,若希望同步,可勾选记住密码选项,单击"确定",如图 2-90 所示。

步骤 4:完成博客的撰写。

步骤 5:如图 2-91 所示,可根据需要单击"插入类别"对博文进行分类,随后单击"发布"。即可将博客内容发布到新浪服务器中。

图 2-90　新建账户成功

图 2-91　博客文章

若同时有多个网站的博客账户,也单击"管理账户"进行管理。

发布到网易博客的步骤与新浪基本相同,只是将在注册时将博客文章 URL 的地址输入为 http://os.blog.163.com/word/即可(该网址以网易公布为准)。

若未使用"博客文章"模板创建新文档,在保存时选择"保存并发送",单击"发布为博客文章"并完成注册等一系列环节,也可以完成博客的发布。

2. 使用 Office.com 模板

Word 已安装模板一般只有数十种,而 Office.com 为用户提供了成百上千种免费模板。只需确保网络连接就可以使用这些在线模板。这些模板都经过了专业设计且包含了众多复合对象。使用在线模板操作步骤如下。

步骤 1:在"文件"选项卡中单击"新建",选择 Office.com 中的模板,如贺卡。

步骤 2:根据所需的文档类型选择子分类,如节日贺卡。

步骤 3:在显示的列表中选择所需的模板。若有多个模板可供选择,可以参看模板的用户评级和打分。

步骤 4:单击下载,建立文档。

若 Word 2010 的已安装模板和网络模板无法满足实际需要,可自行创建一份模板,让其他用户依据模板进行规范化写作。例如在毕业设计过程中,若希望数百份毕业论文都采用相同的格式要求撰写,最好的方法就是创建一份毕业论文模板,并以此撰写毕业论文。

3. 使用用户自定义模板

在可用模板列表中,"我的模板"文件夹用于存放用户的自定义模板。对于 Windows 7 用户,自定义模板存放的默认路径是 C:\Users\用户名\AppData\Roaming\Microsoft\Templates 文件夹,放置完成后只需新建文档时单击"我的模板"按钮,即可在"新建"个人模板中查看自定义模板。

注意:在存放路径中包含用户名意味着,如果使用其他用户名登录同一台计算机,该模板将无法正常使用。

4. 使用工作组模板

用户模板都是基于每个用户储存的。Windows 用户有各自的存储路径。但如果用户希望把自己创建的模板变成开放使用,可以把模板放在工作组模板文件夹中。当用户从"我的模板"新建文档时,所有模板将都出现在个人模板位置,且无法辨别来源。操作步骤如下。

步骤 1:创建工作组模板文件夹。单击"文件"选项卡"选项"按钮,在"Word"选项对话框中选择"高级"。在"常规"部分,单击"文件位置",打开"文件位置"对话框,如图 2-92 所示。Word 默认未设定工作组模板位置,可单击"修改"设定工作组模板文件夹的位置,例如 C:\Templates。

步骤 2:将所需的模板放入工作组文件夹中,即可通过"我的模板"查看到了。

5. 使用现有内容新建模板

一篇毕业论文撰写完成后,若希望另一篇毕业论文可以沿用其内容、页面设置、样式与格式、宏、快捷键等设置,可以将它作为模板来创建文档。单击可用模板列表中的"根据现有内容新建"按钮,即可根据现有文档创建模板。

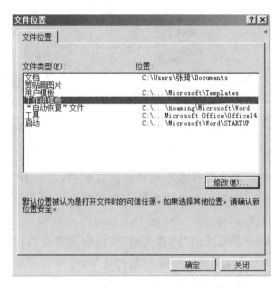

图 2-92　定义工作组模板位置

2.7.4　模板与加载项

1. 共用模板

"模板与加载项"功能出现在 Word 2010 的"开发工具"选项卡(如图 2-93 所示)中,但"开发工具"选项卡默认不显示。需单击"文件"选项卡的"选项"按钮,在"Word"选项中选择"自定义功能区",在"主选项卡"部分勾选"开发工具"复选框。

图 2-93　"开发工具"选项卡

有时使用一个模板创建文档并编辑一部分内容后,却发现另一个模板中的样式、宏更适合这个文档,为此,可以改变与现有文档模板的链接,应用新模板。但是该模板的设置只对当前文档有效。如果需要对 Word 中的全部文档都有效,可选择将模板添加为共用模板,这样在基于任何模板处理文档时都可使用宏、样式等功能。默认情况下,Normal 模板就是共用模板。

单击"开发工具"选项卡的"文档模板"按钮,在出现的"模板与加载项"对话框(如图 2-94 所示)中,默认可以查看到当前默认文档模板是 Normal 模板,若 Normal 模板被修改,则直接影响新建空白文档后文档的样式。

(1)单击"选用"按钮,可更新文档模板。更改后,可使用新模板的样式、宏等,而不改变原有模板提供的文本和格式,页面设置也不受影响。

(2)如果想用新模板的样式来更新文档,可选中"自动更新文档样式"复选框。

(3)单击添加,可加载共用模板。装入模板后,保存在其中的项目在本次 Word 运行期间对任何文档都有效,但用这种方法装入的加载项和模板会在关闭 Word 时自

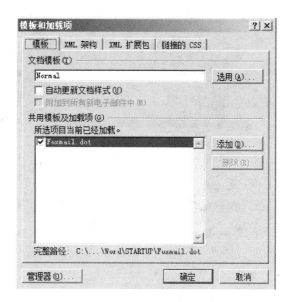

图 2-94　模板和加载项

动卸载。下次再启动 Word 时,如果还要使用,还得重复以上的步骤。如果在每次使用 Word 时,都要将某一模板加载为共用模板,可以将这个模板复制到 Word 的 Startup 文件夹中,这样 Word 启动时就会自动加载这个模板。

【例 2-19】　更换模板。

若导师要求将毕业论文向某杂志社投稿,该杂志社要求作者使用杂志已设定好的模板更改样式,请问应该如何操作。若毕业论文模板为 Normal.dotm 模板,而杂志社模板为 zzmb.dotx。

步骤 1:显示"开发工具"选项卡(文件→选项→自定义功能→在主选项卡中勾选"开发工具")。

步骤 2:显示模板和加载项(开发工具→模板组→文档模板)。

步骤 3:在"模板和加载项"对话框中,单击文档模板旁的"选用"按钮,将默认模板更改为 zzmb.dotx。勾选自动更新文档样式复选框。

步骤 5:若 zzmb 与 Normal 模板样式名称相同,样式将自动更新。若是无法自动更新,请打开"样式"任务窗格,完成文字的样式套用。

2. 管理模板

单击"模板和加载项"对话框下方的"管理器"按钮,可打开"管理器"对话框。Word 2010 的管理器和 2003 版本相比似乎减少了一半的组件,Word 2003 能够对样式、自动图文集、工具栏以及宏进行复制、删除或者重命名模板等操作,但 Word 2010 只包含了样式和宏方案项,如图 2-95 所示。

(1)复制:可以将当前文档模板中的样式复制到 Normal 模板中。此操作可以双向复制。需要注意的是一旦 Normal 模板发生改变,将影响所有空白文件的创建。

(2)删除:可以删除样式。但如果删除了自定义样式,文档中所有套用该样式的文本都会被格式化为"正文"样式。

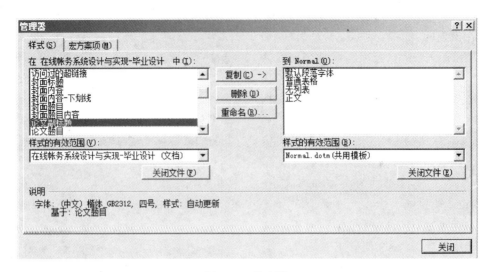

图 2-95　管理器

(3)重命名:内置样式不能被重命名,只能标记别名。如果选中标题 1 样式,单击重命名,输入 123,则样式名变为了标题 1,123。

【例 2-20】 毕业论文模板的创建。

创建模板,可以选择根据现有文档创建,或者是新建模板。图是某高校的毕业论文模板。如需从空白文件上新建模板,其方法与新建一篇毕业论文相近。在制作模板前,需确定模板中包含的内容,根据内容设立框架结构。

建议流程为:在 Word 2010 中,页面设置(选择纸张、设置页边距)→撰写标题、设置标题样式→选择导航＋页面视图的视图方式→分节、根据标题样式设置多重编号→撰写正文,定义样式→设置注释项→设置注释项交叉引用→创建引文和书目→分节设置页眉和页脚→自动生成目录(包括图表目录)→美化封面→另存为模板。

2.8　习　题

1. 某高校的毕业论文规定所有的标题层次序号格式为:

第一级	第二级	第三级	第四级
第一章	一	(一)	1.

且要求各级序号都与标题样式相对应,应当如何设置?

2. 在上一题完成多级符号设置后的文档中,为图片插入题注。要求将题注样式更改为黑体 11 号字,且题注编号方式依据标题 1 产生。

3. 需新建样式,用以规范毕业论文部分章节的主标题。要求其格式与 Word 内置样式标题 1 相同。在自动生成目录时,套用该样式不会被自动添加入目录。思考有几种方式可以创建该样式?

4. 将内置样式标题 4 在不改变样式名称的前提下修改为黑体、自动编号,并为其设置快捷键"Ctrl"＋"Alt"＋"4"。思考共有几种修改方式?

5. 在毕业论文模板中设有论文标题样式、摘要样式等自定义样式,现需要将这两个样式添加到 Normal 模板中,应该如何设置?

6.思考应当如何设置,使 Word 能够让某些设置为字符类型样式的文字自动添加到目录中。

7.如何使用模板快速创建一份个人简历?

8.中国标准的引文样式是哪一种? 使用引文和书目功能创建的书目与通过文档结尾的尾注插入的参考文献有什么区别?

9.构建基块管理器中共有哪些库? 如何将自定义的文档目录添加到目录库中?

第3章

域与修订

域是 Word 使用上的高级议题,在大型、中型文档中几乎都要使用到域。也许你并未直接使用域,但当你在进行插入页码、制作目录、建立索引、交叉引用等操作时,域已伴随这些操作过程自动插入到文档中。本章将进一步讨论域概念、域操作和常用域的应用。

文档在最终形成前往往要通过多人或多次修改才能确定,批注和修订对于创作和修改文档内容的作用很大。批注是对选中内容的一个意见或看法,修订是对内容的修改并记录修改的标记。运用文档的"审阅"功能,可以进行建立批注、标记修订、跟踪修订标记并对修订进行审阅等操作,有效提高文档编辑效率。

3.1 应用实例

3.1.1 活动通知

NAZ 课题组要组织一次活动,需要通知有关教师和课题组全体成员参加。每份通知都要写明参加者的姓名、称谓和相关的活动内容。部分通知书如图 3-1 所示。

这么多的通知书是通过复制、粘贴后再修改生成的吗? 其实,只要准备好课题组成员的名单、活动安排和邮箱等信息,通过"邮件合并"功能,Word 将自动给每个成员建立一份通知书,也可以通过邮件系统自动将这些通知书分别发送给每个参与者。通知书中的姓名、称呼和活动安排则是通过"邮件合并域"实现的。

3.1.2 论文修订

论文完成初稿后交给了指导老师,几天后老师返回稿子,你会看到稿子上多出来了很多记号,如图 3-2 所示。

导师是怎么在论文上留下修改的建议和标记的呢? 论文作者接着又该怎样根据这些提示进行论文的修订呢?

很简单,有了文档的"修订"功能,一切问题都能迎刃而解。

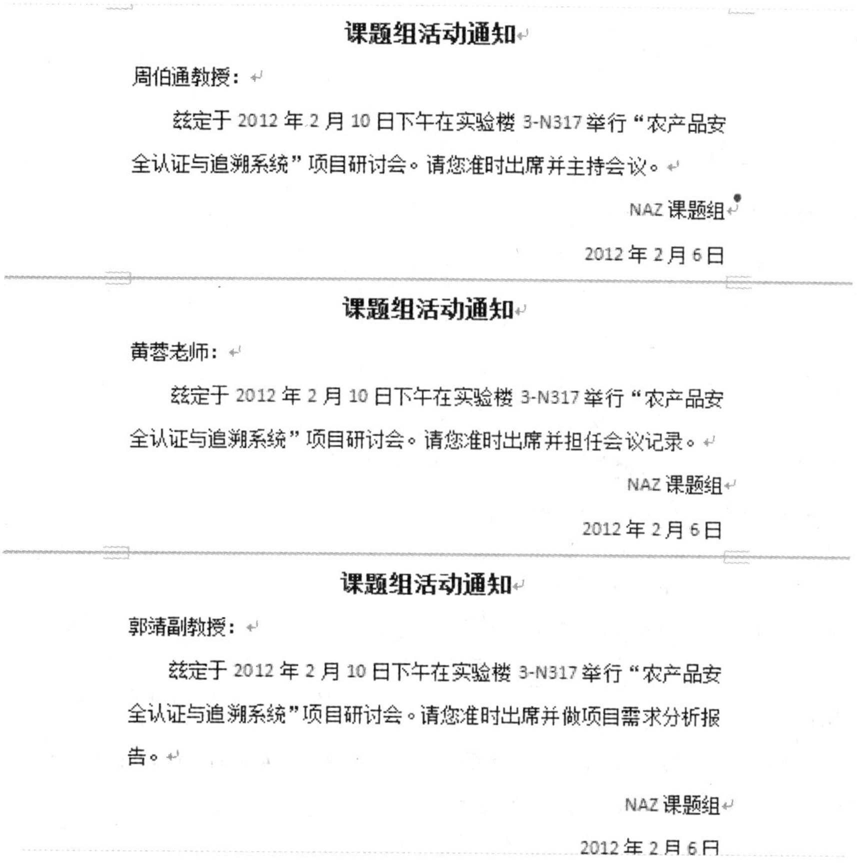

课题组活动通知

周伯通教授：

兹定于 2012 年 2 月 10 日下午在实验楼 3-N317 举行 "农产品安全认证与追溯系统" 项目研讨会。请您准时出席并主持会议。

NAZ 课题组

2012 年 2 月 6 日

课题组活动通知

黄蓉老师：

兹定于 2012 年 2 月 10 日下午在实验楼 3-N317 举行 "农产品安全认证与追溯系统" 项目研讨会。请您准时出席并担任会议记录。

NAZ 课题组

2012 年 2 月 6 日

课题组活动通知

郭靖副教授：

兹定于 2012 年 2 月 10 日下午在实验楼 3-N317 举行 "农产品安全认证与追溯系统" 项目研讨会。请您准时出席并做项目需求分析报告。

NAZ 课题组

2012 年 2 月 6 日

图 3-1　活动通知书

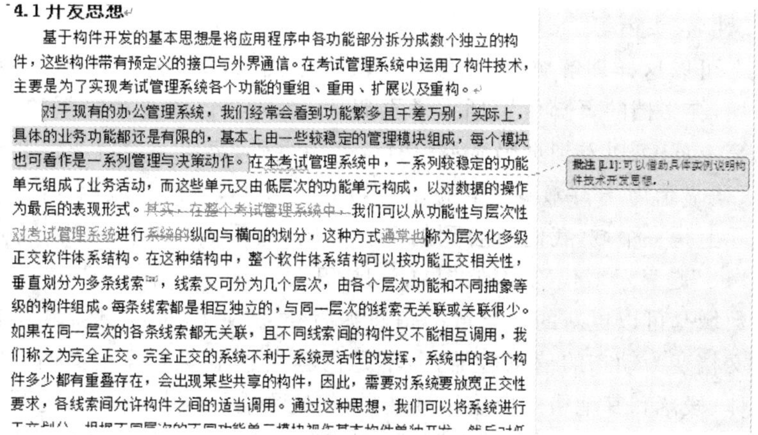

4.1 并反思想

基于构件开发的基本思想是将应用程序中各功能部分拆分成数个独立的构件，这些构件带有预定义的接口与外界通信。在考试管理系统中运用了构件技术，主要是为了实现考试管理系统各个功能的重组、重用、扩展以及重构。

对于现有的办公管理系统，我们经常会看到功能繁多且千差万别，实际上，具体的业务功能都还是有限的，基本上由一些较稳定的管理模块组成，每个模块也可看作是一系列管理与决策动作。在本考试管理系统中，一系列较稳定的功能单元组成了业务活动，而这些单元又由低层次的功能单元构成，以对数据的操作为最后的表现形式。其实，在整个考试管理系统中，我们可以从功能性与层次性对考试管理系统进行系统的纵向与横向的划分，这种方式通常也称为层次化多级正交软件体系结构。在这种结构中，整个软件体系结构可以按功能正交相关性，垂直划分为多条线索，线索又可分为几个层次，由各个层次功能和不同抽象等级的构件组成。每条线索都是相互独立的，与同一层次的线索无关联或关联很少。如果在同一层次的各条线索都无关联，且不同线索间的构件又不能相互调用，我们称之为完全正交。完全正交的系统不利于系统灵活性的发挥，系统中的各个构件多少都有重叠存在，会出现某些共享的构件，因此，需要对系统要放宽正交性要求，各线索间允许构件之间的适当调用。通过这种思想，我们可以将系统进行正交划分，根据不同层次的不同线索单元搭好基本构件单独开发，然后对基

批注 [L1]: 可以借助具体实例说明构件技术开发思想。

图 3-2　加了批注与修订的文档

3.2 域的概念

3.2.1 什么是域

在前面两章中,我们已经直接或间接地在运用域,例如在文档中插入日期、页码,建立目录和索引过程中,域会自动插入文档,也许我们并没有意识到该过程涉及域。以在文档中插入"日期和时间"为例,如果选定了格式后单击"确定",将按选定格式插入系统的当前日期和时间的文本,但不是域。如果在"日期和时间"对话框中选择了"自动更新"再按"确定",如图 3-3 所示,则以选定格式插入了日期和时间域。虽然两种操作后显示的结果相同,但是文本是不会再发

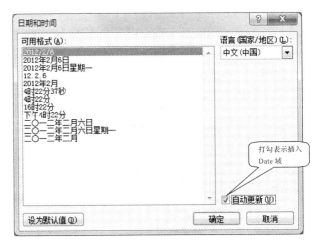

图 3-3　插入"日期和时间"

生变化的,而域是可以更新的,插入的日期和时间将会根据系统的日期时间自动更新。单击日期时间域,可以看到域以灰色底纹突出显示。

那么,什么是域,域在文档中又起到什么作用呢?

Word 缔造者是这样描述域的:域是文档中可能发生变化的数据或邮件合并文档中套用信封、标签的占位符。可能发生变化的数据包括目录、索引、页码、打印日期、储存日期、编辑时间、作者、文件命名、文件大小、总字符数、总行数、总页数等,在邮件合并文档中为收信人单位、姓名、头衔等。

实际上可以这样理解域,域就像是一段程序代码,文档中显示的内容是域代码运行的结果。例如,在文档的页脚位置插入了页码后,文档会自动显示每页的页码。假设当前位置在文档第一页,可以看到页码显示为"1",选中页码,页码是带有灰色底纹的,按下"Shift"+"F9",页码显示为"{PAGE}",再按下"Shift"+"F9",页码又显示为1。即,在文档中插入的页码实际上是一个域,我们所看到的每页页码,实际上是域代码"{PAGE}"的运行结果。"Shift"+"F9"是显示域代码和域结果的切换开关。

大多数域是可以更新的。当域的信息源发生了改变,可以更新域让它显示最新信息,这可以让文档变为动态的信息容器,而不是内容一直不变的静止文档。域可以被格式化,可以将字体、段落和其他格式应用于域结果,使它融合在文档中。域也可以被锁定,断开与信息源的链接并被转换为不会改变的永久内容,当然也可以解除域锁定。

通过域可以提高文档的智能性,在无需人工干预的条件下自动完成任务,例如编排文档页码并统计总页数;按不同格式插入日期和时间并更新;通过链接与引用在活动文档中插入其他文档;自动编制目录、关键词索引、图表目录;实现邮件的自动合并与打印;创建标准格式分数、为汉字加注拼音等。

3.2.2 域的构成

域代码一般由三部分组成:域名、域参数和域开关。域代码包含在一对大括号"{}"中,我们将"{}"称为域特征字符。特别要说明的是,域特征字符不能直接输入,需要按下快捷键"Ctrl"+"F9"。

例如,在文档中按照图 3-3 完成插入日期和时间的操作后,在文档中将自动插入时间域,单击文档中显示的日期,按下"Shift"+"F9"键查看域代码,可以看到日期内容显示为{TIME \@"yyyy/M/d"},大括号中的 TIME 是域名、\@是域开关,"yyyy/M/d"是域开关的选项,表示显示日期的格式。

域代码的通用格式为:{域名 [域参数] [域开关]},其中在方括号中的部分是可选的。域代码不区分英文大小写。

1. 域名

域名是域代码的关键字,必选项。域名表示了域代码的运行内容。Word 提供了 70 多个域名,其他域名不能被 Word 识别,Word 会尝试将域名解释为书签。

例如,域代码"{AUTHOR }",AUTHOR 是域名,域结果是文档作者的姓名。

2. 域参数

域参数是对域名作进一步的说明。

例如,域代码"{DOCPROPERTY Company * MERGEFORMAT}",域名是 DOCPROPERTY,DOCPROPERTY 域的作用是插入指定的 26 项文档属性中的一项,必须通过参数指定。代码中的"Company"是 DOCPROPERTY 域的参数,指定文档属性中作者的单位。假设某文档的属性如图 3-4 所示,则该域代码的域结果显示为"地球未名村集团"。

3. 域开关

域开关是特殊的指令,在域中可引发特定的操作。域开关通常可以让同一个域出现不同的域结果。域通常有一个或多个可选的开关,开关与开关之间使用空格进行分隔。

图 3-4 "属性"对话框

域开关和域参数的顺序有时是有关系的,但并不总是这样。一般开关对整个域的影响会优先于任何参数。影响具体参数的开关通常会立即出现在它们影响的参数后面。

三种类型的普通开关可用于许多不同的域并影响域的显示结果,它们分别是文本格式开关、数字格式开关和日期格式开关,这三种类型域开关使用的语法分别由"*"、"\♯"和"\@"开头。

一些开关还可以组合起来使用,开关和开关之间用空格进行分隔。例如,域代码"{AUTHOR \ * Upper}","\ * Upper"是域开关,表示将域结果以大写字母格式显示。该域结果是用大写字母显示的文档作者姓名,以图 3-4 示例的文档属性而言,域结果为"LISA"。

3.2.3 域的分类

Word 2010 提供了 9 大类共 73 个域。

1. 编号

编号域用于在文档中插入不同类型的编号,共有 10 种不同域,见表 3-1。

表 3-1 "编号"类别

域　名	说　明
AutoNum	插入自动段落编号
AutoNumLgl	插入正规格式的自动段落编号
AutoNumOut	插入大纲格式的自动段落编号
Barcode	插入收信人邮政条码(美国邮政局使用的机器可读地址形式)
ListNum	在段落中的任意位置插入一组编号
Page	插入当前页码,经常用于页眉和页脚中创建页码
RevNum	插入文档的保存次数,该信息来自文档属性"统计"选项卡
Section	插入当前节的编号
SectionPages	插入本节的总页数
Seq	插入自动序列号,用于对文档中的章节、表格、图表和其他项目按顺序编号

2. 等式和公式

等式和公式域用于执行计算、操作字符、构建等式和显示符号,共有 4 个域,见表 3-2。

表 3-2 "等式和公式"类别

域　名	说　明
＝(Formula)	计算表达式结果
Advance	将一行内随后的文字的起点向上、下、左、右或指定的水平或垂直位置偏移,用于定位特殊效果的字符或模仿当前安装字体中没有的字符
Eq	创建科学公式
Symbol	插入特殊字符

3. 链接和引用

链接和引用域用于将外部文件与当前文档链接起来,或将当前文档的一部分与另一部分链接起来,共有 11 个域,见表 3-3。

表 3-3　"链接和引用域"类别

域　名	说　明
AutoText	插入指定的"自动图文集"词条
AutoTextList	为活动模板中的"自动图文集"词条创建下拉列表,列表会随着应用于"自动图文集"词条的样式而改变
Hyperlink	插入带有提示文字的超级链接,可以从此处跳转至其他位置
IncludePicture	通过文件插入图片
IncludeText	通过文件插入文字
Link	使用 OLE 插入文件的一部分
NoteRef	插入脚注或尾注编号,用于多次引用同一注释或交叉引用脚注或尾注
PageRef	插入包含指定书签的页码,作为交叉引用
Quote	插入文字类型的文本
Ref	插入用书签标记的文本
StyleRef	插入具有指定样式的文本

4.日期和时间

在"日期和时间"类别下有 6 个域,见表 3-4。

表 3-4　"日期和时间"类别

域　名	说　明
CreateDate	文档创建时间
Date	当前日期
EditTime	文档编辑时间总计
PrintDate	上次打印文档的日期
SaveDate	上次保存文档的日期
Time	当前时间

5.索引和目录

索引和目录域用于创建和维护目录、索引和引文目录,共有 7 个域,见表 3-5。

表 3-5　"索引和目录"类别

域　名	说　明
Index	基于 XE 域创建索引
RD	通过使用多篇文档中的标记项或标题样式来创建索引、目录、图表目录或引文目录
TA	标记引文目录项
TC	标记目录项
TOA	基于 TA 域创建引文目录
TOC	使用大纲级别(标题样式)或基于 TC 域创建目录
XE	标记索引项

6.文档信息

文档信息域对应于文件属性的"摘要"选项卡上的内容,共有 14 个域,见表 3-6。

表 3-6 "文档信息"类别

域 名	说 明
Author	"摘要"信息中文档作者的姓名
Comments	"摘要"信息中的备注
DocProperty	插入指定的 26 项文档属性中的一项,而不仅仅是文档信息域类别中的内容
FileName	当前文件的名称
FileSize	文件的存储大小
Info	插入指定的"摘要"信息中的一项
Keywords	"摘要"信息中的关键字
LastSavedBy	最后更改并保存文档的修改者姓名,来自"统计"信息
NumChars	文档包含的字符数,来自"统计"信息
NumPages	文档的总页数,来自"统计"信息
NumWords	文档的总字数,来自"统计"信息
Subject	"摘要"信息中的文档主题
Template	文档选用的模板名,来自"摘要"信息
Title	"摘要"信息中的文档标题

7.文档自动化

大多数文档自动化域用于构建自动化的格式,该域可以执行一些逻辑操作并允许用户运行宏、为打印机发送特殊指令转到书签。它提供 6 种域,见表 3-7。

表 3-7 "文档自动化"类别

域 名	说 明
Compare	比较两个值。如果比较结果为真,返回数值 1;如果为假,则返回数值 0
DocVariable	插入赋予文档变量的字符串。每个文档都有一个变量集合,可用 VBA 编程语言对其进行添加和引用。可用此域来显示文档中文档变量内容
GotoButton	插入跳转命令,以方便查看较长的联机文档
If	比较两个值,根据比较结果插入相应的文字。If 域用于邮件合并主文档,可以检查合并数据记录中的信息,如邮政编码或账号等
MacroButton	插入宏命令,双击域结果时运行宏
Print	将打印命令发送到打印机,只有在打印文档时才显示结果

8.用户信息

用户信息域对应于"选项"对话框中的"用户信息"选项卡,有 3 个域,见表 3-8。

表 3-8　"用户信息"类别

域　名	说　明
User Address	"用户信息"中的通信地址
User Initials	"用户信息"中的缩写
UserName	"用户信息"中的姓名

9.邮件合并

邮件合并域用于在合并"邮件"对话框中选择"开始邮件合并"后出现的文档类型以构建邮件。"邮件合并"类别下包含 14 个域,见表 3-9。

表 3-9　"邮件合并"类别

域　名	说　明
AddressBlock	插入邮件合并地址块
Ask	提示输入信息并指定一个书签代表输入的信息
Compare	同表 3.7
Database	插入外部数据库中的数据
Fillin	提示用户输入要插入到文档中的文字。用户的应答信息会打印在域中
GreetingLine	插入邮件合并问候语
If	同表 3-7
MergeField	在邮件合并主文档中将数据域名显示在"《》"形的合并字符之中
MergeRec	当前合并记录号
MergeSeq	统计域与主控文档成功合并的数据记录数
Next	转到邮件合并的下一个记录
NextIf	按条件转到邮件合并的下一个记录
Set	定义指定书签名所代表的信息
SkipIf	在邮件合并时按条件跳过一个记录

3.3　域的操作

域操作包括域的插入、编辑、删除、更新、锁定等。

3.3.1　插入域

有时,域会作为其他操作的一部分自动插入文档,如前面谈到的插入"页码"和插入"日期和时间"操作都能自动在文档中插入 Page 域和 Time 域。如果明确要在文档中插入一个域,可以通过"插入"选项卡,在"文本"组中单击"文档部件"→"域",在"域"对话框中选择需要插入的域。如果你对域代码十分熟悉,也可以通过快捷键"Ctrl"+"F9"产生域特征符后输入域代码。

【例 3-1】 在文档的尾部落款处插入当前日期和时间,要求显示格式为中文的年月日和时分秒。

1. 菜单操作

光标移到文档尾部,在"插入"选项卡的"文本"组中单击"文档部件"→"域",在"域"对话框请选择域:"类别"下拉框中选择"日期和时间"、域名选择"Time",选择日期格式。我们观察到日期格式中没有年月日和时分秒同时显示的格式,因此还必须重复一次上述操作,再插入一次以时分秒格式显示的时间。

☞提示:在"域"对话框中单击"域代码",会在对话框中右上角显示域代码和域代码格式。可以在域代码编辑框更改域代码,我们可以借助域代码显示米熟悉域代码中域参数、域开关的用法。

2. 键盘操作

光标移到文档尾部,按下"Ctrl"+"F9",在域特征符大括号中输入"TIME \@ "yyyy' 年 'M' 月 'd' 日 'h' 时 'm' 分 's' 秒 '"",再按下"F9"键,可以看到域代码显示的结果。我们发现,如果对域代码十分熟悉,运用键盘操作更加灵活有效。

☞提示:键盘操作输入域代码后不直接显示为域结果,必须更新域后才能显示域结果。

3.3.2 编辑域

在文档中插入域后,可以进一步修改域代码,也可以对域格式进行设置。

1. 显示或隐藏域代码

单击"文件"→"选项",打开"Word 选项"对话框下"高级"选项卡,如图 3-5 所示。可以看到 Word 2010 默认将"域底纹"设置为"选取时显示"。这意味着当文档中包含域时,没必要知道它,除非选取它并试图修改时,底纹才显示。"选取时显示"选项在文档美观和获取信息之间达到平衡,当然也可以设置为"不显示"或"始终显示"域底纹。

"高级"选项卡还可以对"域代码"是否显示进行设置。如果没有选择显示域代码,那么对域进行更新后会立即显示域结果。如果选择显示域代码,会使所有的域都显示为域代码。

如果只想查看当前域的域代码,可以选择域,通过快捷菜单"切换域代码"或快捷键"Shift"+"F9",切换域的显示为域代码。

2. 修改域代码

修改域的设置或域代码,可以在"域"对话框中操作,也可以直接在文档的域代码中进行编辑。

(1)右击域,单击"编辑域",打开"域"对话框,重新设置域。

(2)选择域,切换域结果为域代码,直接对域代码进行编辑。

图 3-5　"Word 选项"|"高级"对话框

3.设置域格式

域可以被格式化。可以将字体、段落和其他格式应用于域,使它融合在文档中。

在使用"域"对话框插入域时,许多域都有"更新时保留原有格式"选项,一旦选中,那么域代码中自动加上"\ * MERGEFORMAT"域开关。这个开关会让 Word 保留任何已应用于域的格式,以便在以后更新域时保持域的原有格式。

【例 3-2】　有一段文本"Inside every story,there is a beautiful journey."需要在文档其他地方多次引用,怎样操作使得引用的内容永远保持与该文本内容一致?

步骤 1:将被引用的文本定义为书签。选中文本"Inside every story,there is a beautiful journey.",在"插入"选项卡的"链接"组中单击"书签",打开"书签"对话框,设置书签名为"adv",单击"添加",如图 3-6 所示。

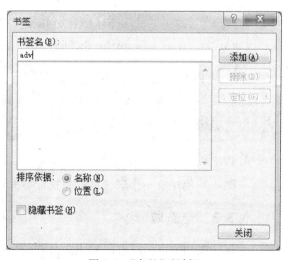

图 3-6　"书签"对话框

步骤 2:在需要引用文本的地方,插入 Ref 域引用书签的文字。在"插入"选项卡的"文本"组中单击"文档部件"→"域",在"域"对话框请选择域:"类别"下拉框中选择"链接和引用"、域名选择"Ref"、"adv"书签名称,选择"更新时保留原有格式",如图 3-7 所示。

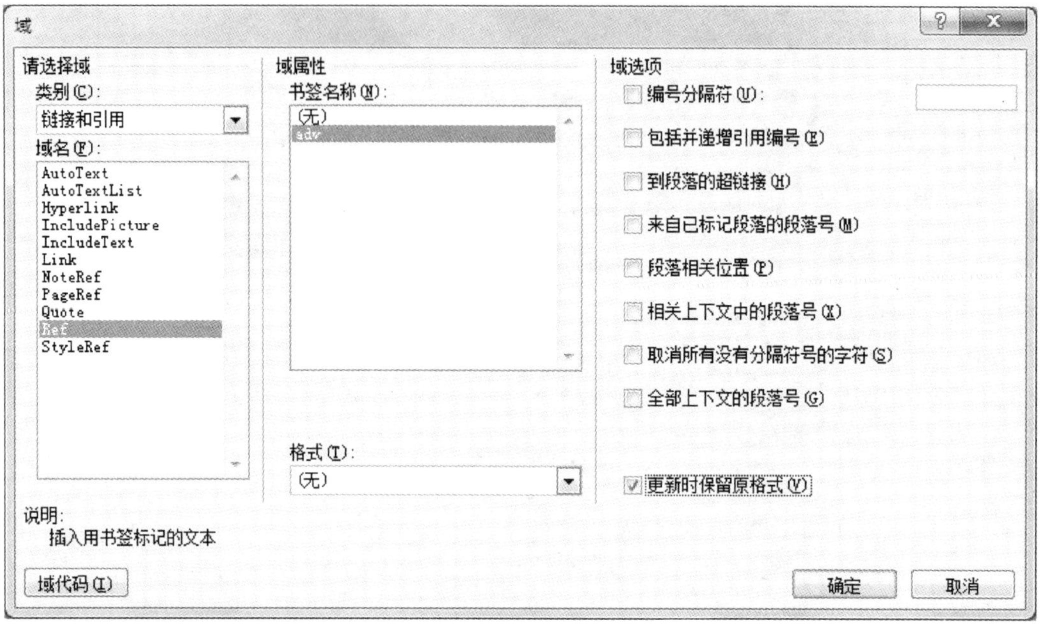

图 3-7　插入 Ref 域

域结果为:"Inside every story,there is a beautiful journey."

对应的域代码为:"{REF adv \ * MERGEFORMAT}"。

如果把域格式设置为斜体格式,而把书签标记的文本更改为粗体格式,那么,更新域后域结果为:"*Inside every story,there is a beautiful journey.*",也就是说在更新时保留了域自己的格式。

如果在图 3-7 中插入 Ref 域时没有选择"更新时保留原有格式",对应的域代码为"{REF adv }",即少了"\ * MERGEFORMAT"域开关,那么,更新域后域结果为:"Inside every story,there is a beautiful journey.",更新时域的格式没有保留,与书签的保持一致。

☞提示:域格式设置后,域代码会自动加上"\ * MERGEFORMAT"域开关,如果不想更新时保留域自己的格式而与书签格式保持一致,必须手动修改域代码,删除"\ * MERGEFORMAT"域开关。

4.删除域

与删除其他对象一样删除域。先选取要删除的域,按"Delete"键或"Backspace"键。

3.3.3　更新域

为保证文档的显示或打印输出是最新的域结果,必须进行更新域的操作,对 Word 选项进行必要的设置。在键盘输入域代码后必须更新域后才能显示域结果。在域的数据源发生变化后也需要手动更新域后才能显示最新的域结果。

1. 打印时更新域

单击"文件"→"选项",打开"Word 选项"对话框下"显示"选项卡,选中"打印前更新域"复选框。这样在文档输出时会自动更新文档中所有的域结果。

2. 手动更新域

选择要更新的域或包含所有要更新域的文本块,通过快捷菜单"更新域"或快捷键"F9"手动更新域。

☞提示:有时更新域后,域显示为域代码,必须切换域代码后才可以看到更新后的域结果。

3.3.4　域的快捷键操作

域的快捷键操作都是含有"F9"或"F11"的组合键,运用快捷键使域的操作更简单、更快捷。域键盘快捷键和作用总览见表 3-10。

表 3-10　域操作快捷键

快捷键	作　　用
"F9"	更新域,更新当前选择集中所有域
"Ctrl"+"F9"	插入域特征符,用于手动插入域
"Shift"+"F9"	切换域显示,为当前选择的域打开或关闭域代码显示
"Alt"+"F9"	查看域代码,为整个文档中所有的域打开或关闭域代码显示
"Ctrl"+"Shift"+"F9"	解除域链接,将所有合格的域转为硬文本,该域无法再更新
"Alt"+"Shift"+"F9"	单击域,等同于双击 MacroButton 和 GotoButton 域
"F11"	下一个域,选择文档中的下一个域
"Shift"+"F11"	前一个域,选择文档中的前一个域
"Ctrl"+"F11"	锁定域,防止选择的域被更新
"Ctrl"+"Shift"+"F11"	解锁域,解除域锁定使其可以更新

3.4　常用域与应用

Word 2010 支持的域多达 73 个,以下结合一些应用实例介绍部分常用域的应用。

【例 3-3】　在论文的最后一段自动提取文档相关信息并进行描述。内容如下:

本文由＊＊＊撰写,文件名为＊＊＊,共计＊＊＊字＊＊＊页。

提示:在这个例子中,4 处文档信息依次可以通过 Author、Filename、NumWords 和 NumPages 域结果实现。

操作方法:先在文档中输入"**本文由 {Author} 撰写,文件名为 {Filename},共计**

〖NumWords〗字〖NumPages〗页。",再选中这段文字,按"F9"。

☞提示:通过"域"对话框可以选择这些文档信息域的显示格式。

【例 3-4】 为某文档正文中的所有实例编制目录。

提示:本例将运用 TC 域和 TOC 域。在第 2 章中介绍了运用样式自动化产生目录,是以 Word 内建"标题 1"、"标题 2"等样式或指定样式来产生目录,所建立的整个目录实际上就是 TOC 域。TC 域用于标记目录项,允许在文档任何位置放置后可被 Word 收集为目录的文字,辅助制作目录内容。

操作方法。

步骤 1:将光标定位于要列入目录第一个应用实例内容前,在"插入"选项卡的"文本"组中单击"文档部件"→"域",在"域"对话框请选择域:"类别"下拉框中选择"索引和目录"、域名选择"TC"、文字项输入"应用实例 1",如图 3-8 所示;再依此操作将光标分别定位于要列入目录的第二个、第三个……和最后一个应用实例内容前,通过插入 TC 域代逐个标记目录项。

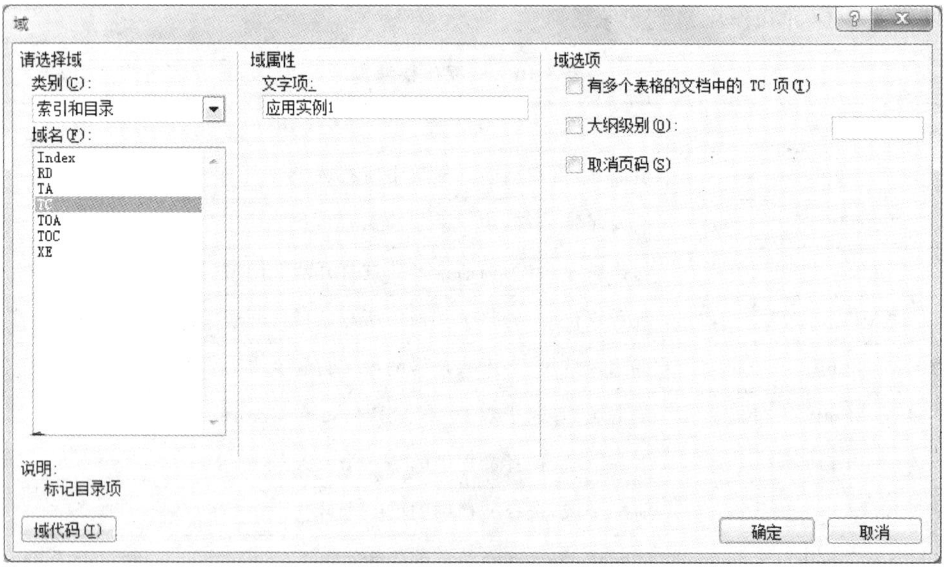

图 3-8 通过 TC 域标记目录项

步骤 2:将光标定位在要建立实例目录的位置,在"插入"选项卡的"文本"组中单击"文档部件"→"域",在"域"对话框请选择域:"类别"下拉框中选择"索引和目录"、域名选择"TOC"域名,单击"目录"按钮。在打开的"目录"对话框中单击"选项"按钮,对目录选项进行设置,如图 3-9 所示,只选中"目录项域",单击"确定"按钮。插入 TOC 域完成后,域结果显示为以标记目录项编制的目录。某文档建立的目录如图 3-10 所示。

☞提示:TC 域会被格式化为隐藏文字,而且不会在文档中显示域结果。如果要查看 TC 域,单击"开始"选项卡"段落"组中的"显示/隐藏"按钮。

【例 3-5】 设置文档的奇偶页眉,奇数页眉内容为文档所在的章标题内容、偶数页眉设

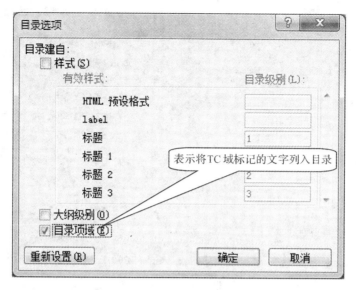

图 3-9 "目录选项"设置

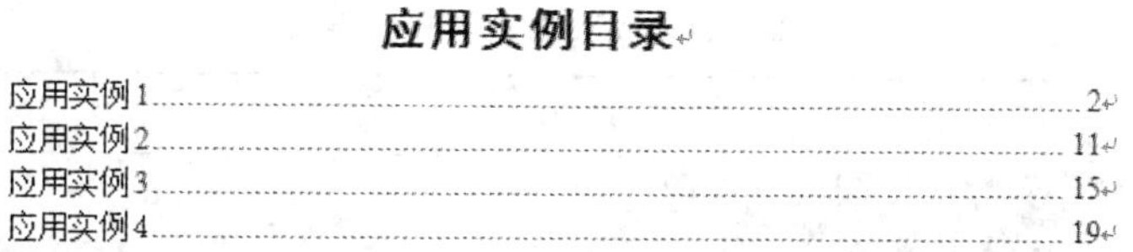

应用实例目录

应用实例1..2
应用实例2..11
应用实例3..15
应用实例4..19

图 3-10 以 TC 域建立的目录

置为节标题内容(假设已将章标题样式设置为"标题 1"、节标题样式设置为"标题 2")。

提示:本例中将用到 StyleRef 域,用于插入具有指定样式的文本。将 StyleRef 域插入页眉或页脚,则每页都显示出当前页上具有指定样式的第一处或最后一处文本。

操作方法。

步骤 1:光标定位到奇数页眉。在"插入"选项卡的"页眉和页脚"组中单击"页眉"→"编辑页眉"。

步骤 2:插入 StyleRef 域。在"插入"选项卡的"文本"组中单击"文档部件"→"域",在"域"对话框请选择域:"类别"下拉框中选择"链接和引用"、域名选择"StyleRef"、样式名选择"标题 1",如图 3-11 所示。页眉中域结果为本页中第一个具有"标题 1"样式的文本,这样所有奇数页的页眉都自动提取显示当前章标题内容。

步骤 3:将光标移到偶数页页眉上,重复一次步骤 2 的操作,样式名选择"标题 2"。

步骤 4:单击"页眉和页脚工具"选项卡下的"关闭页眉和页脚",退出页眉编辑。

☞提示:StyleRef 域仅提取指定样式的文字,如果章或节的编号是自动编号,那么章或节的编号不会被提取出来。这种情况下,可以插入两个 StyleRef 域实现,一个提取该样式的段落编号,在图 3-11 中插入 StyleRef 域时域选中"插入段落编号"复选框,再操作一次,插入 StyleRef 域提取该样式的文字。

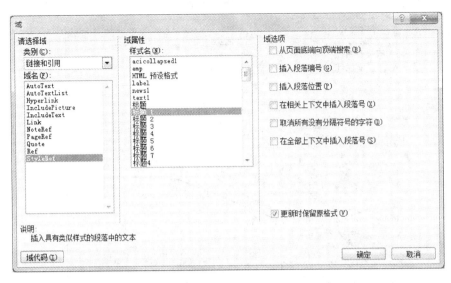

图 3-11　插入 StyleRef 域

【例 3-6】　为表格中的图做题注,要求分列编号。如表 3-11 包含两组图片,要求第 1 组的 3 张图片的题注为图 1、图 2 和图 3,第 2 组的 3 张图片的题注也是图 1、图 2 和图 3。

表 3-11　包含两组图片的表格

本例中要运用 Seq 域。Seq 域用于依序为文档中的章节、表、图以及其他页面元素编号。通常通过插入题注的操作会自动引用 Seq 域,但在本例中如果直接运用该方法,那么 6 张图片的编号将依照从左到右、从上到下的方式产生序号,所以必须修改域代码来完成任务。

操作方法如下。

步骤 1:选中第 1 张图片,打开"引用"选项卡,在"题注"组中单击"插入题注",在打开的"题注"对话框中,"标签"选择"图"、"位置"选择在"所选项目的下方",单击"确定",如图 3-12 所示(提示:如果没有"图"标签,可以先单击"新建标签"按钮进行创建)。

步骤 2:按照步骤 1 的操作方法,依次为其他 5 张图片插入题注。

步骤 3:选中表格,按"Alt"+"F9",显示域代码。可以观察到表格的每个单

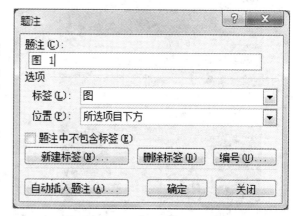

图 3-12　插入题注

元格中图片和题注都是一样的域代码。如表 3-12 所示。在 SEQ 域代码中,SEQ 域名后标识符"图"是编号系统,所有 6 张图是作为一个整体进行自动编号的。

表 3-12　完成插入题注后的表格内容所对应的域代码

第 1 组	第 2 组
｛ EMBED PBrush ｝ 图｛ SEQ 图 \ ＊ ARABIC ｝	｛ EMBED PBrush ｝ 图｛ SEQ 图 \ ＊ ARABIC ｝
｛ EMBED PBrush ｝ 图｛ SEQ 图 \ ＊ ARABIC ｝	｛ EMBED PBrush ｝ 图｛ SEQ 图 \ ＊ ARABIC ｝
｛ EMBED PBrush ｝ 图｛ SEQ 图 \ ＊ ARABIC ｝	｛ EMBED PBrush ｝ 图｛ SEQ 图 \ ＊ ARABIC ｝

步骤 4:只要将第 1 列和第 2 列的 SEQ 域代码使用不同的标识符,例如将第 1 列改为"组 1"、第 2 列改为"组 2",就可以得到两个编号系统。如表 3-13 所示。

表 3-13　将 SEQ 域代码修改为两个编号系统

第 1 组	第 2 组
｛ EMBED PBrush ｝ 图｛ SEQ 组 1\ ＊ ARABIC ｝	｛ EMBED PBrush ｝ 图｛ SEQ 组 2 \ ＊ ARABIC ｝
｛ EMBED PBrush ｝ 图｛ SEQ 组 1 \ ＊ ARABIC ｝	｛ EMBED PBrush ｝ 图｛ SEQ 组 2 \ ＊ ARABIC ｝
｛ EMBED PBrush ｝ 图｛ SEQ 组 1 \ ＊ ARABIC ｝	｛ EMBED PBrush ｝ 图｛ SEQ 组 2 \ ＊ ARABIC ｝

步骤 5:选择表格,按"F9",显示域结果。完成后的两个编号系统如表 3-14 所示。

表 3-14　完成后的效果

第 1 组	第 2 组
图 1	图 1
图 2	图 2
图 3	图 3

【**例 3-7**】　完成"活动通知"文档。

本例运用 MERGEFIELD 域。MERGEFIELD 域是特殊的 Word 域，与数据源中的数据域对应。先要创建主文档并使之与数据源关联，然后在主文档中插入 MERGEFIELD 域与数据源中的数据域对应。在邮件合并主文档中将数据域名显示在"《》"形的合并字符之中。当主文档与所选数据源合并后，MERGEFIELD 域结果为指定数据域的信息。

操作方法如下。

步骤 1：准备数据源。数据源可以是 Access 数据库、Excel 文件、Word 文档等多种格式。以下以 Excel 文件为例，"课题组活动安排.xlsx"记录了课题组相关信息，将作为活动通知主文档的数据源。如图 3-13 所示。

步骤 2：创建主文档。设计活动通知的内容的样式，并预留与被通知人有关信息的占位符。如图 3-14 所示。

步骤 3：主文档与数据源关联。打开"邮件"选项卡，在"开始邮件合并"组单击"选择收件人"→"使用现有列表"，在"选取数据源"对话框中选择"课题组活动安排.xlsx"文件，如图 3-15 所示，接着在"选择表格"对话框中选择数据所在的工作表，如图 3-16 所示。

	A	B	C	D
1	姓名	称谓	安排	
2	周伯通	教授	主持会议	
3	黄蓉	老师	担任会议记录	
4	郭靖	副教授	做项目需求分析报告	
5	杨过	工程师	做数据库设计报告	
6	张三	同学	参与项目讨论	
7	李四	同学	参与项目讨论	

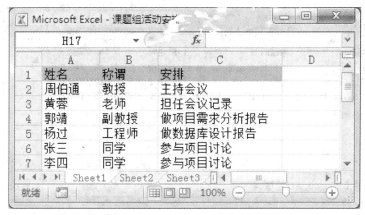

图 3-13　活动通知数据源

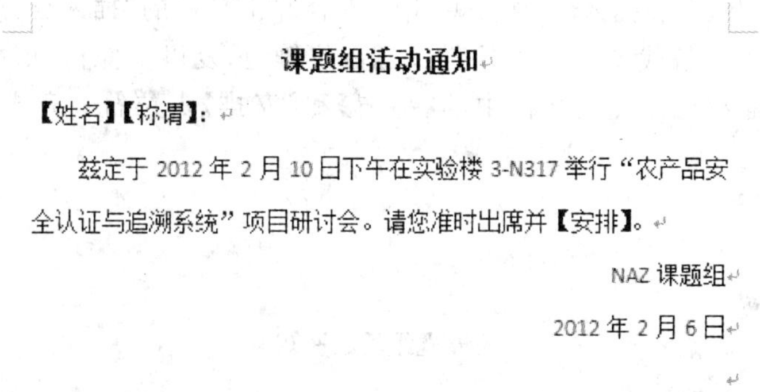

课题组活动通知

【姓名】【称谓】:

兹定于 2012 年 2 月 10 日下午在实验楼 3-N317 举行"农产品安全认证与追溯系统"项目研讨会。请您准时出席并【安排】。

NAZ 课题组

2012 年 2 月 6 日

图 3-14　活动通知主文档

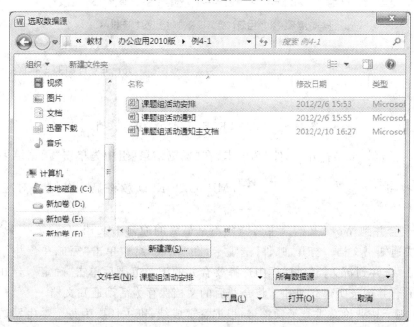

图 3-15　选择数据源文件

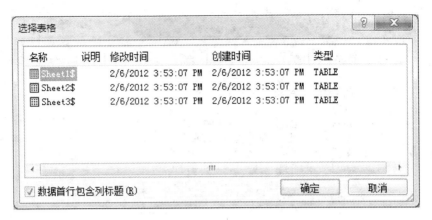

图 3-16　选择数据所在工作表

步骤 4：在主文档中依次插入 MERGEFIELD 域。先选择主文档中的"【姓名】"，打开"邮件"选项卡，在"编写和插入域"组中单击邮件合并工具栏的"插入合并域"→"姓名"，将"姓名"数据域插入并替代主文档中的【姓名】占位符，重复以上操作，依次将"称谓"和"安排"数据域分别插入并替代主文档中的【称谓】和【安排】占位符。完成后主文档效果如图 3-17所示。

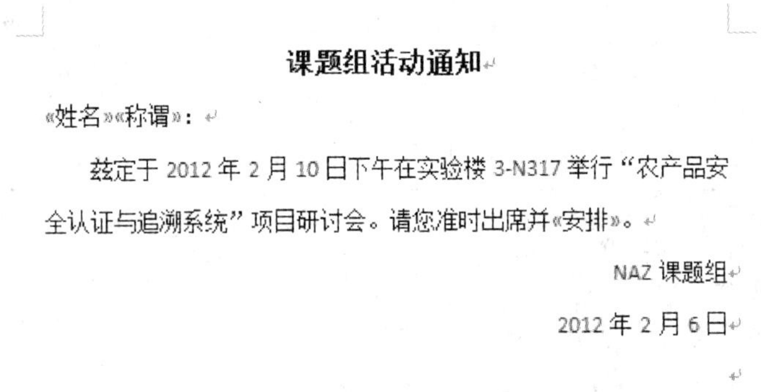

课题组活动通知

《姓名》《称谓》：

　　兹定于 2012 年 2 月 10 日下午在实验楼 3-N317 举行 "农产品安全认证与追溯系统" 项目研讨会。请您准时出席并《安排》。

NAZ 课题组

2012 年 2 月 6 日

图 3-17　插入 MERGEFIELD 域后的主文档

步骤 5：预览结果。打开"邮件"选项卡，在"预览结果"组中先单击"预览结果"，再单击查看记录按钮 |◀ ◀ 1 ▶ ▶|，MERGEFIELD 域将显示各记录对应数据域的数据。

步骤 6：合并到 Word 文档。主文档并不是最终的通知书文档，对预览结果满意后，可以合并生成通知书文档。打开"邮件"选项卡，在"完成"组中单击"完成并合并"→"编辑单个文档"，在"合并到新文档"对话框中选择要合并的记录范围后单击"确定"，合并后的文档包含对所有合并记录所建立通知。将合并后的文档保存为活动通知文档。

【例 3-8】　毕业论文进行了预答辩，根据答辩成绩，班主任要为每个学生发送一封电子邮件反馈预答辩结果。对于预答辩成绩在 60 分以下的将判定为不合格，要求学生必须根据答辩时提出的意见进行整改；其他学生则要求尽快完善论文格式，按指定时间进行正式答辩。学生的答辩成绩已记录在“预答辩成绩.xlsx”文件的 Sheet1 工作表中，数据格式如图 3-18所示。

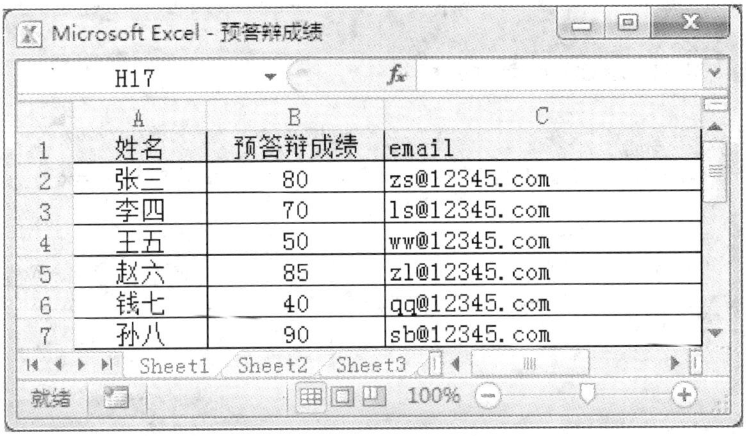

姓名	预答辩成绩	email
张三	80	zs@12345.com
李四	70	ls@12345.com
王五	50	ww@12345.com
赵六	85	zl@12345.com
钱七	40	qq@12345.com
孙八	90	sb@12345.com

图 3-18　预答辩成绩

本例除了要运用 MERGEFIELD 域外，还要用到 If 域进行文件合并。If 域会根据数据源的数据比较结果在邮件合并时填入不同的内容。

操作方法如下。

步骤 1：准备邮件的主文档。如图 3-19 所示。

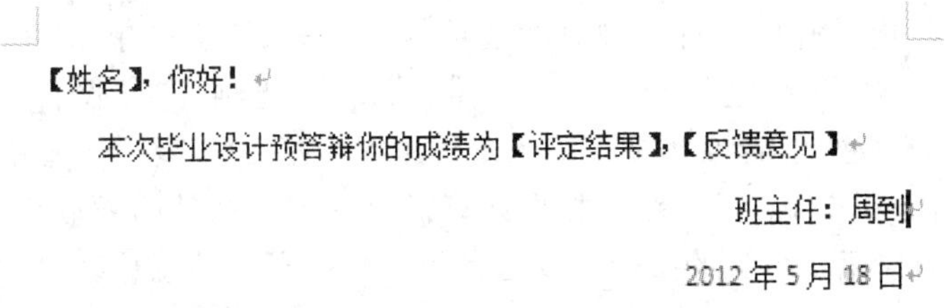

【姓名】，你好！

本次毕业设计预答辩你的成绩为【评定结果】，【反馈意见】

班主任：周到

2012年5月18日

图 3-19　邮件主文档

步骤 2：参照【例 3-7】步骤 3 将主文档与数据源“预答辩成绩.xlsx”文件的 Sheet1 工作表关联。

步骤 3：参照【例 3-7】步骤 4 在主文档中插入 MERGEFIELD 域，将“姓名”和“预答辩成绩”数据域分别插入并替代主文档中的【姓名】和【评定结果】占位符。在主文档中【反馈意见】占位符处插入 If 域，选择主文档中的“【反馈意见】”，打开“邮件”选项卡，在“编写和插入域”组中单击邮件合并工具栏的“规则”→“如果…那么…否则”，打开“插入 Word 域：IF”对话框，根据预答辩成绩填写答辩意见，如图 3-20 所示。

按“Ctrl”+“A”全选，再按“Shift”+“F9”切换域代码，可以看到插入 MERGEFIELD 域和 IF 域后的主文档，如图 3-21 所示。

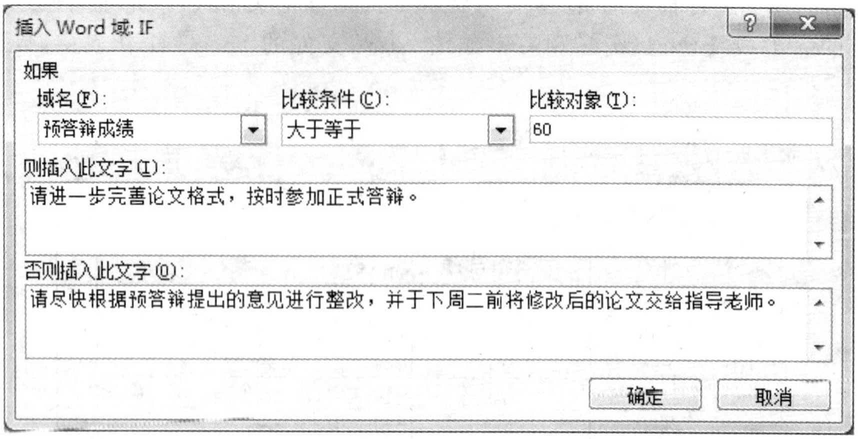

图 3-20　插入 If 域

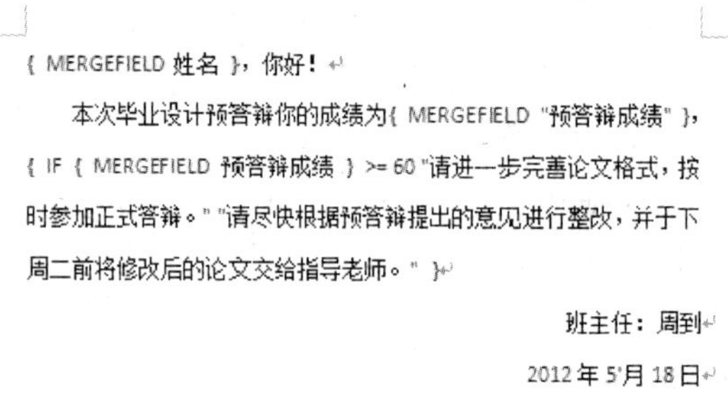

图 3-21　插入 MERGEFIELD 域和 IF 域后的主文档　　　图 3-22　合并到电子邮件

步骤 4：预览结果。参照【例 3-7】步骤 5。

步骤 5：合并到电子邮件。打开"邮件"选项卡，在"完成"组中单击"完成并合并"→"发送电子邮件"，在"合并到电子邮件"对话框的邮件选项下："收件人"选择"email" MERGEFIEL 域，在"主题行"文本框中输入邮件主题，在发送记录下：选择要合并的记录范围，如图 3-22 所示，单击"确定"按钮。如果计算机上安装了邮件收发软件如 Outlook，单击"确定"后将自动为往每个组员的邮箱上发送各自的预答辩反馈意见。

3.5　批注与修订的设置

在对文档进行批注和修订之前，可以根据需要先设置批注修订的位置、外观等内容。

1. 设置修订用户名

在图 3-2 的批注中有[L1]字样，这个标记中 L 是当前 Word 使用者的用户名缩写，数字 1 则表示本文档批注的顺序号。用户名缩写通常用字母表示，考虑到中国人的使用习惯，也可以用汉字作为用户名缩写。

在"审阅"选项卡的"修订"组中，单击"修订"→"修改用户名"，打开"Word 选项"对话框，在"常规"选项的"缩写"文本框中修改用户名的缩写。

2. 设置批注和修订的位置

默认设置下，对内容进行修改后，将在原位置处显示修订后的新内容，仅在批注框中显示批注和格式修改。也可以选择在批注框中显示修订信息或以嵌入方式显示所有修订。在"审阅"选项卡的"修订"组中,单击"显示标记"→"批注框",选择显示方式,如图 3-23 所示。

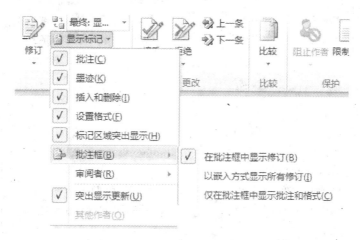

图 3-23　设置批注修订显示方式

☞提示:使用批注框显示批注和修订时,由于批注框显示在页面右侧的页边距区域内,会使得页面宽度增加。如果不喜欢页面宽度改变,可以选择"以嵌入方式显示所有修订"。

3. 设置批注和修订外观

在"审阅"选项卡的"修订"组中,单击"修订"→"修订选项",打开"修订选项"对话框,可以根据个人对颜色的喜好,对批注和修订标记的颜色等进行设置。如图 3-24 所示。

3.6　批　　注

批注仅是作者或审阅者为文档的一部分内容所做的注释,并不对文档本身进行修改。批注用于表达审阅者的意见或对文本提出质疑时非常有用。

1. 建立批注

先在文档中选择要进行批注的内容,在"审阅"选项卡的"批注"组中,单击"新建批注",将在页面右侧显示一个批注框。直接在批注框中输入批注,再单击批注框外的任何区域,即可完成批注建立。

2. 编辑批注

如果批注意见需要修改,单击批注框,进行修改后再单击批注框外的任何区域即可。

3. 查看批注

(1)指定审阅者。

可以有多人参与批注或修订操作,文档默认状态是显示所有审阅者的批注和修订。可以进行指定审阅者操作后,文档中仅显示指定审阅者的批注和修订,便于用户更加了解该审阅者的编辑意见。

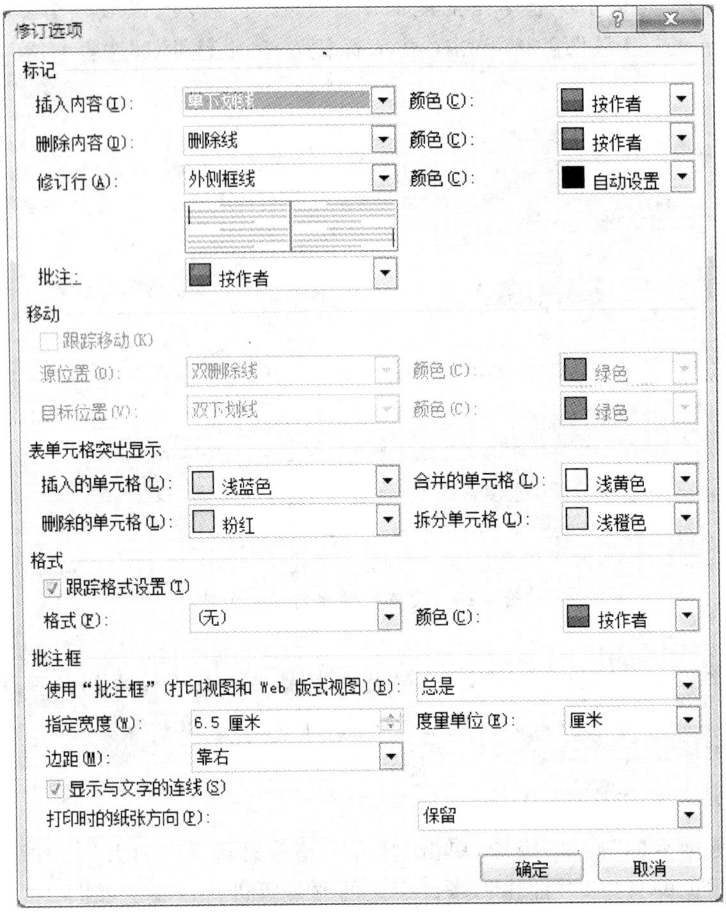

图 3-24　"修订选项"对话框

在"审阅"选项卡的"修订"组中,单击"显示标记"→"审阅者",不选中"所有审阅者"复选框,再单击"显示标记"→"审阅者",选中指定的审阅者前的复选框。如图 3-25所示,指定审阅者为 Lisa。

(2)查看批注。

对于加了许多批注的长文档,直接用鼠标翻页的方法进行批注查看,既费神又容易遗漏,Word 提供了自动逐条定位批注的功能。在"审阅"选项卡的"批注"组中,单击"上一条"或"下一条"命令对所显示的批注进行逐条查看。

在查看批注的过程中,作者可以采纳或忽略审阅者的批注。批注不是文档的一部分,作者只能参考批注的建议和意见。

图 3-25　指定审阅者

如果要将批注框内的内容直接用于文档,要通过复制粘贴的方法进行操作。

4. 删除批注。

可以将已查看并接纳的多余批注删除,使得文档显示比较简洁。可以有选择性地进行单个或部分删除,也可以一次性删除所有批注。

(1)删除单个批注。右击需要删除的批注框,单击"删除批注"快捷命令。也可以单击需要删除的批注框,在"审阅"选项卡的"批注"组中,单击"删除"命令删除当前批注。

(2)删除所有批注。先单击任何一个批注框,在"审阅"选项卡的"批注"组中单击"删除"→"删除文档中的所有批注",将文档中的批注全删掉。

(3)删除指定审阅者的批注。先进行审阅者指定操作,再单击所显示的任何一个批注,在"审阅"选项卡的"批注"组中,单击"删除"→"删除所有显示的批注",就将指定审阅者的所有批注删除。例如按照图 3-26 所示指定审阅者后再删除所有显示的批注,就将文档中所有 Lisa 用户添加的批注删除。

3.7　修　订

修订用来标记对文档中所做的编辑操作。用户可以根据需要接受或拒绝每处的修订,只有接受修订,文档的编辑才能生效,否则文档将保留原内容。

1. 打开/关闭文档修订功能

在"审阅"选项卡的"修订"组中,单击"修订"。如果"修订"命令以加亮突出显示,则打开了文档的修订功能,否则文档的修订功能处于关闭状态。

启用文档修订功能后,作者或审阅者的每一次插入、删除、修改或更改格式,都会被自动标记出来。用户可以在日后对修订进行确认或取消操作,防止误操作对文档带来的损害,提高了文档的安全性和严谨性。

2. 查看修订

在"审阅"选项卡的"更改"组中,单击"上一条"或"下一条"命令,可以逐条显示修订标记。与查看批注一样,如果参与修订的审阅者超过一个,可以先指定审阅者后进行查看。

在"审阅"选项卡的"修订"组中,单击"审阅窗格"→"水平审阅窗格"或"垂直审阅窗格",在"主文档修订和批注"窗格中可以查看所有的修订和批注,以及标记修订和插入批注的用户名和时间。

3. 审阅修订

在查看修订的过程中,作者可以接受或拒绝审阅者的修订。

(1)接受修订。打在"审阅"选项卡的"更改"组中,单击"接受"下拉箭头,可以根据需要选择相应的接受修订命令。

①"接受并移到下一条":表示接受当前修订并移到下一条修订处。

②"接受修订":表示接受当前修订。

③"接受所有显示的修订":表示接受指定审阅者所作的修订。

④"接受对文档的所有修订":表示接受文档中所有的修订。

(2)拒绝修订。在"审阅"选项卡的"更改"组中,单击"拒绝"下拉箭头,可以根据需要选择相应的拒绝修订命令。

①"拒绝并移到下一条":表示拒绝当前修订并移到下一条修订处。

②"拒绝修订":表示拒绝当前修订。

③"拒绝所有显示的修订":表示拒绝指定审阅者所作的修订。

④"拒绝对文档的所有修订":表示拒绝文档中所有的修订。

4．比较文档

万一没有设置追踪修订的保护文档功能,并且有人对文档进行了修改,仍有最后一个手段,通过比较文档,让 Word 以修订方式标记两个文档之间的不同,并根据需要对返回的文档进行审阅修订后保存。

【例 3-9】 论文撰写后直接交给了导师,没有启用修订功能,也没有限制编辑。导师修改后返回的义档上没有显示任何修订标记。在这种情况下怎么知道哪些地方做过修改了呢?

操作步骤如下。

步骤 1:启动 Word 2010,在"审阅"选项卡的"比较"组中单击"比较"→"比较",打开"比较文档"对话框,如图 3-26 所示。分别选择原文档和修订的文档,单击"确定"按钮后,Word自动对两个文档进行精确比较,并以修订方式显示两个文档的不同之处。默认情况下,精确比较结果显示在新建的文档中,如图 3-27 所示。被比较的文档本身不变。

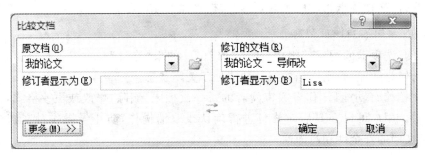

图 3-26　选择进行比较的两个文档

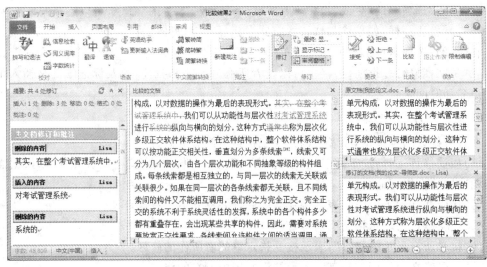

图 3-27　比较后显示的文档

步骤 2：运用“审阅”选项卡的“更改”组中的“接受”或“拒绝”命令对“文档 1. docx”进行修订审阅操作，最后保存文档。

☞提示：在图 3-26 中单击“更多”按钮，可以对比较内容进行设置；也可以对修订的显示级别和显示位置进行设置。例如，可以选择将比较结果显示在原文档中。

3.8 习　题

1. 有一份文档采用 16 开横排，每页分为 3 栏，要求每栏都有页码。请完成文档的页面设置和页码编写。

2. 很多文档中都包含许多提示，为方便读者查询，运用 TC 域和 TOC 域为文档中的提示单独编制一份目录。

3. 学期结束了，班主任要给每个学生寄送成绩通知单。成绩数据已经保存“score. xlsx”文件中，如图 3-28 所示，通过邮件合并给每个学生生成一份成绩通知单文档，如图 3-29所示。

	A	B	C	D	E
1	姓名	高等数学	英语	计算机	体育
2	张三	80	88	90	85
3	李四	90	91	90	75
4	王五	55	60	85	90
5	赵六	78	60	85	88
6	钱七	65	55	88	85
7	孙八	85	80	70	90

图 3-28　期末成绩

张三，你好！

本学期你参加了 4 门课程的考试，各科成绩如下：

课程名	成绩
高等数学	80
英语	88
计算机	90
体育	85

李四，你好！

本学期你参加了 4 门课程的考试，各科成绩如下：

课程名	成绩
高等数学	90
英语	91
计算机	90
体育	75

王五，你好！

本学期你参加了 4 门课程的考试，各科成绩如下：

课程名	成绩
高等数学	55

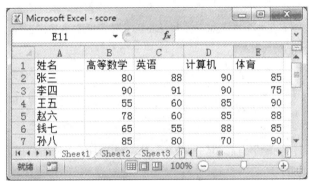

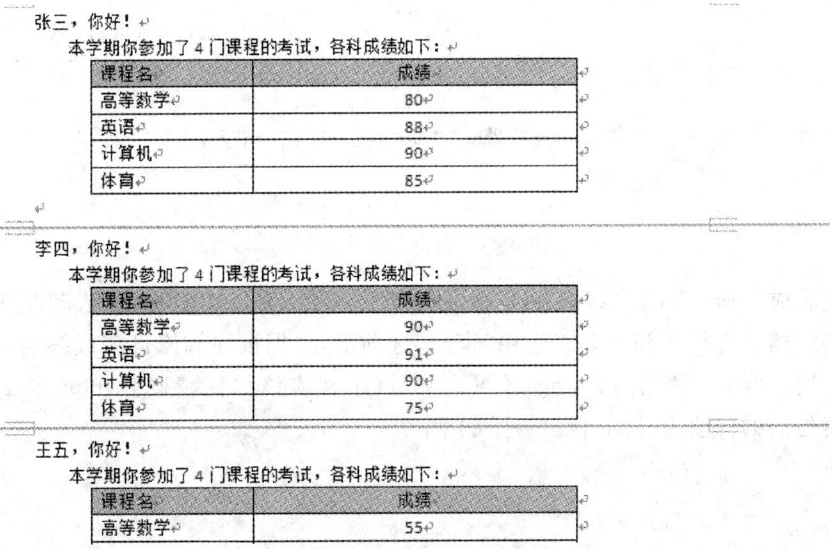

图 3-29　合并形成的成绩通知单文档

3.开学初每个学生都参加了体能测试。测试成绩已经保存在"体能测试.xlsx"文件中，如图 3-30 所示，请通过邮件合并给每个学生生成一份体能测试结果。对于测试合格的表示祝贺；对于测试不及格的要求下一周参加补考，如图 3-31 所示。

图 3-30 体能测试成绩

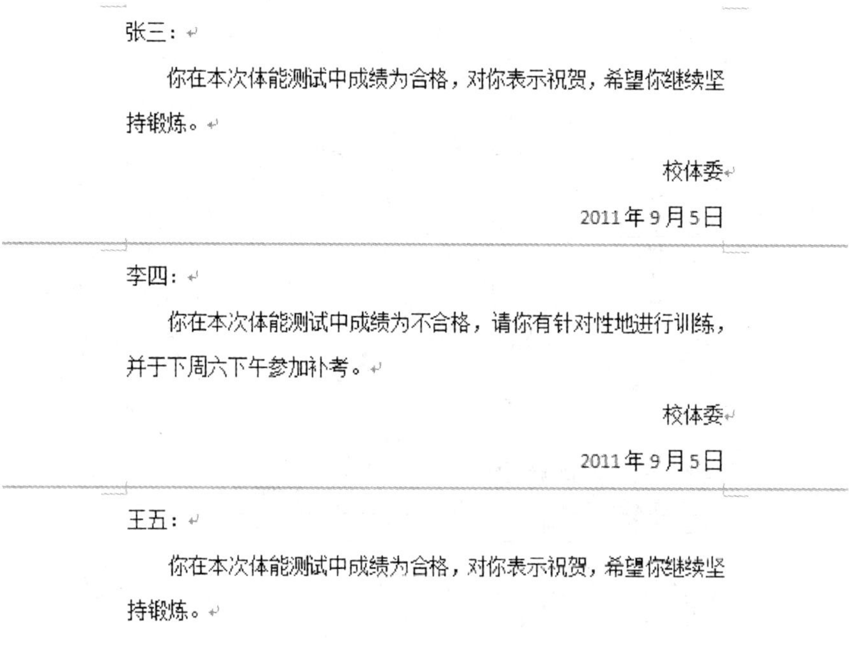

张三：

你在本次体能测试中成绩为合格，对你表示祝贺，希望你继续坚持锻炼。

校体委

2011年9月5日

李四：

你在本次体能测试中成绩为不合格，请你有针对性地进行训练，并于下周六下午参加补考。

校体委

2011年9月5日

王五：

你在本次体能测试中成绩为合格，对你表示祝贺，希望你继续坚持锻炼。

图 3-31 合并后体能测试结果文档

4.完成一份 Word 高级应用学习总结报告。启用修订功能，将总结报告发送给同学，请他们给文档加上批注和修订。运用"审阅"选项卡，根据批注和修订完成终稿。

5.用户 wang 和用户 zhang 返回论文后，小林应该如何精确找出论文被修改的部分？如何将他们的修改合并到自己的原文档中？

第二篇

Excel 高级应用

Excel 2010 是美国微软(Microsoft)公司推出的一种电子表格处理软件,是 Microsoft Office 2010 套装办公软件的一个重要组件。它具有以下几个方面的功能。

(1)数据分析处理:Excel 2010 具有超强的数据分析能力,能够创建预算、分析调查结果以及进行财务数据分析。

(2)创建图表:使用图表工具能够根据表格的具体数据创建多种类型的图表,这些既美观又实用的图表,可以让用户清楚地看到数字所代表的意义。

(3)绘制图形和结构图:使用绘图工具和自选图形能够创建各种图形及结构图,达到美化工作表和直观显示逻辑关系的目的。

(4)使用外部数据库:Excel 2010 能够通过访问不同类型的外部数据库,来增强该软件处理数据这一方面的功能。

(5)自动化处理:Excel 2010 能够通过使用宏功能来进行自动化处理,实现单击鼠标就可以执行一个复杂任务的功能。

正是由于 Excel 2010 具有强大的功能,其被广泛应用于财务、行政、人事、统计和金融等众多领域。

在进行本篇学习之前,读者应该先具备一些基础知识:工作簿的基本操作(新建、保存、保护等)、工作表的基本操作(设置数量、选择、插入、删除、重命名等)、单元格的基本操作(选取,编辑、注释等)、设置工作表的格式(数据格式、对齐方式、行高和列宽、单元格颜色和底纹等)、工作表的打印(版面设置、页眉和页脚等)。

具备以上基础知识后,本篇主要从函数与公式的使用、数据的管理与分析两个角度结合一个"淘宝销售网店"实例来介绍 Excel 2010 的高级应用。在第 4 章 Excel 函数与公式的应用中,将会详细介绍一些快速、有效的数据输入方法,函数与公式的使用,单元格的引用,名称的创建和使用,数组的使用以及一些常用函数等。在第 5 章数据管理与分析中,将会详细介绍 Excel 强大的数据管理与分析能力,包括工作表中数据的排序、筛选、分类汇总等,数据透视表的生成,外部数据的导入与导出等。

第 4 章

函数与公式

4.1 Excel 实例介绍

2012 年初,张某在"淘宝网"开了一家网上商店,主要销售手机、相机、MP3、MP4 等数码产品。由于店铺的刚刚开业及其知名度不够,店铺产品销售量相对较小,小张通过手工记录的方法,完全可以应付所有往来进销存方面的账务。但随着店铺宣传的开展,小张的网店生意越来越红火,往来账务也随之增加,导致了小张越来越苦恼该如何管理好所有店铺中的信息数据,并对有效的数据进行分析。通过咨询,小张得到了两个意见:一个是购买一套实用的进销存软件,另一个就是使用 Excel 进行数据的管理和分析。小张考虑到成本问题,就采用了 Excel 进行管理。

但是,小张只会一些简单的 Excel 操作,不知道该如何使用 Excel 对他的商品销售记录进行数据分析? 如何有效记录每天卖出的商品? 如何计算每月获得的销售利润? 如何得知什么货销售量好,容易赚钱? ……于是小张就请教相关人员,请他们以自己店铺的信息数据为例,手把手地教他如何进行 Excel 的高级应用,以便更好地打理店铺。

4.1.1 Excel 表的建立

根据小张店铺的情况,经过相关分析,Excel 工作簿中包含进货清单、销售清单、库存清单、销售统计、分类统计报表、分类统计图表、商品资料、客户资料、其他资料设置等工作表。

(1)进货清单:主要记录每次店铺进货的商品相关信息(商品名称、规格、进价、数量、日期等)。

(2)销售清单:主要记录每次销售的记录,其中包括出售时间、商品名称、客户资料、销售数量、支付方式、发货状态等。

(3)库存清单:主要记录现库存中的存货情况,包括商品名称、期初库存、进货数量、销售数量、期末库存等。

(4)销售统计:用于统计一个阶段的销售情况,可以反映出各种商品的销售利润。

(5)分类统计报表:对各个品牌、各种商品类别进行详细的统计,用户可以根据具体的时间品牌或类别进行条件性查询。

(6)商品资料:用于存放店铺中所销售商品的基本信息资料,包括商品名称、类别、品牌、进货价格、销售价格等。

(7)客户资料:用于存储客户的信息资料,包括客户 ID、客户名、发货地址、联系方式、邮编等。

(8)其他资料:用于存储其他相关信息资料,包括有商品分类、手机品牌、相机品牌、支付方式、发货状态等。该表的设置主要用于自定义下拉列表框的设置。

4.1.2 Excel 中数据的管理与分析

仅仅建立上面的工作簿还是远远不够的,要想达到小张预期的效果,还需要对上述工作簿中的各表进行相应的设置,以及利用 Excel 中自带的高级功能对数据进行分析。因此,小张还应学习以下 Excel 功能。

(1)数据输入:为了实现数据的一致性、准确性,有效快速的数据录入,选择相应的数据输入方法是十分必要的。对于 Excel 2010 来说,有许多数据输入方法,如自定义下拉列表、自定义序列与填充柄、条件格式等。

(2)函数与公式:公式由操作符和运算符两个基本部分组成。函数是一些预定义的公式,它们使用一些称为参数的特定数值按特定的顺序或结构进行计算。用户可以直接用它们对某个区域内的数值进行一系列运算:如分析和处理日期值和时间值、确定贷款的支付额、确定单元格中的数据类型、计算平均值、排序显示和运算文本数据等。

(3)筛选与排序:数据排序的功能是按一定的规则对数据进行整理和排列,为进一步处理数据做好准备。Excel 2010 提供了多种对数据列表进行排序的方法,既可以按升序或降序进行排序,也可以按用户自定义的方式进行排序。而数据筛选是一种用于查找数据的快速方法,筛选将数据列表中所有不满足条件的记录暂时隐藏起来,只显示满足条件的数据行,以供用户浏览和分析。Excel 提供了自动和高级两种筛选数据的方式。

(4)分类汇总:分类汇总是对数据列表指定的行或列中的数据进行汇总统计,统计的内容可以由用户指定,通过折叠或展开行、列数据和汇总结果,从汇总和明细两种角度显示数据,可以快捷地创建各种汇总报告。

(5)数据透视表(图):数据透视表是对大量数据快速汇总和建立交叉列表的交互式表格,不仅能够改变行和列以查看源数据的不同汇总结果,也可以显示不同页面以筛选数据,还可以根据需要显示区域中的明细数据,如图 4-1 所示。数据透视图则是一个动态的图表,它可以将创建的数据透视表以图表的形式显示出来,如图 4-2 所示。

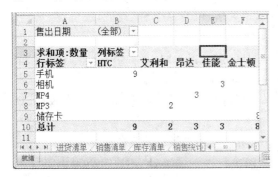

图 4-1 数据透视表

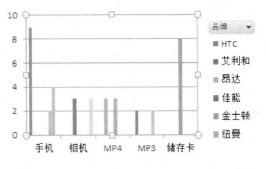

图 4-2 数据透视图

4.2　Excel 中数据的输入

4.2.1　自定义下拉列表输入

在 Excel 2010 的使用过程中,有时需要输入如公司部门、职位、学历等有限选择项的数据,如果直接从下拉列表框中进行选择,就可以提高数据输入的速度和准确性。有关下拉列表框的设置,可以通过使用"数据有效性"命令来完成。

下面以输入商品分类为例介绍利用下拉列表框输入数据,其具体的操作步骤如下:

步骤 1:选择需要输入商品分类数据列中的所有单元格。

步骤 2:选择"数据"菜单中"有效性"命令,打开"数据有效性"对话框,选择"设置"选项卡,如图 4-3 所示。

步骤 3:在"允许"下拉列表框中选择"序列"选项。

步骤 4:在"来源"框中输入名称,注意各商品分类之间以英文格式的逗号加以分隔。另外,在"来源"框中,用户还可以使用名称来对其进行设置,有关名称使用方法将在后面进行详细说明。假若已经设置好了名称(如商品分类),便可在"来源"框中输入"＝商品分类",如图 4-4 所示。

步骤 5:单击"确定"按钮,关闭"数据有效性"对话框。

步骤 6:返回工作表中,选择需要输入商品分类列的任何一个单元格,在其右边显示一个下拉箭头,单击此箭头将出现一个下拉列表,如图 4-5 所示。

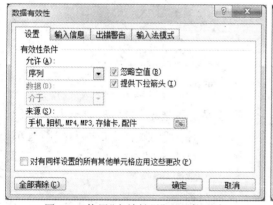

图 4-3　使用"有效性"设置下拉列表

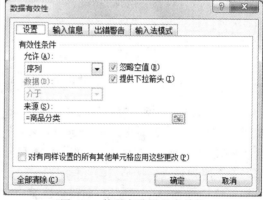

图 4-4　使用名称设置有效性

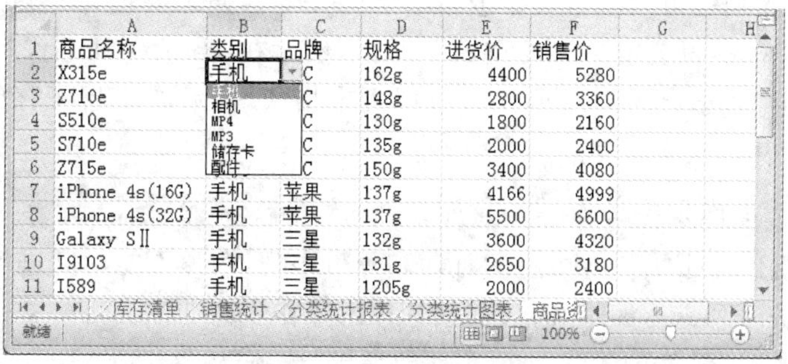

图 4-5　出现下拉列表

步骤7:单击某一选项,即可输入该商品所属的商品分类。

4.2.2 自定义序列与填充柄

自定义填充序列是一组数据,可按重复方式填充列。通过工作表中现有的数据项或以临时输入的方式,可以创建自定义填充序列。

1. 创建自定义填充序列

使用自定义填充序列,首先就是创建自定义填充序列,以实例中其他资料设置表中的商品分类为例,建立自定义填充序列的操作步骤如下。

步骤1:如果已经输入了将要作为填充序列的列表,请选定工作表中相应的数据区域。

步骤2:选择"文件"菜单中的"选项"命令,将弹出"选项"对话框。

步骤3:在"选项"对话框中,再选择"高级"选项卡,在"常规"项下打开"编辑自定义列表"按钮。

图 4-6　自定义序列选项卡设置

步骤4:根据具体的情况执行下列操作之一。①若要使用选定的列表,请单击"导入",如图 4-6 所示。②若要键入新的序列列表,请选择"自定义序列"列表框中的"新序列"选项,然后在"输入序列"编辑框中,从第一个序列元素开始输入新的序列。在键入每个元素后回车。整个序列输入完毕后,请单击"添加"。

步骤5:单击"确定"按钮,即可完成自定义填充序列的创建。

注意:自定义序列中可以包含文字或带数字的文本。如果要创建只包含数字的自定义序列,如从 0 到 100,可先选定足够的空白单元格,然后在"格式"菜单上,单击"单元格",再单击"数字"选项卡,对选定的空白单元格应用文本格式,最后在设置了格式的单元格中输入序列项,选择列表并导入列表。

2. 更新或删除自定义填充序列

Excel 2010 组件自带了一些内置的日期和月份序列,用户不能对其进行编辑或删除,用户只能对自定义的序列进行编辑和修改,其具体的操作步骤如下。

步骤1:选择"文件"菜单中的"选项"命令,弹出"选项"对话框。

步骤 2：在"选项"对话框中，选择"高级"选项卡，在"常规"项下打开"编辑自定义列表"按钮。

步骤 3：在"自定义序列"选项卡的"自定义序列"列表框中选择所需编辑或删除的序列。

步骤 4：请执行下列操作之一：①若要编辑序列，请在"输入序列"编辑列表框中进行修改，然后单击"添加"。②若要删除序列，请单击"删除"。

3. 使用填充柄进行数据的自动填充

在创建完成自定义填充序列之后，用户即可使用 Excel 中的填充柄进行填充，使用填充柄能快速地完成数据的输入，而不需要用户对每个单元格进行逐一输入。对于填充柄如何使用定义好的填充序列，结合上述例子，其具体的操作步骤如下。

步骤 1：选择需要填充的任意一个单元格。

步骤 2：在单元格中输入自定义填充序列中的一个子项，在此输入"手机"为例。

步骤 3：将鼠标移动到该选中单元格的填充柄位置，鼠标将变成"＋"字符号，然后向下拉动填充柄，随后的单元格就会根据用户自定义的填充序列对后面的单元格进行自动填充，如图 4-7 所示。

说明：在第一个单元格中，不是一定要输入自定义序列中的第一个子项，可以是序列中的任意一个子项。例如，如果在上述例子中的第一个单元格中输入的不是"手机"，而是"储存卡"，则使用填充柄进行填充后的结果如图 4-8 所示。

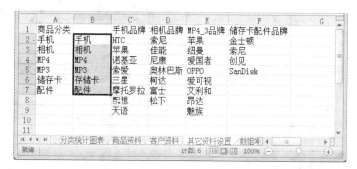

图 4-7　使用填充柄自动填充结果图 1

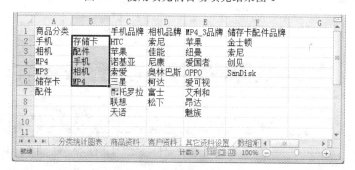

图 4-8　使用填充柄自动填充结果图 2

4.2.3　条件格式

Excel 提供了一个功能非常独特的数据管理功能——条件格式。通过设置数据条件格式，可以让单元格中的数据满足指定条件时就以特殊的标记（如以红色、数据条、图标等）显示出来。该功能可以让单元格根据不同的应用环境所设置的条件发生变化。

下面以库存清单为例,如果商品库存数量为0,将相应单元格的底纹设置为红色。其操作步骤如下。

步骤1:选中需要设置条件格式的单元格或列或行。根据该例,选中"库存清单"中的"期末库存"列。

步骤2:单击"开始"菜单中的"条件格式"按钮,选择"新建规则",将会弹出一个"新建格式规则"对话框,选择"只为包含以下内容的单元格设置格式",如图4-9所示。

图4-9 "新建格式规则"对话框

图4-10 "设置单元格格式"对话框

步骤3:选择相应的条件选项,在此,选择"单元格值"、"等于"和键入"0"值。完成条件选项之后,单击"格式"按钮,将会弹出如图4-10所示的"设置单元格格式"对话框,来对单元格的格式进行设定。

步骤4:根据该例要求,仅需要选择"填充"选项卡,在"背景色"中选择"红色"即可完成该单元格的格式设置,完成设置之后,单击"确定"按钮即可返回如图4-11所示的"新建格式规则"对话框。

图 4-11　设置完成的"新建格式规则"对话框

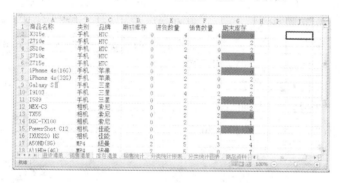

图 4-12　"条件格式"设置效果

步骤 5：单击"确定"即可完成设置，设置后显示结果如图 4-12 所示。

另外，还可以在单元格中设置彩色的数据条，以数据条的长度来表示数值的大小，如图 4-13 所示。

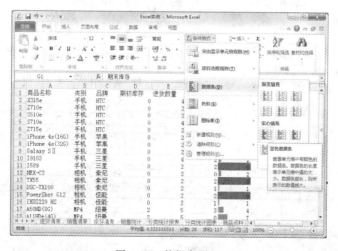

图 4-13　数据条设置

4.2.4　数据输入技巧

用户可以在单元格中输入文本、数字、日期和时间等类型的数据。输入完毕后,Excel会自行处理单元格中的内容。本节将介绍特殊数据的输入方法和一些操作的便捷技巧。

1. 特殊数据输入

在使用 Excel 时,经常会遇到一些特殊的数据,如直接输入,Excel 会将其自动转换为其他数据。因此,输入这些特殊数据时,需要掌握一些输入技巧。

(1)输入分数。在单元格中输入分数时,如果直接输入分数,如"3/9",Excel 将会自动转换为日期数据。要输入分数时,需在输入的分数前加上一个"0"和一个空格。例如,如果要输入分数"3/9",则在单元格中输入"0 3/9",再回车即可完成输入分数的操作。

(2)输入负数。输入负数时除了直接输入负号和数字外,也可以使用括号来完成。例如,如果要输入"−40",则可以在单元格中输入"(40)",再回车即可。

(3)输入文本类型的数字。在 Excel 表格处理中,有时会遇到诸如学号、序号、邮政编码或电话号码等文本类型的数字输入问题。如果在单元格中直接输入这些数字。Excel 有时会自动将其转换为数值类型的数据。例如,在单元格中输入序号"0001",在 Excel 中将自动转换为"1"。所以,在 Excel 输入文本类型的数据时,需要在输入的数据前面加上单引号。例如,在单元格中输入"'0001",就输入了"0001"。

(4)输入特殊字符。在使用 Excel 时,有时需要输入一些特殊字符,可以使用"符号"对话框来完成,其操作的具体步骤如下。

步骤 1:选取需要插入字符的单元格。

步骤 2:选择"插入"菜单中的"符号"命令,打开"符号"对话框,如图 4-14 所示。

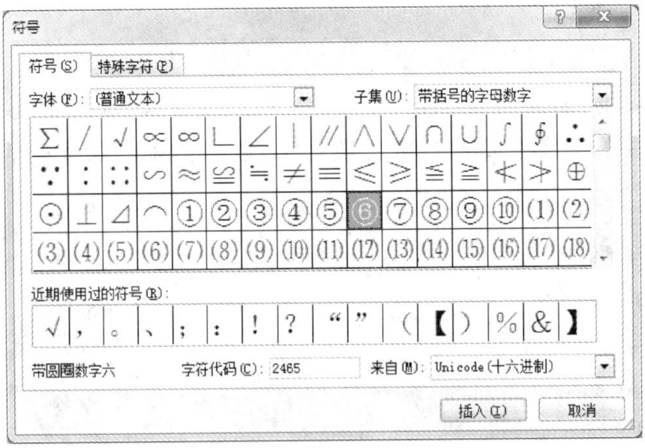

图 4-14　"符号"对话框

步骤 3:根据需要,在"字体"下拉列表框中选择需要的字体。

步骤 4:在"子集"下拉列表框中选择需要的子集,其子集的所有符号都将显示在下面的列表框中。

步骤 5:选择需要插入的符号。

步骤 6:单击"插入"按钮即可将选择的符号插入到单元格中,可在同一个单元格中连续插入符号。插入符号后,"取消"按钮就变成"关闭"按钮。

步骤 7:单击"关闭"按钮,关闭"符号"对话框。

2. 快速输入大写中文数字

在使用 Excel 编辑财务报表时,常常需要输入大写中文数字,如果直接输入这些数字不仅效率低下,而且容易出错。利用 Excel 提供的功能可将输入的阿拉伯数字快速转换为大写中文数字。其操作步骤如下。

步骤 1:在需要输入大写中文数字的单元格中输入相应的阿拉伯数字,如"123456";

步骤 2:右击该单元格,从弹出的快捷菜单中,选择"设置单元格格式"命令,打开"设置单元格格式"对话框,如图 4-15 所示。

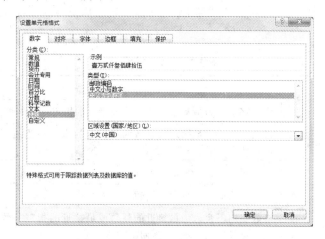

图 4-15　"设置单元格格式"对话框

步骤 3:选择"数字"选项卡。

步骤 4:在"分类"列表框中选择"特殊"选项。

步骤 5:在"类型"列表框中选择"中文大写数字"选项。

步骤 6:单击"确定"按钮,即可将输入的阿拉伯数字"12345"转换为中文大写数字"壹万贰仟叁佰肆拾伍"。

3. 自动超链接的处理

在 Excel 工作表中输入类似电子邮件地址或者网站地址的数据时,Excel 会自动将其转换为超链接。

(1)取消自动超链接。如果自动超链接是由刚输入的数据转换而来,只需按"Ctrl"+"Z"组合键,即取消自动超链接,输入的数据依然完整保留。也可先输入一个单引号再输入数据,这样,输入的内容就不会转换为超链接。如果自动超链接不是由刚输入的数据转换而来的,先选取需要取消超链接的单元格,然后右击该单元格,从弹出的快捷菜单中,单击"取消超链接"命令。

(2)关闭自动超链接。在 Excel 2010 中,也可以关闭自动超链接功能。其操作步骤如下。

步骤 1:选择"文件"菜单中的"选项"命令,弹出"选项"对话框。

步骤 2:选择"校对"选项卡,再单击"自动更正选项"按钮,弹出"自动更正"对话框。

步骤3:选择"键入时自动套用格式"选项卡,取消选中"Internet 及网络路径替换为超链接"复选框。

步骤4:单击"确定"按钮。

4.2.5 数据的舍入方法

在使用 Excel 进行数值处理时,经常会对数字进行舍入处理。这里需要说明的是数字舍入和设定数字格式是有所不同的。如果设定了一个数字格式,使其显示特定的小数位数,但当公式引用该数字时,将使用其实际值,而实际值与显示值可能是不同的。舍入一个数字时,引用该数字的公式将使用舍入后的数字。

在 Excel 函数中,可以使用舍入函数以不同的方式完成这项工作。这些舍入函数说明如表 4-1 所示。

表 4-1　数值舍入函数

函数名称	说　明
CEILING	将数字舍入为最接近的整数或最接近的指定基数的倍数
CEILING. PRECISE	将数字舍入为最接近的整数或最接近的指定基数的倍数。无论该数字的符号如何,该数字都向上舍入
EVEN	将数字向上舍入到最接近的偶数
FLOOR	向绝对值减小的方向舍入数字
FLOOR. PRECISE	将数字向下舍入为最接近的整数或最接近的指定基数的倍数。无论该数字的符号如何,该数字都向下舍入
INT	将数字向下舍入到最接近的整数
MROUND	返回一个舍入到所需倍数的数字
ODD	将数字向上舍入为最接近的奇数
ROUND	将数字按指定位数舍入
ROUNDDOWN	向绝对值减小的方向舍入数字
ROUNDUP	向绝对值增大的方向舍入数字
TRUNC	将数字截尾取整

1. 舍入到最接近的基数的倍数

这样的函数有 5 个,其中 MROUND 函数按四舍五入进行舍入,CEILING 函数按绝对值增大的方向舍入,FLOOR 函数按绝对值减小的方向舍入,CEILING. PRECISE 函数按算术值增大的方向舍入,FLOOR. PRECISE 函数按算术值减小的方向舍入。

另外,EVEN 函数和 ODD 函数都是按绝对值增大的方向舍入。例如,公式"＝MROUND(167,5)"的返回值为"165";公式"＝MROUND(168,5)"的返回值为"170";公式"＝CEILING(167,5)"的返回值为"170";公式"＝CEILING(－2.3,－1)"的返回值为"－3";公式"＝CEILING. PRECISE(－2.3,－1)"的返回值为"－2";公式"＝FLOOR(168,5)"的返回值为"165";公式"＝FLOOR. PRECISE(－2.3,－1)"的返回值为"－3";公式

"＝EVEN(2.9)"的返回值为"4";公式"＝EVEN(−2.9)"的返回值为"−4";公式"＝ODD(1.9)"的返回值为"3";公式"＝ODD(−1.9)"的返回值为"−3"。

2. 使用 INT 函数和 TRUNC 函数

INT 函数和 TRUNC 函数很相似,都能将一个数值转换为整数,但 TRUNC 函数是简单地将一个数值的小数部分去掉,INT 函数则是将一个数值基于其小数部分的值向下取整。当参数为非负数时,这两个函数将返回相同的结果;当参数为负数时,它们将返回不同的结果。例如,公式"＝TRUNC(−17.3)"其返回值为"−17";而公式"＝INT(−17.3)"其返回值为"−18"。

如果 TRUNC 函数接受一个额外(可选)的参数,可用于截取小数。例如,公式"＝TRUNC(75.6666,3)"将返回"75.666"(数值被截取为保留三位小数)。

3. 按小数点位数舍入

按小数点位数进行舍入的有 ROUND 函数、ROUNDDOWN 函数和 ROUNDUP 函数。当小数点位数大于零时,即保留小数点后几位,当小数点位数小于零时,其实是指在小数点的左侧进行舍入,当小数点位数等于零时,即舍入到整数。这 3 个函数中 ROUND 函数按四舍五入进行舍入,ROUNDDOWN 按绝对值减小的方向舍入,而 ROUNDUP 按绝对值增大的方向舍入。

例如,公式"＝ROUND(3.1415926,4)"的值为 3.1416;公式"＝ROUND(3.1415926,0)"的值为 3;公式"＝ROUND(759.7852,−2)"的值为 800;公式"＝ROUNDDOWN(3.1415926,4)"的值为 3.1415;公式"＝ROUNDUP(3.1415926,2)"的值为 3.15。

4. 舍入为 n 位有效数字

在进行数据处理时,有时可能需要将一个数值舍入为特定位数的有效数字。

如果要处理的数值是一个不带小数的正数,可使用公式"＝ROUNDDOWN(E1,3−LEN(E1))"来进行处理,该公式将 E1 单元格中的数字舍入为三位有效数字。如果需要的结果不是两位有效数字,那么用需要的值替换公式中的 3 即可。

如果要处理的数值是一个非整数或者负数,则可使用公式"＝ROUND(E1,E2−1−INT(LOG10(ABS(E1))))"来进行处理,该公式可以将 E1 单元格中的数字舍入为 E2 中指定了有效数字位数的数字;该公式可用于正负整数和非整数。例如,如果单元格 E1 的数据是 2.546587,那么公式"＝ROUND(E1,E2−1−INT(LOG10(ABS(E1))))"将返回 2.55(舍入为 3 个有效数字的数值)。

5. 时间值舍入

有时可能需要把一个时间值舍入到特定的分钟数。例如,在输入公司员工的工时记录时可能需要舍入到最接近的 15 分钟的倍数。以下给出了几种舍入时间值的不同方法。

(1)将 B1 单元格中的时间值舍入为最接近的分钟数,可使用公式"＝ROUND(B1 * 1440,0)/1440",该公式将时间值乘以 1440(以得到总分钟数),然后计算结果传递给 ROUND 函数,再把计算出的结果除以 1440。如果 B1 单元格中的时间是"13：42：56",则使用该公式将会返回"13：43：00"。

(2)将 B1 单元格中的时间值舍入为最接近的小时数,可使用公式"＝ROUND(B1 * 24,0)/24",如果 B1 单元格中的时间值是"9：21：45",公式将返回"9：00：00"。

(3)将 B1 单元格中的时间值舍入为最接近的 15 分钟的倍数,可使用公式"＝ROUND(B1＊24/0.25,0)＊(0.25/24)",如果 B1 单元格中的时间值为"15∶35∶12",公式将返回"15∶45"。

4.3　Excel 中函数与公式

4.3.1　公式的概述

公式就是对工作表中的数值进行计算的式子,由操作符和运算符两个基本部分组成。操作符可以是常量、名称、数组、单元格引用和函数等。运算符用于连接公式中的操作符,是工作表处理数据的指令。

1. 公式元素

在 Excel 公式中,可以输入如下 5 种元素。

(1)运算符:包括一些符号,如＋(加号)、－(减号)和＊(乘号)。

(2)单元格引用:包括命名的单元格及其范围,指向当前工作表的单元格或者同一工作簿其他工作表中的单元格,甚至可以是其他工作簿工作表中的单元格。

(3)值或字符串:如"7.5"或者"北京残奥会"。

(4)函数及其参数:如"SUM"或"AVERAGE"以及它们的参数。

(5)括号:使用括号可以控制公式中各表达式的处理次序。

2. 运算符

运算符即一个标记或符号,指定表达式内执行计算的类型。Excel 有下列 4 种运算符。

(1)算术运算符:用于完成基本数学运算的运算符,如加、减、乘、除等。它们用于连接数字,计算后产生结果。

(2)逻辑运算符:用于比较两个数值大小关系的运算符,使用这种运算符计算后将返回逻辑值"TURE"或"FALSE"。

(3)文本运算符:使用符号"&"加入或连接一个或更多个文本字符串以产生一串文本。

(4)引用运算符:用于对单元格区域的合并计算。

在 Excel 2010 中,各种运算符的含义如表 4-2 所示。

表 4-2　运算符

运算符	含　义	示　例
＋	加	10＋2
－	减	10－2
＊	乘	10＊2
/	除	10/2
％	百分比	10％
＝	等于	A1＝B2

运算符	含　义	示　例
^	乘幂	10^3
>	大于	A1>B2
<	小于	A1<B2
>=	大于等于	A1>=B2
<=	小于等于	A1<=B2
<>	不等于	A1<>B2
&	连字符	"杭"&"州",结果为"杭州"
:	区域运算符,对于两个引用之间包括两个引用在内的所有单元格进行引用	A1:D2 表示引用从 A1 到 D2 的所有单元格
,	联合运算符,将多个引用合并为一个引用	SUM(A1:D1,B1:F1)表示引用 A1:D1 和 B1:F1 的两个单元格区域
空格	交叉运算符,产生同时属于两个引用的单元格区域	SUM(A1:D1 B1:B5)表示引用相交叉的 B1 单元格区域

在公式中,每个运算符都有一个优先级。对于不同优先级的运算,按照从高到低的优先级顺序进行计算。对于同一优先级的运算,按照从左到右的顺序进行计算。

在 Excel 2010 中,运算符按优先级由高到低顺序的排列,如表 4-3 所示。

表 4-3　各种运算符的优先级

运算符	说　明
:	区域运算符
,	联合运算符
空格	交叉运算符
—	负号,如"—5"
%	百分比
^	乘幂
* 和 /	乘和除
＋和—	加和减
&(连字符)	文本运算符
=,>,<,>=,<=	比较运算符

如果需要改变运算符的优先级,可以使用小括号。例如,公式"＝7 * 3＋5",按照运算符优先级,应先计算 7 * 3,之后再加上 5。如果需要先计算 3＋5,之后再乘以 7,可以使用公式"＝7 * (3＋5)"。

4.3.2　单元格的引用

在 Excel 的使用过程中,用户常常会看到类似"A1、＄A1、＄A＄1"这样的输入,其实这样的输入方式就是单元格的引用。通过单元格的引用,可以在一个公式中使用工作表上不同部分的数据,也可以在几个公式中使用同一个单元格的数值。另外,还可以引用同一个工作簿上其他工作表中的单元格,或者引用其他工作簿中的单元格。A1 引用样式见表 4-4 所示。

表 4-4   A1 引用样式的说明

引 用	区 分	描 述
A1	相对引用	A 列及 1 行均为相对位置
$A$1	绝对引用	单元格 A1
$A1	混合引用	A 列为绝对位置,1 行为相对位置
A$1	混合引用	A 列为相对位置,1 行为绝对位置

Excel 还有一种 R1C1 引用样式,对于计算位于宏内的行和列的位置很有用。在 R1C1 样式中,Excel 指出了行号在 R 后而列号在 C 后的单元格位置。

1. 相对引用

Excel 一般使用相对地址引用单元格的位置。所谓相对地址,总是以当前单元格位置为基准,在复制公式时,当前单元格改变了,在单元格中引入的地址也随之发生变化。相对地址引用的表示是,直接写列字母和行号,如 A1,D8 等。

例如,在单元格 A1 中输入“85”,在单元格 A2 中输入“64”,在单元格 B1 中输入“54”,在单元格 B2 中输入“48”,在单元格 A3 中输入公式“=A1+A2”,如图 4-16 所示。单击单元格 A3,选择“编辑”菜单中的“复制”命令,将该公式复制下来;在单击单元格 B3,选择“编辑”菜单中的“粘贴”命令,该公式粘贴过来,结果如图 4-17 所示。从图 4-17 可以看出,由于将公式从 A3 复制到 B3,公式中的相对引用地址也发生了相应的变化,改变为“=B1+B2”。

<table>
<tr><td>图 4-16   在公式中使用相对引用</td><td>图 4-17   粘贴了含有相对引用的公式</td></tr>
</table>

从上面的例子可以分析出相应的公式复制结果,即若将单元格 A3 的公式粘贴到单元格 B4 时,其位置向右移动了一列,又向下移动了一行,故公式会相应地改为“=B2+B3”。

2. 绝对引用

在复制公式时,不想改变公式中的某些数据,即所引用的单元格地址在工作表中的位置固定不变,它的位置与包含公式的单元格无关,这时就需要引用绝对地址。绝对地址的构成即在相应的单元格地址的列字母和行号前加“$”符号,这样在复制公式时,凡地址前面有“$”符号的行号或列字母,复制后将不会随之发生变化,如 $A$1,$D$8 等。

例如,将上例中的单元格 A3 的公式改为"＝＄A＄1＋A2",再将该公式复制到单元格 B3 时,结果如图 4-18 所示。从图 4-18 可以看出,由于单元格 A3 内放置的公式中,A1 使用了绝对引用,A2 使用了相对引用,当复制到单元格 B3 中后,公式相应改变为"＝＄A＄1＋B2"。

从上面的例子可以分析出相应的公式复制结果,即若将单元格 A3 的公式改变为"＝＄A＄1＋＄A＄2",再将该公式复制到 B3 单元格中时,公式没有发生任何改变,仍然为"＝＄A＄1＋＄A＄2"。

图 4-18　粘贴了含有绝对引用的公式

图 4-19　粘贴了含有混合引用的公式

3. 混合引用

单元格的混合引用是指公式中参数的行采用相对引用、列采用绝对引用,或者列采用相对引用、行采用绝对引用,如＄A1、A＄1。当含有公式的单元格因插入、复制等原因引起行、列引用的变化时,公式中相对引用部分随公式的位置的变化而变化,绝对引用部分不随公式位置的变化而变化。

例如、若上例中单元格 A3 的公式改为"＝＄A1＋＄A2",再将该公式复制到单元格 B4 中,结果如图 4-19 所示。

从图 4-19 中可以看出,由于单元格 A3 公式中的 A1 和 A2 使用了混合引用,当该公式复制到单元格 B4 中后,B4 内公式中的列不会变动,而行会随着变动,故该公式相应地变为"＝＄A2＋＄A3"。

4. 三维引用

用户不但可以引用工作表中的单元格,还可以引用工作簿中多个工作表的单元格,这种引用方式称为三维引用。三维引用的一般格式为:"工作表标签！单元格引用",例如,要引用"Sheet1"工作表中的单元格 B2,则应该在相应单元格中输入"Sheet1！B2"。若要分析某个工作簿中多张工作表中相同位置的单元格或单元格区域中的数据,应该使用三维引用。

5. 循环引用

在输入公式时,用户有时会将一个公式直接或者间接引用了自己的值,即出现循环引用。例如,在单元格 A3 中输入"＝A1＋A2＋A3",由于单元格 A3 中的公式引用了单元格 A3,因此就产生了一个循环引用。此时,Excel 中就会弹出一条信息提示框,提示刚刚输入的公式将产生循环引用,如图 4-20 所示。

如果打开迭代计算设置,Excel 就不会再次弹出循环引用提示。设置迭代计算的操作步骤如下。

步骤 1:选择"文件"菜单中的"选项"命令,打开"选项"对话框,再选择"公式"选项卡,如图 4-21 所示。

步骤 2:选中"启用迭代计算"复选框。

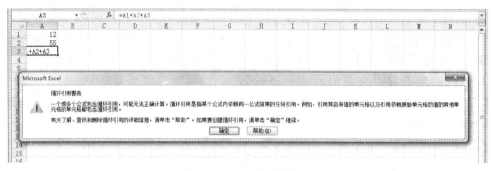

图 4-20　循环引用警告

步骤 3:在"最多迭代次数"文本框中输入循环计算的次数。

图 4-21　"公式"选项卡

步骤 4:在"最大误差"文本框中设置误差精度。

步骤 5:单击"确定"按钮。

系统将根据设置的最多迭代次数和最大误差计算循环引用的最终结果,并将结果显示在相应的循环引用单元格当中,如图 4-22 所示。但是,在使用 Excel 时,最好关闭"启用迭代计算"设置,这样就可以得到对循环引用的提示,从而修改循环引用的错误。

图 4-22　计算循环引用的结果

4.3.3　创建名称及其使用

1. 创建名称

在 Excel 中,可以通过一个名称来代表工作表、单元格、常量、图表或公式等。如果在 Excel 中定义一个名称,就可以在公式中直接使用它。在 Excel 中定义一个名称的操作步骤如下:

步骤 1:选取需要定义的单元格或单元格区域。

步骤 2:选择"公式"菜单中的"定义名称"命令,打开"新建名称"对话框,如图 4-23 所示。

步骤 3:在在当前工作簿中的名称文本框中输入定义的名称。

步骤 4:单击"引用位置"组合框右边的"数据范围"按钮,可在工作表中选取单元格或单元格区域,然后再单击"确定"按钮,完成名称的定义。

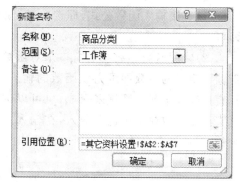

图 4-23　"新建名称"对话框

通过"公式"菜单中的"名称管理器"可以对名称进行新建、编辑、删除等操作,如图 4-24 所示。

2. 名称的使用

完成名称的定义之后,就可以在工作表中使用了,其操作步骤如下。

步骤 1:选取要使用名称或公式输入位置的单元格。

步骤 2:选择"公式"菜单中的"用于公式"命令,从其下拉菜单中选择需要的名称,如图 4-25 所示。

步骤 3:在"粘贴名称"列表框中选择需要使用的名称。

步骤 4:单击"确定"按钮,将名称值粘贴到选取的单元格或公式中。

图 4-24　名称管理器

4.3.4　SUM 函数的应用

SUM 函数是返回指定参数所对应的数值之和。其完整的结构为:

$$SUM(number1,[number2],...)$$

图 4-25　名称的使用

其中,number1,number2 等是指定所要进行求和的参数,参数类型可以是数字、逻辑值和数字的文字表示等形式。

例如:A1:A4 中分别存放着数据 1～4,如果在 A5 中输入"SUM(A1:A4,10)",则

A5 中显示的值为 20,编辑栏显示的是公式。输入公式可以采用以下几种方法。

(1)直接输入函数公式,即选中 A5 单元格:输入"＝SUM(A1：A4,10)"后,单击回车即可。

(2)使用函数参数设定窗口来对函数中的参数进行输入。在函数参数设定窗口中,只需输入相应的参数即可完成函数的输入。对于输入的参数,若是单元格区域,则可使用鼠标直接选择单元格区域来完成,也可以进行单元格区域的直接输入;对于那些简单的参数就直接在参数窗口中进行输入,在输入完参数之后,单击"确定"按钮即可。以上面的输入为例,对于函数参数设定窗口的设置如图 4-26 所示。

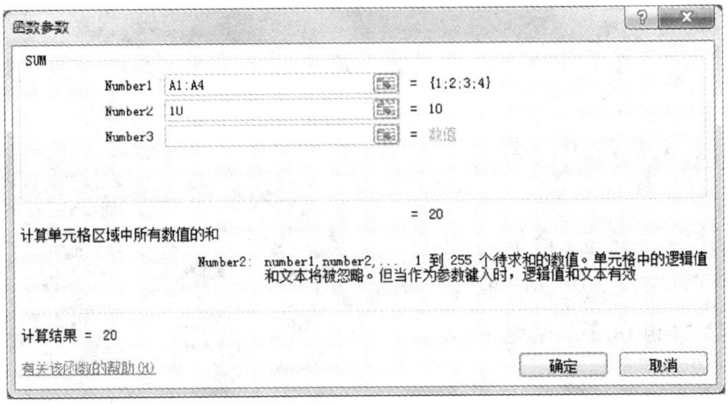

图 4-26 "函数参数"设定窗口

以下以商品销售统计记录表为例,使用 SUM 函数对 2012 年 2 月的商品总销售数量进行统计。其具体操作步骤如下:

步骤 1:选中存放结果的单元格(如 D2)。

步骤 2:在选中的单元格中使用 SUM 函数,并从弹出的参数设定窗口中设定好相应的参数进行统计,如图 4-27 所示,单击"确定"按钮。

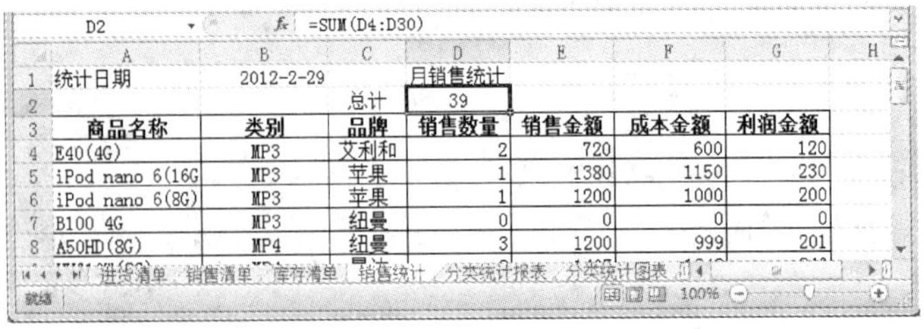

图 4-27 SUM 函数使用执行结果

步骤 3:对于以下销售金额、成本金额、利润金额的统计,用户只需要使用"填充柄"来完成,如图 4-28 所示。

在 Excel 的函数库中,还有一种类似求和函数的条件求和函数——SUMIF 函数。该函数是用于计算符合指定条件的单元格区域内的数值进行求和。其完整的格式为:

$$SUMIF(range, criteria, [sum\_range])$$

其中,range 表示条件判断的单元格区域;criteria 表示指定条件表达式;sum_range表示需要计算的数值所在的单元格区域。如果省略 sum_range 参数,Excel 会对在范围参数中指

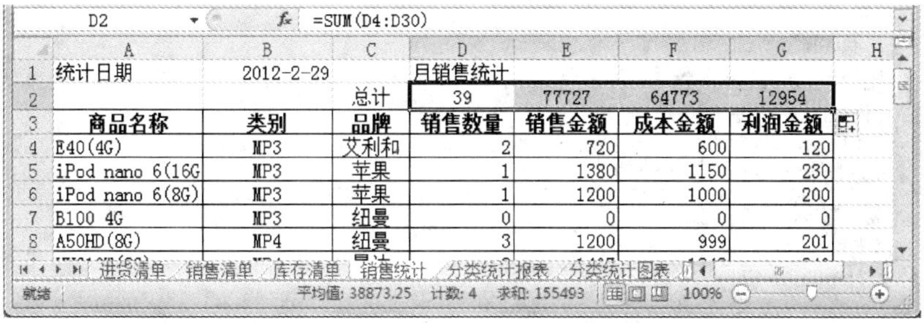
D2　=SUM(D4:D30)

	A	B	C	D	E	F	G
1	统计日期	2012-2-29		月销售统计			
2			总计	39	77727	64773	12954
3	商品名称	类别	品牌	销售数量	销售金额	成本金额	利润金额
4	E40(4G)	MP3	艾利和	2	720	600	120
5	iPod nano 6(16G	MP3	苹果	1	1380	1150	230
6	iPod nano 6(8G)	MP3	苹果	1	1200	1000	200
7	B100 4G	MP3	纽曼	0	0	0	0
8	A50HD(8G)	MP4	纽曼	3	1200	999	201

图 4-28　使用“填充柄”完成其他单元格输入

定的单元格(即应用条件的单元格)求和。

例如,以商品进货清单为例,对各类商品的进货数量做一统计,将统计结果置于表格中的 J5 中。对于“手机”类商品的进价总额统计,在单元格中输入函数“=SUMIF(B2：B31,"手机",F2：F31)”,按回车键就可得到所需结果,如图 4-29 所示。同样,统计“相机”、“MP4”和“储存卡”的进价总额,只需将函数中的 criteria 参数修改成相对应的参数值即可。

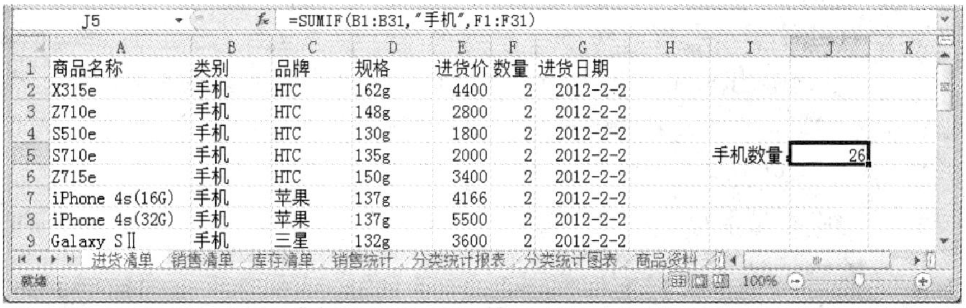
J5　=SUMIF(B1:B31,"手机",F1:F31)

	A	B	C	D	E	F	G	H	I	J	K
1	商品名称	类别	品牌	规格	进货价	数量	进货日期				
2	X315e	手机	HTC	162g	4400	2	2012-2-2				
3	Z710e	手机	HTC	148g	2800	2	2012-2-2				
4	S510e	手机	HTC	130g	1800	2	2012-2-2				
5	S710e	手机	HTC	135g	2000	2	2012-2-2		手机数量	26	
6	Z715e	手机	HTC	150g	3400	2	2012-2-2				
7	iPhone 4s(16G)	手机	苹果	137g	4166	2	2012-2-2				
8	iPhone 4s(32G)	手机	苹果	137g	5500	2	2012-2-2				
9	Galaxy SⅡ	手机	三星	132g	3600	2	2012-2-2				

图 4-29　SUMIF 函数使用

4.3.5　AVERAGE 函数的应用

AVERAGE 函数是返回指定参数所对应数值的算术平均数,其完整的格式为:

```
AVERAGE(number1, [number2], ...)
```

其中,number1,number2 等是指定所要进行求平均值的参数。该函数只对参数的数值求平均数,如区域引用中包含了非数值的数据,则 AVERAGE 不把它包含在内。例如:A1：A4 中分别存放着数据 1～4,如果在 A5 中输入“=AVERAGE(A1：A4,10)”,则 A5 中的值为 4,即为(1+2+3+4+10)/5。但如果在上例中的 A2 和 A3 单元格分别输入了文本,比如“语文”和“英语”,则 A5 的值就变成了 5,即为(1+4+10)/3,A2 和 A3 虽然包含在区域引用内,但并没有参与平均值计算。

以下以商品销售统计记录表为例,计算商品的平均销售数量。其操作步骤如下。

步骤 1:选中存放结果的单元格(如 H10)。

步骤 2:在选中的单元格中使用 AVERAGE 函数,并从弹出的参数设定窗口中设定好相应的参数进行统计,如图 4-30 所示,单击“确定”按钮。

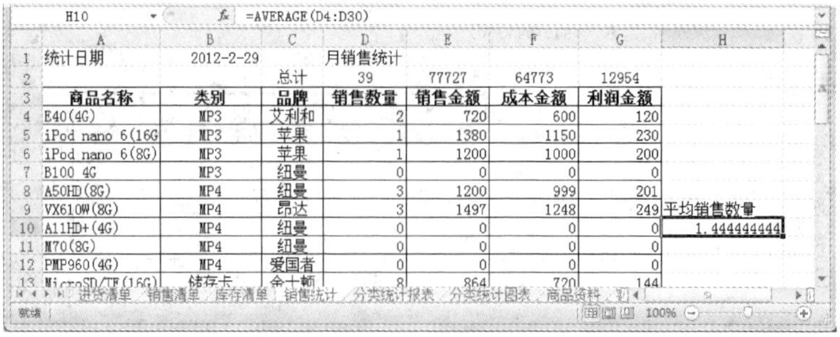

H10 =AVERAGE(D4:D30)

	A	B	C	D	E	F	G	H
1	统计日期	2012-2-29		月销售统计				
2			总计	39	77727	64773	12954	
3	商品名称	类别	品牌	销售数量	销售金额	成本金额	利润金额	
4	E40(4G)	MP3	艾利和	2	720	600	120	
5	iPod nano 6(16G	MP3	苹果	1	1380	1150	230	
6	iPod nano 6(8G)	MP3	苹果	1	1200	1000	200	
7	B100 4G	MP3	纽曼	0	0	0	0	
8	A50HD(8G)	MP4	纽曼	3	1200	999	201	
9	VX610W(8G)	MP4	昂达	3	1497	1248	249	平均销售数量
10	A11HD+(4G)	MP4	纽曼	0	0	0	0	1.444444444
11	M70(8G)	MP4	纽曼	0	0	0	0	
12	PMP960(4G)	MP4	爱国者	0	0	0	0	
13	MicroSD/TF(16G)	储存卡	金士顿	8	864	720	144	

进货清单 销售清单 库存清单 销售统计 分类统计报表 分类统计图表 商品资料

就绪 100%

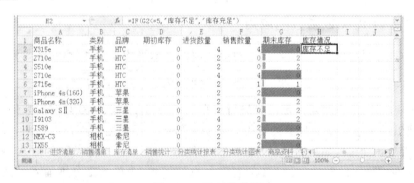

图 4-30　AVERAGE 函数使用

4.3.6　IF 函数的应用

IF 函数是一个条件函数，其完整的的格式为：

IF(logical_test,value_if_true,value_if_false)

其中，logical_test 是当值函数的逻辑条件，value_if_true 是当值为"真"时的返回值，value_if_false 是当值为"假"时的返回值。IF 函数的功能为对满足条件的数据进行处理，条件满足则输出 value_if_true，不满足则输出 value_if_false。注意，IF 函数的三个参数省略 value_if_true 或 value_if_false，但不能同时省略。另外，还可在 IF 函数中使用嵌套函数，最多可嵌套 7 层。

以下以商品库存清单表为例，进行介绍。

首先，对商品的库存量情况做一简单的描述，将期末库存量小于或等于 5 的商品视为库存不足，将大于 5 的商品视为库存充足。因此，在相应单元格中输入"=IF(G2＜=5,"库存不足","库存充足")"，如图 4-31 所示。完成单元格的输入之后，回车后即可得到相应商品的库存情况。

H2 =IF(G2<=5,"库存不足","库存充足")

	A	B	C	D	E	F	G	H
1	商品名称	类别	品牌	期初库存	进货数量	销售数量	期末库存	库存情况
2	X315e	手机	HTC	0	4	4	0	库存不足
3	Z710e	手机	HTC	0	2	0	2	
4	S510e	手机	HTC	0	2	0	2	
5	S710e	手机	HTC	0	4	4	0	
6	Z715e	手机	HTC	0	2	1	1	
7	iPhone 4s(16G)	手机	苹果	0	2	2	0	
8	iPhone 4s(32G)	手机	苹果	0	2	0	2	
9	Galaxy SⅡ	手机	三星	0	2	0	2	
10	I9103	手机	三星	0	4	2	2	
11	I589	手机	三星	0	2	2	0	
12	NEX-C3	相机	索尼	0	2	0	2	
13	TX55	相机	索尼	0	2	2	0	

进货清单 销售清单 库存清单 销售统计 分类统计报表 分类统计图表 商品资料

就绪 100%

图 4-31　IF 函数使用

对于 IF 函数的嵌套使用仍以商品库存清单表为例，在上述描述中，添加库存描述：将库存数量等于 0 的商品视为脱销，数量大于 20 的商品视为滞销。因此，可使用 IF 函数的嵌套结构，在单元格中输入公式"=IF(G2=0,"脱销",IF(G2＜=5,"库存不足",IF(G2＞20,"滞销","库存正常")))"，如图 4-32 所示。完成单元格的输入之后，回车后即可得到相应商品的库存情况。

对于以下其他的商品，可以使用"填充柄"来完成，如图 4-33 所示。

IF 函数也能进行嵌套函数的使用，在实例中的许多表格都用到了这方面的知识。例如

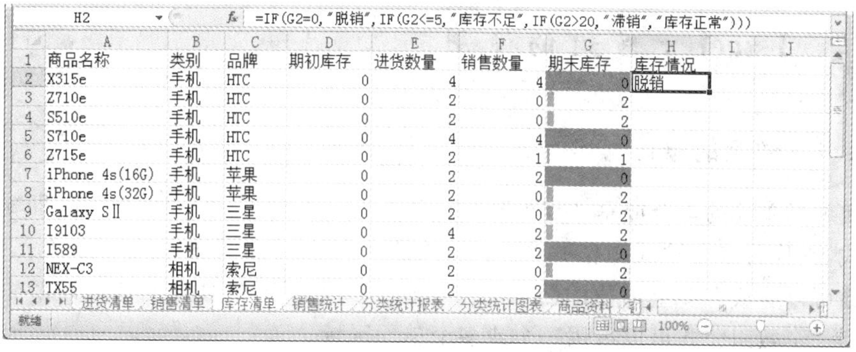

H2　=IF(G2=0,"脱销",IF(G2<=5,"库存不足",IF(G2>20,"滞销","库存正常")))

	商品名称	类别	品牌	期初库存	进货数量	销售数量	期末库存	库存情况
2	X315e	手机	HTC	0	4	4	0	脱销
3	Z710e	手机	HTC	0	2	0	2	
4	S510e	手机	HTC	0	2	0	2	
5	S710e	手机	HTC	0	4	4	0	
6	Z715e	手机	HTC	0	2	1	1	
7	iPhone 4s(16G)	手机	苹果	0	2	2	0	
8	iPhone 4s(32G)	手机	苹果	0	2	0	2	
9	Galaxy SⅡ	手机	三星	0	2	0	2	
10	I9103	手机	三星	0	4	2	2	
11	I589	手机	三星	0	2	2	0	
12	NEX-C3	相机	索尼	0	2	0	2	
13	TX55	相机	索尼	0	2	2	0	

图 4-32　IF 函数嵌套结构使用

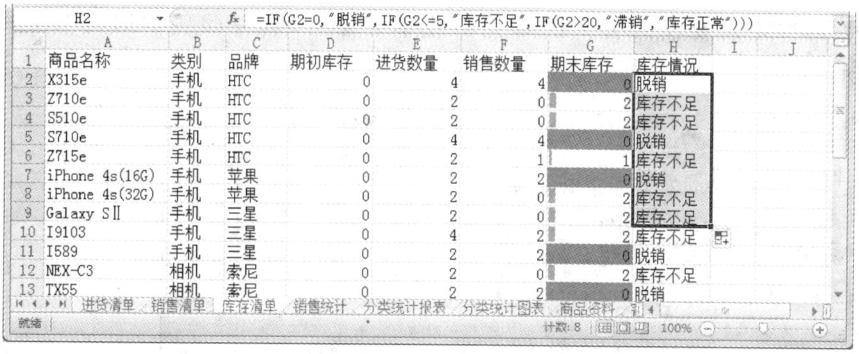

H2　=IF(G2=0,"脱销",IF(G2<=5,"库存不足",IF(G2>20,"滞销","库存正常")))

	商品名称	类别	品牌	期初库存	进货数量	销售数量	期末库存	库存情况
2	X315e	手机	HTC	0	4	4	0	脱销
3	Z710e	手机	HTC	0	2	0	2	库存不足
4	S510e	手机	HTC	0	2	0	2	库存不足
5	S710e	手机	HTC	0	4	4	0	脱销
6	Z715e	手机	HTC	0	2	1	1	库存不足
7	iPhone 4s(16G)	手机	苹果	0	2	2	0	脱销
8	iPhone 4s(32G)	手机	苹果	0	2	0	2	库存不足
9	Galaxy SⅡ	手机	三星	0	2	0	2	库存不足
10	I9103	手机	三星	0	4	2	2	库存不足
11	I589	手机	三星	0	2	2	0	脱销
12	NEX-C3	相机	索尼	0	2	0	2	库存不足
13	TX55	相机	索尼	0	2	2	0	脱销

图 4-33　IF 函数嵌套结构执行结果

在销售清单中，当用户选择了一个用户 ID 之后，为什么后面的一些单元格（如姓名、发货地址、固定电话、手机、邮编）能自动地填充上相关的信息？其实这些单元格都应用了 IF 函数，同时在 IF 函数中嵌套了一个查询函数——VLOOKUP 函数。例如，在销售清单中的 E2 单元格选择“user1”，则 F2 的单元格输入“=IF($E2="","",VLOOKUP($E2,客户资料,2,0))”。该输入的意思就是根据 E2 的输入，如果 E2 非空，则查询客户资料表中的第 2 列，将其填入到 F2 单元格中，如图 4-34 所示。

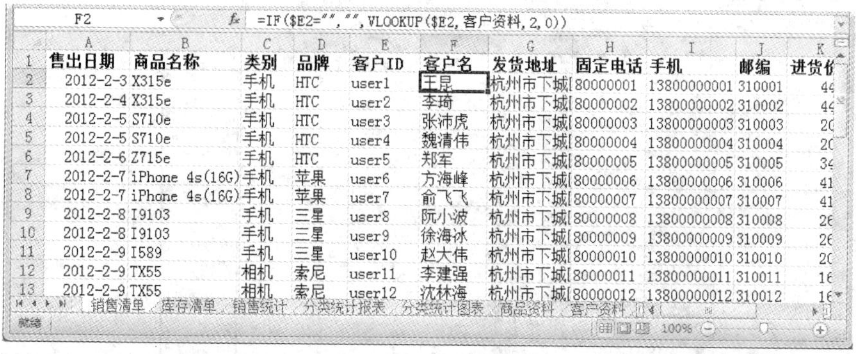

F2　=IF($E2="","",VLOOKUP($E2,客户资料,2,0))

	售出日期	商品名称	类别	品牌	客户ID	客户名	发货地址	固定电话	手机	邮编	进货价
2	2012-2-3	X315e	手机	HTC	user1	王昆	杭州市下城[	80000001	13800000001	310001	44
3	2012-2-4	X315e	手机	HTC	user2	李琦	杭州市下城[	80000002	13800000002	310002	44
4	2012-2-5	S710e	手机	HTC	user3	张沛虎	杭州市下城[	80000003	13800000003	310003	20
5	2012-2-5	S710e	手机	HTC	user4	魏清伟	杭州市下城[	80000004	13800000004	310004	20
6	2012-2-6	Z715e	手机	HTC	user5	郑军	杭州市下城[	80000005	13800000005	310005	34
7	2012-2-7	iPhone 4s(16G)	手机	苹果	user6	方海峰	杭州市下城[	80000006	13800000006	310006	41
8	2012-2-7	iPhone 4s(16G)	手机	苹果	user7	俞飞飞	杭州市下城[	80000007	13800000007	310007	41
9	2012-2-8	I9103	手机	三星	user8	阮小波	杭州市下城[	80000008	13800000008	310008	26
10	2012-2-8	I9103	手机	三星	user9	徐海冰	杭州市下城[	80000009	13800000009	310009	26
11	2012-2-9	I589	手机	三星	user10	赵大伟	杭州市下城[	80000010	13800000010	310010	20
12	2012-2-9	TX55	相机	索尼	user11	李建强	杭州市下城[	80000011	13800000011	310011	16
13	2012-2-9	TX55	相机	索尼	user12	沈林海	杭州市下城[	80000012	13800000012	310012	16

图 4-34　IF 函数内嵌套其他函数

4.4 Excel 中数组的使用

4.4.1 数组的概述

数组就是单元的集合或是一组处理的值的集合。可以写一个数组公式,即输入一个单个的公式,它执行多个输入操作并产生多个结果——每个结果显示在一个单元格区域中。数组公式可以看成有多重数值的公式。与单值公式的不同之处在于它可以产生一个以上的结果。一个数组公式可以占用一个或多个单元区域。

对于数组在 Excel 中的使用,最基本的就是在 Excel 中输入数组公式,在此,以商品库存为例,计算期末库存商品的数量,其具体的操作步骤如下。

步骤 1:选定需要输入公式的单元格或单元格区域,在此例中即为"G2 : G28",如图 4-35所示。

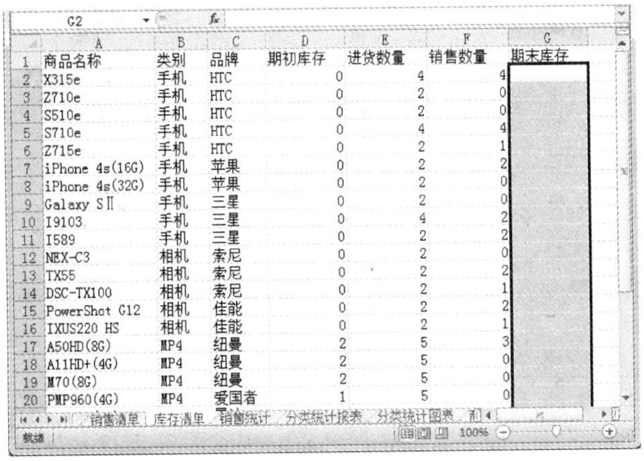

G2

	A	B	C	D	E	F	G
1	商品名称	类别	品牌	期初库存	进货数量	销售数量	期末库存
2	X315e	手机	HTC	0	4	4	
3	Z710e	手机	HTC	0	2	0	
4	S510e	手机	HTC	0	2	0	
5	S710e	手机	HTC	0	4	4	
6	Z715e	手机	HTC	0	2	1	
7	iPhone 4s(16G)	手机	苹果	0	2	2	
8	iPhone 4s(32G)	手机	苹果	0	2	0	
9	Galaxy SⅡ	手机	三星	0	2	0	
10	I9103	手机	三星	0	4	2	
11	I589	手机	三星	0	2	2	
12	NEX-C3	相机	索尼	0	2	0	
13	TX55	相机	索尼	0	2	2	
14	DSC-TX100	相机	索尼	0	2	1	
15	PowerShot G12	相机	佳能	0	2	2	
16	IXUS220 HS	相机	佳能	0	2	1	
17	A50HD(8G)	MP4	纽曼	2	5	3	
18	A11HD+(4G)	MP4	纽曼	2	5	0	
19	M70(8G)	MP4	纽曼	2	5	0	
20	PMP960(4G)	MP4	爱国者	1	5	0	

销售清单 库存清单 销售统计 分类统计报表 分类统计图表

就绪 100%

图 4-35 选中单元格区域

步骤 2:在单元格编辑栏中输入公式"=D2 : D28+E2 : E28-F2 : F28",但不要按回车键(在此仅输入公式的方法与输入普通公式的方法一样),按"Shift"+"Ctrl"+"Enter"组合键。此时,用户可以看到"G2"到"G28"的单元格中都会出现用大括号"{}"框住的函数式,即"{=D2 : D28+E2 : E28-F2 : F28}",如图 4-36 所示。这表示"G2"到"G28"被当作

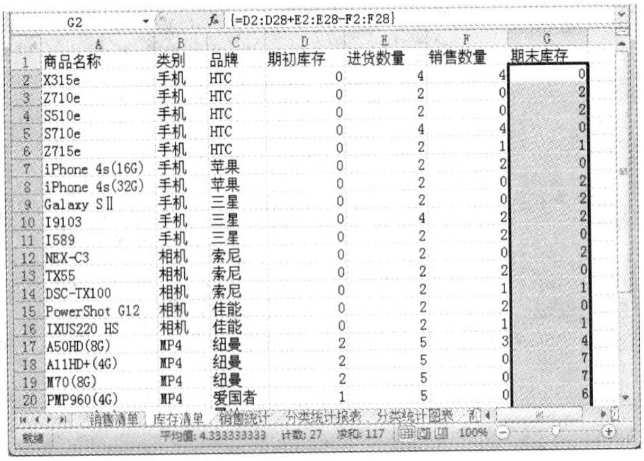

G2 {=D2:D28+E2:E28-F2:F28}

	A	B	C	D	E	F	G
1	商品名称	类别	品牌	期初库存	进货数量	销售数量	期末库存
2	X315e	手机	HTC	0	4	4	0
3	Z710e	手机	HTC	0	2	0	2
4	S510e	手机	HTC	0	2	0	2
5	S710e	手机	HTC	0	4	4	0
6	Z715e	手机	HTC	0	2	1	1
7	iPhone 4s(16G)	手机	苹果	0	2	2	0
8	iPhone 4s(32G)	手机	苹果	0	2	0	2
9	Galaxy SⅡ	手机	三星	0	2	0	2
10	I9103	手机	三星	0	4	2	2
11	I589	手机	三星	0	2	2	0
12	NEX-C3	相机	索尼	0	2	0	2
13	TX55	相机	索尼	0	2	2	0
14	DSC-TX100	相机	索尼	0	2	1	1
15	PowerShot G12	相机	佳能	0	2	2	0
16	IXUS220 HS	相机	佳能	0	2	1	1
17	A50HD(8G)	MP4	纽曼	2	5	3	4
18	A11HD+(4G)	MP4	纽曼	2	5	0	7
19	M70(8G)	MP4	纽曼	2	5	0	7
20	PMP960(4G)	MP4	爱国者	1	5	0	6

销售清单 库存清单 销售统计 分类统计报表 分类统计图表

就绪 平均值: 4.333333333 计数: 27 求和: 117 100%

图 4-36 完成数组公式输入

整个单元格来进行处理，所以不能对“G2”到“G28”中的任意一个单元格作任何的单独处理，必须针对整个数组进行处理。

4.4.2　使用数组常数

一个基本的公式可以按照一个或多个参数或者数值来产生一个单一的结果，用户既可以输入对包含数值的单元格的引用，也可以输入数值本身。在数组公式中，通常使用单元格区域引用，但也可以直接输入数值数组。输入的数值数组称为数组常量。

数组中使用的常量可以是数字、文本、逻辑值（“TRUE”或“FALSE”）和错误值等。数组有整数型、小数型和科学技术法形式。文本则必须使用引号引起来，例如“星期一”。在同一个数组常量中可以使用不同类型的值。数组常量中的值必须是常量，不可以是公式。数组常量不能含有货币符号、括号或百分比符号。所输入的数组常量不得含有不同长度的行或列。

数组常量可以分为一维数组与二维数组。一维数组又包括垂直和水平数组。在一维水平数组中元素用逗号分开，如{10,20,30,40,50}；在一维垂直数组中，元素用分号分开，如{100;200;300;400;500}。而对于二维数组中，常用逗号将一行内的元素分开，用分号将各行分开。

在此，以计算每月平均销售统计为例，介绍数组常数的使用。在实际统计中，计算每月平均值一般都是将年分成 12 个月，然后进行计算，但是如果个别商品销售的实际销售月数没有 12 个月，则应该使用它的实际销售月数进行计算，因此在 Excel 中，可以使用一维数组来实现实际销售的月数，进而进行计算。其操作步骤如下

步骤 1：选取需要输入公式的单元格或单元格区域，即“G2：G28”。

步骤 2：输入公式“=F2：F28/{12;12;3;12;6;12;12;6;12;12;12;6;12;12;6;9;12;9;12;12;12;9;12;6;6;9;9}”。按“Shift”+“Ctrl”+“Enter”组合键，计算得到按照销售实际月数的平均结果，如图 4-37 所示。

G9　fx {=F2:F28/{12;12;3;12;6;12;12;6;12;12;12;6;12;12;6;9;12;9;12;12;12;9;12;6;6;9;9}}

	A	B	C	D	E	F	G
1	商品名称	第一季度	第二季度	第三季度	第四季度	全年总和	月平均
2	S900	3698	4269	3326	4102	15395	1282.917
3	S600	3715	4356	3487	4195	15753	1312.75
4	S1	0	0	0	4288	4288	1429.333
5	P660	3749	4530	3809	4381	16469	1372.417
6	P860	3766	0	0	4474	8240	1373.333
7	iPhone(8G)	3783	4704	4131	4567	17185	1432.083
8	iPhone(16G)	3800	4791	4292	4660	17543	1461.917
9	N95	0	4878	4453	0	9331	1555.167
10	N82	3834	4965	4614	4846	18259	1521.583
11	N73	3851	5052	4775	4939	18617	1551.417
12	W300	3868	5139	4936	5032	18975	1581.25
13	T300	3885	0	0	5125	9010	1501.667
14	T70	3902	5313	5258	5218	19691	1640.917
15	IXUS 80 IS	3919	5400	5419	5311	20049	1670.75
16	A720 IS	3936	0	0	5404	9340	1556.667
17	ManMan A5(4G)	3953	5574	0	5497	15024	1669.333
18	ManMan A3(4G)	3970	5661	5902	5590	21123	1760.25
19	ManMan A3(2G)	3987	0	6063	5683	15733	1748.111
20	MP5-E895(4G)	4004	5835	6224	5776	21839	1819.917
21	OPPO V3I(4G)	4021	5922	6385	5869	22197	1849.75
22	iPod nano 3(8G)	4038	6009	6546	5962	22555	1879.583
23	iPod nano 3(4G)	4055	0	6707	6055	16817	1868.556
24	E100(4G)	4072	6183	6868	6148	23271	1939.25
25	MANMAN K8+(2G)	0	6270	0	6241	12511	2085.167
26	MicroSD/TF (4G)	0	6357	0	6334	12691	2115.167
27	MicroSD/TF (2G)	0	6444	7351	6427	20222	2246.889
28	MicroSD/TF (1G)	0	6531	7512	6520	20563	2284.778

分类统计报表　分类统计图表　商品资料　客户资料　其它资料设置　数组常数　贷款偿还表

图 4-37　使用数组常数计算

4.4.3 编辑数组

一个数组包含数个单元格,这些单元格形成一个整体,所以,数组中的单元格不能单独编辑、清除和移动,也不能插入或删除单元格,在对数组进行操作(编辑、清除、移动、插入、删除单元格)之前,必须先选取整个数组,然后进行相应的操作。

如果要选取整个数组,可执行如下步骤:

步骤1:选取数组中的任意一个单元格。

步骤2:按下"F5"键,弹出"定位"对话框,如图4-38所示。

步骤3:在"定位"对话框中,单击"定位条件"按钮,将会弹出"定位条件"对话框,如图4-39所示。

步骤4:在"定位条件"对话框中,选中"当前数组"单选按钮,最后按下"确定"按钮,便可看到整个数组被选定。

另外,在选择数组中的一个单元格后,也可以在"开始"菜单中"查找与选择"按钮的下拉菜单中打开"定位条件"对话框,或者同时按下"Ctrl"和小键盘上的"/"。

图4-38 "定位"对话框

图4-39 "定位条件"对话框

如果要编辑数组,可以执行如下操作步骤。

步骤1:选定要编辑的数组。

步骤2:再将鼠标移到编辑栏上直接单击鼠标左键,或直接按下"F2"键,使得表示数组公式的括号消失。

步骤3:在代表数组的括号消失后,对公式进行编辑,编辑完成之后,按下"Shift"+"Ctrl"+"Enter"组合键,完成数组公式的编辑。

4.4.4 数组公式的应用

本节前面已经介绍了如何输入数组公式,如何使用数组常数,如何对数组公式进行编辑。根据上述所学,以及结合前面函数的应用,如何根据销售清单表和商品资料表建立一张清晰、简洁的销售统计表(如图4-40所示)呢?

在建立正表之前,首先在第一行写上统计日期,因为该日期对后面的具体销售统计有着重要的影响。接着在第三行填上表头,设置7个项目,分别是:商品名称、类别、品牌、销售

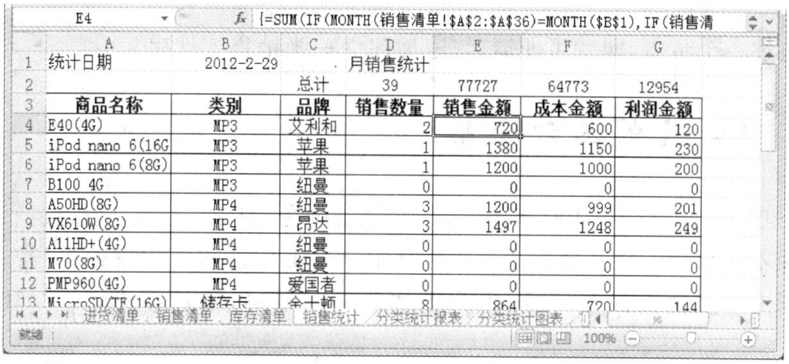

	A	B	C	D	E	F	G
1	统计日期	2012-2-29		月销售统计			
2			总计	39	77727	64773	12954
3	商品名称	类别	品牌	销售数量	销售金额	成本金额	利润金额
4	E40(4G)	MP3	艾利和	2	720	600	120
5	iPod nano 6(16G	MP3	苹果	1	1380	1150	230
6	iPod nano 6(8G)	MP3	苹果	1	1200	1000	200
7	B100 4G	MP3	纽曼	0	0	0	0
8	A50HD(8G)	MP4	纽曼	3	1200	999	201
9	VX610W(8G)	MP4	昂达	3	1497	1248	249
10	A11HD+(4G)	MP4	纽曼	0	0	0	0
11	M70(8G)	MP4	纽曼	0	0	0	0
12	PMP960(4G)	MP4	爱国者	0	0	0	0
13	MicroSD/TF(16G)	储存卡	金士顿	8	864	720	144

图 4-40　销售统计表

数量、销售金额、成本金额以及利润金额。完成了以上基本设置后，就可以对表进行内容设置，其操作步骤如下。

步骤 1：填写商品名称。需要注意是：所有的商品名称应该是商品资料表中所包含的商品。因为后面两项的自动填写是通过函数查找商品资料表来完成的。

步骤 2：利用函数自动填写“类别”和“品牌”。以“A4”单元格商品“E40(4G)”为例，在单元格“B4”和单元格“C4”分别输入“=IF($A4="","",VLOOKUP($A4,商品资料,2,0))”和“=IF($A4="","",VLOOKUP($A4,商品资料,3,0))”。上述两个函数表示的就是在单元格“A4”非空的情况下，查找资料表中的第 2 列和第 3 列，并取得其相对应的数值作为返回值返回。

步骤 3：在输入完成所有的商品时，可利用数组公式对“销售数量”、“销售金额”、“成本金额”3 项进行计算。这里的计算需要用到“销售清单表”。对于这 3 项的数据输入，可以根据数组公式的输入步骤进行(详见第 4.4.1 节)。根据本例所应用的持久性，在进行数据选择时，首先根据时间进行判断，因为这里统计的是月销售情况，因此从整个销售清单中，需要的只是该月所产生的销售记录，之后再对有效数据进行求和，来完成一项数据的统计工作。例如，要统计 E40(4G)的销售金额，则在 E4 单元格输入的数组公式为“=SUM(IF(MONTH(销售清单! $A$2:$A$36)=MONTH($B$1),IF(销售清单! $B$2:$B$36=A4,销售清单! $M$2:$M$36*销售清单! $L$2:$L$36)))”。该公式就是先判断时间是否与单元格“B2”中时间的月份相同，然后再计算该商品所对应的每条销售记录，根据其单价和数量计算它们的销售金额，最后使用 SUM 函数将所计算出的所有销售金额相加，得到最终的计算结果。对于其他商品的销售金额统计只需将 E4 单元格的公式下拉复制即可完成。

另外，还可以使用 SUMPRODUCT 函数，它是用于返回数组对应项的乘积和。在 E4 单元格中输入公式“=SUMPRODUCT((MONTH(销售清单! $A$2:$A$36)=MONTH($B$1))*(销售清单! $B$2:$B$36=A4),销售清单! $M$2:$M$36*销售清单! $L$2:$L$36)”，即可获得E40(4G)的销售金额。下拉复制该公式即可统计其他商品的销售金额。

步骤 4：完成“销售数量”、“销售金额”、“成本金额”3 项计算之后，最后计算“利润金额”。对于该项的计算，只需要运用简单的公式即可完成。以单元格“G4”为例，只需要在单元格

"G4"中输入"＝E4－F4"。

经过上述 4 个步骤，即就可便捷、快速地建立一张销售统计表。

4.5　Excel 的函数介绍

Excel 2010 共有 13 类，400 余个函数，涵盖了财务、日期、工程、信息、逻辑、数学、统计、文本等各种不同领域的数据处理任务。这其中有一类特别的函数被称为"兼容性函数"，这些函数实际上已经由新函数替换，但为了实现向后兼容，依然在 Excel 2010 中提供这些函数。

在本节中，我们将对 Excel 2010 的部分函数进行介绍。

4.5.1　财务函数

财务函数是财务计算和财务分析的专业工具，有了这些函数的存在，可以快捷方便地解决复杂的财务运算，在提高财务工作效率的同时，更有效地保障了财务数据计算的准确性。

下面介绍几种处理财务中相关计算的函数。

1.使用 PMT 函数计算贷款按年、按月的偿还金额

PMT 函数是基于固定利率及等额分期付款方式，返回贷款的每期付款额。其完整的格式为：

$$PMT(rate, nper, pv, [fv], [type])$$

其中，参数 rate 表示贷款利率；nper 表示该项贷款的付款总期数；pv 表示现值或一系列未来付款的当前值的累积和，也称为本金；fv 表示未来值，或在最后一次付款后希望得到的现金余额，如果省略 fv，则假设其值为 0（零），也就是一笔贷款的未来值为 0；type 为数字 0（零）或 1，用以指示各期的付款时间是在期初还是期末。

例如，现该店主决定向银行贷款 50000 元，年利息为 6％，贷款年限为 5 年，计算贷款按年偿还和按月偿还的金额各是多少？

在计算时要注意利率和期数的单位一致，即年利率对年期数，月利率对月期数，其中月利率等于年利率除以 12，月期数等于年期数乘以 12。

其具体操作步骤如下：

步骤 1：在表格中选中相应的单元格（如 E1、E2、E3、E4）。

步骤 2：各个单元格中输入的函数为：

E1：＝PMT(B3,B2,B1,0,1)；

E2：＝PMT(B3,B2,B1,0,0)；

E3：＝PMT(B3/12,B2＊12,B1,0,1)；

E4：＝PMT(B3/12,B2＊12,B1,0,0)。

步骤 3：每个单元格设定好参数以后，单击"确定"即可计算出相应的还款金额。最终执行函数后的结果如图 4-41 所示。

PMT 函数也可以用来计算年金计划，例如要计算在固定利率 8％下，连续 20 年每个月

图 4-41　使用 PMT 计算贷款还款金额

存多少钱才能最终得到 200000 元？输入"＝PMT(8%/12,20 * 12,0,200000)"，则返回值"¥−339.55"，即每个月需存款 339.55 元。

2. 使用 IPMT 函数计算贷款指定期数应付的利息额

IPMT 函数是基于固定利率及等额分期付款方式，返回指定期数内对贷款的利息偿还额。其完整的格式为：

$$IPMT(rate, per, nper, pv, [fv], [type])$$

其中，参数 per 表示用于计算其利息数额的期数，必须在 1 到 nper 之间，其他参数同 PMT 函数。

例如，以上例的贷款偿还表为例，计算前 6 个月每月应付的利息金额为多少元。如图 4-42所示。

	A	B	C	D	E	F
1	贷款金额:	50000		按年尝还贷款金额（年初）:	¥-11,197.94	
2	贷款年限:	5		按年尝还贷款金额（年末）:	¥-11,869.82	
3	年利息:	6%		按月尝还贷款金额（年初）:	¥-961.83	
4				按月尝还贷款金额（年末）:	¥-966.64	
5						
6				第一个月贷款利息金额:		
7				第二个月贷款利息金额:		
8				第三个月贷款利息金额:		
9				第四个月贷款利息金额:		
10				第五个月贷款利息金额:		
11				第六个月贷款利息金额:		

图 4-42　贷款偿还表

其具体操作步骤如下：

步骤 1：在上表中选中相应的单元格（如 E6、E7、E8、E9、E10、E11）。

步骤 2：在各个单元格中使用 IPMT 函数，从弹出的参数设定窗口（如图 4-43 所示）设定相应的参数。其中在各个单元格中输入的函数为：

E6：＝IPMT($B$3/12,1,$B$2 * 12,$B$1,0);

E7：＝IPMT($B$3/12,2,$B$2 * 12,$B$1,0);

E8：＝IPMT($B$3/12,3,$B$2 * 12,$B$1,0);

E9：＝IPMT($B$3/12,4,$B$2*12,$B$1,0)；
E10：＝IPMT($B$3/12,5,$B$2*12,$B$1,0)；
E11：＝IPMT($B$3/12,6,$B$2*12,$B$1,0)。

图 4-43　IPMT 函数参数设定

步骤 3：每个单元格设定好参数后，单击"确定"即可计算出相应的还款金额。最终执行函数后的结果如图 4-44 所示。

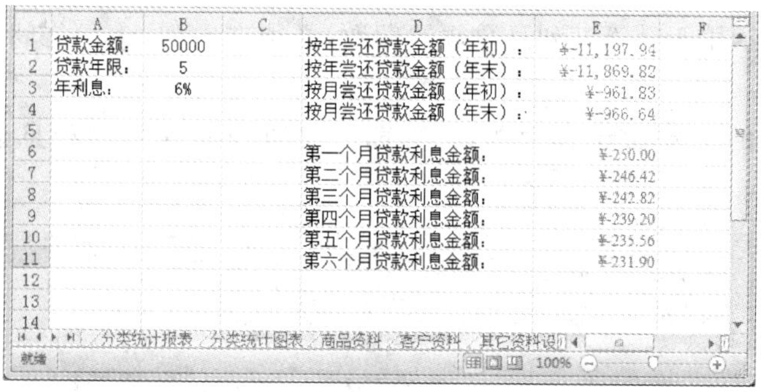

图 4-44　使用 IPMT 计算贷款还款金额

3. 使用 FV 函数计算投资未来收益值

FV 函数是基于固定利率及等额分期付款方式，返回某项投资的未来值。其完整的格式为：

$$FV(rate,nper,pmt,[pv],[type])$$

其中，参数 pmt 表示各期所应支付的金额，其数值在整个年金期间保持不变，其他参数表示与前面相同。

例如，现该店铺管理者为某项工程进行投资，先投资 500000 元，年利率 6%，并在接下来的 5 年中每年再投资 5000 元。那么 5 年后应得到的金额是多少？如图 4-45 所示。

其具体操作步骤如下：

步骤 1：在上表中选定相应的单元格（如 C6）。

步骤 2：在选定的单元格中使用 FV 函数，从弹出的参数设定窗口（如图 4-46 所示）设定相应的参数。

步骤 3：单击"确定"即可完成 FV 函数的输入，其结果如图 4-47 所示。

图 4-45　项目投资收益

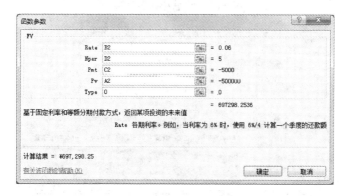

图 4-46　FV 函数参数设定

图 4-47　FV 函数执行结果

4. 使用 PV 函数计算某项投资所需要的金额

PV 函数计算的是一系列未来付款的当前值的累积和,返回的是投资现值。其完整的格式为:

$$PV(rate, nper, pmt, [fv], [type])$$

参数表示与前面相同。

例如,某个项目预计每年投资 15000 元,投资年限 10 年,其回报年利率是 15％,那么预计投资多少金额? 如图 4-48 所示。

其具体操作步骤如下:

步骤 1:在上表中选定相应的单元格(如 B12)。

步骤 2:在选定的单元格中使用 PV 函数:从弹出的参数设定窗口(如图 4-49 所示)设定相应的参数。

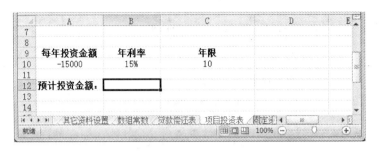

图 4-48 项目预计投资额

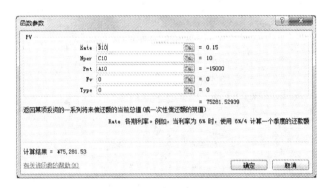

图 4-49 PV 函数参数设定

步骤 3:单击"确定"即可完成 FV 函数的输入,其结果如图 4-50 所示。

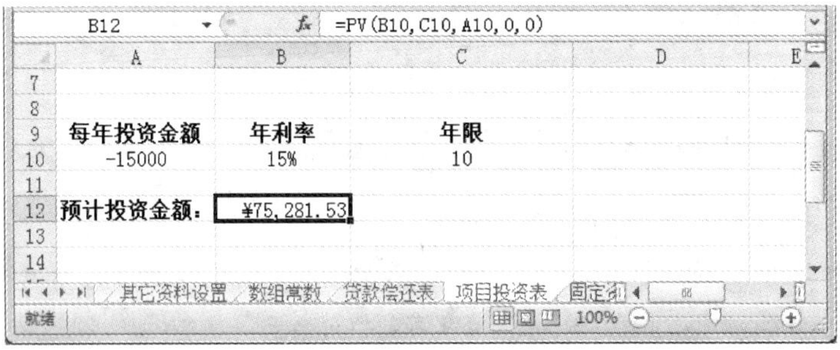

图 4-50 PV 函数执行结果

5. 使用 RATE 函数计算年金利率

RATE 函数计算年金的各期利率,其完整的格式为:

$$RATE(nper, pmt, pv, [fv], [type], [guess])$$

其中,参数 guess 表示预期利率,如果省略预期利率,则假设该值为 10%,其他参数与前面相同。函数 RATE 通过迭代法计算得出,并且可能无解或有多个解。如果在进行 20 次迭代计算后,函数 RATE 的相邻两次结果没有收敛于 0.0000001,函数 RATE 将返回错误值 ♯NUM!。如果函数 RATE 不收敛,请改变 guess 的值。通常当 guess 位于 0 到 1 之间时,函数 RATE 是收敛的。

例如,某人买房申请了 10 年期贷款 200000 元,每月还款 2000,那么贷款的月利率和年利率各是多少? 如图 4-51 所示。

图 4-51 贷款利率计算表

其具体操作步骤如下：

步骤 1：选定单元格 E5。

步骤 2：在选定的单元格中使用 RATE 函数，在弹出的参数设定窗口中填入相应的参数。如图 4-52 所示。

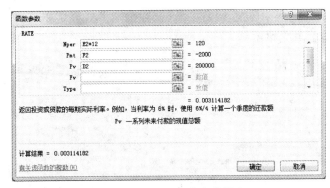

图 4-52 RATE 函数参数设定

步骤 3：设定好参数以后，单击"确定"即可计算出相应的还款金额。其中，月利率的计算公式为"＝RATE(E2＊12,F2,D2)"，年利率的计算公式为"＝RATE(E2＊12,F2,D2)＊12"。单元格显示的数据格式设置为百分比，小数点后 4 位。最终执行函数后的结果如图 4-53 所示。

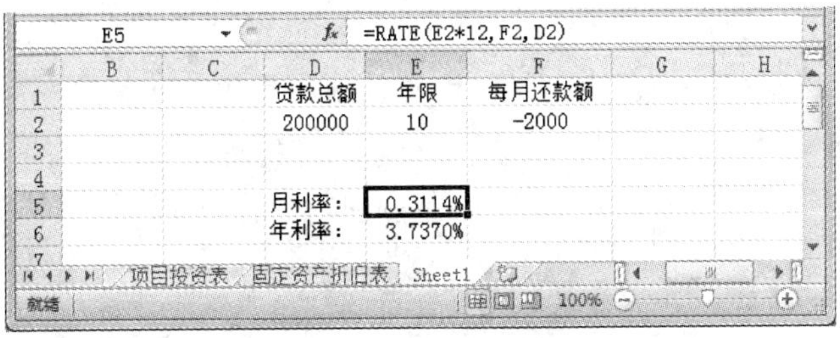

图 4-53 RATE 函数计算结果

6.使用 SLN 函数计算设备每日、每月、每年的折旧值

SLN 函数计算的是某项资产在一个期间中的线性折旧值。其完整的格式为：

$$SLN(cost, salvage, life)$$

其中，cost 表示的是资产原值；salvage 表示的是资产在折旧期末的价值，即资产残值；life 表示的是折旧期限，即资产的使用寿命。

例如,该店铺企业拥有固定资产总值为 50000 元,使用 10 年后的资产残值估计为 8000 元,那么每天、每月、每年固定资产的折旧值为多少? 如图 4-54 所示。

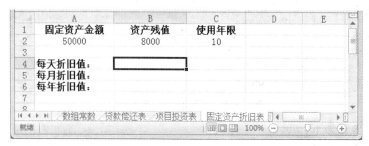

图 4-54　固定资产折旧表

其具体操作步骤如下:

步骤 1:在上表中选定相应的单元格(如 B4、B5、B6)。

步骤 2:在选定的单元格中使用 SLN 函数:从弹出的参数设定窗口(如图 4-55 所示)设定相应的参数。在各个单元格中输入的函数为:

图 4-55　SLN 函数的参数设定

B4:=SLN(A2,B2,C2 * 365);

B5:=SLN(A2,B2,C2 * 12);

B6:=SLN(A2,B2,C2)。

步骤 3:每次设定好参数后,单击"确定"即可计算出相应的还款金额。最终执行函数后的结果,如图 4-56 所示。

图 4-56　SLN 函数执行结果

4.5.2 文本函数

在 Excel 2010 中,用户常常会遇到比较两个字符串的大小、修改文本等操作,这时可以使用 Excel 函数库中的文本函数,来帮助用户设置关于文本方面的操作。

下面介绍几个常用的文本函数。

1. EXACT 函数

EXACT 函数是用来比较两个文本字符串是否相同。如果两个字符串相同,则返回"TRUE",反之,则返回"FALSE"。需要注意的是,EXACT 函数在判别字符串时,会区分英文的大小写,但不考虑格式设置的差异。其完整的格式为:

$$EXACT(text1, text2)$$

其中,参数 text1 和 text2 表示的是两个要比较的文本字符串。例如,在 A1 单元格中输入"Excel 2010",在 A2 单元格中输入"excel 2010"。然后在 A3 单元格使用 EXACT 函数来比较单元格 A1 和 A2 的内容,即在 A3 单元格中输入函数"=EXACT(A1,A2)"。由于 A1 单元格的第 1 个英文字母"E"和 A2 单元格的第 1 个英文字母"e"有大小写的区别,所以执行函数会返回"FALSE",表示两个单元格的内容不同。另外,在字符串中如果有多余的空格,也会被视为不同。

2. CONCATENATE 函数

CONCATENATE 函数是将多个字符文本或单元格中的数据连接在一起,显示在一个单元格中。其完整的格式为:

$$CONCATENATE(text1, [text2], ...)$$

其中,参数 text1,text2,…表示的是需要连接的字符文本或引用的单元格,该函数最多可以附带 256 个参数。需要注意的是,如果其中的参数不是引用的单元格,且为文本格式的,请给参数加上英文状态下的双引号。

另外,如果将上述函数改为使用"&"符连接也能达到相同的效果。因为"&"是一个运算符号,也是一个连接符号,它有把两个文本字符或文本字符串连接起来的功能。例如,在单元格中输入函数"=CONCATENATE(A14,"@",B14,".com")"和在单元格中输入公式"=A14&"@"&B14&".com"",两者达到目的是相同的。

3. SUBSTITUTE 函数

SUBSTITUTE 函数是实现替换文本字符串中某个特定字符串的函数,其完整的格式为:

$$SUBSTITUTE(text, old\_text, new\_text, [instance\_num])$$

其中,参数 text 是原始内容或是单元格地址,参数 old_text 是要被替换的字符串,参数 new_text 是替换 old_text 的新字符串。执行函数实现的是将字符串中的 old_text 部分以 new_text 替换。如果字符串中含有多组相同的 old_text 时,可以使用参数 instance_num 来指定要被替换的字符串是文本字符串中的第几组。如果没有指定 instance_num 的值,默认情况下,文本中的每一组 old_text 都会被替换为 new_text。

4. REPLACE 函数

REPLACE 函数与 SUBSTITUTE 函数具有类似的替换功能,但它的使用方式较 SUBSTITUTE 函数稍有不同。REPLACE 函数可以将某几位的文字以新的字符串替换,例如,将一个字符串中的前 5 个字用"@"替换。

REPLACE 函数的具体语法结构为:

$$REPLACE(old\_text, start\_num, num\_chars, new\_text)$$

其中,参数 old_text 是原始的文本数据,参数 start_num 可以设置要从 old_text 的第几个字符位置开始替换,参数 num_chars 可以设置共有多少字符要被替换,参数 new_text 则是要用来替换的新字符串。

5. SEARCH 函数

SEARCH 函数是用来返回指定的字符串在原始字符串中首次出现的位置。一般在使用时,会先用 SEARCH 函数来决定某一个字符串在某特定字符串的位置,再得用 REPLACE 函数来修改此文本。

SEARCH 函数的具体语法结构为:

$$SEARCH(find\_text, within\_text, [start\_num])$$

其中,参数 find_text 是要查找的文本字符串,参数 within_text 则指定要在哪一个字符串查找,参数 start_num 则可以指定要从 within_text 的第几个字符开始查找,缺省为1。需要注意的是,在 find_text 中,可以使用通配符,如问号"?"和星号"*"。其中问号"?"代表任何一个字符,而星号"*"可代表任何字符串。如果要查找的字符串就是问号或星号,则必须在这两个符号前加上"~"符号。

另外还有 FIND 函数也是用于查找文本串的,它和 SEARCH 函数的区别在于:SEARCH 函数查找时不区分大小写,而 FIND 函数要区分大小写并且不允许使用通配符。

6. TEXT 函数

TEXT 函数可将数值转换为文本,并可使用户通过使用特殊格式字符串来指定显示格式。需要以可读性更高的格式显示数字或需要合并数字、文本或符号时,此函数很有用。

TEXT 函数的具体语法结构为:

$$TEXT(value, format\_text)$$

其中,参数 value 为数值、计算结果为数值公式,或对包含数值的单元格的引用;format_text 为使用双引号括起来作为文本字符串的数字格式,具体的数字格式请参考 Excel 帮助。

使用 TEXT 函数可以帮助我们将数值以需要的文本格式输出。例如,输入 "=TEXT(2012-2-29,"dddd")",会返回"Saturday",而输入"=TEXT(180,"￥0.00") & "/每天"",会返回"￥180.00/每天",其中"￥"符号需使用数字小键盘输入组合键"ALT" +"0165"。

7. MID 函数

MID 函数用于返回文本字符串中从指定位置开始的特定数目的字符。

MID 函数的具体语法结构为:

$$MID(text, start\_num, num\_chars)$$

其中,参数 text 表示包含要提取字符的文本字符串,start_num 表示文本中要提取的第一个字符的位置,文本中第一个字符的 start_num 为 1,以此类推;num_chars 表示指定希望 MID 函数从文本中返回字符的个数。利用 MID 函数可以从身份证号码中提取我们所需要的信息。例如输入"＝MID("330104199801011234",7,4)",返回值"1998",即获得了出生年份。

另外还有 LEFT 函数和 RIGHT 函数分别用于从文本串的左端和右端提取指定数目的文本。

4.5.3　日期与时间函数

在 Excel 2010 中,日期与时间函数是在数据表的处理过程中相当重要的处理工具。利用日期与时间函数,可以很容易地分析或操作公式中与日期和时间有关的值。

下面将介绍几个常用的日期与时间函数。

1. DATE 函数

DATE 函数是计算某一特定日期的系列编号,其完整的格式为:

$$DATE(year,month,day)$$

其中,参数 year 表示为指定年份;month 表示每年中月份的数字;day 表示在该月份中第几天的数字。如果所输入的月份 month 值大于 12,将从指定年份一月份开始往上累加,例如,DATE(2008,14,2) 返回代表 2009-2-2。如果所输入的天数 day 值大于该月份的最大天数时,将从指定月数的第一天开始往上累加,例如,DATE(2008,1,35) 返回代表2008-2-4。

另外,由于 Excel 使用的是从 1900-1-1 开始的日期系统,所以若 year 是介于0 和 1899 之间,则 Excel 会自动将该值加上 1900,再计算 year,例如,DATE(108,8,8)会返回 2008-8-8;若 year 是介于 1900 和 9999 之间,则 Excel 将使用该数值作为 year,例如,DATE(2008,7,2)将返回 2008-7-2;若 year 是小于 0 或者是大于 10000,则 DATE 函数会返回错误值 ＃NUM!。

2. DAY 函数

DAY 函数是返回指定日期所对应的当月中第几天的数值,介于 1 和 31 之间,其完整的格式为:

$$DAY(serial\_number)$$

其中,参数 serial_number 表示指定的日期或数值。关于 DAY 函数的使用有两种方法:①参数 serial_number 使用日期输入,例如,在相应的单元格中输入"＝DAY("2008－1－1")"则返回值为 1;②参数 serial_number,使用数值的输入,例如,在相应的单元格中输入"＝DAY(39448)",则返回值为 1。在 Excel 中,系统将 1900 年 1 月 1 日对应于序列号 1,后面的日期都是相对于这个时间进行对序列号的累加,例如 2008 年 1 月 1 日所对应的序列号为39448。

在使用 DAY 函数时,用户可以发现在 DAY 函数参数设定窗口内,在键入日期值的同时,参数输入栏的右边会同时换算出相应的序列号,如图 4-57 所示。

图 4-57　DAY 函数参数设定

与 DAY 函数类似的还有 MONTH 函数（用于取得月份数）和 YEAR 函数（用于取得年份数）。

3. TODAY 函数

TODAY 函数用于返回当前系统的日期，其完整的格式为：

TODAY()

其语法形式中无参数，若要显示当前系统的日期，可在相应单元格中输入"＝TODAY()"，按"Enter"键后显示当前系统的日期，如图 4-58 所示。

图 4-58　TODAY 函数执行结果

与 TODAY 函数相关的还有 NOW 函数，用于取得当前的日期和时间。例如，输入"＝NOW()"，则返回"2012-3-28 13：40"。这实际上是一个带小数的数字，其中整数部分是日期，小数部分是时间。

4. TIME 函数

TIME 函数是返回某一特定时间的小数值，它返回的小数值为 0～0.99999999，代表0：00：00(12：00：00A. M)和23：59：59(11：59：59P. M)之间的时间，其完整的格式为：

TIME(hour, minute, second)

其中，参数 hour 表示的是 0～23 的数，代表小时；参数 minute 表示的是 0～59 的数，代表分；参数 second 表示的是 0～59 的数，代表秒。根据指定的数据转换成标准的时间格式，可以使用 TIME 时间函数来实现，例如在相应单元格中输入"＝TIME(6,35,55)"，按"Enter"键后显示标准时间格式"6：35：55 AM"，又如输入"＝TIME(22,25,30)"，按回车键后显示标准时间格式"10：25：30 PM"。

或者通过使用函数参数设定窗口进行参数的设定，如图 4-59 所示，完成之后，单击"确定"按钮即可。

图 4-59　TIME 函数参数设定

与时间相关的还有 HOUR 函数、MINUTE 函数和 SECOND 函数,分别用于取得小时数、分钟数和秒数。

5. WORKDAY 函数

WORKDAY 函数返回在某日期(起始日期)之前或之后、与该日期相隔指定工作日的某一日期的日期值。工作日不包括周末和专门指定的假日。

WORKDAY 函数的具体语法结构为:

$$WORKDAY(start\_date, days, [holidays])$$

其中,参数 start_date 表示起始日期,days 表示指定工作日天数,holidays 表示指定的假日。例如,计算从 2012-3-28 开始的 6 个工作日的日期,其中 2012-4-2 和 2012-4-5 为假日,则输入"=WORKDAY(D1,D2,D3∶D4)",返回值为"2012-4-9",如图 4-60 所示。

图 4-60　WORKDAY 函数计算结果

WORKDAY 函数默认周末为周五和周六两天,如果要指定其他类型的周末,应使用 WORKDAY. INTL 函数。

6. WEEKNUM 函数

WEEKNUM 函数返回特定日期在一年中的周数。包含该年 1 月 1 日的周为第 1 周。

WEEKNUM 函数的具体语法结构为:

$$WEEKNUM(serial\_number,[return\_type])$$

其中,参数 serial_number 为特定的日期,return_type 为一数字,确定星期从哪一天开始,缺省值为 1,表示周日是一周的第一天,如果为 2,则表示周一为一周的第一天。例如,如果 A1 中为"2012-3-24",则输入"＝WEEKNUM(A1)",返回值"12",输入"＝WEEKNUM(A1,2)",返回值"13"。

如果想要知道某一天是星期几,则使用 WEEKDAY 函数,例如输入"＝WEEKDAY(A1,2)",则返回"6"。其中参数 2 表示以周一为第 1 天,缺省则为 1,表示以周日为第 1 天,如输入"＝WEEKDAY(A1)",则返回"7"。

4.5.4 查找与引用函数

在一个工作表中,可以利用查找与引用函数功能按指定的条件对数据进行快速查询、选择和引用。下面介绍几个常用的查找与引用函数。

1. VLOOKUP 函数

VLOOKUP 函数可以从一个数组或表格的最左列中查找含有特定值的字段,再返回同一列中某一指定单元格中的值。其完整的格式为:

$$VLOOKUP(lookup\_value, table\_array, col\_index\_num, [range\_lookup])$$

其中,参数 lookup_value 是要在数组中搜索的数据,它可以是数值、引用地址或文字字符串。参数 table_array 是要搜索的数据表格、数组或数据库。参数 col_index_num 则是一个数字,代表要返回的值位于 table_array 中的第几列。参数 rang_lookup 是个逻辑值,如果其值为"TRUE"或被省略,则返回精确匹配值或近似匹配值。如果找不到精确匹配值,则返回小于 lookup_value 的最大值。如果该值为"FALSE"时,VLOOKUP 函数将只查找精确匹配值。如果 table_array 的第一列中有两个或更多值与 lookup_value 匹配,则使用第一个找到的值。如果找不到精确匹配值,则返回错误值 ♯N/A。另外,如果 range_lookup 为"TRUE",则 table_array 第一列的值必须以递增次序排列,这样才能找到正确的值。如果 rang_lookup 是"FALSE",则 table_array 不需要先排序。

一般情况下,都是利用 VLOOKUP 函数来实现对单个条件的查询,但也可以结合 If 函数实现对多个条件的查询。例如,在 G2 单元格中输入数组公式"＝VLOOKUP(E2&F2,IF({1,0},A1：A7&B1：B7,C1：C7),2,0)",即可获得王五的铅球成绩,如图 4-61 所示。在特定情况下,修改这个公式还可以实现从右边的列查询左边列的对应值。

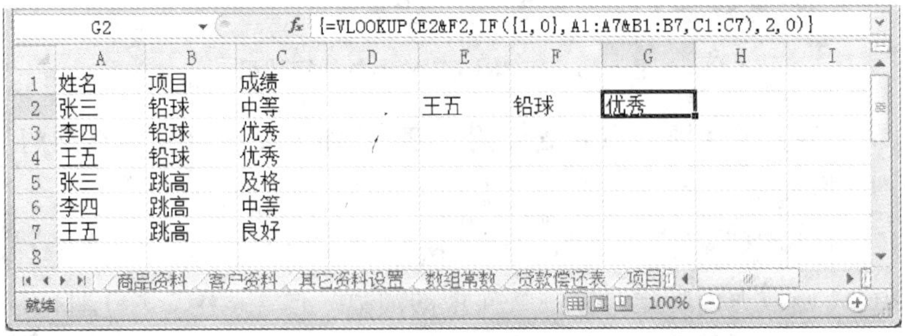

图 4-61　VLOOKUP 的多条件查询

2. HLOOKUP 函数

HLOOKUP 函数可以用来查询表格第一行的数据。其完整的格式为：

HLOOKUP(lookup_value, table_array, row_index_num, [range_lookup])

其中，参数 lookup_value 是要在表格第一行中搜索的值，参数 table_array 与参数 rang_lookup的定义与 VLOOKUP 函数类似。参数 row_index_num 则代表所要返回的值位于 table_array 列中第几行。参数 rang_lookup 的用法同 VLOOKUP 函数。

3. CHOOSE 函数

CHOOSE 函数使用 index_num 返回数值参数列表中的数值。

CHOOSE 函数的具体语法结构为：

CHOOSE(index_num, value1, [value2], ...)

其中，参数 Index_num 指定所选定的值参数。index_num 必须为 1 到 254 之间的数字，或者为公式或对包含 1 到 254 之间某个数字的单元格的引用。value1，value2，…是值参数列表，个数介于 1 到 254 之间，函数 CHOOSE 基于 index_num 从这些值参数中选择一个数值或一项要执行的操作。参数可以为数字、单元格引用、已定义名称、公式、函数或文本。

例如，输入"＝CHOOSE(WEEKDAY(DATEVALUE("2012－3－28")),"星期天","星期一","星期二","星期三","星期四","星期五","星期六")"，则返回"星期三"。

4.5.5　数据库函数

数据库函数是用于对存储在数据清单或数据库中的数据进行分析，判断其是否符合特定的条件。如果能够灵活运用这类函数，就可以方便地分析数据库中的数据信息。

1. 数据库函数的参数含义

典型的数据库函数，表达的完整格式为：

函数名称(database, field, criteria)

其中，参数 database 为构成数据清单或数据库的单元格区域。数据库是包含一组相关数据的数据清单，其中包含相关信息的行为记录，而包含数据的列为字段。数据清单的第一行包含着每一列的标志项。参数 field 为指定函数所使用的数据列。数据清单中的数据列必须在第一行具有标志项。field 可以是文本，即两端带引号的标志项，也可以是代表数据清单中数据列位置的数字：1 表示第 1 列，2 表示第 2 列，以此类推。参数 criteria 为一组包含给定条件的单元格区域。任意区域都可以指定给参数 criteria，但是该区域中至少包含一个列标志和列标志下方用于设定条件的单元格。

这类函数具有一些共同特点。

(1)每个函数均有三个参数：database、field 和 criteria。这些参数指向函数所使用的工作表区域。

(2)数据库函数都以字母 D 开头。

(3)如果将字母 D 去掉，可以发现其实大多数数据库函数已经在 Excel 的其他类型函数中出现过了。比如，DAVERAGE 将 D 去掉的话，就是求平均值的函数 AVERAGE。

2. DCOUNT 函数

DCOUNT 函数的功能是返回列表或数据库中满足指定条件的记录字段(列)中包含数值单元格的个数,其函数的完整格式为:

```
DCOUNT(database, field, criteria)
```

下面以计算实例表中"信管"专业性别为"男"且"分数"大于 70 分的人数为例,介绍 DCOUNT 函数的应用,其具体操作步骤如下。

步骤 1:在实例表中选择任何空白区域输入条件区域数据,如图 4-62 所示。

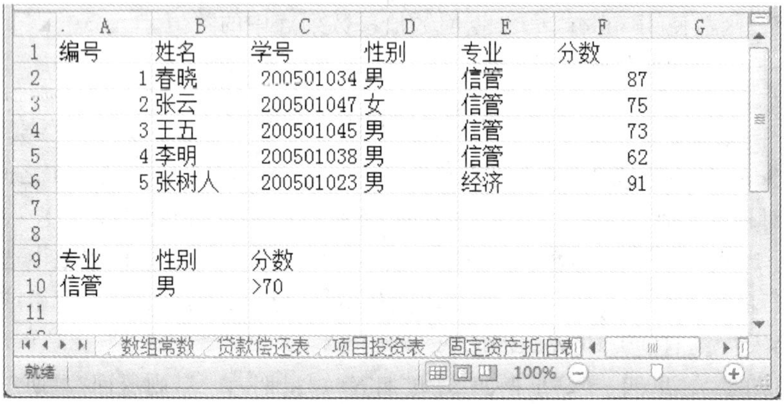

	A	B	C	D	E	F	G
1	编号	姓名	学号	性别	专业	分数	
2	1	春晓	200501034	男	信管	87	
3	2	张云	200501047	女	信管	75	
4	3	王五	200501045	男	信管	73	
5	4	李明	200501038	男	信管	62	
6	5	张树人	200501023	男	经济	91	
7							
8							
9	专业	性别	分数				
10	信管	男	>70				
11							

图 4-62　选择区域输入条件区域数据

步骤 2:选中输出结果单元格(该处选中"E9"单元格)。

步骤 3:在选中的单元格中输入公式"=DCOUNT(A1:F6,6,A9:C10)",按"Enter"键,可得到目标分数(信管专业、男性且分数在 70 分以上)的人数,如图 4-63 所示。

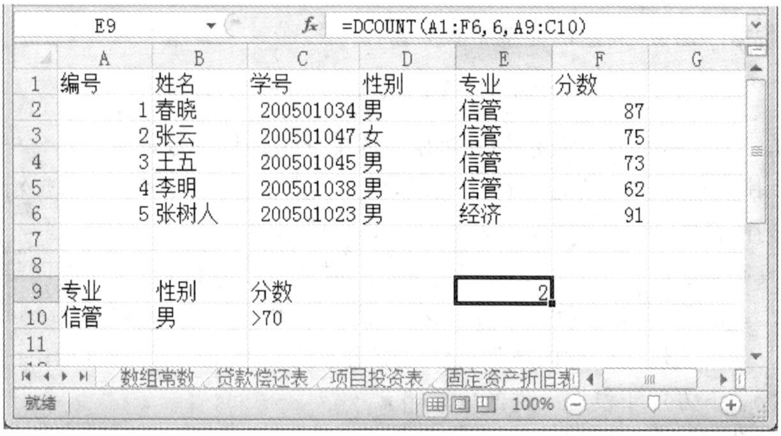

	A	B	C	D	E	F	G
1	编号	姓名	学号	性别	专业	分数	
2	1	春晓	200501034	男	信管	87	
3	2	张云	200501047	女	信管	75	
4	3	王五	200501045	男	信管	73	
5	4	李明	200501038	男	信管	62	
6	5	张树人	200501023	男	经济	91	
7							
8							
9	专业	性别	分数		2		
10	信管	男	>70				
11							

图 4-63　DCOUNT 函数执行结果

另外还有 DCOUNTA 函数,用于统计满足指定条件的记录字段(列)中的非空单元格的个数。

3. DGET 函数

DGET 函数是用于从列表或数据库的列中提取符合指定条件的单个值，其函数的完整格式为：

DGET(database, field, criteria)

下面以提取“分数”大于 72 分且为“女”的学生姓名为例，介绍 DGET 函数的应用。其具体操作步骤如下。

步骤 1：在实例表中选择任何空白区域输入条件区域数据，如图 4-64 所示。

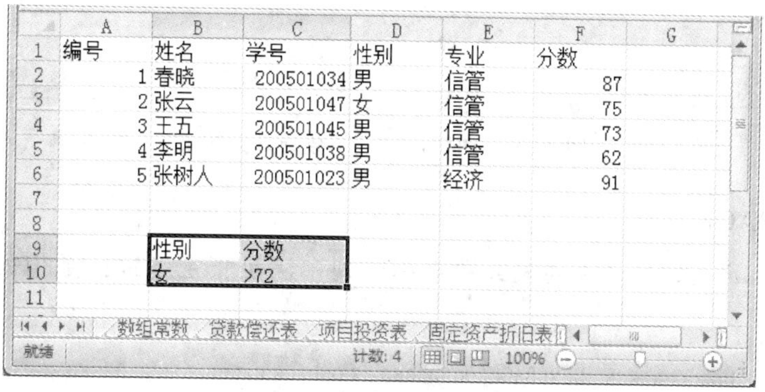

	A	B	C	D	E	F	G
1	编号	姓名	学号	性别	专业	分数	
2	1	春晓	200501034	男	信管	87	
3	2	张云	200501047	女	信管	75	
4	3	王五	200501045	男	信管	73	
5	4	李明	200501038	男	信管	62	
6	5	张树人	200501023	男	经济	91	
7							
8							
9		性别	分数				
10		女	>72				
11							

图 4-64 选择区域输入条件区域数据

步骤 2：选中输出结果单元格（该处选中“E9”单元格）。

步骤 3：在选中的单元格中输入公式“=DGET(A1 : F6,2,B9 : C10)”，按“Enter”键，可以得到“分数”大于 72 分且为“女”的学生姓名，如图 4-65 所示。

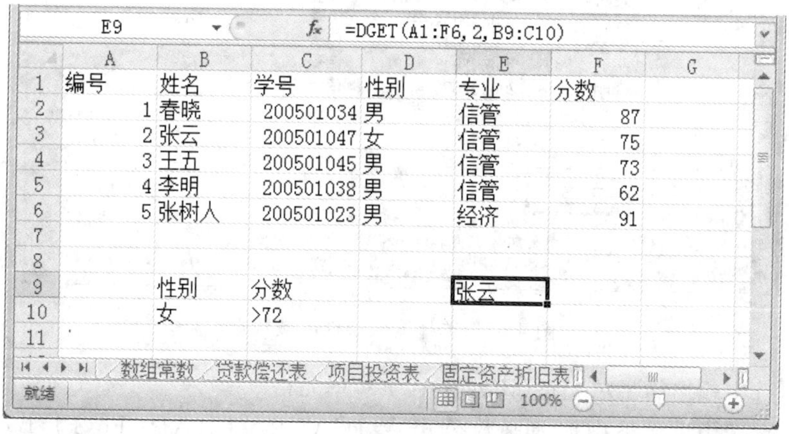

	A	B	C	D	E	F	G
1	编号	姓名	学号	性别	专业	分数	
2	1	春晓	200501034	男	信管	87	
3	2	张云	200501047	女	信管	75	
4	3	王五	200501045	男	信管	73	
5	4	李明	200501038	男	信管	62	
6	5	张树人	200501023	男	经济	91	
7							
8							
9		性别	分数		张云		
10		女	>72				
11							

图 4-65 DGET 函数执行结果

值得注意的是：对于 DGET 函数，如果没有满足条件的记录，则返回错误值“#VALUE!”。如果有多个记录满足条件，将返回错误值“#NUM!”。如图 4-66 所示。

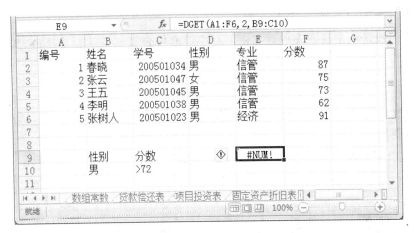

图 4-66　使用 DGET 函数计算无结果

4. DAVERAGE 函数

DAVERAGE 函数是计算列表或数据库的列中满足指定条件的数值的平均值。其函数的完整格式为：

DAVERAGE(database, field, criteria)

下面以计算实例中信管专业学生的平均成绩为例，介绍 DAVERAGE 函数的应用，其具体操作步骤如下。

步骤 1：在实例表中选择任何空白区域输入条件区域数据，如图 4-67 所示。

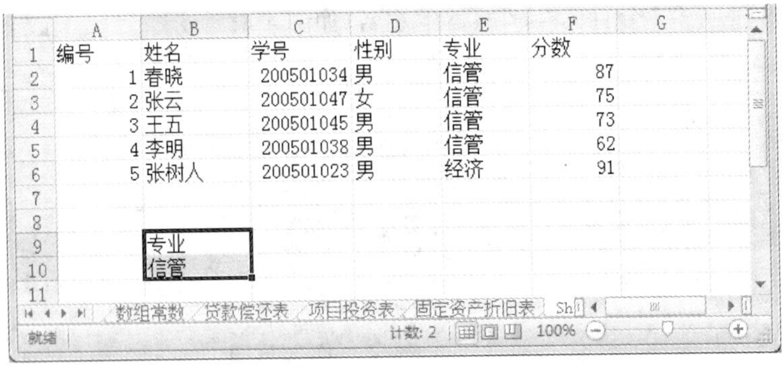

图 4-67　选择输入条件区域数据

步骤 2：选中输出结果单元格(该处选中"E9"单元格)

步骤 3：在选中单元格中输入函数公式"＝DAVERAGE(A1：F6,F1,B9：B10)"，按"Enter"键，即可得到信管专业学生的平均成绩，如图 4-68 所示。

5. DMAX 函数

DMAX 函数的功能是返回列表或数据库的列中满足指定条件的最大值。其函数的完整格式为：

DMAX(database, field, criteria)

下面以计算实例中信管专业成绩最高的男生成绩为例，介绍 DMAX 函数的使用，其具

E9　=DAVERAGE(A1:F6,F1,B9:B10)

	A	B	C	D	E	F	G
1	编号	姓名	学号	性别	专业	分数	
2	1	春晓	200501034	男	信管	87	
3	2	张云	200501047	女	信管	75	
4	3	王五	200501045	男	信管	73	
5	4	李明	200501038	男	信管	62	
6	5	张树人	200501023	男	经济	91	
7							
8							
9		专业			74.25		
10		信管					
11							

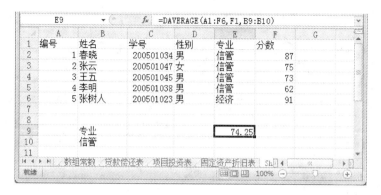

图 4-68　DAVERAGE 函数执行结果

体操作步骤如下。

步骤 1:在实例表中选择任何空白区域输入条件区域数据。

步骤 2:选中输出结果单元格(该处选中“F8”单元格)。

步骤 3:在选中单元格中输入函数公式“=DMAX(A1：F6,6,A8：B9)”,按“Enter”键,即可得到信管专业成绩最高的男生成绩,如图 4-69 所示。

F8　=DMAX(A1:F6,6,A8:B9)

	A	B	C	D	E	F	G
1	编号	姓名	学号	性别	专业	分数	
2	1	春晓	200501034	男	信管	87	
3	2	张云	200501047	女	信管	75	
4	3	王五	200501045	男	信管	73	
5	4	李明	200501038	男	信管	62	
6	5	张树人	200501023	男	经济	91	
7							
8	性别	专业				87	
9	男	信管					
10							
11							

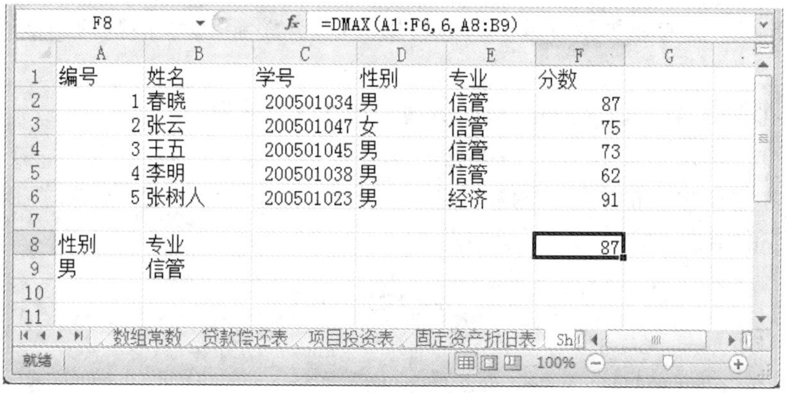

图 4-69　DMAX 函数执行结果

有关 DMIN 函数的用法与 DMAX 类似,在此不再赘述。

6. DPRODUCT 函数

DPRODUCT 函数用来返回列表或数据库中满足指定条件的记录字段(列)中数值的乘积。其函数的完整格式为:

```
DPRODUCT(database, field, criteria)
```

下面以计算分数大于 80 分的男生的分数乘积为应用实例,介绍 DPRODUCT 函数的用法,其具体操作步骤如下。

步骤 1:在实例表中选择任何空白区域输入条件区域数据。

步骤 2:选中输出结果单元格(该处选中“E8”单元格)。

步骤 3:在选中单元格中输入函数公式“=DPRODUCT(A1：F6,F1,A8：B9)”,按“Enter”键,即可得到相应的结果,如图 4-70 所示。

E8 =DPRODUCT(A1:F6,F1,A8:B9)

	A	B	C	D	E	F
1	编号	姓名	学号	性别	专业	分数
2	1	春晓	200501034	男	信管	87
3	2	张云	200501047	女	信管	75
4	3	王五	200501045	男	信管	73
5	4	李明	200501038	男	信管	62
6	5	张树人	200501023	男	经济	91
7						
8	性别	分数			7917	
9	男	>80				

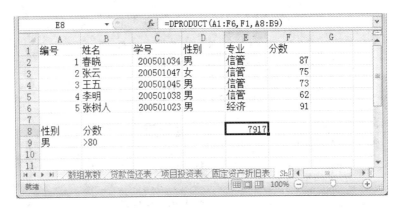

图 4-70　DPRODUCT 函数执行结果

7. DSUM 函数

DSUM 函数是用来返回列表或数据库中满足指定条件的记录字段(列)中的数字之和，其函数的完整格式为：

```
DSUM(database, field, criteria)
```

下面以计算信管专业男生分数总和为应用实例，介绍 DSUM 函数的用法，其具体操作步骤如下。

步骤 1：在实例表中选择任何空白区域输入条件区域数据。

步骤 2：选中输出结果单元格(该处选中“E8”单元格)。

步骤 3：在选中单元格中输入函数公式“=DSUM(A1 : F6,6,A8 : B9)”，按“Enter”键，即可得到相应的结果，如图 4-71 所示。

E8 =DSUM(A1:F6,6,A8:B9)

	A	B	C	D	E	F
1	编号	姓名	学号	性别	专业	分数
2	1	春晓	200501034	男	信管	87
3	2	张云	200501047	女	信管	75
4	3	王五	200501045	男	信管	73
5	4	李明	200501038	男	信管	62
6	5	张树人	200501023	男	经济	91
7						
8	性别	专业			222	
9	男	信管				

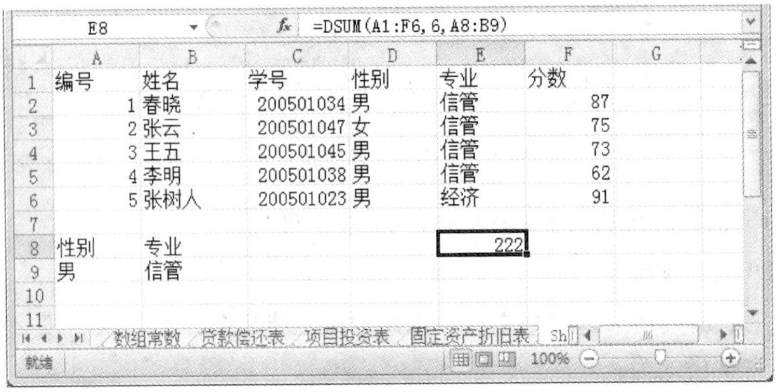

图 4-71　DSUM 函数执行结果

4.5.6　统计函数

Excel 2010 在数据统计处理方面提供了非常丰富的函数，利用这些函数可以完成大多数日常的数据统计任务。下面介绍几个常用的统计函数。

1. AVERAGEIF 函数

AVERAGEIF 函数返回某个区域内满足给定条件的所有单元格的算术平均值。

AVERAGEIF 函数的具体语法结构为：

AVERAGEIF(range, criteria, [average_range])

其中，参数 range 表示要计算平均值的一个或多个单元格，包括数字或包含数字的名称、数组或引用；criteria 为数字、表达式、单元格引用或文本形式的条件，用于定义要对哪些单元格计算平均值，例如 32、"32"、">32"、"苹果" 或 B4；average_range 表示要计算平均值的实际单元格集，如果忽略，则使用 range。但需注意的是，average_range 不必与 range 的大小和形状相同，求平均值的实际单元格是通过使用 average_range 中左上方的单元格作为起始单元格，然后加入与 range 的大小和形状相对应的单元格确定的。例如，rang 是 A1：B4，average_range 是 C1：C2，但实际上计算平均值的范围是 C1：D4。

如果我们要计算进货清单中，进货数量大于 5 的商品的平均进货价，在单元格中输入"=AVERAGEIF(F2：F31,">5",E2：E31)"，即可得到返回值"61.5"，如图 4-72 所示。

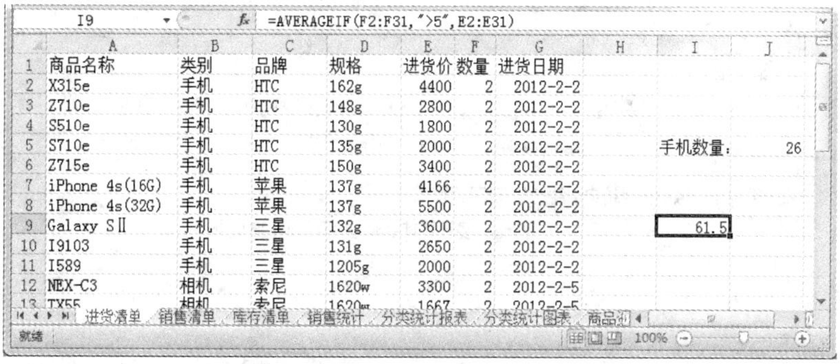
I9　=AVERAGEIF(F2:F31,">5",E2:E31)

	A	B	C	D	E	F	G	H	I	J
1	商品名称	类别	品牌	规格	进货价	数量	进货日期			
2	X315e	手机	HTC	162g	4400	2	2012-2-2			
3	Z710e	手机	HTC	148g	2800	2	2012-2-2			
4	S510e	手机	HTC	130g	1800	2	2012-2-2			
5	S710e	手机	HTC	135g	2000	2	2012-2-2		手机数量：	26
6	Z715e	手机	HTC	150g	3400	2	2012-2-2			
7	iPhone 4s(16G)	手机	苹果	137g	4166	2	2012-2-2			
8	iPhone 4s(32G)	手机	苹果	137g	5500	2	2012-2-2			
9	Galaxy SⅡ	手机	三星	132g	3600	2	2012-2-2		61.5	
10	I9103	手机	三星	131g	2650	2	2012-2-2			
11	I589	手机	三星	1205g	2000	2	2012-2-2			
12	NEX-C3	相机	索尼	1620w	3300	2	2012-2-5			

图 4-72　AVERAGEIF 函数计算结果

2. 计数函数 COUNT

COUNT 函数是用于返回数值参数的个数，即统计数组或单元格区域中含有数值类型的单元格个数。其完整的格式为：

COUNT(value1, [value2], ...)

其中，value1，value2，…表示包含或引用各种类型数据的参数，函数可以最多附带1～256个参数，其中只有数值类型的数据才能被统计。

以统计有分数的人数为例，用户只需在相应单元格中输入"=COUNT(F2：F6)"，如图 4-73所示。之后再按"Enter"键后可得到该区域中数值型单元格的个数，即有成绩的人数。

类似于 COUNT 函数这样的还有：COUNTA 函数返回参数组中非空值的数目；COUNTBLANK 函数计算某个单元格区域中空白单元格的数目；COUNTIF 函数计算区域内符合给定条件的单元格的数量；COUNTIFS 函数计算区域内符合多个条件的单元格的数量。

以商品资料表为例，若用户想要统计进货价大于 2500 元的商品种类数，可以在相应单元格选择 COUNTIF 函数，然后从弹出的函数参数设定窗口进行函数参数的输入，如图 4-74所示。

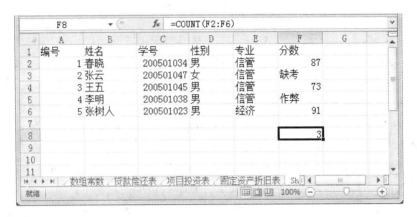

图 4-73　COUNT 函数使用

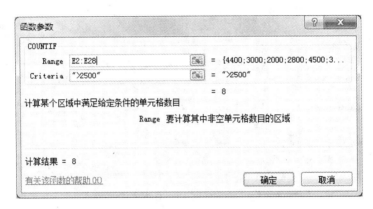

图 4-74　COUNTIF 函数参数设定

完成参数的输入后，单击"确定"按钮即可得到人数的统计结果，如图 4-75 所示。

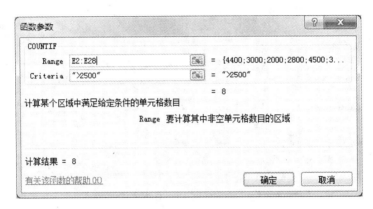

图 4-75　COUNTIF 函数执行结果

我们可以在输入数据时，不允许输入重复值，例如先选择 A 列，然后在数据有效性对话框中"允许"项下选择"自定义"，在"公式"项中输入"＝COUNTIF（A：A，A1）＝1"，如图 4-76所示，则在 A 列中不能输入重复值。

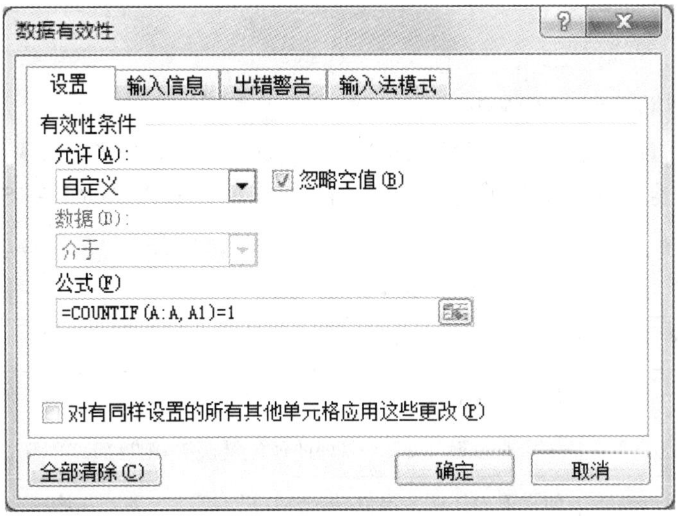

图 4-76　不允许输入重复值

3. 排位统计函数 RANK.EQ

RANK.EQ 函数的功能是返回一个数值在一组数值中的排位,如果多个值具有相同的排位,则返回该组数值的最高排位。其完整的格式为:

$$RANK.EQ(number, ref, [order])$$

其中,number 表示需要找到排位的数字,ref 表示数字列表数组或对数字列表的引用,ref 中的非数值型值将被忽略。order 指明数字排位的方式。如果 order 为 0(零)或省略,Excel 对数字的排位是基于 ref 为按照降序排列的列表。如果 order 不为零,Microsoft Excel 对数字的排位是基于 ref 为按照升序排列的列表。函数 RANK.EQ 对重复数的排位相同,但重复数的存在将影响后续数值的排位。例如,如果区域 A1:A5 分别含有数 1、2、3、3 和 4,则 RANK.EQ(A4,A1:A5,1)等于 3,而 RANK.EQ(A5,A1:A5,1)等于 5。

另外还有 RANK.AVG 函数,也是返回一个数字在数字列表中的排位,数字的排位是其大小与列表中其他值的比值;如果多个值具有相同的排位,则将返回平均排位。在前面的例子中,RANK.AVG(A4,A1:A5,1)等于 3.5。Excel 以前版本中的 RANK 函数现在被归类在兼容性函数中,其功能同 RANK.EQ 函数。

其他统计函数还有:MAX 函数,返回参数列表中的最大值;MAXA 函数,返回参数列表中的最大值,包括数字、文本和逻辑值;MIN 函数,返回参数列表中的最小值;MINA 函数,返回参数列表中的最小值,包括数字、文本和逻辑值;MEDIAN 函数,返回给定数值集合的中值;LARGE 函数,返回数据集中第 k 个最大值;SMALL 函数,返回数据集中的第 k 个最小值;MODE.SNGL 函数,返回在数据集内出现次数最多的值。

4.5.7　其他类型的函数

1. IS 类函数

ISTEXT 函数是用来测试单元格中的数据是否为文本,其返回值为逻辑值"TURE"或

"FALSE"。其完整的格式为：

$$ISTEXT(value)$$

参数 value 是想要测试的值或单元格地址。

在 Excel 函数库中，IS 类函数除了 ISTEXT 函数之外，还有其他用来测试数值或引用类型的函数，它们会检查数值的类型，并且根据结果返回"TRUE"或"FALSE"。表 4-5 为出这些函数的说明。

表 4-5　IS 函数

函数名称	说　明
ISBLANK	如果值为空，则返回 TRUE
ISERR	如果值为除 ♯N/A 以外的任何错误值，则返回 TRUE
ISERROR	如果值为任何错误值，则返回 TRUE
ISEVEN	如果数字为偶数，则返回 TRUE
ISLOGICAL	如果值为逻辑值，则返回 TRUE
ISNA	如果值为错误值 ♯N/A，则返回 TRUE
ISNONTEXT	如果值不是文本，则返回 TRUE
ISNUMBER	如果值为数字，则返回 TRUE
ISODD	如果数字为奇数，则返回 TRUE
ISREF	如果值为引用值，则返回 TRUE
ISTEXT	如果值为文本，则返回 TRUE

2. TYPE 函数

TYPE 函数是另一种测试单元格是否为文本的方法，其可以返回测试值的数据类型，其完整的格式为：

$$TYPE(value)$$

参数 value 可以是任何数据值，如数字、文本、逻辑值等。如果测试值 value 是数字，则函数会返回 1；如果测试值 value 是文本，则函数会返回 2；如果测试值 value 是逻辑值，则函数会返回 4；如果测试值 value 是错误值，则函数会返回 16；如果测试值 value 是数组型，则函数会返回 64。

3. 数学函数

Excel 中有很多数学函数，除了前面介绍过的以外，常用的还有以下几个：ABS 函数返回数字的绝对值；MOD 函数返回除法的余数；PRODUCT 函数返回其参数的乘积；QUOTIENT 函数返回除法的整数部分；RAND 函数返回 0 和 1 之间的一个随机数；RANDBETWEEN 函数返回位于两个指定数之间的一个随机整数。

例如：公式：＝ABS(－7)返回结果 7；公式：＝MOD(17,3)返回结果 2；公式：

＝PRODUCT(2,3,4)返回结果 24;公式:＝QUOTIENT(17,3)返回结果 5。

RAND 函数和 RANDBETWEEN 函数在每一次工作表重新计算时都会生产一个新的随机数。不过,对于 RAND 函数,可以在编辑状态时按"F9"键,使之产生一个随机数并永久地固定下来。

4. 逻辑函数

Excel 2010 中的逻辑函数一共有 7 个,除了前面介绍过的 IF 函数,常用的还有 AND 函数、OR 函数和 NOT 函数。

AND 函数用于当所有参数的计算结果为 TRUE 时,返回 TRUE;而只要有一个参数的计算结果为 FALSE,即返回 FALSE。

OR 函数用于当所有参数的计算结果为 FALSE 时,返回 FALSE;而只要有一个参数的计算结果为 TRUE,即返回 TRUE。

NOT 函数用于对参数的逻辑值取反。

例如,单元格 A1 和 B1 中分别包含 28 和 500,则 AND(A1＞20,B1＞600)返回结果 FALSE,OR(A1＞20,B1＞600)返回结果 TRUE,NOT(A1＞20)返回结果 FALSE。

多个逻辑函数可以结合使用。例如,要判断今年是否是闰年,其公式为"＝OR(MOD(YEAR(TODAY()),400)＝0,AND(MOD(YEAR(TODAY()),4)＝0,MOD(YEAR(TODAY()),100)＜＞0))"。

4.6 习 题

1.简述公式的组成?

2.简述单元格的引用类型及其区别?

3.简述在函数和公式中使用名称?

4.简述如何输入和编辑数组公式?

5.将实例库存表中销售数量大于 2 的单元格设置为黄色,如图 4-77 所示。

图 4-77 条件格式设置结果

6. 创建实例中的商品资料表中商品名称的自定义下拉列表,使得在输入商品名称时,直接可以选用下拉列表进行名称的选择,结果如图 4-78 所示。

图 4-78 自定义下拉列表设置结果

7. 某人向银行贷款 1000000 元,贷款年限为 10 年,贷款利率为 5%,试问每月应偿还多少金额(月末)? 第三个月的利息金额是多少元?

8. 某人购买一辆汽车,价值为 400000 元,使用年限为 20 年,残值为 150000 元,试问年折旧值为多少元?

9. 思考:如何实现 VLOOKUP 的反向查询,即查询条件在右侧,而要查询的值在左侧?

第 5 章

数据管理与分析

Excel 具有强大的数据管理与分析能力,能够对工作表中的数据进行排序、筛选、分类汇总等,还能够使用数据透视表对工作表的数据进行重组,对特定的数据行或数据列进行各种概要分析,并且可以生成数据透视图,直观地表示分析结果。

在这一章中,我们将使用 Excel 的数据管理与分析功能,对第 4 章实例中的商品销售清单、销售统计表和库存清单等工作表进行分析,找出月度销售冠军和利润最高的商品;跟踪各个类别与各个品牌的商品销售情况,监测商品的库存情况;对各个类别与各个品牌的商品销售进行分类汇总和数据透视,找出最畅销的类别和品牌,从而帮助店主确定今后的经营方向。

我们将上面提出的目标进行细分,分为 4 个任务。

- 任务 1:分别按销售数量和利润金额对销售统计表进行排序,找出月度销售冠军和利润最高的商品;按商品的类别自定义排序,得到各个类别的商品销售排名情况。

- 任务 2:使用自动筛选功能分析销售清单,跟踪各个类别与各个品牌的商品销售情况;使用自动筛选分析库存清单,得出库存最大的 5 种商品与库存为 0 的商品,作为店主进货的依据;使用高级筛选功能分析销售统计表,找出销售金额高于平均销售金额的商品。

- 任务 3:使用分类汇总对销售统计表进行汇总,计算各个类别与各个品牌的销售总金额与利润总金额。

- 任务 4:使用数据透视表和数据透视图分析销售清单,统计各个类别与各个品牌商品的销售总数量,找出最畅销的类别和品牌。为了更直观地显示销售趋势,我们使用了迷你图、切片器等 Excel 2010 中新增的功能。

5.1 Excel 表格和记录单

5.1.1 使用 Excel 表格

表格是工作表中包含相关数据的一系列数据行,如前面所建立的销售清单和销售统计表,就包含这样的数据行,它可以像数据库一样接受浏览与编辑等操作。在执行数据库操作时,例如使用记录单、数据排序或筛选时,Excel 会自动将表格视作数据库,并使用下列表格元素来组织数据:①表格中的列是数据库中的字段;②表格中的列标题(简称列标)是数据库中的字段名称;③表格中的每一行对应数据库中的一个记录。

创建表格的方法如下:在工作表上,选择要包括在表格中的数据区域(区域:工作表上的两个或多个单元格,区域中的单元格可以相邻或不相邻),在“插入”选项卡上的“表格”组中,单击“表格”命令,还可以按“Ctrl”+“L”或“Ctrl”+“T”键盘快捷键。如果选择的区域包含要显示为表格标题的数据,请选中“表包含标题”复选框。如果未选中“表包含标题”复选框,则表格标题将显示默认名称,可以通过以下方法来更改默认名称:选择要替换的默认标题,然后键入所需文本。表格创建之后,可以进行筛选表格列、添加汇总行、应用表格格式等操作。

例如,要建立如图 5-1 所示销售记录的表格,应选中 A1:O36 区域,然后单击“插入”选项卡上“表格”组的“表格”命令,选中“表包含标题”复选框,并将表格命名为“销售清单”。

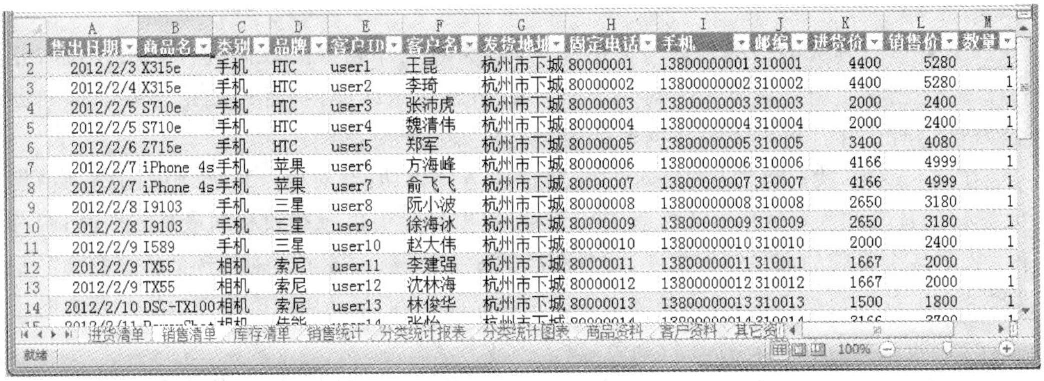

	售出日期	商品名	类别	品牌	客户ID	客户名	发货地址	固定电话	手机	邮编	进货价	销售价	数量
2	2012/2/3	X315e	手机	HTC	user1	王昆	杭州市下城	80000001	13800000001	310001	4400	5280	1
3	2012/2/4	X315e	手机	HTC	user2	李琦	杭州市下城	80000002	13800000002	310002	4400	5280	1
4	2012/2/5	S710e	手机	HTC	user3	张沛虎	杭州市下城	80000003	13800000003	310003	2000	2400	1
5	2012/2/5	S710e	手机	HTC	user4	魏清伟	杭州市下城	80000004	13800000004	310004	2000	2400	1
6	2012/2/6	Z715e	手机	HTC	user5	郑军	杭州市下城	80000005	13800000005	310005	3400	4080	1
7	2012/2/7	iPhone 4s	手机	苹果	user6	方海峰	杭州市下城	80000006	13800000006	310006	4166	4999	1
8	2012/2/7	iPhone 4s	手机	苹果	user7	俞飞飞	杭州市下城	80000007	13800000007	310007	4166	4999	1
9	2012/2/8	I9103	手机	三星	user8	阮小波	杭州市下城	80000008	13800000008	310008	2650	3180	1
10	2012/2/8	I9103	手机	三星	user9	徐海冰	杭州市下城	80000009	13800000009	310009	2650	3180	1
11	2012/2/9	I589	手机	三星	user10	赵大伟	杭州市下城	80000010	13800000010	310010	2000	2400	1
12	2012/2/9	TX55	相机	索尼	user11	李建强	杭州市下城	80000011	13800000011	310011	1667	2000	1
13	2012/2/9	TX55	相机	索尼	user12	沈林海	杭州市下城	80000012	13800000012	310012	1667	2000	1
14	2012/2/10	DSC-TX100	相机	索尼	user13	林俊华	杭州市下城	80000013	13800000013	310013	1500	1800	1

图 5-1 创建“销售清单”表格

如果不再想处理表格中的数据,则可以将表格转换为常规数据区域,同时保留所应用的任何表格样式。当不再需要表格及其包含的数据时,可以删除该表格。

☞提示:创建表格后,“表工具”将变得可用,同时会显示“设计”选项卡。您可以使用“设计”选项卡上的工具自定义或编辑该表格。请注意,仅当选定表格中的某个单元格时才显示“设计”选项卡。

☞注意:与 Excel 2003 中的数据列表不同,表格不包含用于快速添加新行的特殊行(用 * 标记)。

一个工作表中一般只创建一个表格,表格建立之后,可以继续在它所包含的单元格中输入数据。无论何时输入数据,都应当注意遵循下列准则。

(1)将类型相同的数据项置于同一列中。在设计表格时,应使同一列中的各行具有相同类型的数据项。

(2)使表格独立于其他数据。在工作表中,表格与其他数据间至少要留出一个空列和一个空行,以便进行排序、筛选或分类汇总等操作。

(3)将关键数据置于表格的顶部或底部。这样可避免将关键数据放到表格的左右两侧,因为这些数据在 Excel 筛选数据时可能会被隐藏。

(4)注意显示行和列。在修改表格之前,应确保隐藏的行或列也被显示。因为,如果表格中的行和列没有被显示,那么数据有可能会被删除。

(5)注意表格格式。如前所述,表格需要列标,若没有的话应在表格的第一行中创建,因为 Excel 将使用列标创建报告并查找和组织数据。列标可以使用与表格中数据不同的字体、对齐方式、格式、图案、边框或大小写类型等。在输入列标之前,应将单元格设置为文本格式。

(6)使用单元格边框突出显示表格。如果要将表格标志和其他数据分开,可使用单元格边框(不是空格或短划线)。

(7)避免空行和空列。避免在表格中随便放置空行和空列,因为单元格开头和末尾的多余空格会影响排序与搜索,所以不要在单元格内文本前面或后面输入空格,可采用缩进单元格内文本的方法来代替空格。

5.1.2　使用记录单

当需要在 Excel 工作表的表格或数据区域中输入海量数据时,一般会逐行逐列地进行输入。这种输入数据的方式不仅浪费时间、容易出错,而且要查看、修改或编辑其中的某条记录非常困难,为了解决这个问题,Excel 提供了"记录单"功能。

在 Excel 2010 中,默认情况下"记录单"命令属于"不在功能区的命令",需要将它添加到"自定义功能区"中。我们将"记录单"命令添加到"数据"选项卡中,步骤如下:在打开的 Excel 工作簿中单击"文件"按钮打开后台视图,然后单击"选项"按钮,系统弹出"Excel 选项"对话框;切换到"自定义功能区"选项卡,再在"从下列位置选择命令"下拉列表中选择"不在功能区的命令",在下面的命令列表中选择"记录单"命令,此处需先在"数据"选项卡中新建一个"其他"组并选择该组,然后单击"添加"按钮就可以将"记录单"命令添加到"主选项卡"的"数据"选项卡的"其他"组中;另外第 5.5 节中需要使用"数据透视表和数据透视图向导"命令,因此我们也将该命令加入到"数据"选项卡的"其他"组中,如图 5-2 所示。最

图 5-2　"Excel 选项"对话框

后单击"确定"按钮关闭对话框后,就可以在"数据"选项卡的"其它"组中找到"记录单"和"数据透视表和数据透视图向导"命令,如图 5-3 所示。

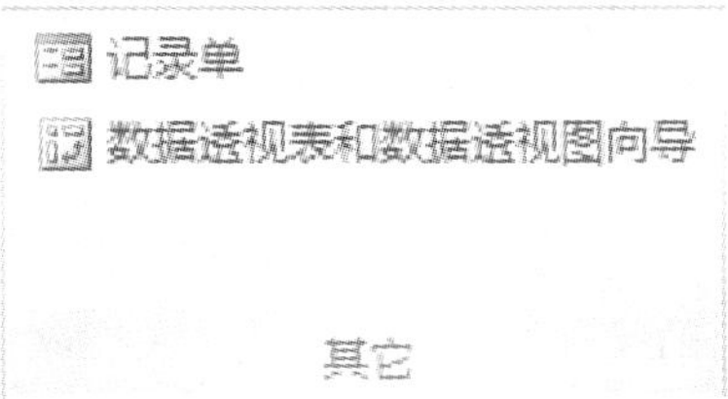

只有每列数据都有标题的工作表才能够使用记录单功能。图 5-1 所示的工作表就符合记录单的使用要求。选定"销售清单"表格中的任一单元格,在"数据"选项卡上的"其他"组中,单击"记录单"命令,进入图 5-4 所示的数据记录单对话框就能完成这些操作。

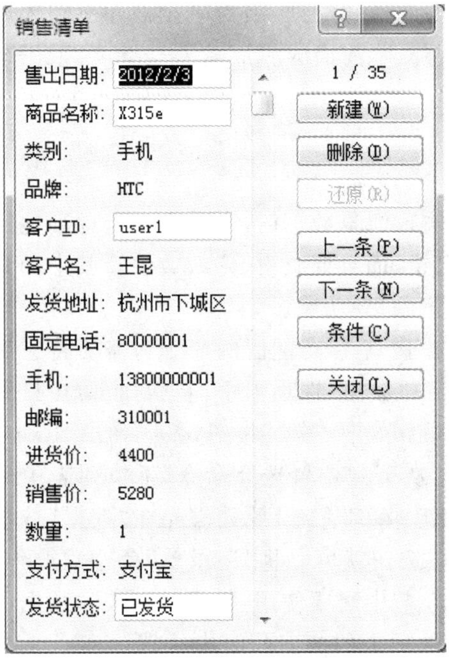

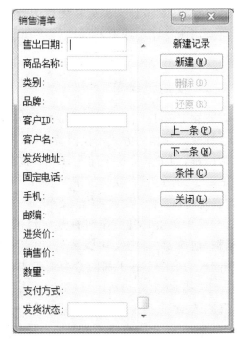

图 5-3 进入数据记录单

图 5-4 "销售清单"记录单   图 5-5 新建记录

在记录单显示出了"销售清单"表格的第 1 行记录,这时可以直接修改其中各字段的数据,单击"还原"按钮可以把已经修改过的记录还原为初始值;如果要删除记录单上显示的记录,可以单击记录单上的"删除"按钮;单击记录单上的"下一条"按钮,可使记录单显示下一数据行,单击"上一条"按钮,可显示当前行的上一数据行,用这两个按钮可以查看所有数据行;单击"新建"按钮可新建一个记录,记录单将显示如图 5-5 所示的操作界面,输入各字段的值,该记录会被添加在数据表的最后一行,完成新记录的输入后,单击"关闭"按钮即可。

☞提示:数据记录单是一种对话框,利用它可以很方便地在表格或数据区域中输入或显示一行完整的信息或记录。它最突出的用途还是查找和删除记录。当使用数据记录单向新的数据区域中添加记录时,表格每一列的顶部必须具有列标。

注意:在数据记录单中一次最多只能显示 32 个字段。

记录单具有条件查询的功能,而且还允许使用通配符查找,即用"＊"代替不可知的任意长度的任何符号,例如要在销售清单中查找姓张的客户购买记录,就可以用"张＊"作为查找条件。该查询条件的意思是"以张开头的任意长度的任何字符串"。

在数据记录单中,只需单击"条件"按钮,指定一个查询条件,进入图 5-6 所示的数据记录单对话框,然后在各字段框中输入查询内容即可,此处输入"张＊",然后按回车,系统会显示符合条件的查询结果。

在图 5-6 所示的数据记录单对话框中,"新建"按钮的上方显示的内容是 Criteria(判据)。此时,"条件"按钮将变成"表单"按钮,单击它可以返回图 5-4 所示的对话框,如果此前设定了条件,则会显示符合条件的第一条记录,可以通过"下一条","上一条"两个按钮查看所有符合条件的记录。

图 5-6　查询界面

5.2　数据排序

数据排序的功能是按一定的规则对数据进行整理和排列,为进一步处理数据做好准备。Excel 2010 提供了多种对表格进行排序的方法,既可以按升序或降序进行排序,也可以按用户自定义的方式进行排序。本节将使用数据排序来完成任务 1。

5.2.1　普通排序

数据排序是一种常用的表格操作方式,通过排序可以对工作表进行数据重组,提供有用的信息。例如,每月商品的销量排名情况就需要对商品销售数量进行排序,从中可以得出卖得最好的商品或卖得最差的商品。

最简单的排序操作是使用"数据"选项卡上"排序和筛选"组中的命令。在"排序和筛选"组中有两个用于排序的命令,图 5-7 中,标有 AZ 与向下箭头的按钮用于按升序方式排序,标有 ZA 与向下的箭头的按钮用于按降序方式排序,选中表格或数据区域的某一列后,即可单击这两个命令进行升序或降序排序。

图 5-7　排序按钮

对于数据内容较多的表格或数据区域,或者只想对某区域进行排序,可以使用图 5-7 中的"排序"命令进行操作。操作时,屏幕上将显示如图 5-8 所示的"排序"对话框,条件的字段包括列、排序依据和次序。可以通过添加条件进行排序,或删除不需要的条件,另外也可通过复制条件快速输入条件。各选项功能如下所述。

图 5-8 "排序"对话框

（1）列。排序的列有两种："主要关键字"和"次要关键字"。"主要关键字"只允许设置一个，并且一定是第一个条件，次要关键字则可以添加多个。如果设置了多个条件，即包括"主要关键字"和"次要关键字"，Excel 首先按"主要关键字"进行排序，如果前面设置的"主要关键字"列中出现了重复项，就按"次要关键字"来排序重复的部分。

（2）排序依据：包括数值、单元格颜色、字体颜色、单元格图标等，默认选择数值。

（3）次序：可按升序、降序和自定义序列排序，默认为升序。

（4）数据包含标题：在数据排序时，是否包含标题行。

> ☞ 如果排序结果与预期不同，说明排序数据的类型有出入。若想得到正确的结果，就要确保列中所有单元格属于同一数据类型。应避免在同一列连续的单元格中交替输入数字或文字，因此确保所有数字都要以数字或文字方式输入是排序是否正确的关键所在。若要将数字以文字方式输入，如邮政编码，可以在数字之前加上一个省略符号（'）。

现在我们使用排序来完成任务 1，对销售统计表按销售数量进行降序排序，得到商品销量排名，排在第一的即是月度销售冠军；按利润金额进行降序排序，则得到商品利润排名，排在第一的即是利润最高的商品。首先我们按照第 5.1 节中创建表格的方法，将销售统计表的数据区域创建为"销售统计"表格，如图 5-9 所示。下面是对"销售统计"表格进行排序的操作步骤。

步骤 1：单击表格中的任一单元格，或选中要排序的整个表格。本例中，可单击 A3：G30 中的任一单元格，也可以选择整个 A3：G30 区域。

步骤 2：选择"数据"选项卡→"排序和筛选"组→"排序"命令，系统会显示图 5-8 所示的对话框。

步骤 3：从对话框中"主要关键字"下拉列表中选择排序关键字（下拉列表中包括所有列标题名称），选择"销售数量"。

步骤 4：指定排序依据为"数值"，由于需要找出月度销售冠军，因此排序的"次序"选择"降序"。

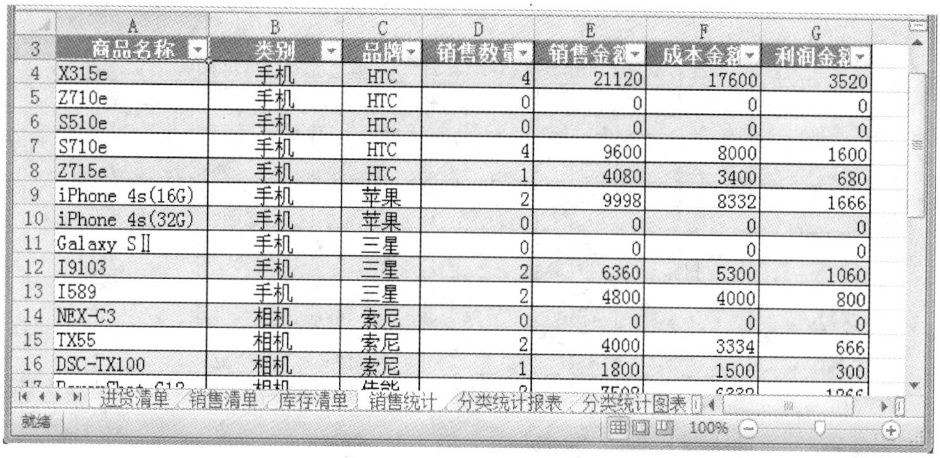

图 5-9　"销售统计"表格

步骤 5：将"数据包含标题"复选框选中，然后单击"确定"按钮，Excel 就会对表格中的数据按销售数量从高到低进行重新排列，其结果如图 5-10 所示。

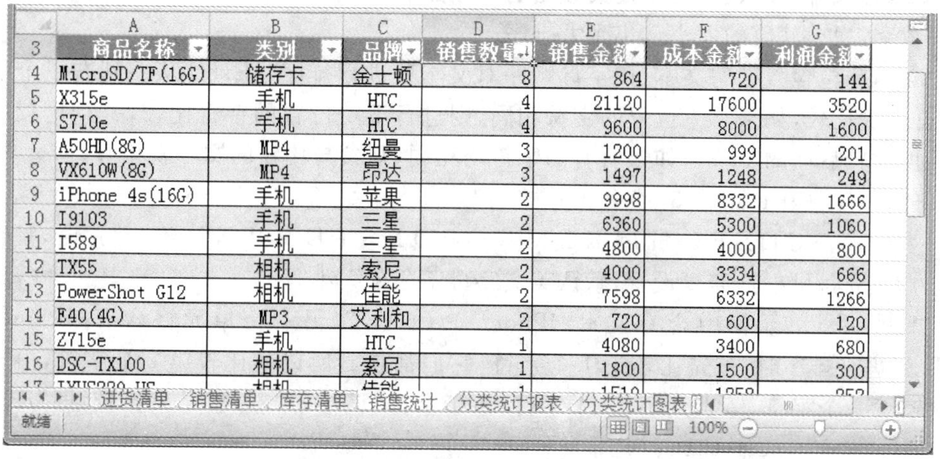

图 5-10　按销售数量降序排序

图 5-10 中第一条记录，即金士顿的储存卡 MicroSD/TF（16G）是本月销售冠军，其次是 HTC 最新上市的手机 X315e。

同理，如果要找出利润最高的商品，则在上述第 3 步中选择"利润金额"作为主要关键字，排序的"次序"同样选择"降序"，确定，即可按利润金额从高到低重新排列数据，结果如图 5-11 所示，图中第一条记录即 X315e 是本月利润最高的商品。

综合图 5-10 和图 5-11，考虑到 MicroSD/TF（16G）是储存卡，利润微薄，我们可以给店主一个建议：本月 HTC X315e 手机卖得最好且是利润最高的商品，下个月可进些货。

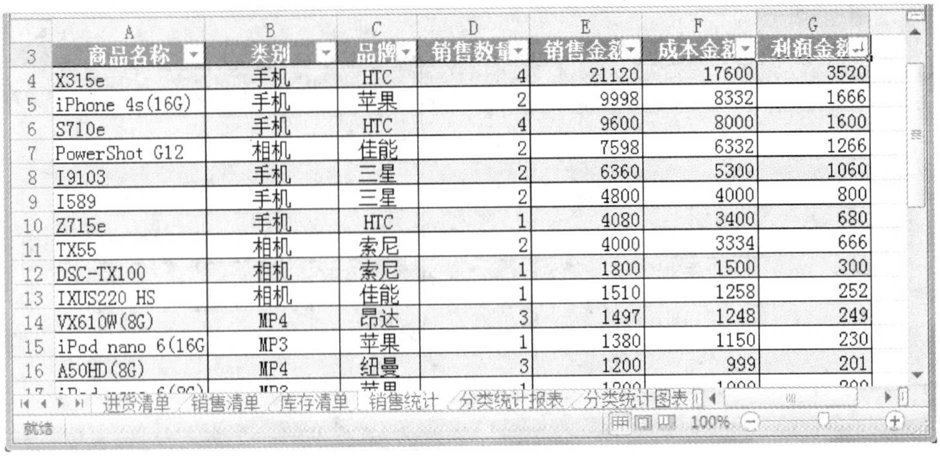

	商品名称	类别	品牌	销售数量	销售金额	成本金额	利润金额
4	X315e	手机	HTC	4	21120	17600	3520
5	iPhone 4s(16G)	手机	苹果	2	9998	8332	1666
6	S710e	手机	HTC	4	9600	8000	1600
7	PowerShot G12	相机	佳能	2	7598	6332	1266
8	I9103	手机	三星	2	6360	5300	1060
9	I589	手机	三星	2	4800	4000	800
10	Z715e	手机	HTC	1	4080	3400	680
11	TX55	相机	索尼	2	4000	3334	666
12	DSC-TX100	相机	索尼	1	1800	1500	300
13	IXUS220 HS	相机	佳能	1	1510	1258	252
14	VX610W(8G)	MP4	昂达	3	1497	1248	249
15	iPod nano 6(16G	MP3	苹果	1	1380	1150	230
16	A50HD(8G)	MP4	纽曼	3	1200	999	201

图 5-11　按利润金额进行降序排序

5.2.2　排序规则

按递增方式排序的数据类型及其数据的顺序如下。

(1)数字:根据其值的大小从小到大排序。

(2)文本和包含数字的文本:按字母顺序对文本项进行排序。Excel 从左到右一个字符一个字符依次比较,如果对应位置的字符相同,则进行下一位置的字符比较,一旦比较出大小,就不再比较后面的字符。如果所有的字符均相同,则参与比较的文本就相等。

字符的顺序是 0 1 2 3 4 5 6 7 8 9(空格)!" # $ % & '( ) * +,-. / : ; < = > ? @ [ ] ^ _ ' | ~ A B C D E F G H I J K L M N O P Q R S T U V W X Y Z。排序时,是否区分字母的大小写,可根据需要设置,默认英文字母不区分大小写。

例如,若一个单元格中含有文本"iPhone 4s(16G)",另一个单元格含有"iPhone 4s(32G)",当进行排序时,首先比较第 1 个字符,它们都是 i,所以就比较第 2 个字符,由于都是 P,比较下一个字符,一直到第 11 个字符,由于字符"1"小于"3",就结束比较,即"iPhone 4s(16G)"排在"iPhone 4s(32G)"之前。

(3)逻辑值:False 排在 True 之前。

(4)错误值:所有的错误值都是相等的。

(5)空白(不是空格):空白单元格总是排在最后。

(6)汉字:汉字有两种排序方式,一种是按照汉语拼音的字典顺序进行排序,如"手机"与"储存卡"按拼音升序排序时,"储存卡"排在"手机"的前面;另一种排序方式是按笔画排序,以笔画的多少作为排序的依据,如以笔画升序排序,"手机"应排在"储存卡"前面。

递减排序的顺序与递增顺序恰好相反,但空白单元格将排在最后。日期、时间也当文字处理,是根据它们内部表示的基础值排序。排序规则还可自定义序列,相关内容详见第 4.2.2 节。

5.3　数据筛选

数据筛选是一种用于查找数据的快速方法,筛选将表格或数据区域中所有不满足条件的记录暂时隐藏起来,只显示满足条件的数据行,以供用户浏览和分析。Excel 提供了自动和高级两种筛选数据的方式。本节中将使用数据筛选来完成任务 2。

5.3.1　自动筛选

自动筛选为用户提供了在具有大量记录的表格或数据区域中快速查找符合某些条件的记录的功能。筛选后只显示出包含符合条件的数据行,而隐藏其他行。

在任务 2 中,为了及时跟踪各个类别与各个品牌的商品销售情况,需要从图 5-1 中的"销售清单"表格中查询相关信息,可以通过自动筛选获取上述信息。在 Excel 2010 中,创建表格后会自动进入"自动筛选",表格中标题行的各列中将分别显示出一个下拉按钮。以"类别"字段的筛选作为例子,具体操作步骤如下。

步骤 1:单击图 5-1 中"销售清单"表格中的任一单元格。

步骤 2:如果表格标题行的各列中未显示下拉按钮,即未进入"自动筛选",则选择"数据"选项卡→"排序和筛选"组→"筛选"命令。

步骤 3:单击需要进行筛选的列标的下拉列表,Excel 会显示出该列中所有不同的数据值,这些值可用于筛选条件,如单击"类别"旁边的下拉按钮,会弹出一个菜单对话框,如图 5-12 所示,各项的意义解释如下。

(1)(全选):显示出表格中的所有数据,相当于不进行筛选。

图 5-12　自动筛选

(2)MP3、MP4、储存卡、手机、相机,这些是"类别"列中的所有数据,通过选择或者取消选择某个复选框就可对表格进行筛选。

(3)文本筛选:自定义自动筛选方式。通过设定比较条件进行筛选,Excel 2010 会自动根据单元格格式显示该菜单项,例如单击"销售数量"列的下拉按钮,该项显示为"数字筛选",单击"售出日期"列的下拉按钮,则显示为"日期筛选"。

(4)搜索文本框:Excel 2010 中新增的搜索筛选器功能,利用它可以非常智能地搜索筛选数据。在搜索文本框中输入关键词即可智能地搜索出目标数据。例如输入"m"即选中"MP3"、"MP4"。

步骤 4:如要查看"手机"的销售情况,只需选择"手机"复选框,取消选择其余项,或者在搜索文本框中输入"手机",然后单击"确定"按钮,得到如图 5-13 所示的结果。

同理,如果需要查询各个品牌的商品销售情况,则单击"品牌"旁边的下拉按钮,从对话框中选择需查看的品牌即可得到该品牌商品的销售记录。如果要在表格中恢复筛选前的显示状态,只需要再次选择"数据"选项卡→"排序和筛选"组→"筛选"命令,这时会发现表格中各列的下拉按钮消失,表格就恢复成筛选前的样子。

	A	B	C	D	E	F	G	H	I	J	K	L	M
1	售出日期	商品名	类别	品牌	客户ID	客户名	发货地址	固定电话	手机	邮编	进货价	销售价	数量
2	2012/2/3	X315e	手机	HTC	user1	王昆	杭州市下城	80000001	13800000001	310001	4400	5280	1
3	2012/2/4	X315e	手机	HTC	user2	李琦	杭州市下城	80000002	13800000002	310002	4400	5280	1
4	2012/2/5	S710e	手机	HTC	user3	张沛虎	杭州市下城	80000003	13800000003	310003	2000	2400	1
5	2012/2/5	S710e	手机	HTC	user4	魏清伟	杭州市下城	80000004	13800000004	310004	2000	2400	1
6	2012/2/6	Z715e	手机	HTC	user5	郑军	杭州市下城	80000005	13800000005	310005	3400	4080	1
7	2012/2/7	iPhone 4s	苹果	user6	方海峰	杭州市下城	80000006	13800000006	310006	4166	4999	1	
8	2012/2/7	iPhone 4s	手机	苹果	user7	俞飞飞	杭州市下城	80000007	13800000007	310007	4166	4999	1
9	2012/2/8	I9103	手机	三星	user8	阮小波	杭州市下城	80000008	13800000008	310008	2650	3180	1
10	2012/2/8	I9103	手机	三星	user9	徐海冰	杭州市下城	80000009	13800000009	310009	2650	3180	1
11	2012/2/9	I589	手机	三星	user10	赵大伟	杭州市下城	80000010	13800000010	310010	2000	2400	1
31	2012/2/22	X315e	手机	HTC	user24	蔡芬芳	杭州市下城	80000024	13800000024	310024	4400	5280	1
32	2012/2/23	S710e	手机	HTC	user29	周俊明	杭州市下城	80000029	13800000029	310029	2000	2400	1
33	2012/2/24	I589	手机	三星	user26	沈梅	杭州市下城	80000026	13800000026	310026	2000	2400	1

图 5-13　选择"手机"自动筛选后的结果

在任务 2 中,还需对"库存清单"表格进行筛选,找出库存最大的前 5 种商品,给店主张某提供进货的参考,"库存清单"表格如图 5-14 所示。

	A	B	C	D	E	F	G	H
1	商品名称	类别	品牌	期初库存	进货数量	销售数量	期末库存	
2	X315e	手机	HTC	0	4	4	0	
3	Z710e	手机	HTC	0	2	0	2	
4	S510e	手机	HTC	0	2	0	2	
5	S710e	手机	HTC	0	4	4	0	
6	Z715e	手机	HTC	0	2	1	1	
7	iPhone 4s(16G)	手机	苹果	0	2	2	0	
8	iPhone 4s(32G)	手机	苹果	0	2	0	2	
9	Galaxy SⅡ	手机	三星	0	2	0	2	
10	I9103	手机	三星	0	4	2	2	
11	I589	手机	三星	0	2	2	0	
12	NEX-C3	相机	索尼	0	2	0	2	
13	TX55	相机	索尼	0	2	2	0	
14	DSC-TX100	相机	索尼	0	2	1	1	

图 5-14　"库存清单"表格

如需筛选出 5 种库存最大的商品,单击"期末库存"列标的下拉按钮,在菜单对话框中选择"数字筛选"菜单项,在其中选择"10 个最大的值…"项,Excel 会弹出"自动筛选前 10 个"对话框,如图 5-15 所示。在图 5-15 中"显示"的下拉列表中选择"最大",然后在编辑框中输入 5。筛选结果如图 5-16 所示。

如需从库存清单中筛选出库存为 0 的商品,则先要单击菜单对话框中的"从期末库存中清除筛选"菜单项,然后在列表中选择"0",即可得到如图 5-17 所示的结果。

如果要找出库存大于 0 并且小于等于 3 的手机的库存情况,需要分别对"期末库存"和

图 5-15　"自动筛选前 10 个"对话框

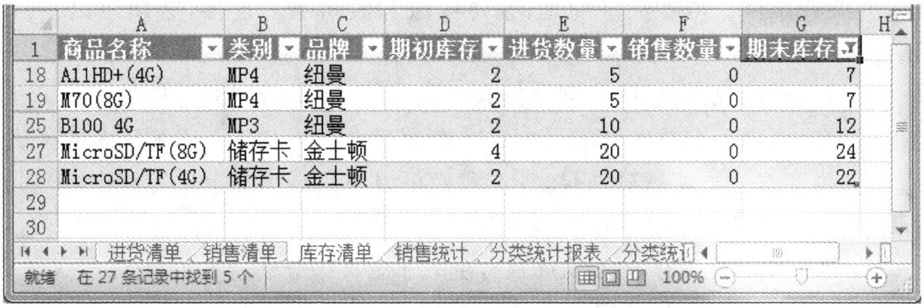

图 5-16　5 种库存最大的商品

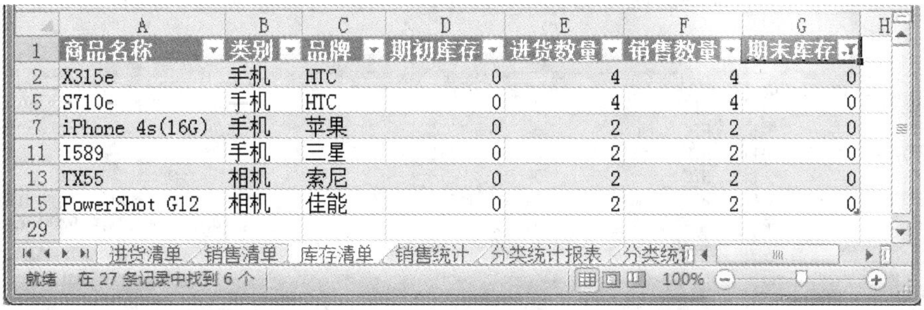

图 5-17　库存为 0 的商品

"类别"进行两步筛选。

步骤 1：单击"期末库存"列的下拉按钮，弹出菜单对话框并选择"数字筛选"菜单的"自定义筛选…"，打开"自定义自动筛选方式"对话框，如图 5-18 所示，在"期末库存"下拉列表框中选择"大于"选项，并在后面的下拉列表框中选择或直接输入"0"，选中"与"单选钮（"与"表示同时满足两个条件，"或"表示满足其中一个条件即可），然后在下面的下拉列表框中选择"小于或等于"，并在后面的下拉列表框中选择或直接输入"3"，单击"确定"按钮。

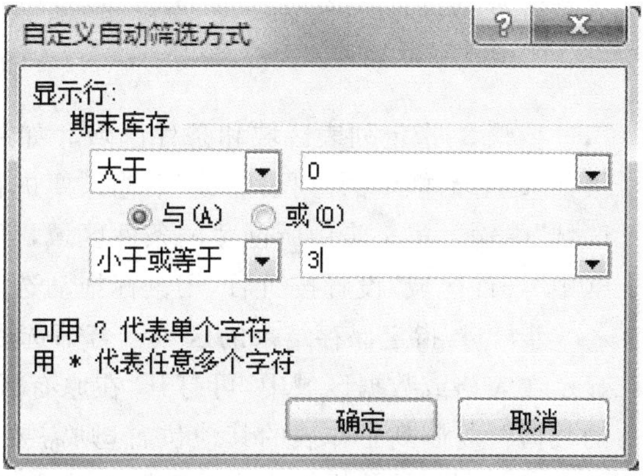

图 5-18　"自定义自动筛选方式"对话框

步骤 2：单击"类别"列的下拉按钮，在弹出的菜单对话框中的列表中选择"手机"，即可得到需要的结果。

5.3.2　高级筛选

自定义筛选只能完成条件简单的数据筛选，如果筛选的条件比较复杂，自定义筛选就会显得比较麻烦。对于筛选条件较多的情况，可以使用高级筛选功能来处理。

使用高级筛选功能，必须先建立一个条件区域，用来指定筛选条件。条件区域的第一行是所有作为筛选条件的字段名，这些字段名与表格中的字段名必须一致，条件区域的其他行则输入筛选条件。需要注意的是,条件区域和表格不能连接,必须用以空行或空列将其隔开。

条件区域的构造规则是:同一列中的条件是"或",同一行中的条件是"与"。

前面我们使用自动筛选的自定义方式查询库存大于 0 并且小于等于 3 的手机的库存情况,要进行两步筛选才能够得到结果,现在我们可以使用高级筛选进行查询,步骤如下。

步骤 1:在"库存清单"工作表中创建一个条件区域,输入筛选条件,这里在 I1、J1、K1 单元格中分别输入"类别"、"期末库存"、"期末库存",在 I2、J2、K2 中分别输入"手机"、">0"、"<=3"。

步骤 2:选定"库存清单"表格中的任一单元格(Excel 可据此将表格的连续数据区域设置成数据的筛选区域,否则要在后面的操作步骤中指定筛选区域),然后选择"数据"选项卡→"排序和筛选"组→"高级"命令,打开如图 5-19 所示的"高级筛选"对话框。

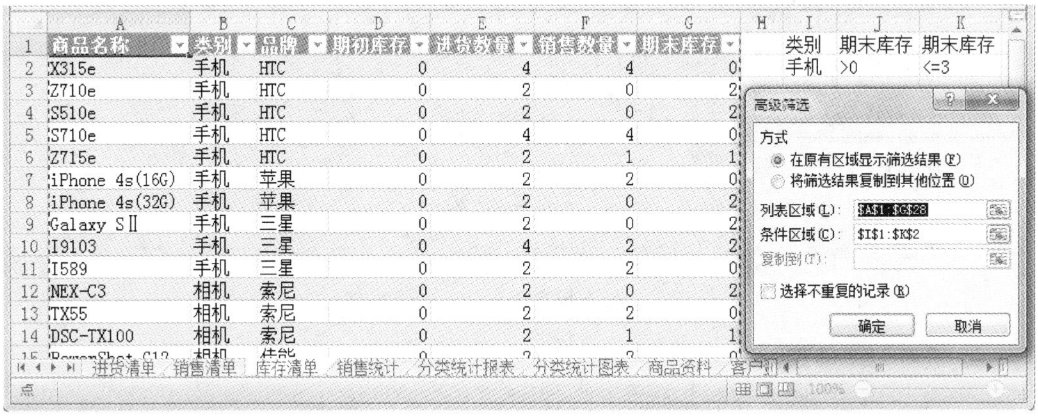

图 5-19 "高级筛选"对话框

步骤 3:指定列表区域和条件区域。如果第 2 步中未选定表格中的单元格,可以在"高级筛选"对话框中的"列表区域"中输入要进行筛选的数据所在的工作表区域,然后在"条件区域"中输入第 1 步中所创建的条件区域,可直接输入"I1:K2",或者单击"高级筛选"对话框中"条件区域"设置按钮后,用鼠标拖动选定条件区域中的条件。

步骤 4:指定保存结果的区域。若筛选后要隐藏不符合条件的数据行,并让筛选的结果显示在表格或数据区域中,可打开"在原有区域显示筛选结果"单选按扭。若要将符合条件的数据行复制到工作表的其他位置,则需要打开"将筛选结果复制到其他位置"单选按钮,并通过"复制到"编辑框指定粘贴区域的左上角单元格位置的引用。Excel 会以此单元格为起点,自动向右,向下扩展单元格区域,直到完整的存入筛选后的结果。

步骤 5:最后单击"确定"按钮,结果如图 5-20 所示。

提示:在"高级筛选"时,可以将某个区域命名为 Criteria。此时"条件区域"框中就会自动出现对该区域的引用。也可以将要筛选的数据区域命名为 Database,并将要粘贴行的区域命名为 Extract,这样,Excel 就会让这些区域自动出现在"数据区域"和"复制到"框中。

现在让我们来完成任务 2 中的最后一个要求,分析销售统计表,找出销售金额高于平均销售金额的商品。

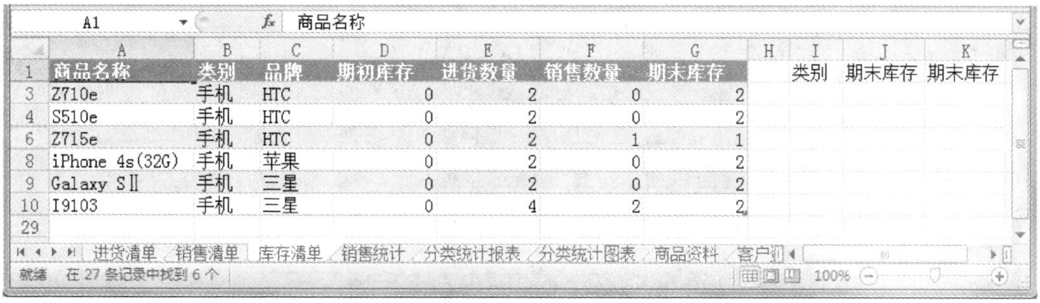

	A	B	C	D	E	F	G	H	I	J	K
1	商品名称	类别	品牌	期初库存	进货数量	销售数量	期末库存		类别	期末库存	期末库存
3	Z710e	手机	HTC	0	2	0	2				
4	S510e	手机	HTC	0	2	0	2				
6	Z715e	手机	HTC	0	2	1	1				
8	iPhone 4s(32G)	手机	苹果	0	2	0	2				
9	Galaxy SⅡ	手机	三星	0	2	0	2				
10	I9103	手机	三星	0	4	2	2				
29											

图 5-20 “高级筛选”后的结果

由于平均销售金额不是一个常数条件，而是对工作表数据进行计算的结果。假如先计算出平均销售金额，再用计算结果进行筛选，这样当然可以完成任务，但是这样做比较死板，一旦数据有变化，这个筛选结果就有问题了。

那么是否可以在筛选条件中包含一个平均值计算公式呢？答案是肯定的，Excel 的高级筛选允许建立计算条件。建立计算条件须满足下列 3 条原则：①计算条件中的标题可以是任何文本或空白，不能与表格中的任一列标相同，这一点与前面指定的条件区域刚好相反；②必须以绝对引用的方式引用表格外的单元格；③必须以相对引用的方式引用表格内的单元格。

了解了计算条件的规则之后，可以按照下列步骤建立计算条件。

步骤 1：在单元格 I9（或任一空白单元格）中输入平均值计算公式“＝AVERAGE(E4：E30)”，该公式的计算结果为 1200。

步骤 2：在 I3 中输入计算条件的列标，其值须满足上述的第 1 条原则，如输入“高于平均销售金额”。

步骤 3：在 I4 中输入计算条件公式“＝E4＞$I$9”，输入该公式须满足上述的第 2、3 条规则，E4 是表格中的单元格，因此只能使用相对引用的方式。I9 包含平均值公式，是表格之外的单元格，只能采用绝对引用的方式。

计算条件建立好之后，如图 5-21 所示，按照前面介绍的步骤进行高级筛选，列表区域是 A3：G30，条件区域是 I3：I4，筛选的结果如图 5-22 所示。

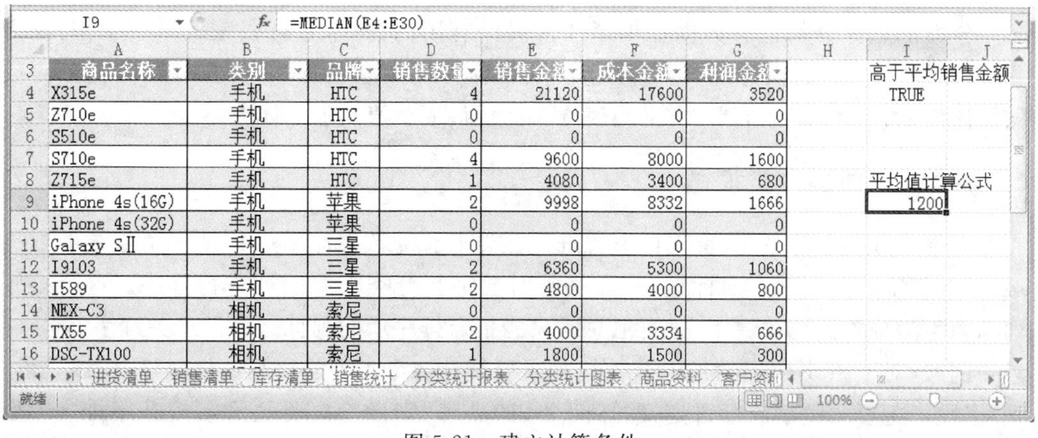

	A	B	C	D	E	F	G	H	I
3	商品名称	类别	品牌	销售数量	销售金额	成本金额	利润金额		高于平均销售金额
4	X315e	手机	HTC	4	21120	17600	3520		TRUE
5	Z710e	手机	HTC	0	0	0	0		
6	S510e	手机	HTC	0	0	0	0		
7	S710e	手机	HTC	4	9600	8000	1600		
8	Z715e	手机	HTC	1	4080	3400	680		平均值计算公式
9	iPhone 4s(16G)	手机	苹果	2	9998	8332	1666		1200
10	iPhone 4s(32G)	手机	苹果	0	0	0	0		
11	Galaxy SⅡ	手机	三星	0	0	0	0		
12	I9103	手机	三星	2	6360	5300	1060		
13	I589	手机	三星	2	4800	4000	800		
14	NEX-C3	相机	索尼	0	0	0	0		
15	TX55	相机	索尼	2	4000	3334	666		
16	DSC-TX100	相机	索尼	1	1800	1500	300		

图 5-21 建立计算条件

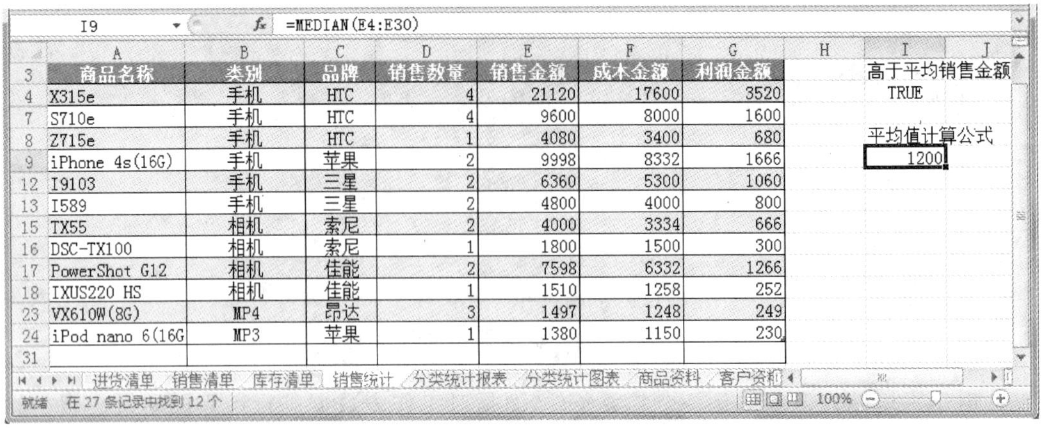

图 5-22　使用计算条件筛选后的结果

至此，我们已经完成了任务 2 中的全部要求，分析结果将有助于店主改善销售、进货等经营活动，无论是从销售数量、库存积压还是销售总金额看，HTC 品牌的手机都是最理想的，特别是 X315e。

5.4　分 类 汇 总

分类汇总是对数据区域指定的行或列中的数据进行汇总统计，统计的内容可以由用户指定，通过折叠或展开行、列数据和汇总结果，从汇总和明细两种角度显示数据，可以快捷地创建各种汇总报告。本节将使用分类汇总来完成任务 3。

5.4.1　分类汇总概述

Excel 可自动计算数据区域中的分类汇总和总计值。当插入自动分类汇总时，Excel 将分级显示表格，以便为每个分类汇总显示或隐藏明细数据行。Excel 分类汇总的数据折叠层次最多可达 8 层。

若要插入自动分类汇总，必须先对数据区域进行排序，将要进行分类汇总的行组合在一起，然后为包含数字的数据列计算分类汇总。

分类汇总为分析汇总数据提供了非常灵活有用的方式，它可以完成以下工作：①显示一组数据的分类汇总及总和；②显示多组数据的分类汇总及总和；③在分组数据上完成不同的计算，如求和、统计个数、求平均值（或最大值、最小值）、求总体方差等。

5.4.2　创建分类汇总

在创建分类汇总之前，首先保证要进行分类汇总的数据区域必须是一个连续的数据区域，而且每个数据列都有列标题；然后必须对要进行分类汇总的列进行排序。这个排序的列标题称为分类汇总关键字，分类汇总时只能指定排序后的列标题为汇总关键字。

例如，对于图 5-1 所示的销售清单，如果要统计各个类别的商品销售数量，应该先以"类别"字段为主要关键字进行自定义排序，并以"品牌"字段为次要关键字按升序排序。由于图 5-1 中的销售清单为 Excel 表格，因此必须先将"销售清单"表格转换为普通数据区域，单击表格的任一单元格,右键单击弹出菜单,在菜单中选择"表格"→"转换为区域"菜单项,结果如图 5-23 所示。

	A	B	C	D	E	F	G	H	I	J	K	L	M
1	售出日期	商品名称	类别	品牌	客户ID	客户名	发货地址	固定电话	手机	邮编	进货价	销售价	数量
2	2012/2/3	X315e	手机	HTC	user1	王昆	杭州市下城	80000001	13800000001	310001	4400	5280	1
3	2012/2/4	X315e	手机	HTC	user2	李琦	杭州市下城	80000002	13800000002	310002	4400	5280	1
4	2012/2/5	S710e	手机	HTC	user3	张沛虎	杭州市下城	80000003	13800000003	310003	2000	2400	1
5	2012/2/5	S710e	手机	HTC	user4	魏清伟	杭州市下城	80000004	13800000004	310004	2000	2400	1
6	2012/2/6	Z715e	手机	HTC	user5	郑军	杭州市下城	80000005	13800000005	310005	3400	4080	1
7	2012/2/22	X315e	手机	HTC	user24	蔡芬芳	杭州市下城	80000024	13800000024	310024	4400	5280	1
8	2012/2/23	S710e	手机	HTC	user29	周俊明	杭州市下城	80000029	13800000029	310029	2000	2400	1
9	2012/2/26	X315e	手机	HTC	user19	戴斌	杭州市下城	80000019	13800000019	310019	4400	5280	1
10	2012/2/29	S710e	手机	HTC	user25	潘丹灵	杭州市下城	80000025	13800000025	310025	2000	2400	1
11	2012/2/7	iPhone 4s	手机	苹果	user6	方海峰	杭州市下城	80000006	13800000006	310006	4166	4999	1
12	2012/2/7	iPhone 4s	手机	苹果	user7	俞飞飞	杭州市下城	80000007	13800000007	310007	4166	4999	1
13	2012/2/8	I9103	手机	三星	user8	阮小波	杭州市下城	80000008	13800000008	310008	2650	3180	1
14	2012/2/8	I9103	手机	三星	user9	徐海冰	杭州市下城	80000009	13800000009	310009	2650	3180	1

进货清单　销售清单　库存清单　销售统计　分类统计报表　分类统计图表　商品资料　客户资料　其它

图 5-23　按类别和品牌自定义排序后的销售清单

☞注意:如果正在处理 Excel 表格,则"分类汇总"命令将会灰显。若要在表格中添加分类汇总,首先必须将该表格转换为常规数据区域,然后再添加分类汇总。请注意,这将从数据删除表格格式以外的所有表格功能。

插入自动分类汇总的操作步骤如下。

步骤 1:单击数据区域中的任一单元格,然后选择"数据"选项卡→"分级显示"组→"分类汇总"命令,打开如图 5-24 所示的"分类汇总"对话框。

步骤 2:从"分类字段"下拉列表中选择要进行分类的字段,分类字段必须已经排好序,在本例中,选择"类别"作为分类字段。

步骤 3:"汇总方式"下拉列表中列出了所有汇总方式(统计个数、计算平均值、求最大值或最小值及计算总和等)。在本例中,选择"求和"作为汇总方式。

步骤 4:"选定汇总项"的列表中列出了所有列标题,从中选择需要汇总的列,列的数据类型必须和汇总方式相符合。在本例中选择"数量"作为汇总项。

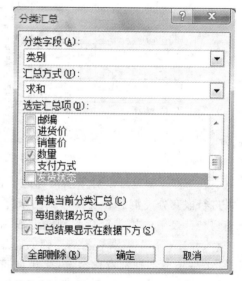

图 5-24　"分类汇总"对话框

步骤 5:选择汇总数据的保存方式,有 3 种方式可以选择,可同时选中,默认选择是第 1 和第 3 项。

- 替换当前分类汇总:选中时,最后一次的汇总会取代前面的分类汇总。
- 每组数据分页:选中时,各种不同的分类数据分页显示。
- 汇总结果显示在数据下方:选中时,在原数据的下方显示汇总计算的结果。

分类汇总结果如图 5-25 所示。图中左边是分级显示视图,各分级按钮的功能解释如下:

- 隐藏明细按钮:单击按钮隐藏本级别的明细数据。
- 显示明细按钮:单击按钮显示本级别的明细数据。

• 行分级按钮:指定显示明细数据的级别。例如,单击1就只显示1级明细数据,只有一个总计和,单击3则显示汇总表的所有数据。

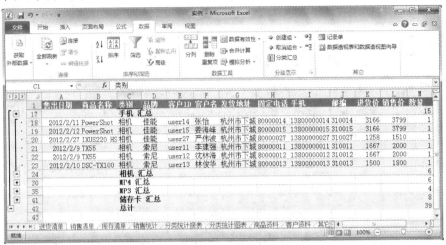

图 5-25　分类汇总结果

商品名称	类别	品牌	销售数量	销售金额	成本金额	利润金额
X315e	手机	HTC	4	21120	17600	3520
Z710e	手机	HTC	0	0	0	0
S510e	手机	HTC	0	0	0	0
S710e	手机	HTC	4	9600	8000	1600
Z715e	手机	HTC	1	4080	3400	680
iPhone 4s(16G)	手机	苹果	2	9998	8332	1666
iPhone 4s(32G)	手机	苹果	0	0	0	0
Galaxy SⅡ	手机	三星	0	0	0	0
I9103	手机	三星	2	6360	5300	1060
I589	手机	三星	2	4800	4000	800
PowerShot G12	相机	佳能	2	7598	6332	1266
IXUS220 HS	相机	佳能	1	1510	1258	252
NEX-C3	相机	索尼	0	0	0	0

图 5-26　按类别和品牌自定义排序后的销售统计表

在 Excel 中也可以对多项指标进行汇总,并且可以进行嵌套分类汇总。现在让我们来完成任务 3,对销售统计表中的销售金额和利润金额两项指标进行汇总,并且对各个类别与各个品牌的商品进行分类汇总,由于每个类别都有多个品牌,因此可以先对类别进行分类汇总,然后在此基础上再对品牌进行分类汇总。如图 5-11 所示,此处只需添加条件将排序的次要关键字设定为"品牌"升序排序即可,同样需要将"销售统计"表格转换为普通数据区域,结果如图 5-26所示。分类汇总的操作过程如下。

步骤 1:单击图 5-26 中的销售统计表中的任一单元格,然后选择"数据"选项卡→"分级显示"组→"分类汇总"命令,打开"分类汇总"对话框。

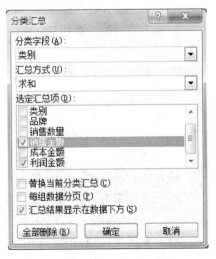

图 5-27　"分类汇总"对话框

步骤 2：分类字段选择"类别"，汇总方式选择"求和"，在"选定汇总项"下拉列表框中选择"销售金额"和"利润金额"两个字段，如图 5-27 所示，单击"确定"按钮即可得到如图 5-28 所示的结果。

步骤 3：再次选择"数据"选项卡→"分级显示"组→"分类汇总"命令。分类字段选择"品牌"，汇总方式和汇总项与步骤 2 相同，清除"替换当前分类汇总"复选框。单击"确定"按钮，得到如图 5-29 所示的结果。

从图 5-29 中可以清晰地看出，手机的销售额占了绝大部分，而其中 HTC 品牌手机约占了手机销售额的 2/3 左右（34800/55958）。

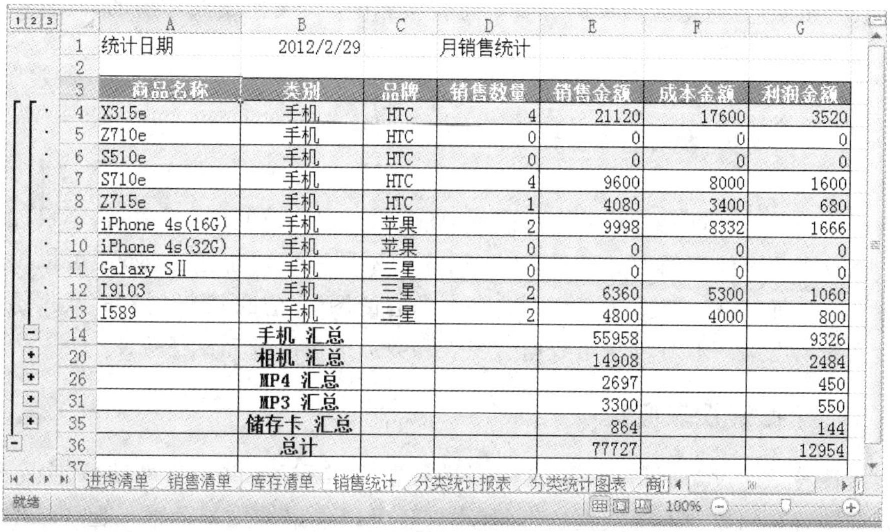

图 5-28　按"类别"分类汇总结果

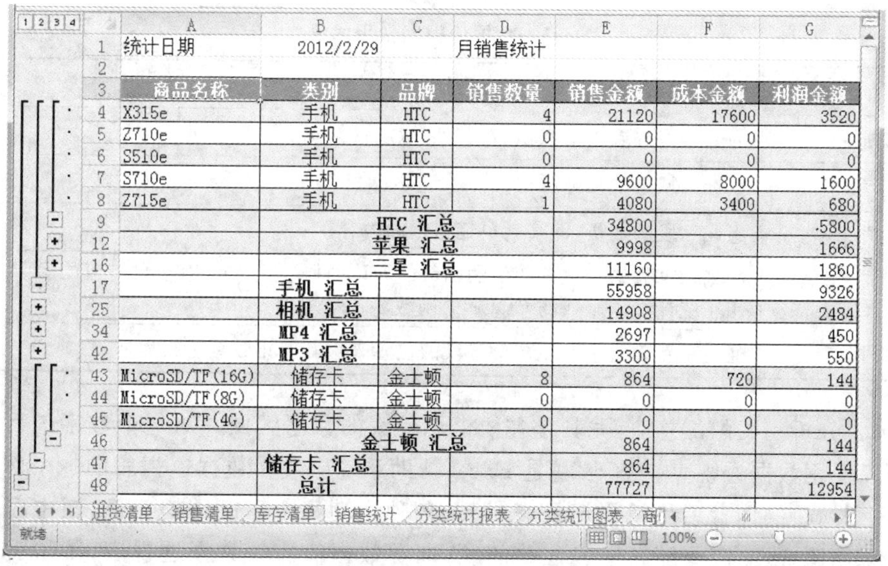

图 5-29　两级分类汇总结果

5.4.3　删除分类汇总

如果由于某种原因，需要取消分类汇总的显示结果，恢复到数据区域的初始状态。其操作步骤如下。

步骤 1：单击分类汇总数据区域中任一单元格。

步骤 2：选择"数据"选项卡→"分级显示"组→"分类汇总"命令，打开"分类汇总"对话框。

步骤 3：单击对话框中的"全部删除"按钮即可，参见图 5-27。

经过以上步骤后，数据区域中的分类汇总就被删除了，恢复成汇总前的数据，第 3 步中的"全部删除"只会删除分类汇总，不会删除原始数据。

5.5　使用数据透视表

数据透视表是一种对大量数据快速汇总和建立交叉列表的交互式表格，不仅能够改变行和列以查看源数据的不同汇总结果，也可以显示不同页面以筛选数据，还可以根据需要显示区域中的明细数据。数据透视图则是一个动态的图表，它可以将创建的数据透视表以图表的形式显示出来。本节将使用数据透视表和数据透视图来完成任务 4。

5.5.1　数据透视表概述

数据透视表是通过对源数据表的行、列进行重新排列，提供多角度的数据汇总信息。用户可以旋转行和列以查看源数据的不同汇总，还可以根据需要显示感兴趣区域的明细数据。在使用数据透视表进行分析之前，首先应掌握数据透视表的术语，如表 5-1 所示。

表 5-1　数据透视表常用术语

坐标轴	数据透视表中的一维，如行、列或页
数据源	为数据透视表提供数据的数据区域或数据库
字段	数据区域中的列标题
项	组成字段的成员，即某列单元格中的内容
概要函数	用来计算表格中数据的值的函数。默认的概要函数是用于数字值的 SUM 函数、用于统计文本个数的 COUNT 函数
透视	通过重新确定一个或多个字段的位置来重新安排数据透视表

如果要分析相关的汇总值，尤其是在要汇总较大的数据区域并对每个数字进行多种比较时，可以使用数据透视表。图 5-30 是 Excel 帮助系统中关于数据透视表的一个例子。数据源是一个简单的体育用品销售记录表，记录各种运动每个季度的销售额，图中序号分别表示：①数据源；②第三季度高尔夫汇总的项（即源数据值）；③数据透视表；④C2 和 C8 中源值的汇总。在图 5-30 中，用户可以很清楚地看到单元格 F3 中第三季度高尔夫销售额是如何通过其他运动、季度的销售额计算出来的。由于数据透视表是交互式的，因此，可以更改数据的视图以查看更多明细数据或计算不同的汇总额，如计数或平均值。

	A	B	C
1	运动	季度	销售额
2	高尔夫	三季度	$1,500
3	高尔夫	四季度	$2,000
4	网球	三季度	$600
5	网球	四季度	$1,500
6	网球	三季度	$4,070
7	网球	四季度	$5,000
8	高尔夫	三季度	$6,430

E	F	G
求和项：销售额	季度	
运动	三季度	四季度
高尔夫	$7,930	$2,000
网球	$4,670	$6,500
总计	$12,600	$8,500

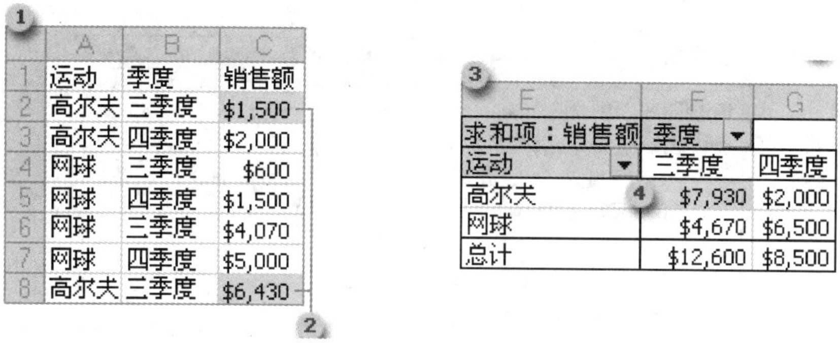

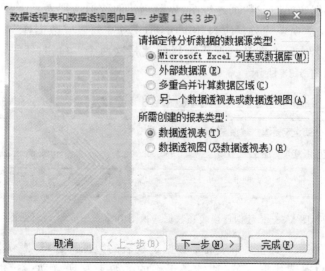

图 5-30　数据透视表示例

在数据透视表中，源数据中的每列或字段都成为汇总多行信息的数据透视表字段。在上例中，“运动”列成为“运动”字段，高尔夫的每条记录在单个高尔夫项中进行汇总。数据字段(如“求和项:销售额”)提供要汇总的值。上述报表中的单元格 F3 包含的“求和项:销售额”值来自源数据中“运动”列包含“高尔夫”和“季度”列包含“第三季度”的每一行。当然这样的报表也可以通过数据的分类、排序或汇总计算实现，但操作过程可能会非常复杂。

5.5.2　创建数据透视表

数据透视表的创建可以通过“数据透视表和数据透视图向导”进行。如图 5-31 所示，在向导的提示下，用户可以方便地为表格或数据库创建数据透视表。利用向导创建数据透视表需要 3 个步骤：①选择所创建的数据透视表的数据源类型；②选择数据源的区域；③选择放置数据透视表的位置。另外 Excel 2010 还提供了插入“数据透视表”的功能，可以将上述三个步骤在一个对话框中进行选择，单击“插入”选项卡→“表格”组→“数据透视表”→“数据透视表”命令，即可打开如图 5-32 所示的对话框，在“选择一个表或区域”下方的“表/区域”框中选择表名引用或数据区域，此处也可以指定外部数据源，然后选择放置数据透视表

图 5-31　“数据透视表和数据透视图向导——步骤 1”对话框

的位置。

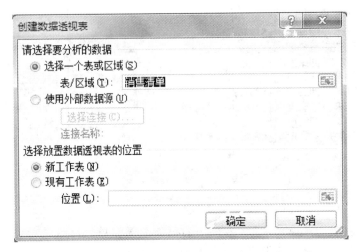

图 5-32 "创建数据透视表"对话框

下面让我们来完成任务 4,从销售清单中创建数据透视表,统计各个类别与各个品牌的销售数量。使用"数据透视表和数据透视图向导"创建数据透视表的具体操作步骤如下。

步骤 1:单击销售清单的任一非空单元格,选择"数据"选项卡→"其他"组→"数据透视表和数据透视图向导"命令,打开如图 5-31 所示的向导对话框。

步骤 2:首先要指定数据透视表的数据源,数据来源主要包括以下四种,一般情况下,数据透视表的数据源都是列表或数据库。

(1)Microsoft Excel 列表或数据库:每列都带有列标题的工作表。

(2)外部数据源:其他程序创建的文件或表格,如 Access、SQL Server 以及 MSN 的股票行情等。

(3)多重合并数据计算区域:工作表中带标记的行和列的多重范围。

(4)另一个数据透视表或数据透视图:先前创建的数据透视表。

我们选择数据透视表的数据源为"Microsoft Excel 列表或数据库",所需创建的报表类型为"数据透视表",实际上默认情况下选择的就是这两个。单击"下一步"按钮,系统显示向导的第 2 步,如图 5-33 所示。

图 5-33 "数据透视表和数据透视图向导——步骤 2"对话框

步骤 3:向导的第 2 步主要用于确定数据透视表的数据源区域,默认情况下系统会自动选取包含有数据的连续数据区域,通常是正确的。如果发现自动指定的数据源区域不正确,可以在"选定区域"编辑框中输入或选择数据源区域。此处自动选定的区域 $ A $ 1:

$O$36 是正确的,因此直接单击"下一步"按钮,系统将显示向导的第 3 步,如图 5-34
所示。

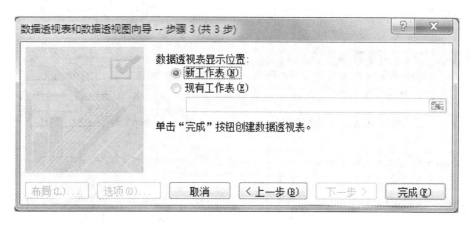

图 5-34　"数据透视表和数据透视图向导—3 步骤之 3"对话框

步骤 4:在"数据透视表显示位置"下方选择放置数据透视表的位置,本例选择"新工作
表",单击"完成"按钮,系统将空的数据透视表添加至指定位置,并在窗口右侧显示"数据透
视表工具",以便添加字段、创建布局以及自定义数据透视表等,如图 5-35 所示。

图 5-35　生成空的数据透视表

步骤 5:在"数据透视表字段列表"中,可以通过选择字段并拖放到"行标签"、"列标签"、
"数值"和"报表筛选"中,从而创建数据透视表的布局。它们的含义解释如下。

(1)行标签:拖放到"行标签"中的数据字段,该字段中的每一个数据项将占据透视表的
一行。本例中,把"类别"字段拖放到"行标签"中,则数据源即销售清单中的每个商品类别
将各占一行。

(2)列标签:与"行标签"对应,拖放到"列标签"中的字段,该字段的每个数据项将占一
列,行和列相当于 X 轴和 Y 轴,确定一个二维表格。本例中,把"品牌"字段拖放到"列标签"
中,则每个品牌将各占一列。

（3）数值：进行计算或汇总的字段名称。本例中，我们的目标是统计出各个类别与各个品牌商品的销售数量，因此将"数量"字段拖放到"数值"中。

（4）报表筛选：Excel 将按拖放到"报表筛选"中的字段的数据项对透视表进行筛选。本例中，把"售出日期"字段拖放到"报表筛选"中，就可对数据透视表进行筛选，选择显示某一天或某几天的商品销售情况。

最后生成的数据透视表如图 5-36 所示。图 5-36 是一个非常有用的分析汇总数据的表格，从中不但可以看出每个类别商品的销售总数，也可以看出各个品牌商品的销售总数，还可以看出各个类别中各个品牌的商品销售情况。在此表的基础上还可以做出各种数据分析图。

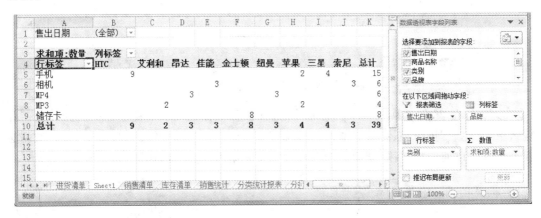

图 5-36 选择字段拖放后生成的数据透视表

默认情况下，Excel 会显示出全部透视数据，即本月所有的数据。如果要显示某一天或某几天的透视数据，可以在"报表筛选"字段"售出日期"右边的 B1 单元格下拉列表中选择一个日期或多个日期进行筛选，查看相应的数据。

数据透视表是一个非常友好的数据分析和透视工具。表中的数据是"活"的，可以"透视"表中各项数据的具体来源，即明细数据。例如从表中可以看出 HTC 的手机本月卖了 9 部，如果要查看这些手机的详细销售记录，只需双击这个数据所在的 B5 单元格，Excel 就会在一个新工作表中显示出这些手机的详细销售记录，如图 5-37 所示。

	A	B	C	D	E	F	G	H	I	J	K	L	M
1	售出日期	商品	类别	品牌	客户ID	客户名	发货地址	固定电	手机	邮编	进货价	销售价	数量
2	2012/2/3	X315e	手机	HTC	user1	王昆	杭州市下城	80000001	13800000001	310001	4400	5280	1
3	2012/2/4	X315e	手机	HTC	user2	李琦	杭州市下城	80000002	13800000002	310002	4400	5280	1
4	2012/2/5	S710e	手机	HTC	user3	张庆虎	杭州市下城	80000003	13800000003	310003	2000	2400	1
5	2012/2/5	S710e	手机	HTC	user4	魏清伟	杭州市下城	80000004	13800000004	310004	2000	2400	1
6	2012/2/6	Z715e	手机	HTC	user5	郑军	杭州市下城	80000005	13800000005	310005	3400	4080	1
7	2012/2/29	S710e	手机	HTC	user25	潘丹灵	杭州市下城	80000025	13800000025	310025	2000	2400	1
8	2012/2/26	X315e	手机	HTC	user19	戴斌	杭州市下城	80000019	13800000019	310019	4400	5280	1
9	2012/2/23	S710e	手机	HTC	user29	周俊明	杭州市下城	80000029	13800000029	310029	2000	2400	1
10	2012/2/22	X315e	手机	HTC	user24	蔡芬芳	杭州市下城	80000024	13800000024	310024	4400	5280	1
11													

图 5-37 查看数据透视表的数据来源

数据透视表生成之后，最好将工作表的名称进行重命名，给它取个有意义的名字，此处我们将它命名为分类统计报表（覆盖已有的分类统计报表）。

5.5.3　修改数据透视表

创建好数据透视表之后，根据需要有可能要对它的布局、数据项、数据汇总方式与显示方式、格式等进行修改。

1. 修改数据透视表的布局

在生成的数据透视表中，可以根据需要对布局进行修改。

(1)若要重排字段，请将这些字段拖到其他区域。例如有时由于某种需要，可能要将透视表中的行和列互换一下，用另一种方式表示数据。把图 5-36 中的类别和品牌互换，只需将鼠标移到"行标签"中的字段"类别"上，按住鼠标左键，将字段拖放到"列标签"中，然后用同样的方法，把"列标签"中字段"品牌"拖放到"行标签"中。

(2)若要删除字段，请将其拖出数据透视表。上面的行和列互换例子中，也可以先删除原先的"行标签"、"列标签"中的字段，然后重新拖放新的"行标签"字段"品牌"和"列标签"字段"类别"。删除字段的具体方法如下：将鼠标移到"行标签"中的字段"类别"上，按住鼠标左键将字段拖放到"选择要添加到报表的字段"处，用同样的方法将列字段"品牌"删除。

(3)若要隐藏右侧的"数据透视表工具"，请单击数据透视表外的某个单元格。

(4)如果添加了多个字段，可以根据需要选中字段拖动按顺序排列这些字段。

例如想要在数据透视表的行中显示"商品名称"，查看各个类别各个品牌的商品详细销售数量。可以在图 5-36 数据透视表的基础上修改，可以在拖放时先确定"行标签"中字段的顺序，将"商品名称"字段拖放到行字段"类别"之后，也可以在拖放之后按所需顺序重新排列这些字段。结果如图 5-38 所示。

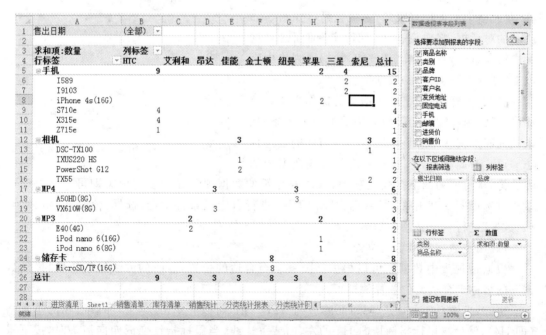

图 5-38　设置了多个"行标签"字段的数据透视表

上述 4 种操作还可以通过单击区域中的字段后弹出菜单中的命令执行，弹出菜单包括如下命令。

(1)上移:在区域中将字段上移一个位置。

(2)下移:在区域中将字段下移一个位置。

(3)移至开头:将字段移至区域的第一个位置。

(4)移至末尾:将字段移至区域的最后一个位置。

(5)移动到报表筛选:将字段移动到"报表筛选"区域。

(6)移动到行标签:将字段移动到"行标签"区域。

(7)移动到列标签:将字段移动到"列标签"区域。

(8)移动到数值:将字段移动到"数值"区域。

(9)删除字段:将字段删除,即移出数据透视表。

(10)值字段设置/字段设置:显示值字段设置/字段设置对话框。

2. 修改数据透视表的数据项

如果不想在数据透视表中显示某些数据行或数据列,或要调整数据项显示的位置,可以通过简单修改数据透视表的数据项达到目的。

(1)隐藏或显示行、列中的数据项。

例如在图 5-36 所示的数据透视表中,不想显示第 5 行,即储存卡的销售数量,可以单击"行标签"单元格中的下拉列表条,系统会显示如图 5-39 所示的对话框,将对话框中"储存卡"前面的复选标志清除,然后单击"确定"按钮,数据透视表中就没有"储存卡"这一行的数据了。

隐藏"列标签"中字段数据项的操作方法与此相同,只需单击"列标签"单元格的下拉列表条,从下拉列表中清除不想显示的数据项前面的复选标志即可。与此相反,显示某个数据行或数据列的

图 5-39 "行标签"中字段"类别"的数据项列表

方法为,从行或列的下拉列表项中,选中要显示的数据项前面的复选标志即可。另外还可以通过选择图 5-39 中的"标签筛选"对"类别"进行自定义条件筛选,选择"值筛选"对"求和项:数量"进行自定义条件筛选。

(2)调整数据项显示的位置。

数据透视表中数据项可以根据需要移动至合适的位置,修改的方法比较简单,拖动数据项的名称到合适的位置释放即可。

例如,把图 5-27 中的"苹果"品牌放到"HTC"前,可以先单击"苹果"品牌所在的单元格(即 H4),然后将鼠标指针指向 H4 的左、右或下边线,当鼠标指针变成四向箭头时,按下鼠标左键将"苹果"拖到"HTC"所在单元格并释放鼠标。调整后的结果如图 5-40 所示。

图 5-40　调整后的数据透视表

3.修改数据透视表的数据汇总方式和显示方式

在默认情况下,数据透视表采用 SUM 函数对其中的数值项进行汇总,用 COUNT 函数对文本类型字段项进行计数。但有时 SUM 和 COUNT 函数并不能满足透视需要,如平均值、百分比、最大值之类的计算。实际上,Excel 提供了很多汇总方式,在数据透视表中可以使用这些函数。操作方法是:单击“数据透视表工具”的“数值”中的“求和项:数量”字段,系统会弹出菜单,选择“值字段设置”菜单项,弹出“值字段设置”对话框,如图 5-41 所示,在对话框中从“值汇总方式”中选择需要的函数。

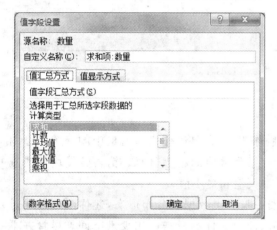

图 5-41　“数据透视表字段”对话框

图 5-42　单击“选项”后的“数据透视表字段”对话框

默认情况下,数据透视表中的数据是以数值方式显示,不过可以根据需要将它修改为其他形式的数据显示形式,如显示为小数、百分数或其他需要的形式。操作方法是:单击图5-41 对话框中的“值显示方式”,对话框变成如图 5-42 所示,然后从数据显示方式下拉列表框中选择合适的显示方式即可,例如把数据显示方式设为“全部汇总百分比”。对于数据区域的数字格式,可以根据需要在图 5-42 中单击数字格式进行修改。

4.修改数据透视表的样式

数据透视表的样式可以像工作表一样进行修改,用户可以选择“设计”选项卡上的“数据透视表样式”组中任意一个样式,将 Excel 内置的数据透视表样式应用于选中的数据透视表,并可以新建数据透视表样式。

选择 Excel 内置的数据透视表样式时,首先选定数据透视表,然后单击"设计"选项卡上的"数据透视表样式"组的 ▼,选择要应用的样式即可。

例如,对于图 5-38 中的数据透视表应用"数据透视表样式"对话框中的"数据透视表中等深浅 2"样式后,显示的结果如图 5-43 所示。如数据源数据发生了变化,单击"数据透视表"工具栏的"更新数据"按钮即可。

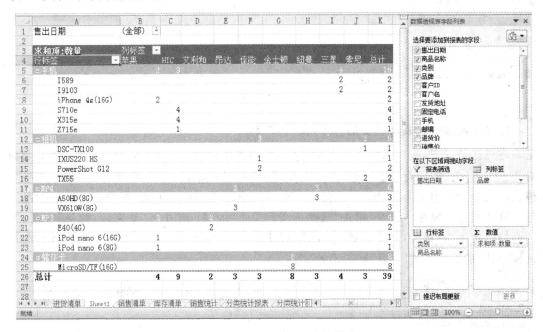

图 5-43　修改数据透视表的样式

5.5.4　使用迷你图

迷你图是 Excel 2010 中一种全新的图表制作工具,它是工作表单元格中的一个微型图表,可提供数据的直观表示。迷你图可以显示一系列数值的趋势(例如,销售数量增加或减少、各品牌的销售情况等),或者可以突出显示最大值和最小值。

虽然行或列中呈现的数据很有用,但很难一眼看出数据的分布形态,迷你图可以通过清晰简明的图形表示方法显示相邻数据的趋势,而且迷你图只需占用少量空间。尽管并不要求将迷你图单元格紧邻其基本数据,但这是一个好的做法。当数据发生更改时,可以立即在迷你图中看到相应的变化。除了为一行或一列数据创建一个迷你图之外,还可以通过选择与基本数据相对应的多个单元格来同时创建若干个迷你图,通过在包含迷你图的相邻单元格上使用填充柄,为以后添加的数据行创建迷你图。

下面为图 5-36 的数据透视表中的各类别销售数量总计和各品牌销售数量总计建立迷你图,以便更直观地显示销售情况,操作步骤如下。

步骤 1:单击选中数据透视表的任一单元格,选择"插入"选项卡→"迷你图"组→"折线图"命令,打开"创建迷你图"对话框,如图 5-44 所示。

步骤 2:在"数据范围"中输入或选择"K5：K9"单元格区域,即源数据区域,在"位置范围”中输入“K11”，即生成迷你图的单元格区域，单击“确定”按钮后生成各类别销售数量总计的迷你图。

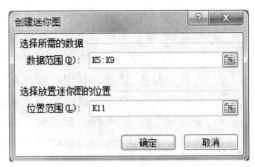

步骤 3：同理，选择“插入”选项卡→“迷你图”组→“柱形图”命令打开“创建迷你图”对话框，“数据范围”中输入或选择“B10：J10”单元格区域，在“位置范围”中输入“L10”，单击“确定”按钮生成各品牌销售数量总计的迷你图，结果如图 5-45 所示。

图 5-44　“创建迷你图”对话框

售出日期　(全部)

求和项:数量　列标签

行标签	HTC	艾利和	昂达	佳能	金士顿	纽曼	苹果	三星	索尼	总计
手机	9						2	4		15
相机				3					3	6
MP4			3			3				6
MP3		2					2			4
储存卡					8					8
总计	9	2	3	3	8	3	4	4	3	39

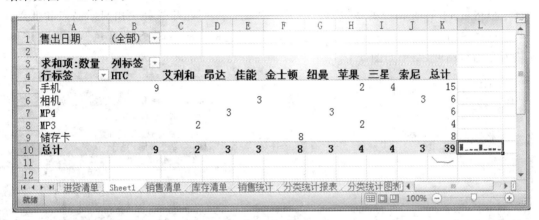

图 5-45　生成的迷你图

另外，如果需要对各类别不同品牌的销售数量做一个迷你图，可以通过向上拖动迷你图所在的“L10”单元格右下角的填充手柄，将其复制到其他单元格中（就像复制 Excel 公式一样），从而快速创建一组迷你图，即“L5：L10”迷你图组，结果如图 5-46 所示。

售出日期　(全部)

求和项:数量　列标签

行标签	HTC	艾利和	昂达	佳能	金士顿	纽曼	苹果	三星	索尼	总计
手机	9						2	4		15
相机				3					3	6
MP4			3			3				6
MP3		2					2			4
储存卡					8					8
总计	9	2	3	3	8	3	4	4	3	39

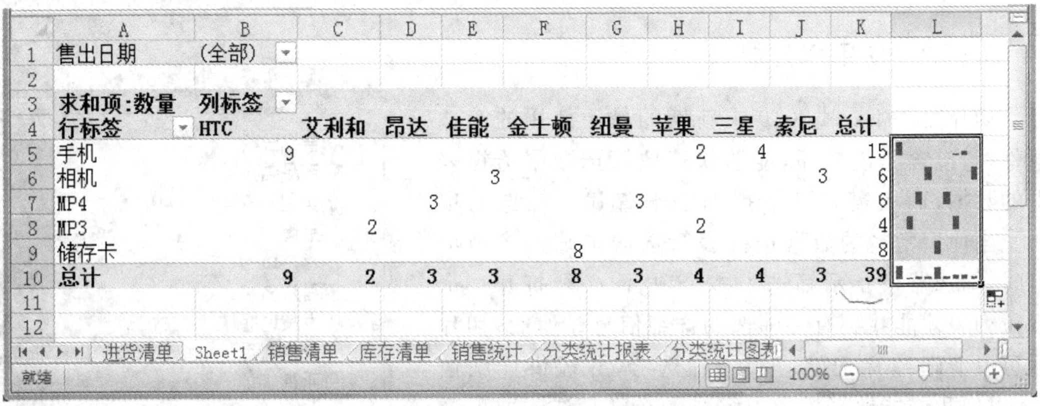

图 5-46　生成的迷你图

迷你图生成后，可以选择“迷你图工具”的“设计”选项卡对它进行修改和美化，主要包括如下操作。

（1）编辑数据：更改迷你图的“数据范围”和“位置范围”。

(2)类型:更改迷你图的类型为折线图、柱形图或盈亏图。

(3)显示:在迷你图中突出显示各种特殊数据,包括高点、低点、负点、首点、尾点等。

(4)样式:使迷你图直接应用预定义格式的图表样式。

(5)迷你图颜色:修改迷你图折线或柱形的颜色。

(6)标记颜色:迷你图中特殊数据着重显示的颜色,如高点、低点的颜色。

(7)坐标轴:迷你图坐标范围控制。

(8)组合及取消组合:如果创建迷你图时"位置范围"选择了单元格区域或者使用填充柄建立了一组迷你图,可通过使用此功能进行组的拆分或将多个不同组的迷你图组合为一组。

这里将"K11"单元格中的迷你图进行了美化,在"显示"组中选择突出显示高点和低点,"样式"选择了"迷你图样式强调文字颜色 2","高点"的标记颜色设置为"蓝色",并增加该单元格所在的行高度,结果如图 5-47 所示。

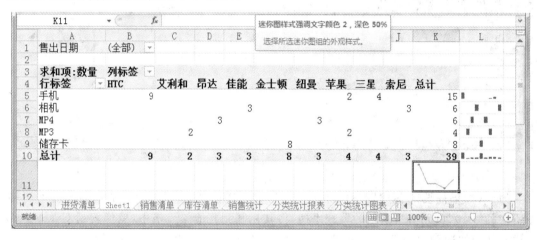

图 5-47　美化后的迷你图

5.5.5　使用切片器

切片器是 Excel 2010 中新增的易于使用的筛选组件,它包含一组按钮,能够快速地筛选数据透视表中的数据,而无需打开下拉列表来查找要筛选的项目。当使用常规的数据透视表筛选器来筛选多个项目时,筛选器仅指示筛选了多个项目,必须打开一个下拉列表才能找到有关筛选的详细信息。然而,切片器可以清晰地标记已应用的筛选器,并提供详细信息,以便我们能够轻松地了解显示在已筛选的数据透视表中的数据。

切片器通常与在其中创建切片器的数据透视表相关联。不过,也可创建独立的切片器,此类切片器可从联机分析处理(OLAP)多维数据集函数引用,也可在以后将其与任何数据透视表相关联。

图 5-48　"插入切片器"对话框

下面使用切片器对图 5-38 中的数据透视表进行快速筛选,以便更直观地显示各类别各品牌产品不同日期的销售情况。操作步骤如下。

步骤 1:单击选中数据透视表的任一单元格,选择"数据透视表工具"→"选项"选项卡→"排序和筛选"→"插入切片器"命令,或者选择"插入"选项卡→"筛选器"组→"切片器"命令,打开"插入切片器"对话框,如图 5-48 所示。

步骤 2:在对话框中选择"售出日期"、"类别"与"品牌"等 3 个字段,单击"确定"按钮,生成 3 个切片器,如图 5-49 所示。

图 5-49　插入的 3 个切片器

切片器支持多选,可按住"Shift"键的同时使用鼠标左键连续选取多个值,或按住"Ctrl"键的同时独立选取多个值,连接到该切片器的数据透视表会同步自动更新数据。例如选择了"售出日期"切片器中的"2012/2/3"到"2012/2/15"(即前半月),"类别"切片器中的"手机"、"相机","品牌"切片器中的"HTC"、"佳能"、"苹果"、"三星",数据透视表自动更新为如图 5-50 所示。如果需要恢复到筛选前的初始状态,只需单击切片器右上角的 按钮即可清除筛选器。

图 5-50　切片器筛选结果

5.5.6　制作数据透视图

通过数据透视表完成了任务 4,在这一节中我们将数据透视表的结果以更生动、形象的图表方式表示。

数据透视图表是利用数据透视的结果制作的图表,数据透视图总是与数据透视表相关联。如果更改了数据透视表中某个字段的位置,则透视图中与之相对应的字段位置也会改变。数据透视表中的"行标签"字段对应于数据透视图中的"轴字段(分类)",而"列标签"字段则对应于数据透视图中的"图例字段(系列)"。

数据透视图的创建有两种方法。

(1)在"数据透视表和数据透视图向导"的第 1 步中将所需创建的报表类型选为"数据透视图(及数据透视表)",这样会同时创建数据透视表和数据透视图,其他步骤与创建数据透视表相同。在设置完数据透视表的布局后,生成数据透视表的同时也会生成相应的数据透视图;也可以通过设置数据透视图的布局,生成数据透视图和数据透视表。

(2)选择"插入"选项卡→"表格"组→"数据透视表"→"数据透视图"命令,在弹出的对话框中设置数据源区域和放置位置后单击"确定"即可生成数据透视图和数据透视表。

两种方法都可以很方便地生成一个数据透视图和数据透视表,此处对"销售清单"表格建立一个相应的数据透视图,如图 5-51 所示。从数据透视图中可以更容易看出手机的销量是最高的,其中最畅销的品牌是 HTC。

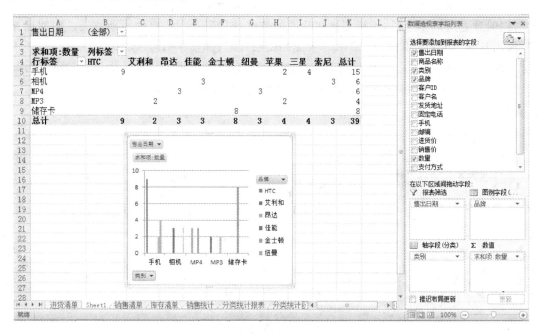

图 5-51　数据透视图

在 Excel 2010 中,生成的数据透视图和数据透视表默认是在同一个工作表中,如需将数据透视图移动到一个新的工作表中,可选择"设计"选项卡→"位置"组→"移动图表"命令,打开如图 5-52 所示的对话框,选择"新工作表",此处将它命名为分类统计图表(覆盖已有的分类统计报表)。

图 5-52 移动图表

在数据透视图生成之后,可以像修改数据透视表一样,修改数据透视图的布局、隐藏或显示数据项、汇总方式和数据显示方式等,对数据透视图的操作会对数据透视表做出相应的修改。

前面,我们使用"数据透视表样式"去修改数据透视表的格式,而数据透视图则可以更改图表类型和图表样式等。

(1)更改图表类型。选择"设计"选项卡→"类型"组→"更改图表类型"命令,打开"更改图表类型"对话框,在对话框中可以设置数据透视图的图表类型。此处选择"堆积柱形图",单击"确定"按钮可看到如图 5-53 所示的数据透视图。

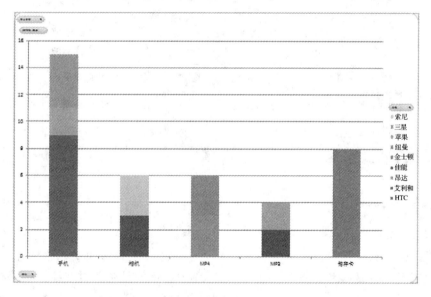

图 5-53 堆积柱形图

(2)更改图表样式。单击"设计"选项卡上的"图表样式"组的 ,图表样式对话框,选择要应用的样式即可。

5.6 外部数据导入与导出

5.6.1 导入 Web 数据

在进行数据管理与分析的过程中,有时需将网页中的数据导入到 Excel 工作表中。例如店主张某可能需要获取最新的手机报价,然后据此调整店铺的手机卖价。Excel 提供了导入 Web 页数据的功能,其操作步骤如下。

步骤 1:连上 Internet 网络,保证可以访问 Internet 上的 Web 网站。

步骤 2:选择"数据"选项卡→"获取外部数据"→"自网站"命令,打开"新建 Web 查询"对话框,如图 5-54 所示。

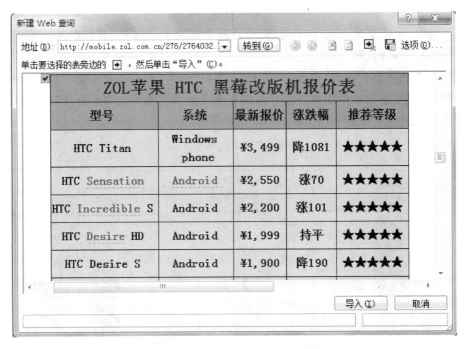

图 5-54 "新建 Web 查询"对话框

步骤 3:在图 5-54 中"地址"文本框中输入要导入数据的 Web 页的网络地址,然后单击"转到"按钮,系统会显示完整的 Web 页。图 5-54 中显示的是中关村在线网站手机频道的最新报价网页。

步骤 4:单击 Web 页数据区域中要导入数据前的按钮 ⬛,它会变成 ☑。

步骤 5:单击"导入"按钮,系统会弹出设置数据放置位置的对话框,如图 5-55 所示,此处选择"新工作表"。

步骤 6:单击"确定"按钮,系统将选定的数据导入到工作表中,结果如图 5-56 所示。

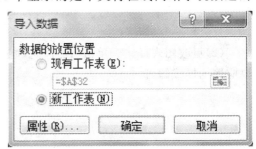

图 5-55 "导入数据"对话框

图 5-56　导入数据后的工作表

5.6.2　文本文件的导入与导出

文本文件是计算机中一种通用格式的数据文件，大多数软件系统都可直接操作文本文件，如 Office 软件中的 Word、Excel、Access、PowerPoint 等，以及数据库软件中的 Oracle、SQL Server 等软件都能建立、修改或读入文本文件。很多时候为了提高工作效率，我们会兼用很多软件。比如为了更快速有效地算出一些数据，我们将文本文件的数据导入 Excel 中进行计算。

与 Excel 交换数据的文本文件通常是带分隔符的文本文件（.txt），一般用制表符分隔文本的每个字段，也可以使用逗号分隔文本的每个字段。

1. 导入文本文件到 Excel 工作表中

导入文本文件有两种方法，可以通过打开文本文件的方式来导入，也可以通过导入外部数据的方式来导入。我们以导入一个存放有客户资料的文本文件为例，如图 5-57 所示，

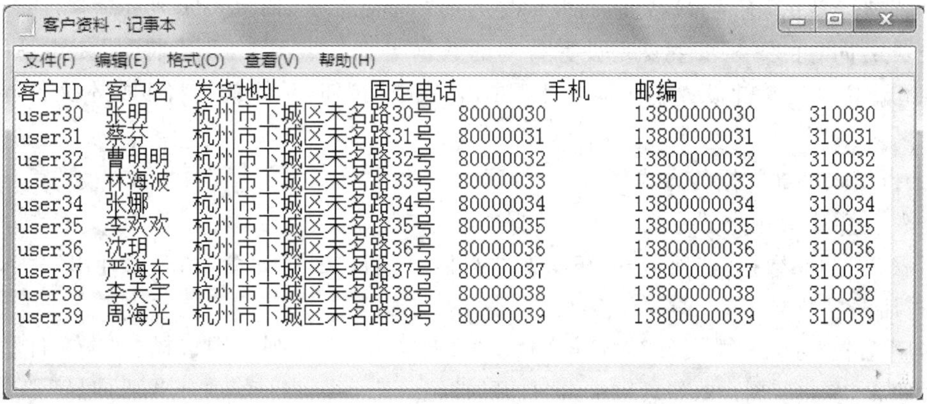

图 5-57　要导入 Excel 的文本文件

介绍导入文本文件的操作过程。

(1)通过打开文本文件来导入。

步骤1:启动Excel,选择"文件"选项卡→"打开"命令,系统弹出"打开"对话框。

步骤2:在"打开"对话框中,从"文件类型"下拉列表中选择"文本文件",在文件名中输入"客户资料.txt",然后单击"打开"按钮。Excel将启动"文本导入向导",打开向导的第1步对话框,如图5-58所示。

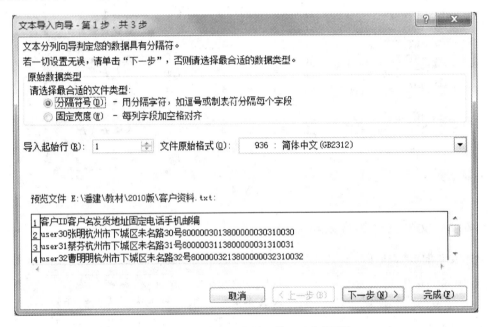

图5-58 "文本导入向导—第1步"对话框

步骤3:向导的第1步主要是设置文本文件中各列数据之间的间隔符,这与导入的文件相关。在本例中,我们选择"分隔符号",并在"导入起始行中"输入1,即要把标题行导入到Excel工作表中,如不要标题行,可将"导入起始行"改为2。然后单击"下一步"按钮,进入向导的第2步对话框,如图5-59所示。

步骤4:向导的第2步主要是设置用作分隔文本数据列的具体符号。本例中我们选择"Tab"键,然后单击"下一步"按钮,打开向导的第3步对话框,如图5-60所示。

步骤5:向导的第3步主要是设置每列的数据类型。本例中,我们将"固定电话"、"手机"、"邮编"这3列全部设置成文本。最后单击"完成"按钮,系统就会将该文本文件导入到Excel中。

(2)以导入外部数据的方式导入。

步骤1:单击要用来放置文本文件数据的单元格。

步骤2:选择"数据"选项卡→"获取外部数据"→"自文本"命令,系统会弹出"导入文本文件"对话框。

步骤3:在"导入文本文件"对话框中,从"文件类型"下拉列表中选择"文本文件",在文件名中输入"客户资料.txt",然后单击"打开"按钮。Excel将启动"文本导入向导","文本导入向导"的操作步骤与第一种方法相同,注意在第1步中将导入起始行改为2。

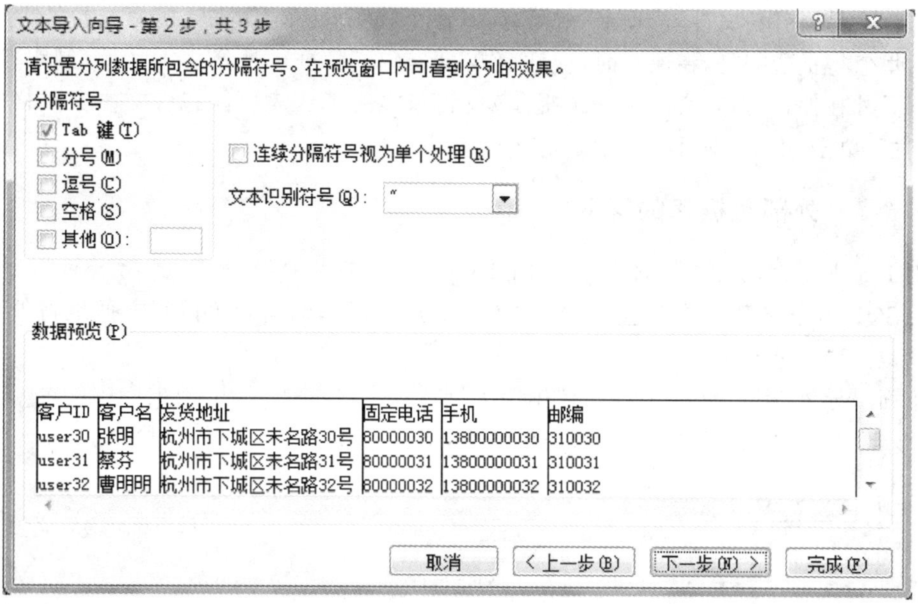

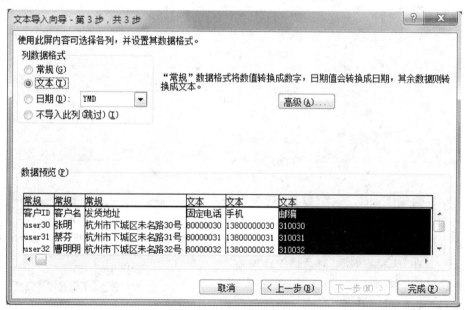

图 5-59 "文本导入向导－第 2 步"对话框

图 5-60 "文本导入向导－第 3 步"对话框

步骤 4：完成"文本导入向导"的第 3 步后，单击"完成"按钮，系统将打开"导入数据"对话框，如图 5-61 所示，在此对话框中输入导入数据的放置位置，本例中为"A31"，单击"确定"即可将数据导入到指定的位置。

2. 导出到文本文件

Excel 工作表中的数据可以直接保存为文本

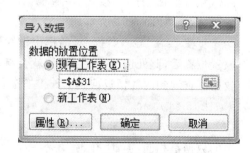

图 5-61 "导入数据"对话框

文件。方法是:使用"文件"选项卡→"另存为"命令将 Excel 工作表转换为文本文件。

这里值得提醒的是,在保存时,应注意在"保存类型"框中选择文本文件(制表符分隔)格式。另外在保存时,它会出现一个提示对话框,提醒工作表可能包含文本文件格式不支持的功能,单击"确定"即可。

5.6.3 外部数据库的导入

对 Excel 而言,外部数据库是指用 Excel 之外的数据库工具如 Microsoft Access、Dbase、SQL Server 等工具所建立的数据库。通过使用查询向导可以很方便地将外部数据库中的数据导入 Excel。

下面以导入 Microsoft Access 数据库为例,将"客户资料.mdb"数据库中的客户数据导入到 Excel 中,该数据库中有一个客户资料表,如图 5-62 所示。操作步骤如下。

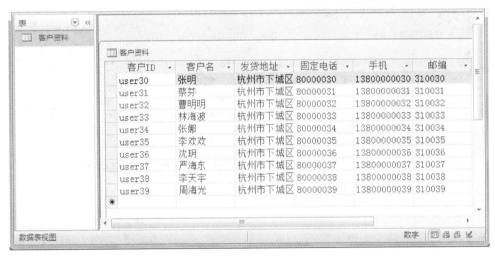

图 5-62　包含客户资料表的 Access 数据库

步骤 1:启动 Excel,选择"数据"选项卡→"获取外部数据"→"自 Access"命令,系统显示"选取数据源"对话框。

步骤 2:在"选取数据源"对话框中选中需要访问的数据源,本例中,我们选择"客户资料.mdb"文件(或选择"新建源"创建一个新的数据源),然后单击"打开"按钮。系统弹出"导入数据"对话框,如图 5-63 所示。

步骤 3:在"导入数据"对话框中设置数据的放置位置后,此处选择"A1",系统就会将从外部数据库查询到的数据返回到 Excel 工作表中,结果如图 5-64 所示。

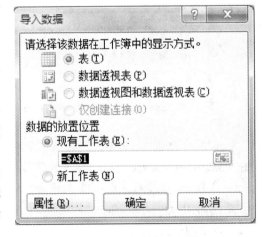

图 5-63　"导入数据"对话框

对比图 5-62 和图 5-64,就会发现这两个图中的数据是相同的,但图 5-62 是一个 Access 数据库中的表,而图 5-64 是一个 Excel 工作表。

图 5-64　导入 Access 数据库后的 Excel 工作表

5.7　习　题

1.以"支付方式"为主要关键字,分别按升序和"支付宝、工行汇款、招行汇款"的自定义次序对"销售清单"进行排序。

2.从"销售清单"中分别筛选出商品"X315e"的销售记录和姓"张"的客户购买记录。

3.分析销售统计表,找出利润金额低于平均利润金额的商品。

4.对"销售清单"进行分类汇总,统计出以下数据。

(1)各类别商品的销售次数。

(2)每种支付方式的支付次数。

(3)每种支付方式的销售数量。

(4)各类别商品每种支付方式的支付次数。

5.使用数据透视表和数据透视图,以"类别"作为"报表筛选"字段,求出各品牌的销售总金额和利润总金额,要求显示的结果如图 5-65 所示。

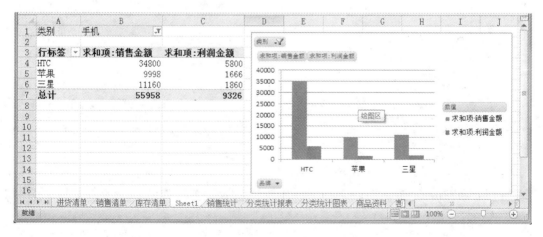

图 5-65　显示结果

第 三 篇

PowerPoint 高级应用

PowerPointt 是 Microsoft 公司推出的 Office 系列产品之一,是制作和演示幻灯片的软件工具,在商业领域和教育领域发挥了重要的作用。

PowerPointt 是一门说服的艺术。要说服听众接受我们的观点,首先要抓住听众接受我们的注意力,然后帮助听众清楚地了解我们要传达的信息,引导听众同意我们的观点,最后建立起共识。PowerPointt 又是一门视觉艺术,因为人们通过视觉获得的信息占总信息量的 80% 以上。成功的演讲在实践中通常要达到以下 3 个目标。

（1）与听目标和兴趣点建立联系,要针对具体听众筛选信息,同时要用恰当的语言形式来表达。

（2）要吸引且一直保持听众的注意力和兴趣。

（3）增强听众的理解和记忆。设法让听众更容易理解和记住演示材料。在一个演讲中听众只能记住有限的信息量,所以一定要仔细筛选。当信息形式与信息所表达的意思一致时,信息就比较容易被人记住。例如,"红色"一词用红色字体显示则效果更好。同样,在演讲中对重要地方增加变化,也可以收到很好效果,例如,插进一段笑话、一个故事,等等。当然这些内容必须是有意义的,否则就变成了干扰信息,反而破坏了效果。

PowerPoint 能够集成文字、图形、图像、声音以及视频剪辑等多媒体元素于一体。各种媒体各有特点,相互补充:文本可以呈现复杂抽象的符号概念和属性;图形（如统计曲线、结构图等）适宜呈现事物的总体性、结构性及趋向性信息;动画视频适宜呈现真实场景和空间动作信息;声音可以渲染情境,增加冗余信息,提高刺激强度。合理地选用这些多媒体元素对信息进行组织，可用于介绍公司的产品、教师授课课件、专家报告和广告宣传等。

本篇将以毕业论文答辩使用的 PPT 为例，介绍演示文档的制作过程和应用技巧。

第 6 章

演示文稿高级应用

PowerPoint 为我们提供了制作演示文稿的重要工具。做出一个 PPT 容易,做好一个 PPT 却不容易。如果所设计的 PPT 杂乱无章、文本过多、美观性差,那么就不能组成一个吸引人的演示来传递信息。本章将介绍演示文稿设计与制作过程,以提高读者制作 PPT 的应用能力。

6.1　演示文稿的制作

6.1.1　演示文稿制作步骤

制作文稿前,首先必须明确做演示的目标,如演示对象、素材及限制条件等,如图 6-1 所示。

演示文稿制作过程包括设计和具体制作两个阶段。

1. 设计阶段

设计阶段包括拟定演示文稿大纲、设计演示文稿的内容和版面和确定幻灯片上的对象的统一格式及主色调。

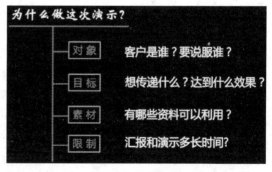

图 6-1　几个问题

(1)拟定演示文稿大纲。演示文稿大纲是整个演示文稿的架子,只有这个架子搭好了,才能设计出好的演示文稿。它包括分析演示的每个要点,确定每个要点需要使用多少张幻灯片来配合。不同主题的大纲是不同的:产品介绍有产品介绍大纲;论文答辩有论文答辩大纲。但幻灯片的总数量将受到提供给演示总时间的限制。经验表明,为保证播放效果,每张幻灯片的播放时间不能少于一分钟。所以,一旦演示的时间确定后,需要制作的幻灯片的总数也就大致定下来了。演示文稿大纲可采用流程图来表示。图 6-2 为论文答辩的演示文稿大纲。

(2)设计演示文稿的内容和版面。同样,演示文稿的内容和版面也要认真设计。这里,采用框图方法来规划演示文稿的内容和版面,如图 6-3 所示。在设计框图时,主要考虑两方

图 6-2　演示文稿大纲

面的因素:一是内容组织,因为一张幻灯片的面积有限,而且投影媒体要求字体不能太小,这意味一张幻灯片只能安排一段内容。所以既要考虑如何合理分割内容,并用简洁的语言来表达,又要考虑幻灯片之间如何保持语义关联(如利用超级链接等方法)。二是版面设计,在框图上大致勾勒自己的构思将有助于演示文稿的具体制作。一般要将考虑以下内容。

第一张幻灯片标题	第二张幻灯片标题
内容:	内容:

图 6-3　演示文稿的框图

①内容:内容有助于演示文稿的目标实现,并包括所有必须的组成部分。信息必须正确、完整、有用、及时、有意义。

②语法:没有拼写和语法方面的错误。

③布局:演示文稿的布局及幻灯片顺序符合逻辑及美学观点,演示文稿的结构有意义且设计风格统一。

④图形和图片:图片与内容相关,并有吸引力。图片的应用不会削弱内容的表达。

⑤文本、颜色和背景:文本通俗易懂,背景的颜色与文本和图片颜色相辅相成。

⑥图表和表格:图表和表格结构合理,位置适当。

⑦链接:链接的格式统一并有效。

(3)确定幻灯片上的对象的统一格式及主色调。对象是指幻灯片上具有相对独立性的那些内容或形式。一般可把对象粗粗地分为文本类、图形类、图像类、视频类与音频类等。所谓主色调,是指为加强演示效果而设置于幻灯片上的背景颜色,以及对各个对象的着色。各类对象按需要还可进一步细分。例如,可把文本类对象细分为标题、项目文本(或子标题)、普通文本、艺术字等。每一类对象还可定义自己的格式,如对文本类对象,可以定义文字的字体、字号、字型、颜色等,此外还有文本框的填充效果和框线的样式。因此,在这一环节里,一项基本的工作就是统计全部幻灯片上所拟采用的对象形式,在此基础上将它们合并归纳成为主要的几类,并分别确定每种对象的格式。这样一来,除了极个别的对象外,幻灯片上所采用的对象形式大体一致。这样做,一是可使演示具有整体感,避免了分散观众注意力;二是易于采用复制的办法制作演示文稿,简化了制作过程。

2. 具体制作阶段

(1)准备素材:主要是准备演示文稿中所需要的一些图片、声音、动画等文件。

（2）初步制作：按设计要求，将文本、图片等对象输入或插入到相应的幻灯片中。

（3）装饰处理：设置幻灯片中的相关对象的要素（包括字体、大小、动画等），对幻灯片进行装饰处理。

（4）修改与优化：演示文稿制作完成后，必须进行彻底检查，以便改正错误、修补漏洞，有时还要进行优化。

（5）预演播放：设置播放过程中的一些要素，然后播放查看效果，满意后正式输出播放。

6.1.2　开始制作演示文稿

一份演示文稿通常由一张"标题"幻灯片和若干张"普通"幻灯片组成。

1. 界面介绍

启动 PowerPoint 2010 后，出现如图 6-4 所示界面。①为"幻灯片"窗格，可以直接处理各个幻灯片；②中虚线边框为占位符，可以在其中键入文本或插入图片、图表和其他；③为"幻灯片"选项卡，显示"幻灯片"窗格中显示的每个完整大小幻灯片的缩略图；④为备注窗格，可以键入当前幻灯片的备注。

图 6-4　PowerPoint 2010 界面

PowerPoint 2010 具有一个称为 Microsoft Office Fluent 用户界面的全新直观用户界面；与早期版本的 PowerPoint 相比，它可以帮你更快更好地创建演示文稿。

在 Office Fluent 用户界面中，传统的菜单和工具栏已被功能区所取代，功能区按选项卡形式设计。图 6-5 是"开始"选项卡所显示的部分组及命令按钮。

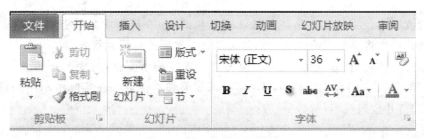

图 6-5　"开始"选项卡部分组

2.视图介绍

在 PowerPoint 中,演示文稿的所有幻灯片都放在一个文件里,因此需要有多种方式从各个侧面来观察幻灯片的效果。PowerPoint 能够以不同的视图方式来显示演示文稿的内容,使演示文稿易于浏览、便于编辑。图 6-6 提供了不同视图之间的切换命令。

图 6-6　视图之间的切换命令

"演示文稿视图"组中包括普通视图、幻灯片浏览视图、备注页视图和阅读视图;"母版视图"组中包括:幻灯片母版、讲义母版和备注母版。

(1)普通视图。普通视图是主要的编辑视图,可用于撰写和设计演示文稿。普通视图的四个工作区域如下。

①幻灯片选项卡:编辑时以缩略图形式在演示文稿中观看幻灯片。使用缩略图能方便地遍历演示文稿,并观看任何设计更改的效果。还可以轻松地重新排列、添加或删除幻灯片。

②大纲选项卡:以大纲形式显示幻灯片文本。此区域可以撰写内容;捕获灵感,简单表述它们,并能移动幻灯片和文本。

③幻灯片窗格:在 PowerPoint 窗口的右上方,"幻灯片"窗格显示当前幻灯片的大视图。在此视图中,可以添加文本,插入图片、表格、SmartArt 图形、图表、图形对象、文本框、电影、声音、超链接和动画等,是主要工作区域。

④备注窗格:在"幻灯片"窗格下的"备注"窗格中,可以键入要应用于当前幻灯片的备注。备注可打印出来供演示文稿放映时参考。

(2)幻灯片浏览视图。幻灯片浏览视图可以查看缩略图形式的幻灯片。通过此视图,在创建演示文稿以及准备打印演示文稿时,可以对演示文稿的顺序进行排列和组织。还可以在幻灯片浏览视图中添加节,并按不同的类别或节对幻灯片进行排序。

(3)备注页视图。"备注"窗格位于"幻灯片"窗格下,可以键入要应用于当前幻灯片的备注。以后,可以将备注打印出来并在放映演示文稿时进行参考,或将打印好的备注分发给观众。

(4)阅读视图。阅读视图是一种特殊查看模式,使在屏幕上阅读扫描文档更为方便。激活后,阅读视图将显示当前文档并隐藏大多数不重要的屏幕元素。

(5)幻灯片放映视图。幻灯片放映视图用于放映演示文稿,与大屏幕上显示的演示文稿完全一样。可以看到图形、计时、电影、动画效果和切换效果在实际演示中的具体效果。若要退出幻灯片放映视图,按"Esc"键。

3. 编辑幻灯片

编辑幻灯片包括添加幻灯片、选择幻灯片、幻灯片排序和删除幻灯片等任务。

(1) 添加新幻灯片,有不同的操作方法。

- 单击"开始"选项卡→"幻灯片"→"新建幻灯片"按钮。
- 直接单击"新建幻灯片"按钮,产生一张空白幻灯片。
- 单击"新建幻灯片"旁边的箭头,出现下拉菜单。该菜单显示了各种可用幻灯片布局的版式,将产生一张带版式的幻灯片;也可以在产生空白幻灯片后,单击"开始"选项卡→"幻灯片"→"版式",在下拉菜单中选择一种版式。
- 在下拉菜单里,选择从其他 PPT 中复制过来。

连续单击"幻灯片"→"新建幻灯片"可以添加多张新幻灯片。也可以将光标指在左侧"大纲区"窗格中,切换到"幻灯片"选项卡,选中某张幻灯片,单击回车即在该幻灯片下面插入一张空白的幻灯片。

第一张幻灯片一般是标题幻灯片,它相当于一个演示文稿的封面或目录页。启动 PowerPoint 2010 以后,系统自动为空白演示文稿新建一张"标题"幻灯片。在工作区中,单击"单击此处添加标题"文字,输入标题字符。再单击"单击此处添加副标题"文字,输入副标题字符。

(2)选择幻灯片,有多种方法。

- 选择单张幻灯片。无论在普通视图上还是在幻灯片浏览模式下,单击需要的幻灯片即可选中。
- 选择编号相连的多张幻灯片。单击起始编号的幻灯片,按住"Shift"键后单击结束编号的幻灯片,同时选中多张幻灯片;
- 选择编号不相连的多张幻灯片。按住"Ctrl"键,依次单击需要的幻灯片,此时,被单击的多张幻灯片同时选中。

(3)排列幻灯片顺序。将光标定位在左侧"大纲区"窗格中,切换到"幻灯片"选项卡下,单击要移动的幻灯片,然后将其拖动到所需的位置。

(4)删除幻灯片。在普通视图中,在"大纲区"的窗格上,单击"幻灯片"选项卡,右击要删除的幻灯片,然后单击"删除幻灯片"。

4. 编辑文本

编辑文本可以完成添加文本、修饰文本、对齐文本等任务。

(1) 添加文本,可以向文本占位符、文本框和形状中添加文本。

- 向占位符添加文本。在占位符中单击,然后键入或粘贴文本。
- 向文本框添加文本。单击"插入"→"文本"→"文本框"按钮下的箭头。这时,出现一个下拉菜单,可选择"横排文本框"或"垂直文本框"。选中后,单击幻灯片,拖动指针以绘制文本框。在该文本框内部单击,然后键入或粘贴文本。
- 向形状添加文本。正方形、圆形、标注批注框和箭头总汇等形状可以包含文本。选择形状,直接键入或粘贴文本即可。在形状中键入文本,该文本会附加到形状中并随形状一起移动和旋转,文本与形状成为一个整体。如果要将文本添加到形状中但又不希望文本附加到形状中,可以使用添加文本框形式来实现。通过文本框可以为文本添加边框、填充、阴影或三维效果等。

(2)修饰文本,可以为文本设置字体、段落和颜色等。

- 设置文本字体。选中要修饰的文本,单击"开始"选项卡,出现"字体"组,如图 6-7 所

示。在"字体"组中,可以为文本设置"字体"、"字号"、"字体颜色"等要素。进一步设置可以单击"文本"组中的"对话框启动器","对话框启动器"在红圈所示位置。启动对话框后,在"字体"对话框中完成设置。

图 6-7 "字体"组

• 设置文本行间距。选择要更改其行间距的一个或多个文本行。在"开始"选项卡的"段落"组中,单击"行距" $\updownarrow\equiv$ 按钮进行选择。进一步设置可以单击"段落"组中的"对话框启动器"。

(3)对齐文本。文本在文本框中的位置可以有多种选择,可以是左对齐、中间对齐、右对齐和两边对齐等。选中要对齐的文本,在"开始"选项卡的"段落"组中,单击 则文本左对齐,单击 则文本右对齐。进一步可单击 对齐文本 按钮来选择对齐方式。

5.保存演示文稿

单击"文件"→"保存",打开"另存为"对话框,在对话框左侧窗格中的"文件夹"中选定保存位置,在"文件名"中为演示文稿命名,在"保存类型"中选择文件类型。PowerPoint 2010 提供了多种保存文件类型方式,使它具有更大的兼容性。选好要保存的文件类型后,单击"保存"按钮。

PowerPoint 2010 已经扩展到有 26 种类型的文件,其中包括 PDF 和视频格式.wmv 文件。在"保存类型"中如果选择"Windows Media 视频(* . wmv)",则可将 PPT 转换成视频。

6.2 素材 1——图片

在进行演示文稿制作时,为了达到图文并茂的效果,往往需要对图片进行适当的处理。对图片进行亮度调节、裁剪、缩放、旋转、制作各种特殊效果等称为图片处理。对图片进行处理可以使图片变得更美观,甚至产生奇妙的艺术效果。

6.2.1 编辑图片

插入图片后,可以对图片进行编辑。它包括:旋转、对齐、层叠、组合和隐藏重叠对象等操作。这五种操作都可以在"格式"选项卡中的"排列"组中完成,如图 6-8 所示。

图 6-8 "排列"组

1. 对象旋转

(1)任意旋转。在用 PowerPoint 制作演示文稿时,经常要对插入的图片、图形等进行方向位置的改变,其中,旋转是经常要用到的。在 PowerPoint 2010 中,选定某个形状或图形对象,在形状或图形的上方会自动出现一个绿色的小圆圈,这就是用来控制旋转的控制点。把鼠标放到上面拖动,就可以旋转当前对象。

(2)精确旋转。用控制点旋转时有时角度很难控制,可以采用命令来精确旋转。选择

"格式"选项卡中的"排列"组，单击"旋转"命令，将弹出一个菜单，如图 6-9 所示。单击"其他旋转选项"，进入"设置形状格式"对话框，可以进行精确旋转。

图 6-9　"旋转"下拉菜单

2. 对象对齐

按住"Shift"键，选中多个对象。在"格式"选项卡中的"排列"组中，单击"对齐"按钮，弹出下拉菜单，选择所要对齐方式。

3. 对象层叠

对象层叠功能在产生不同的艺术效果上具有很大的作用。使用方法：选中图片，在"格式"选项卡中的"排列"组中，单击"上移一层"或"下移一层"按钮，进行选择。从而，改变对象之间的叠放次序。如果要选择为最上层，在"上移一层"菜单中选择"置于顶层"；如果要选择为最下层，在"下移一层"菜单中选择"置于底层"。

4. 对象"组合/取消组合"

对象的"组合"和"取消组合"功能在图片设计中是很重要的。很多图案可以通过图片之间的一定组合来实现。比如，图 6-10 的按钮设计。它是由五个不同图片（左边）组合而成的按钮（右边）。

同样，通过"取消组合"功能，可以对别人做的图案进行修改。

图 6-10　按钮设计

对象"组合"的使用方法：按住"Shift"键，并选中多个对象。在"格式"选项卡中的"排列"组中，单击"组合"按钮，在下拉菜单中选择"组合"命令。或者，右击对象，在快捷菜单中选"组合"，这样，也可以实现多个图片的组合。同样，可以实现图片之间"取消组合"。

5. 隐藏重叠对象

如果在幻灯片中插入很多精美的对象，在编辑的时候将不可避免地重叠在一起，妨碍工作，怎样让它们暂时消失呢？首先在"格式"选项卡中的"排列"组中，单击"选择窗格"，在工作区域的右侧会出现"选择和可见性"窗格，如图 6-11 所示。在此窗格中，列出了所有当前幻灯片上的"对象"，并且在每个"对象"右侧都有一个"眼睛"的图标，单击想隐藏的"对象"右侧的"眼睛"图标，就可以把档住视线的"对象"隐藏起来。

图 6-11　"选择和可见性"窗格

6.2.2　设置图片格式

设置图片格式包括裁剪、压缩、去除背景、调整颜色、调整模糊度和设置艺术效果等操作。它们都在"格式"选项卡中的"调整"组或"大小"组中完成，如图 6-12 所示。

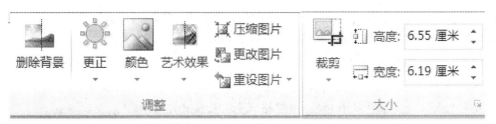

图 6-12　"调整"组或"大小"组

1. 裁剪图片

裁剪操作通过减少垂直或水平边缘来删除或屏蔽不希望显示的图片,以便进行强调或删除不需要的部分。

首先,选择要裁剪的图片。在"图片工具"下"格式"选项卡中的"大小"组中,单击"裁剪"。这时可以看到图片边缘已被框选,如图 6-13 所示。使用鼠标拖动任意边框,这样即可将图片不需要的部分进行裁剪。若要同时均匀地裁剪两侧,在按住"Ctrl"的同时将任一侧的中心裁剪控点向里拖动。若要同时均匀地裁剪全部四侧,在按住"Ctrl"的同时将一个角部裁剪控点向里拖动。

除了直接对图片进行裁剪外,还可以在"图片工具"下"格式"选项卡中的"大小"组中,单击"裁剪"下拉菜单中的"纵横比"、"裁剪为形状"等对图片进行裁剪。

图 6-13　"裁剪"图片

若要将图片裁剪为精确尺寸,右击该图片,然后在快捷菜单上单击"设置图片格式",弹出"设置图片格式"对话框。在"裁剪"窗格上的"裁剪位置"下,在"宽度"和"高度"框中输入所需数值。

若要向外裁剪,如在图片周围添加页边距等,则将裁剪控点拖离图片中心。

若要删除图片的某个部分,但仍尽可能用图片来填充形状,应选择"填充"。选择此选项时,可能不会显示图片的某些边缘,但可以保留原始图片的纵横比。如果要使整个图片都适合形状,应选择"适合",将保留原始图片的纵横比。

2. 压缩图片

图片会增大文档的大小,通过选择图片的分辨率以及图片的质量或压缩图片可以控制此文件大小。在两者之间进行权衡的简单方法是使图片分辨率与文件用途相符。如果要通过电子邮件发送图片,则可通过指定较低的图片分辨率来减小文件大小;如果图片质量比文件大小重要,则可指定不压缩图片。

(1)更改压缩图片的设置。

向幻灯片中添加图片时,系统会自动使用特定的设置来压缩图片。单击"文件","帮助"下,单击"选项",弹出"PowerPoint 选项"对话框,然后单击"高级"。在"图像大小和质量"下指定这些设置的数值。默认情况下,目标输出设置为适用于打印的 220 dpi(每英寸点数)。

(2)删除图片的裁剪区域。

即使已将部分图片进行了裁剪,但裁剪部分仍将作为图片文件的一部分保留。可以通过从图片文件中删除裁剪部分来减小文件大小。

单击要更改分辨率的一张或多张图片,在"图片工具"下的"格式"选项卡上,单击"调整"组中的"压缩图片",将弹出"压缩图片"对话框。选中"删除图片的裁剪区域"复选框。若仅更改文件中选定图片的分辨率,选中"仅应用于此图片"复选框。同时,在"目标输出"下还可以更改分辨率。

(3)放弃图片的编辑。

若要删除已经应用于图片上的所有效果,在"格式"选项卡的"调整"组中,单击"重设图片"按钮,在下拉菜单中选择"重设图片"或"重设图片和大小"命令。

3.去除背景

如果插入幻灯片中的图片背景和幻灯片的整体风格不统一,就会影响幻灯片整体的效果,这时可以对图片进行调整,去除掉图片上的背景。消除图片的背景后,可以强调或突出图片的主题,或消除杂乱的细节。

单击要消除背景的图片。单击"图片工具"→"格式"→"背景"→"背景消除"按钮,此时可看到需要删除背景的图像中多出了一个矩形框,如图 6-14 所示。通过移动这个矩形框来调整图像中需保留的区域。保留区域选择后,单击"保留更改"按钮,这样图像中的背景就会自动去除。

(a)原图　　　　　　　　　　(b)"背景消除"按钮后的结果

图 6-14　背景消除矩形框

通过上面方法,如果还不能把背景色去除干净,可以使用标记方法进一步去消除背景色。

在"背景消除"状态下(如图 6-15 所示),单击"标记要保留的区域",用线条绘制出要保留的区域;单击"标记要消除的区域",用线条绘制出要删除的区域。

提示:即使已经删除了图片的背景,但仍然保存图片的原始版本。

图 6-15 "背景消除"状态

4.调整颜色

调整图片的颜色包括图片的饱和度、色调、透明度和图片重新着色。它们的做法基本相同。单击要为其调整图片的颜色的图片,在"图片工具"下,"格式"选项卡上的"调整"组中,单击"颜色"下拉菜单。在下拉菜单下可以进行的操作如下。

(1)调整图片的颜色饱和度。饱和度是颜色的浓度。饱和度越高,图片色彩越鲜艳;饱和度越低,图片越黯淡。常规更改在下拉菜单中选择。如果要做进一步调整,则需要单击"图片颜色选项"命令,弹出"设置图片格式"对话框,如图 6-16 所示。在这个对话框中完成图片的饱和度的调整。若要选择其中一个作为最常用的"颜色饱和度",可以单击"预设",然后单击所需的缩略图。

图 6-16 "设置图片格式"对话框

(2)调整图片的色调。当相机未正确测量色温时,图片上会显示色偏(即一种颜色支配图片过多的情况),这使得图片看上去偏蓝或偏橙。可以通过提高或降低色温来调整,使图片看上去更好看。调整方法与调整图片的颜色饱和度一样。

(3)图片重新着色。可以将一种内置的风格效果(如灰度或褐色色调)快速应用于图片。方法与调整图片的颜色饱和度一样。若要使用更多的颜色,可以单击"其他变体",在

"主题颜色"下面,选择"其他颜色",在弹出的"颜色"对话框中进行选择。图片将应用使用颜色变体的重新着色效果。

(4)调整透明度。透明度即透光的程度。可以使图片的一部分透明,以便更好地显示层叠在图片上的任何文本、使图片相互层叠或者删除或隐藏部分图片以进行强调。选中图片,在"图片工具"下,"格式"选项卡上的"调整"组中,单击"颜色"下拉菜单,选择"设置透明色",然后单击图片或图像中要使之变透明的颜色。这时,图片与幻灯片其他内容融为一体。图 6-17 是在一张风景图片上添加了一张小花图片,通过"设置透明色"按钮,使两张图片融为一体。

(a)去除前　　　　　　　　　　　　　(b)去除后

图 6-17　调整透明度

注意:不能使图片中的多种颜色变成透明。因为表面上看来是单色的区域(如蓝天)可能实际上由一系列具有细微差别的颜色变体构成,所以选择的颜色可能仅出现在小块区域中。基于这个原因,可能很难看到透明效果。可以采用多次设置透明度来实现(即设置→保存→删除→插入→设置)。

5.图片修正

图片修正包括修正图片的"锐化和柔化"和"亮度和对比度",它们的基本操作方法相同。单击需要修正的图片,在"图片工具"下,单击"格式"选项卡,在"调整"组中,单击"更正"下拉菜单。在下拉菜单下可以进行的操作如下:

(1)修正图片的"锐化和柔化"。在"锐化和柔化"下,单击所需的缩略图。若要微调模糊度值,单击"图片修正选项",然后在"锐化和柔化"下,移动"锐化和柔化"滑块,或在滑块旁边的框中输入一个数值。

(2)修正图片的"亮度和对比度"。在"亮度和对比度"下,单击所需的缩略图。若要微调对比度值,单击"图片修正选项",然后在"亮度和对比度"下,移动"对比度"滑块,或在滑块旁边的框中输入一个数值。

6.添加艺术效果

添加艺术效果,让图片更具个性。PowerPoint 2010 增加了很多艺术样式,这样可以非常方便地打造一张张有个性的图片了。

选择要添加图片艺术效果图片。在"图片工具"下,"格式"选项卡上的"调整"组中,单击"艺术效果"下拉菜单。在打开的多个艺术效果列表中我们可以对图片应用不同的艺术效果,使其看起来更像素描、线条图形、粉笔素描、绘图或绘画作品等。在该样式列表中选择一种类型并单击,这样就可以为当前照片添加一种艺术效果。

6.2.3 设置图片外观

设置图片外观包括设置边框线条和颜色、边框效果和图片版式。它们都可以在"图片工具"下"格式"选项卡上的"图片样式"组中完成,如图 6-18 所示。

图 6-18 "图片样式"组

1. 设置边框线条与颜色

单击要添加效果的图片。在"图片工具"下"格式"选项卡上的"图片样式"组中,单击"图片边框"边上的箭头,弹出下拉菜单,如图 6-19 所示。根据下拉菜单内容,可以选择边框线形、粗细和颜色。

2. 设置边框的效果

可以通过添加阴影、发光、映像、柔化边缘、凹凸和三维旋转等图片边框的效果来增强图片的感染力。

单击要添加效果的图片。在"图片工具"下"格式"选项卡上的"图片样式"组中,单击"图片效果"边上的箭头,弹出下拉菜单,可执行下列操作。

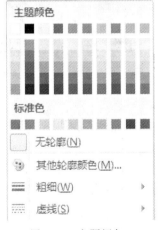

图 6-19 主题颜色

(1)添加或更改内置的效果组合。指向"预设",然后单击所需的效果。若要自定义内置效果,单击"三维选项",然后调整所需的选项。

(2)添加或更改阴影。指向"阴影",然后单击所需的阴影。若要自定义阴影,单击"阴影选项",然后调整所需的选项。

(3)添加或更改映像。指向"映像",然后单击所需的映像变体。若要自定义映像,单击"映像选项",然后调整所需的选项。

(4)添加或更改发光。指向"发光",然后单击所需的发光变体。要自定义亮色,单击"其他亮色",然后选择所需的颜色。要更改为不属于主题颜色的颜色,单击"其他颜色",然后在"标准"选项卡上单击所需的颜色,或在"自定义"选项卡上混合自己的颜色。如果之后更改文档"主题",则不会更新"标准"选项卡上的颜色和自定义颜色。若要自定义发光变体,单击"发光选项",然后调整所需的选项。

(5)添加或更改柔化边缘。指向"柔化边缘",然后单击所需的柔化边缘大小。若要自定义柔化边缘,单击"柔化边缘选项",然后调整所需的选项。

（6）添加或更改边缘。指向"棱台"，然后单击所需的棱台。若要自定义凹凸，单击"三维选项"，然后调整所需的选项。

（7）添加或更改三维旋转。指向"三维旋转"，然后单击所需的旋转。若要自定义旋转，单击"三维旋转选项"，然后调整所需的选项。

（8）删除添加到图片中的效果。指向效果的相应菜单项，然后单击删除效果的选项。例如，若要删除阴影，指向"阴影"，然后单击第一项"无阴影"。

图 6-20 就是选用"厚重亚光，黑色"的图片样式的结果。

图 6-20　"厚重亚光，黑色"的图片样式

【例 6-1】　操作如图 6-21 所示的五环图。

步骤 1：单击"插入"选项卡，在"插图"组中，单击"形状"按钮下面的箭头，在下拉菜单中选择"基本形状"→"同心圆"，按住"Shift"键同时在屏幕上拉出该图形。

步骤 2：选中该图形，按住黄色按钮，即可调整该图形圆环的厚度，右键弹出快捷菜单，选"设置形状格式"命令，弹出"设置形状格式"对话框，在

图 6-21　五环图

这个对话框中，调整该图形的大小、方向、填充颜色和线条样式以及三维旋转的调整。对形状的方向和深度进行调整，直到满意为止。

步骤 3：复制出另外四个图形，调整颜色、位置、层次关系。

这样立体的五环就做好了。

3.设置图片版式

图片版式是一种图文结合模式，使图文一致。单击要添加效果的图片。在"图片工具"下"格式"选项卡上的"图片样式"组中，单击"图片版式"下拉菜单，弹出如图 6-22 所示的下拉菜单。图 6-23 为选择"蛇形图片题注"的结果。图片版式的修改在"SmartArt 工具"下的"设计"选项卡下进行。

提示：虽然图片一次只能应用一种效果，但可以使用"格式刷"将同样的调整快速应用于多个图片。若要将同样的更改复制到多个图片，选中刚才添加了效果的图片后，单击"开始"选项卡上的"格式刷"，然后单击要应用这些效果的图片。

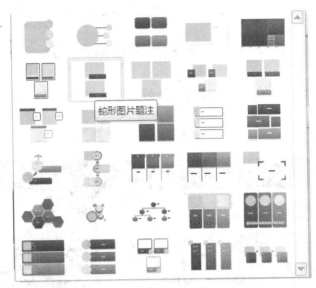

图 6-22　图片版式

图 6-23　"蛇形图片题注"

6.2.4　公式使用

图 6-24　"符号"
组中的公式

　　制作论文答辩 PPT 时,经常要用到一些数学公式,这就要用到公式编辑。单击"插入"选项卡中的"符号"组→"公式",如图 6-24 所示。在弹出的下拉菜单中选择一种比较接近的公式。插入公式后,系统进入公式编辑状态,可以对公式进行"结构和符号"设计和"格式"设计,如图 6-25 所示。

图 6-25　公式的"结构和符号"组

6.2.5　SmartArt 使用

　　SmartArt 图形是信息和观点的可视化表示形式,而图表是数字值或数据的可视图示。

一般来说,SmartArt 图形是为文本设计的,而图表是为数字设计的。

创建 SmartArt 图形时,系统会提示选择一种类型,如"流程"、"层次结构"或"关系"等。类型类似于 SmartArt 图形的类别,并且每种类型还包含几种不同布局。

PowerPoint 演示文稿通常包含带有项目符号列表的幻灯片,所以当使用 PowerPoint 时,可以将幻灯片文本转换为 SmartArt 图形。还可以使用某一种以图片为中心的新 SmartArt 图形布局快速将 PowerPoint 幻灯片中的图片转换为 SmartArt 图形。此外,还可以在 PowerPoint 演示文稿中向 SmartArt 图形添加动画。

"选择 SmartArt 图形"库显示所有可用的布局,这些布局分为八种不同类型,即"列表"、"流程"、"循环"、"层次结构"、"关系"、"矩阵"、"棱锥图"和"图片"。每种布局都提供了一种表达内容以及所传达信息的不同方法。一些布局只是使项目符号列表更加精美,而另一些布局(如组织结构图或维恩图)适合用来展现特定种类的信息。

1. 建立 SmartArt 图形

在幻灯片中使用 SmartArt 图形有两种方法:一是 SmartArt 图形插入幻灯片之后输入文本,二是直接将幻灯片文字变成 SmartArt 图形。

(1)单击"插入"选项卡的"插图"组→"SmartArt",弹出"选择 SmartArt 图形"对话框,如图 6-26 所示。然后,选择一种"SmartArt"图形,在图形中插入文字。

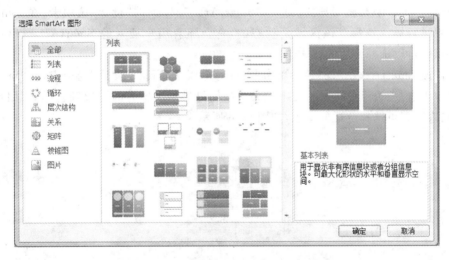

图 6-26　"选择 SmartArt 图形"对话框

(2)在幻灯片中插入一个文本框,把需要变为 SmartArt 图形的文字放入其中。接下来,选中文字所在的文本框,单击"开始"选项卡中的"段落"组→"转换为 SmartArt 图形",打开下拉列表,选择合适的图形(如"交错流程"或"分段流程")。

2. 修改 SmartArt 图形

插入 SmartArt 图形之后,如果对图形样式和效果不满意,可以对其进行必要的修改。从整体上讲,SmartArt 图形是一个整体,它是由图形和文字组成的。因此,允许用户对整个 SmartArt 图形、文字和构成 SmartArt 的子图形分别进行设置和修改。

(1)增加和删除项目。一般 SmartArt 图形是由一条一条的项目组成,有些 SmartArt 图形的项目是固定不变的,而很多则是可以修改的。如果默认的项目不够用,可以添加项目。当选中 SmartArt 图形图表中的某个项目时,单击"SmartArt 工具"下的"设计"选项卡,在"创建图形"组中单击"添加形状"按钮,通过下拉菜单中的"在前面添加形状"或"在后面添加形状"命令即可添加项目。如果要删除项目,只需选中构成本项目的图形,按下键盘上的"Del"键即可。

(2)更改 SmartArt 图形的布局。SmartArt 图形的布局就是图形的基本形状,也就是在刚开始插入 SmartArt 图形的时候选择的图形类别和形状。如果用户对 SmartArt 图形的布局不满意,可以在"SmartArt 工具"下的"设计"选项卡的"布局"组中选择一种样式,如图 6-27 所示。单击三角形按钮,可以打开布局列表,如果其中没有用户需要的,可以单击"其他布局"命令,打开"选择 SmartArt 图形"对话框,从中选择。

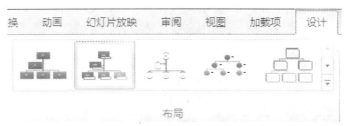

图 6-27　"布局"组

(3)修改 SmartArt 图形样式。单击"SmartArt 工具"下的"设计"选项卡,在"SmartArt 样式"组中进行样式选择。该区域是动态的,它会随着用户插入的 SmartArt 图形自动变化,用户从中可以选择合适的样式。

(4)修改 SmartArt 图形颜色。单击"SmartArt 工具"下的"设计"选项卡,在"SmartArt 样式"组中单击"更改颜色"按钮,在下拉菜单中即可显示出所有的图形颜色样式,用户在颜色样式列表中即可选择合适的颜色,如图 6-28 所示。

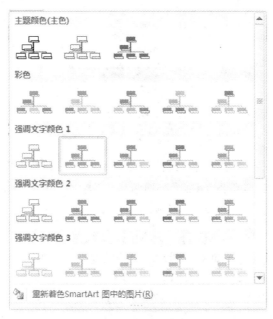

图 6-28　主题颜色

（5）设置 SmartArt 图形填充。单击"SmartArt 工具"下的"格式"选项卡，在"形状样式"组中单击"形状填充"按钮，弹出下拉菜单，用户可以通过其中的命令为 SmartArt 设置填充色、填充纹理或填充图片。

（6）设置 SmartArt 图形效果。单击"SmartArt 工具"下的"格式"选项卡，在"形状样式"组中单击"形状效果"按钮，弹出下拉菜单，用户可以通过其中的命令为 SmartArt 图形设置阴影、映像、棱台、三维旋转效果。设置图形效果的方法与前面为图片、绘制的图形设置效果的方法基本相同。

6.3　素材 2——图表、表格

在 PowerPoint 演示中插入图表，不仅可以快速、直观地表达你的观点，而且还可以用图表转换表格数据，来展示比较、模式和趋势，给观众留下深刻的印象。

成功的图表都具有以下几项关键要素：每张图表都传达一个明确的信息；图表与标题相辅相成；格式简单明了并且前后连贯；少而精和清晰易读。

6.3.1　插入图表

PowerPoint 2010 中可以插入多种数据图表和图形，如柱形图、折线图、饼图、条形图、面积图、散点图、股价图、曲面图、圆环图、气泡图和雷达图等共 11 类。

在"插入"选项卡上的"插图"组中，单击"图表"，弹出"插入图表"对话框，如图 6-29 所示。第一个框显示图表类型类别的列表，第二个框显示每种图表类型类别可用的图表类型。在"插入图表"对话框中，选择所需图表的类型，然后单击"确定"。进入图表编辑状态，如图 6-30 所示。在 Excel 2010 中编辑数据，编辑完数据后，关闭 Excel。

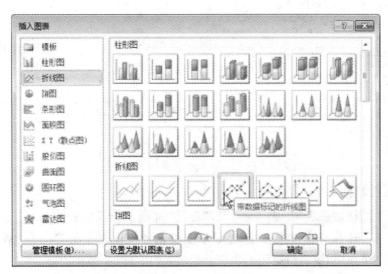

图 6-29　"插入图表"对话框

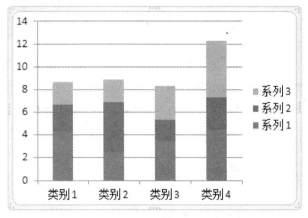

图 6-30　图表编辑状态

6.3.2　编辑图表

对插入的图表可以进行多方面的编辑处理,如修改表中数据、图表类型改变等。在"图表工具"下单击"设计"、"布局"和"格式"选项卡,如图 6-31 所示。按照各选项卡上提供的组和选项进行图表编辑。还可以通过右键单击某些图表元素(如图表轴或图例),访问这些图表元素特有的设计、布局和格式设置功能。

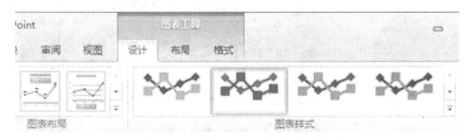

图 6-31　"图表工具"下"设计"选项卡

1. 修改图表数据

选择要更改的图表。在"图表工具"下,"设计"选项卡上的"数据"组中,单击"编辑数据"。Excel 将在一个拆分窗口中打开,并显示要编辑的工作表。在 Excel 工作表中,单击想要更改数据的单元格,编辑数据。编辑完数据后,关闭 Excel 即可。

注意:如果改变了现有的数据,图表会跟着改变以反映新的数据。

除了修改数据外,还可以进行格式、图表类型和图表选项等进行修改。

2. 更改图表类型

PowerPoint 中提供许多图表样式可供选择。选择"图表工具"下"设计"选项卡,单击

"类型"组中"更改图表类型",进入"更改图表类型"对话框。在"更改图表类型"对话框中,单击要更改的图表类型,按"确定"即可。

这里有 11 种标准图表样式,每一种标准图表样式还包括几种子图表类型。但是,并不是每一种样式都适合我们的需求,例如,饼型图用于显示数据百分比,不能显示具体数据。若我们要做一个反映三个人一个季度各自的销售业绩,那么饼型图表只能反映三个人总的销售百分比,而不能显现三个人在一个季度中具体销售数据。柱型图和条型图可以反映具体的数据结构,但不能显示整体的百分比。折线图和散点图更多反映数据走势,多用于对数据分析。

其他的图形各有需求场景,这里不一一点评,在制作图表的时,根据制作需求选择合适的图表样式。

3. 编辑图表格式

为了让图表数据更易于理解,还可以更改其显示外观。选择"图表工具"下"布局"选项卡,在"标签"组、"坐标轴"组和"背景"组中对图表格式进行编辑,如图 6-32 所示。下面举两个"调整坐标轴刻度线"和"调整图例"的例子。

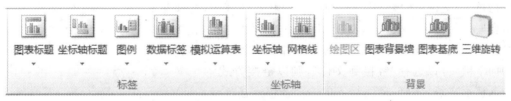

图 6-32 "图表工具"下"布局"选项卡

(1)调整坐标轴刻度线。单击图表,选择"图表工具"下"布局"选项卡,在"坐标轴"组,单击"坐标轴"下面箭头,在下拉菜单中,根据调整需要,选择"主要横坐标轴"或"主要纵坐标轴",如选择"主要横坐标轴"。在下拉菜单中选择"其他主要横坐标轴选项",弹出"设置坐标轴格式"对话框,如图 6-33 所示。设置好后单击"关闭"按钮。

(2)调整"图例"位置。单击图表,选择"图表工具"下"布局"选项卡,在"标签"组,单击"图例"下面箭头,在下拉菜单中,有"在左侧显示图例"、"在右侧显示图例"等。根据调整需要进行选择。

图 6-33 "设置坐标轴格式"对话框

6.4 素材 3——多媒体

用 PowerPoint 做幻灯片的时候,我们可以利用配置声音,添加影片和插入 Flash 等技术,制作出更具感染力的多媒体演示文稿。

6.4.1 声音管理

为了突出重点,可以在演示文稿中添加音频,如音乐、旁白、原声摘要等等。

1. 添加声音

添加声音分为三类:来自文件中的音频、剪贴画音频和录制的音频。在"插入"选项卡上的"媒体"组中,单击"音频"下面的箭头,列出下拉菜单,如图 6-34 所示。

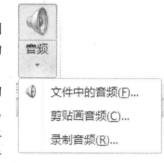

图 6-34 "音频"下拉菜单

(1)添加来自文件中的音频。单击要向其中嵌入音频的幻灯片。在"插入"选项卡上的"媒体"组中,单击"音频"下的箭头,然后单击"文件中的音频"。在"插入音频"对话框中,找到并单击要嵌入的音频。在"插入"按钮上,有两种可以选择:直接单击"插入"按钮,则该音频嵌入到演示文稿中;如果单击"插入"按钮的向下键,可以选择"链接到文件",则以链接方式进入演示文稿。图 6-35 为插入的一个音频标志。

(2)添加剪贴画音频。单击要添加音频剪辑的幻灯片。在"插入"选项卡的"媒体"组中,单击"音频"下的箭头,然后,单击"剪贴画音频"。在"剪贴画"任务窗格中找到所需的音频剪辑,然后单击该剪辑以将其添加到幻灯片中。

图 6-35 音频标志

(3)添加录制音频。单击要添加音频剪辑的幻灯片。在"插入"选项卡的"媒体"组中,单击"音频"下的箭头,然后,单击"录制音频",弹出"录音"对话框,如图 6-36 所示。

在"录音"对话框中,开始录音。录完音后,按"确定"按钮。

图 6-36 "录音"对话框

2. 控制音频播放

每当用户插入一个声音后,系统都会自动创建一个声音图标,用以显示当前幻灯片中插入了声音。用户可以单击选中的声音图标,也可以使用鼠标拖动来移动位置,或拖动其周围的控制点来改变大小。

控制音频播放方式,可以在"音频工具"下的"播放"选项卡上的"预览"、"书签"、"编辑"和"音频选项"组中完成,如图 6-37 所示。

(1)音频播放。在"预览"组中,单击"播放"即可。也可以直接单击音频下面的播放控制条上的"播放"按钮。

图 6-37　"音频工具"下的"播放"选项卡

（2）"音频选项"选择。在"音频选项"组中的"开始"列表中，执行下列操作之一：①若要在幻灯片（包含音频）切换至"幻灯片放映"视图时播放音频，单击"自动"；②若要通过单击鼠标来控制启动音频播放时，单击"单击时"。随后，当准备好播放音频时，只需在"幻灯片放映"视图下单击该音频即可。

在放映演示文稿时，可以先隐藏音频，直至做好播放准备。在"音频选项"组中，选中"不播放时隐藏"复选框。但是，应该创建一个自动或触发的动画来启动播放，否则在幻灯片放映的过程中将永远看不到该音频。

若要在演示期间持续重复播放音频，可以使用循环播放功能。在"音频选项"组中，选中"循环播放，直到停止"复选框。在演示期间，若要在音频播完后后退，可在"音频选项"组中，选中"播完返回开头"复选框。在"音频选项"组中，单击"音量"，可进行音量控制。

（3）书签使用。在进行演示时，书签非常有用，可以帮助快速查找到音频中的特定点。当音频播放时，在需要添加书签的位置，单击"书签"组中的"添加书签"，或者在音频播放的时间控制条上，单击需要添加书签的位置，然后，单击"书签"组中的"添加书签"。一段音频中可以添加多个书签。图 6-38 中圈出的地方为两个书签位置。

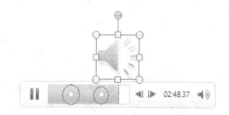

图 6-38　书签位置

（4）剪辑音频。PowerPoint 2010 的新功能之一就是音频的剪辑。这个功能使我们无需安装音频剪辑软件即可完成简单的音频剪辑操作。

在幻灯片上选择音频。在"音频工具"下"播放"选项卡上的"音频选项"组中，单击"剪裁音频"，弹出"剪裁视频"对话框，如图 6-39 所示。在"剪裁音频"对话框中，执行下列一项或多项操作：若要剪裁剪辑的开头，单击起点（图 6-39 中最左侧的绿色标记）。看到双向箭头时，根据需要将箭头拖动到音频的新起始位置。若要剪裁剪辑的末尾，单击终点（图 6-39中右侧的红色标记）。看到双向箭头时，根据需要将箭头拖动到音频的新的结束位置。

图 6-39　"剪裁视频"对话框

6.4.2　视频管理

在 PowerPoint 中,可以播放一段影片帮助观众理解你的观点,也可以播放一段演讲录像或轻松愉快的节目来吸引观众。在娱乐性和感染力方面,什么也比不上多媒体节目。

在 PowerPoint 2010 中使用 Flash 存在一些限制,包括不能使用特殊效果(如阴影、反射、发光效果、柔化边缘、棱台和三维旋转)、淡出和剪裁功能,以及压缩这些文件以更加轻松地进行共享和分发的功能。

1. 添加视频文件

添加视频分为三类:来自文件中的视频、来自网站的视频和剪贴画视频。在"插入"选项卡上的"媒体"组中,单击"视频"下面的箭头,弹出如图 6-40 所示的下拉菜单。

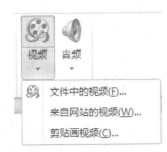

图 6-40　"视频"下拉菜单

(1)添加来自文件中的视频。单击要嵌入视频的幻灯片。在"插入"选项卡上的"媒体"组中,单击"视频"下的箭头,然后单击"文件中的视频"。在"插入视频"对话框中,找到并单击要嵌入的视频。在"插入"按钮上,有两种可以选择:直接单击"插入"按钮,则该视频嵌入到演示文稿中;如果单击"插入"按钮的向下键,可以选择"链接到文件",则以链接方式进入演示文稿。图 6-41 为插入的一个视频。

(2)添加来自网站的视频。在"插入"选项卡上的"媒体"组中,单击"视频"下的箭头,然后单击"来自网站的视频"。从弹出的"从网站插入视频"对话框中输入网络视频的地址,然后单击"插入"按钮,如图 6-42 所示。如何找到网络视频的地址呢? 大部分视频网站都提供了视频的地址。一般在视频下方转帖处,单击此按钮,在展开的窗口中选择"HTML 代码"复制。插入后,在幻灯版编辑页面上出现一个黑色视频框,通过 8 个控点用鼠标来调整视频

图 6-41　插入的一个视频

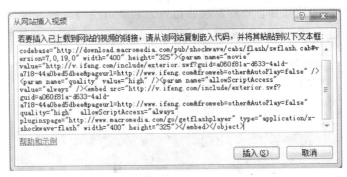

图 6-42　"从网站插入视频"对话框

合适的大小。

（3）添加剪贴画视频。单击要在其中嵌入动态 GIF 文件的幻灯片（剪贴画库里的是 .gif 动画文件）。在"插入"选项卡上的"媒体"组中，单击"视频"下的箭头，然后单击"剪贴画视频"。在"剪贴画"任务窗格中的"搜索"框中，输入描述所选的要预览的动态 GIF 的关键字。在"搜索范围"框中，选择要应用于搜索范围的复选框。在"结果类型"框中，选中"视频"复选框。单击"搜索"。然后从打开的列表中选中一幅动态 GIF 文件并单击，在弹出下拉菜单中单击"插入"命令。

2. 控制视频播放

视频播放方式，可以在"视频工具"下的"播放"选项卡上的"预览"、"书签"、"编辑"和"视频选项"组中完成，如图 6-43 所示。

图 6-43　"视频工具"下的"播放"选项卡

（1）视频播放。在"预览"组中，单击"播放"即可。也可以直接单击视频下面的播放控制条上的"播放"按钮。

（2）"视频选项"选择。在"视频选项"组中的"开始"列表中，执行下列操作之一：①若要在幻灯片（包含视频）切换至"幻灯片放映"视图时播放视频，单击"自动"；②若要通过单击鼠标来控制启动视频的时间，单击"单击时"。随后，当准备好播放视频时，只需在"幻灯片放映"视图下单击该视频帧即可。

在放映演示文稿时，可以先隐藏视频，直至做好播放准备。在"视频选项"组中，选中"不播放时隐藏"复选框。但是，应该创建一个自动或触发的动画来启动播放，否则在幻灯片放映的过程中将永远看不到该视频。

若要在演示期间持续重复播放视频，可以使用循环播放功能。在"视频选项"组中，选中"循环播放，直到停止"复选框。在演示期间，若要在视频播完后后退，可在"视频选项"组中，选中"播完返回开头"复选框。在"视频选项"组中，单击"音量"，可进行音量控制。

（3）书签使用

在进行演示时，书签可以帮助快速查找到视频中的特定点。当视频播放时，在需要添加书签的位置，单击"书签"组中的"添加书签"，或者在视频播放的时间控制条上，单击需要添加书签的位置，然后，单击"书签"组中的"添加书签"。在一段视频中可以添加多个书签。图 6-44 中圈出的地方为两个书签位置。

播放带书签的视频时，在播放时间条中，找到并单击要播放的书签，单击播放时间条最左边的"播放"按钮。

删除书签时，在播放时间条中，找到并单击要删除的书签。单击"书签"组中的"删除书签"。

（4）剪裁视频。有时需要删除与视频主旨无关的部分内容，如片头或片尾。可以借助"剪裁视频"功能将视频剪辑的开头和末尾剪裁掉。选中视频，在"视频工具"下"播放"选项卡上的"编辑"组中,单击"剪裁视频",弹出"剪裁视频"对话框,如图6-45所示。在"剪裁视频"对话框中,执行下列一项或多项操作:①若要剪裁剪辑的开头,单击起点(图6-45中最左侧的绿色标记)。看到双向箭头时,根据需要将箭头拖动到视频的新起始位置;②若要剪裁剪辑的末尾,单击终点(图6-45中右侧的红色标记)。看到双向箭头时,根据需要将箭头拖动到视频的新的结束位置。

图 6-44　两个书签位置　　　　　　图 6-45　"剪裁视频"对话框

(5)淡入淡出时间设置。可以在视频开始或结束的几秒内使用淡入淡出效果。选中幻灯片上的视频。在"视频工具"下"播放"选项卡上的"编辑"组中,在"淡化持续时间"下执行下列一项或两项操作:①若要将计时淡化添加到视频开始处,在"淡入"框中,单击向上或向下箭头以增加或减少"淡入"时间;②若要将计时淡化添加到视频结束处,请在"淡出"框中,单击向上或向下箭头以增加或减少"淡出"时间。

3.设置视频外观

设置视频外观包括在视频中添加同步的重叠文本、标牌框架、书签和淡化效果。此外,与图片的操作一样,也可以对视频应用边框、阴影、反射、辉光、柔化边缘、三维旋转、棱台和其他设计效果。它们可以在"视频工具"下"格式"选项卡上的"调整"、"视频样式"和"大小"组中完成。

(1)设置标牌框架。可以为视频做个封面。封面可以是一张图片或者是视频中的某一帧。在"视频工具"下"格式"选项卡上的"调整"组中,单击"标牌框架"下面箭头,弹出菜单,可进行下列选择:①如果需要使用一张图片作为视频的封面,单击"文件中的图像",然后选择一张图片;②如果需要视频中的某一帧作为视频的封面,先把光标点在视频中的某一帧上,然后,单击"当前框架"。

(2)形状中播放视频。可以在框形状(如圆、箭头、星号和标注)或"视频形状"列表中显示的任何其他形状中播放视频。选中视频,在"视频工具"下"格式"选项卡上的"视频样式"组中,单击"视频形状"。选择要在其中播放视频的形状。

(3)对视频应用特殊效果。可以对视频应用阴影、映像、发光效果、柔化边缘、凹凸效果和三维旋转。选中视频,在"视频工具"下"格式"选项卡上的"视频样式"组中,单击"视频效果"。具体操作与图片处理方法相同。

(4)重新着色。可以通过应用内置的风格颜色效果对视频重新着色,如褐色色调或灰度。选中重新着色的视频,在"视频工具"下,在"格式"选项卡上的"调整"组中,单击"重新着色"。

6.5 布局和美化

6.5.1 母版和模板设计

一个完整专业的演示文稿,需要统一幻灯片中背景、配色和文字格式等,可通过设置演示文稿的母版和模板或主题进行设置。

1. 母版设计

在演示文稿设计中,除了每张幻灯片的制作外,最核心、最重要的就是母版设计,因为母版决定了演示文稿的风格,甚至还是创建演示文稿模板和自定义主题的前提。PowerPoint 2010 提供了幻灯片母版、讲义母版、备注母版三种母版。

打开演示文稿后在"视图"选项卡上的"母版视图"组中选择相应母版,即可进入相应的母版编辑状态。

- 幻灯片母版是幻灯片层次结构中的顶层幻灯片,用于存储有关演示文稿的主题和幻灯片版式的信息,包括背景、颜色、字体、效果、占位符大小和位置。
- 讲义母版可为讲义设置统一的格式。在讲义母版中进行设置后,可在一张纸上打印多张幻灯片,供会议使用。
- 备注母版可为演示文稿的备注页设置统一的格式。若打印演示文稿时一同打印备注,可使用打印备注页功能。如在所有的备注页中放置公司徽标。

幻灯片母版设计如下。打开演示文稿,单击"视图"→"母版视图"→"幻灯片母版",打开"幻灯片母版"视图,此时显示一个默认版式的幻灯片母版,如图 6-46 所示。图中,①表示幻灯片母版,每个演示文稿至少包含一个幻灯片母版;②表示与母版相关联的幻灯片版式。

图 6-46 "幻灯片母版"视图

在"幻灯片母版"视图下创建和编辑幻灯片母版或相应版式,会影响整个演示文稿的外观。可对幻灯片母版进行以下操作:①改变标题、正文和页脚文本的字体;②改变文本和对象的占位符位置;③改变项目符号样式;④改变背景设计和配色方案。

(1)编辑母版。

①插入母版。在"幻灯片母版"视图下,单击"编辑母版"→"插入幻灯片母版"。

②删除母版。在幻灯片缩略图窗格中,右击要删除的母版,在弹出的快捷菜单上单击"删除母版"。每个演示文稿至少包含一个幻灯片母版。

③复制母版。幻灯片母版可从一个演示文稿复制到另一个演示文稿。将要复制的演示文稿切换至"幻灯片母版"视图，在幻灯片缩略图窗格中右击要复制的幻灯片母版，在弹出的快捷菜单中选择"复制"。在目标演示文稿"幻灯片母版"视图的幻灯片缩略图窗格中单击要放置该幻灯片母版的位置。若目标演示文稿包含一个空幻灯片母版，右击该空幻灯片母版，然后单击"粘贴"。若目标演示文稿包含一个或多个自定义幻灯片母版，右击最后一个幻灯片版式所在位置的底部，选择"粘贴"。可粘贴幻灯片母版的目标演示文稿的主题或保留原格式。完成后，在"幻灯片母版"选项卡上的"关闭"组中，单击"关闭母版视图"。

（2）编辑版式。

①插入版式。在"幻灯片母版"视图下，单击"编辑母版"→"插入版式"。

②删除版式。若要删除默认幻灯片母版附带的任何内置幻灯片版式，在幻灯片缩略图窗格中，右击要删除的幻灯片版式，在弹出的快捷菜单上选择"删除版式"。如果该版式已经应用，则必须删除应用该版式的幻灯片后才能删除。

（3）编辑主题。

编辑主题选择"幻灯片母版"→"编辑主题"→"主题"。若要应用内置主题，在"内置"标题下，单击需要的主题。若要应用新创建的主题或已修改并保存的现有主题，在"自定义"下，单击需要的主题。若要应用存储在不同位置的主题文档，单击"浏览主题"，然后查找并选中所需的主题。

（4）编辑背景。

单击"幻灯片母版"→"背景"→"背景样式"，可选择内置的背景样式。

2. 模板设计

母版设置完成后只能在一个演示文稿中应用。如果想得到更多的应用，可以把母版设置保存成演示文稿模板（.potx 的文件）。模板可以包含版式、主题、背景样式和内容。可以创建自定义模板，然后存储、重用和共享。还可以在 Office.com 以及其他合作伙伴网站上找到可应用于演示文稿的数百种不同类型的 PowerPoint 的免费模板。

（1）模板的创建。修改演示文稿的母版后，若要保存为模板，单击"文件"→"另存为"，在"保存类型"列表中，单击"PowerPoint 模板（.potx）"，然后单击"保存"。

（2）模板调用。可以应用 PowerPoint 的内置模板、自己创建并保存到计算机中的模板、从 Office.com 或第三方网站下载的模板。单击"文件"→"新建"，在"可用的模板和主题"窗口进行模板选择。若要使用最近用过的模板，单击"最近打开的模板"；若要使用先前安装到本地驱动器上的模板，单击"我的模板"，再单击所需模板；若要从 Office.com 网站下载，则在"Office.com 模板"下单击模板类别，选择一个模板，然后单击"下载"将该模板从 Office.com 下载到本地驱动器。

6.5.2　版式设计

"版式"是指幻灯片内容在幻灯片上的排列方式。版式由占位符组成，占位符可放置文字（如标题和项目符号列表）和幻灯片内容（如表格、图表、图片、形状和剪贴画）等。

PowerPoint 2010 有 12 种内置幻灯片版式，也可以自己创建满足特定需求的版式。

1. 版式使用

要应用已有的版式，选择"开始"→"幻灯片"→"新建幻灯片"的下拉菜单选择，然后将文字或图形对象添加到版式的提示框中。

要更换版式,选择"开始"→"幻灯片"→"版式"下拉菜单,或右击幻灯片页面旁边,在弹出的快捷菜单中选择"版式"。

套用完版式后,若文字格式、段落对齐方式与版式要求不一致时,可以通过右击页面,在快捷菜单中选择"重置幻灯片",让版式中的格式自动套用到页面上,快速统一修饰。

2. 自定义版式

自定义一套版式的步骤如下。

步骤1:进入母版视图。母版视图中,会在左侧看到一组母版,其中第一个视图大一些,这是基本版式(母版),其他的是各种特殊形式的版式。

步骤2:创建版式。单击"编辑母版"→"插入版式",在出现的版式中添加"占位符"。"占位符"是指版式中预设的标题框、图片框、文字框等对象,用于固定页面中各种内容出现的位置。单击"母版版式"→"插入占位符",在下拉菜单中分别选择"文本"、"图片"、"表格"等,完成后单击"关闭母版视图"按钮回到幻灯片设计窗口。图6-47是自定义的一种版式。

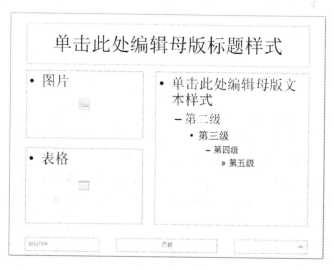

图6-47　自定义的版式

6.5.3　主题设计

主题是主题颜色、主题字体和主题效果三者的组合。主题可以作为一套独立的选择方案应用于文件中。主题颜色、字体和效果可同时在 PowerPiont、Excel、Word 和 Outlook 中应用,使演示文稿、文档、工作表和电子邮件具有统一的风格。

主题设计包括主题颜色、主题字体和主题效果操作。它们可以在"设计"选项卡上的"主题"组中完成。单击"设计"→"主题"→"其他"按钮打开主题库,如图6-48所示。将鼠标移动到某一个主题上,就可以实时预览效果;单击某一个主题,就可应用该主题。

还可以保存自己选择的主题,以供以后使用。单击"主题"→"其他"→"保存当前主题"的命令,在随即打开的"保存当前主题"对话框中输入相应的文件名称,单击"保存"。当前主题保存完成之后,不仅可以在 PowerPoint 2010 中使用,而且在 Word、Excel 当中同样可以使用该自定义主题。如在 Excel 中应用,切换到 Excel 工作表中后,单击"页面"→"主题"选项组→"主题"下拉列表,可以看到在 PowerPoint 当中定义的主题,单击即可将该主题快速应用到当前工作表。

如果对主题的某一部分元素不够满意,可以通过颜色、字体或者效果进行修改。

图 6-48　主题库

1. 设置主题颜色

单击"主题"→"颜色",弹出"内置"对话框,在内置表中选择一种主题颜色。对主题颜色所做的更改会立即影响演示文稿。

也可以自定义主题颜色。在"内置"对话框中,单击"新建主题颜色",弹出"新建主题颜色"对话框,如图 6-49 所示。在"新建主题颜色"下,选择要使用的颜色。每选择一次颜色,示例就会自动更新。键入新颜色主题的名称后保存。

图 6-49　"新建主题颜色"对话框

2. 设置主题字体

每个 Office 主题均定义了两种字体:用于标题文本和用于正文文本。两者可以相同(在所有位置使用),也可以不同。单击"主题"→"字体",弹出"内置"对话框选择合适的字体。也可以自己新建主题字体。

3．设置主题效果

"主题效果"主要是设置幻灯片中图形线条和填充效果的组合，包含了多种常用的阴影和三维设置组合。通过使用主题效果库，可以替换不同的效果集以快速更改这些对象的外观，将演示文稿中所有图形制作成统一风格。

4．快速样式

虽然主题可更改所使用的总体颜色、字体和效果，但快速样式可以更改各种颜色、字体和效果的组合方式以及占主导地位的颜色、字体和效果。对于一个形状对象，单击绘图工具下的"格式"选项卡。当指针停留在"形状样式"组中的快速样式缩略图上时，可以看到快速样式是如何对形状产生影响的。

6.5.4　背景设置

背景设置可通过单击"设计"→"背景"→"背景样式"下拉菜单完成。

1．设置背景样式

背景样式是 PowerPoint 独有的样式，可以很快地为演示文稿设计所需要的背景。PowerPoint 2010 提供了 12 种背景样式。

单击要为其添加背景图片的幻灯片。单击"设计"→"背景"→"背景样式"下拉列表中选择。图 6-50 是背景样式库的两个个示例。

2．设置图片作为背景

如果对内置的背景样式不满意，可以通过设置背景格式进行修改。单击要为其添加背景图片的幻灯片，单击"设计"→"背景"→"背景样式"下拉列表，选择"设置背景格式"选项，打开"设置背景格式"对话框，如图 6-51 所示。

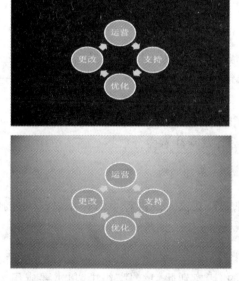

图 6-50　背景样式库的两个示例　　　　图 6-51　"设置背景格式"对话框

在"填充"选项卡中，选中"图片或纹理填充"选项，然后单击随后出现的"文件"按钮，打开"插入图片"对话框。选中作为背景的图片文件，单击"插入"按钮返回到"设置背景格式"对话框中。要使图片作为所选幻灯片的背景，单击"关闭"。要使图片作为演示文稿中所有幻灯片的背景，单击"全部应用"，"关闭"退出。

3. 设置颜色作为背景

单击要为其添加背景色的幻灯片。单击"设计"→"背景"→"背景样式"→"设置背景格式"→"填充"→"纯色填充"→"颜色"，然后单击所需的颜色。要对所选幻灯片应用颜色，单击"关闭"；要对演示文稿中的所有幻灯片应用颜色，单击"全部应用"。

【例 6-2】 使用图片为演示文稿做水印。

水印通常用于信函和名片的半透明图像，如纸币对着光时即可看到纸币中的水印。设置水印用以指明演示文稿的个性。

步骤 1：要为其添加水印的幻灯片，单击"设计"→"背景"→"背景样式"，在背景样式下拉列表中，选择"设置背景格式"选项，打开"设置背景格式"对话框。

步骤 2：在"填充"选项卡中，选中"图片或纹理填充"选项，然后单击随后出现的"文件"按钮，打开"插入图片"对话框，选中作为水印的图片文件，单击"插入"按钮返回到"设置背景格式"对话框中。

步骤 3：调整图片大小和位置，移动"透明度"滑块。透明度百分比可以从 0%（完全不透明，默认设置）变化到 100%（完全透明）。一般选 75%～85%。单击"关闭"。

图 6-52 为用虎做水印的幻灯片的效果。

图 6-52　用虎做水印

6.6　动画设置

为幻灯片上的文本、图形、图示、图表和其他对象添加动画效果，这样可以突出重点、控制信息流，并增加演示文稿的趣味性，从而给观众能留下深刻的印象。动画效果通常通过按照一定的顺序依次显示对象或者使用运动画面来实现。可以对整个幻灯片、某个画面或者某个幻灯片对象（包括文本框、图表、艺术字和图画等）应用动画效果。动画有时可以起到画龙点睛的作用，但是，太多的闪烁和运动画面会让观众注意力分散甚至感到烦躁。

6.6.1　设置切换效果

为演示文稿中的幻灯片添加切换效果，可以使演示文稿放映过程中幻灯片之间的过渡衔接更为自然。

1. 添加切换效果

选择要切换效果的幻灯片。在"切换"选项卡的"切换到此幻灯片"组中，单击要应用于该幻灯片的幻灯片切换效果。

2. 设置切换效果

选择要切换效果的幻灯片。单击"切换"→"切换到此幻灯片"→"效果选项"下拉菜单选择适合的幻灯片切换效果选项。如在"推进"效果中,可以选择"自顶部"、"自底部"、"自左侧"和"自右侧"四种效果。

3. 设置切换时间

选择要切换效果的幻灯片。在"切换"选项卡的"计时"组中,可以进行切换方式的选择、声音选择和换片时间设置等,如图 6-53 所示。图 6-54 中圈出的部分是幻灯片中切换记号。

图 6-53　"切换"选项卡的"计时"组

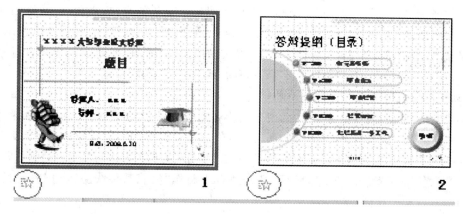

图 6-54　幻灯片中出现切换记号

6.6.2　自定义动画

利用"动画切换"虽可以快速为幻灯片设置动画效果,但有时并不能达到满意的效果,所以可以用"自定义动画"设置动画,以达到播放的效果。"自定义动画"允许我们对每一张幻灯片、每一张幻灯片里的各种对象分别设置不同的、功能更强的动画效果。

在 PowerPoint 中自定义动画都是事先制作好的效果,分为"进入"、"退出"、"强调"、"动作路径"四类,每种类型中又可以选择几种效果。使用者只要选中需要添加动画的对象(包括文字对象、图形对象),然后给这个对象添加动画即可。添加动画之后还可以进行效果选项、计时选项的调整,使得动画效果在细节上更加符合我们的要求。

要做出丰富多彩的动画效果,可为多个对象添加动画效果,或给一个对象添加多种动画效果,并给这些动画进行效果选项、计时选项的调整设置,给动画对象安排不同的播放时间点、播放长度、播放效果,将各种动画效果串在一起,让它们按设定好的方式播放,使整体协调起来。

1. 添加动画效果

选择要添加动画效果的对象,在"动画"选项卡上的"动画"组、"高级动画"和"计时"组中完成动画效果的设置,图 6-55 为"高级动画"组和"计时"组上的功能。

图 6-55 "高级动画"和"计时"组

动画效果有进入、强调、退出和动作路径四种方式。

(1)"进入"型动画。如果为某张幻灯片中的某个对象设置了"进入"动画,那么这个对象在这张幻灯片播放时就会有一个从幻灯片外进入幻灯片内的过程。这种动画也叫"入场动画",也就是说可以为幻灯片中的对象设置一种播放时的"入场效果"。单击"动画"→"高级动画"→"添加动画"下拉菜单,在"进入"标题下选择一种动画,如"出现"、"飞入"等。

(2)"强调"型动画。"强调"型动画通常用于对某个对象的突出、强化表达,必须在动画对象存在的情况下才能发生。在"进入"型动画开始之前,"强调"型动画就无法显示效果,因为对象还没有"进入",而在"进入"型动画开始的同时,"强调"型动画只能随着对象的逐渐"进入"而逐渐显示。同理,在"退出"型动画开始之前,"强调"型动画可以完整显示。"强调"型动画的设置方法与"进入"型动画相同。

(3)"退出"型动画。"退出"型动画用于设置对象离开幻灯片时的动画效果。如果为某张幻灯片中的某个对象设置了退出动画,那么这张幻灯片播放完毕时,会播放这个对象离开幻灯片的动画效果,然后才播放下一张幻灯片。"退出"型动画的设置方法与前两种动画相同。

(4)"动作路径"动画。"动作路径"特别适合于制作"沿着某种线路运动"的动画,设置方法与前三种动画相同。

2. 更改或删除动画效果

若要更改应用于对象的动画效果,选择需要更改的对象,在"动画"→"动画"组中选择所需的新动画。若要删除应用于对象的动画效果,单击"动画"→"高级动画"→"动画窗格",右击要删除的对象,在弹出的快捷菜单中选择"删除"。"动画窗格"如图 6-56 所示。也可以在"动画"选项卡上的"动画"组中,选择"无"来实现。

3. 设置效果选项

除了对幻灯片中的对象设置进入动画、强调动画、退出动画、动作路径四种动画效果外,还要设置效果选项和计时。

(1)效果选项。

单击"动画"→"动画"→"效果选项"下拉菜单,进行效果选择。进一步设置,可以单击"效果选项"下面的"对话框启动器",弹出一个对话框,如图 6-57 所示。对话框里有"设置"和"增强"两项设置。①"设置"一般主要用于控制动画方向等设置;"增强"用于设置"声音"、"动画播放后"和"动画文本"等。设置完成后,单击"高级动画"→"动画窗格",出现相应的"动画信息行",单击相应的"动画信息行"旁边的下拉三角,出现如图 6-56 所示的界面。

图 6-56 "动画窗格"

图 6-57 "效果"选项卡

①效果列表显示动画效果的组成和顺序。

②数字表示动画效果的播放顺序。"0"和"1"表示在播放幻灯片时先播放标题,再播放副标题。幻灯片上的对应项也会显示这些数字。

③鼠标图标表示效果以单击鼠标触发。

④星号表示效果的类型。这里使用进入效果(当悬停在星号上时,会提示效果名称)。

(2)计时。单击"计时"选项卡出现"计时"设置对话框,如图 6-58 所示。

①开始有"单击时"、"之前"和"之后"三种。"单击时"是指当鼠标单击时此动画才进行,"之前"是指上一项动画开始之前,"之后"是指上一项动画开始之后。

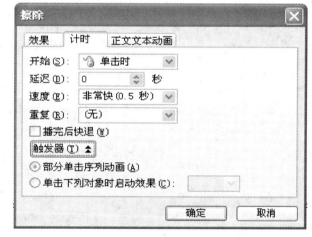

图 6-58 "计时"选项卡

②延迟用于设置动画的延迟时间,默认为 0 秒。

③速度控制动画的播放速度,可以自由设置。

④重复表示这个动作执行次数。

⑤ 播完后快退表示该动作播放完后迅速退出。

⑥ 触发器的具体介绍见第 6.6.4 节。

对于某些对象(如文本框)设置动画时,还出现"正文文本动画"选项卡,可以进行进一步的设置。

【例6-3】 让 PowerPoint 中的数据图表动起来。

为增强演示文稿的说服力,幻灯片中常使用图表。若为图表设置序列动画,让数据演示也动起来,通常能达到吸引观众注意力,强化演示说服力的效果。

步骤1:创建 PowerPoint 图表。在 PowerPoint 中,新建一张幻灯片,版式设置为"标题和内容"。单击幻灯片正文占位符中的"插入图表"按钮,弹出"插入图表"对话框,进入图表创建状态,如选择"簇类圆柱图"图表,这时就可以直接将用于创建图表的数据填入数据表。填好后关闭 Excel,完成图表的创建。

步骤2:为图表设置序列动画。选中要设置动画的图表,单击"动画"→"动画"→"效果选项"→"对话框启动器",在弹出的对话框中选择"图表动画"选项卡,然后单击"组合列表"框右侧的下拉按钮,选择"按序列中的元素"项,单击"确定"按钮后就可以预览动画的效果了。预览后可以进一步在"自定义动画"任务窗格中设置其他动画属性,以达到完美效果。

注意:只有在 PowerPoint 中直接创建的图表才能设置序列动画,通过复制粘贴(或者插入对象)的方法导入的图表不能设置序列动画。

4."动画刷"使用

为演示文稿添加动画是比较繁琐的事情,尤其还要逐个调节时间和速度。PowerPiont 2010 新增了"动画刷"功能,可以像用"格式刷"一样轻轻一"刷"就可以把原有对象上的动画复制到新的目标对象上。

如图6-59所示的两辆卡通车的动画设置。选择上面那辆已经添加了动画的卡通车,再单击"动画"→"高级动画"→"动画刷",然后单击下面的卡通车,动画就被复制了。

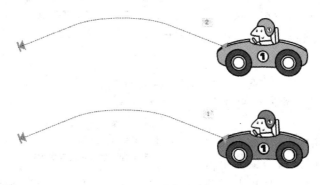

图6-59 "动画刷"

注意:如果动画比较繁琐,层叠层次多,可使用"选择窗格"功能,可以选择单个动画、更改出现的顺序设置可见性等。

【例6-4】 嫦娥卫星绕月飞行。

步骤1:准备素材:星空图、月球图和嫦娥卫星图片,如图6-60所示。

步骤2:插入素材。新建空白幻灯片,单击"设计"→"背景"→"背景样式"下拉菜单,选择"设置背景格式"选项,打开"设置背景格式"对话框,在"填充"选项卡中,选中"图片或纹理填充"选项,单击"文件"按钮,打开"插入图片"对话框,插入"星空图"作为背景。然后执行"插入"→"图片"命令依次插入"月球图"和"卫星图",调整好大小比例和位置。

图 6-60　素材图片

　　步骤 3：创建动画。选中"卫星图"，单击"动画"→"高级动画"→"添加动画"下拉菜单，选择"其他动作路径"，在弹出对话框中选择"圆形扩展"命令。然后用鼠标通过六个控制点调整路径的位置和大小，拉成椭圆形，并调整到合适的位置。

　　（4）设置动画效果。选中"卫星图"，单击"动画"→"动画"→"效果选项"→"对话框启动器"，在弹出的对话框中选择"计时"选项卡，将其下的"开始"类型选为"从上一动画之后"，速度设置为"20 秒"，"重复"项选为"直到幻灯片末尾"。这样嫦娥卫星就能周而复始地一直自动绕月飞行了。

　　（5）动画完成，单击"动画"→"预演"查看效果，如图 6-61 所示。

图 6-61　效果图

6.6.3　动作按钮和超级链接

　　演示文稿放映时，默认按照幻灯片的顺序播放。通过对幻灯片中的对象设置动作和超级链接，可以改变幻灯片的线性放映方式，提高演示文稿的交互性。

1. 动作按钮

　　单击"插入"→"插图"→"形状"→"动作按钮"，有 12 个动作按钮可供选择，如图 6-62 所示。

图 6-62　动作按钮

制作动作按钮的步骤如下。

步骤 1：选择动作按钮单击"幻灯片放映"→"动作按钮"，选择所需的动作按钮。

步骤 2：在幻灯片的适当位置用鼠标拖出一个矩形，即画出一个按钮，此时屏幕将弹出"动作设置"对话框，如图 6-63 所示。对话框中有"单击鼠标"和"鼠标移过"两个选项卡，在"单击鼠标"选项卡中可设置在放映时，需单击动作按钮，才会响应相应动作；在"鼠标移过"中设置在放映时，只要鼠标指针移动动作按钮上，即响应相应动作。

如果用户不想在幻灯片中设置按钮，也可直接利用幻灯片中的文本、图片等对象进行动作设置。

右击需设置动作的对象，在弹出的快捷菜单中选择"动作设置"选项，即可打开"动作设置"对话框，设置后单击"确定"即可。

图 6-63 "动作设置"对话框

如果选择"超级链接到"选项，跳转可以选第一张、最后一张、上一张和下一张。如果要跳转到某一张幻灯片时，则向下滚动到"幻灯片……"命令，再选择需要的幻灯片。

2. 超级链接

在 PowerPoint 中，超级链接可以从一张幻灯片跳转到同一演示文稿中的其他张幻灯片，也可以跳转播放其他演示文稿、文件（如 Word 文档）、电子邮件地址，以及网页。跳转执行的程序执行完毕后，会自动跳回到原演示文稿的调用位置。可以对文本或对象（如图片、图形、形状）创建超链接。

在"普通"视图中，选择要用作超链接的文本或对象。单击"插入"→"链接"→"超链接"，弹出"插入超链接"对话框，如图 6-64 所示。

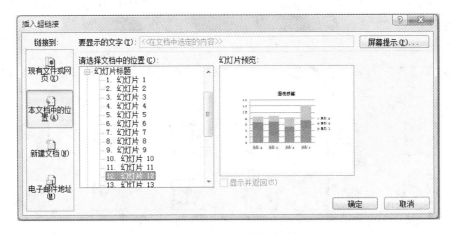

图 6-64 "插入超链接"对话框

用户可以链接幻灯片、自定义放映，还可以链接到最近打开过的文件、网页、电子邮件地址等，操作十分方便。例如，要在同一演示文稿中的幻灯片建立链接，在"链接到"选项下,单击"本文档中的位置"。在"请选择文档中的位置"下,单击目标幻灯片。

在 PowerPoint 中,超链接可在运行演示文稿时激活,而不能在创建时激活。当指向超链接时,指针变成"手"形,表示可以单击它。表示超链接的文本用下划线显示,并且文本采用与配色方案一致的颜色。图片、形状和其他对象超链接没有附加格式。可以添加动作设置(如声音和突出显示)来强调超链接。

当幻灯片的背景颜色与超级链接的颜色相同或相近时,超级链接不易辨认,可以通过设置配色方案来改变超级链接的颜色。

6.6.4　触发器使用

在 PowerPoint 中,触发器是一种重要的工具。所谓触发器是指通过设置可以在单击指定对象时播放动画。在幻灯片中只要包含动画效果、电影或声音,就可以为其设置触发器。触发器可实现与用户之间双向互动。一旦某个对象设置为触发器,单击后就会引发一个或一系列动作,该触发器下的所有对象就能根据预先设定的动画效果开始运动,并且设定好的触发器可以多次重复使用。

设置触发器的步骤如下:选中动画对象,单击"动画"→"动画"组→"效果选项"→"对话框启动器",在弹出的对话框中单击"计时"→"触发器",并选择"单击下列对象时启动效果",并在对象列表中选择作为触发器的对象。对象旁边有图标,表示触发效果设置成功。

【例 6-5】　制作一个学生能随机回答对应水果英语单词的课件。

步骤 1:插入图片并输入单词,如图 6-65 所示。

步骤 2:自定义动画效果。触发器是在自定义动画中的,所以在设置触发器之前还必须要设置答案文本框的自定义动画效果。本例设置为"盒状"效果。

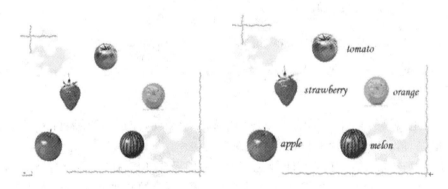

图 6-65　初始界面

步骤 3:设置触发器。选中一种水果图片所对应的文本框,单击"动画"→"动画"组→"效果选项"→"对话框启动器"→"计时"→"触发器",选中"单击下列对象时启动效果"单选框,并在下拉框中选择对应的水果图片,即单击图片时出现相应答案。同样设置其他对象。

步骤 4:效果浏览。播放该幻灯片,单击相应图片后立刻会盒状出现相应单词。通过触发器还可以制作判断题、练习题,方法类似。

6.7　演示文稿放映及输出

演示文稿创建后,可以根据创作的用途、放映环境或观众需求,设计演示文稿的放映方式。单击"幻灯片放映"选项卡,在"幻灯片放映"状态下可以完成演示文稿放映设置。

6.7.1　放映设置

一个制作精美的演示文稿,不仅要考虑幻灯片的内容,还要设计它的表现手法。一个演示文稿的制作效果好坏都取决于最后的放映,要求放映时既能突出重点、突破难点,又要具有较强的吸引力,所以放映的设置就显得尤为重要。

单击"幻灯片放映"→"设置"→"设置幻灯片放映",弹出"设置放映方式"对话框,如图 6-66 所示。

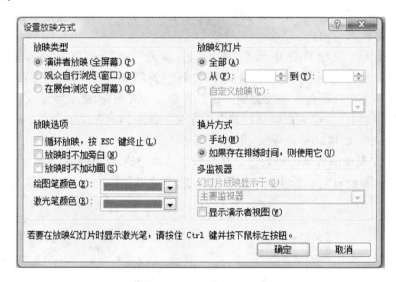

图 6-66　"设置放映方式"对话框

在展台上播放的演示文稿,为避免现场人员干扰画面,应选择"在展台浏览(全屏幕)"方式。此时只能通过幻灯片所设置的按钮来控制换片。

对于需要查看、打印、甚至 Web 浏览演示文稿的场合,应选择"观众自行浏览(窗口)"方式,此时幻灯片不整屏显示,屏幕上显示控制菜单条,观众可以通过单击来人工换片,还可以对幻灯片设定时间来定时自动换片。

"演讲者放映(全屏幕)"方式下可以使用人工按键换片或设定时间间隔自动换片或人工按键盘与设定时间组合换片。使用画笔时,单击不会换片,右击从快捷菜单中选择"箭头"后进入正常放映状态,此时,单击鼠标可以换片。

6.7.2　自定义放映

用户可以使用自定义放映在演示文稿中创建子演示文稿。利用该功能,不用针对不同的观众创建多个几乎完全相同的演示文稿,而是可以将不同的幻灯片组合起来,在演示过程中按照需要跳转到相应的幻灯片上。

例如,要针对公司中两个不同的部门进行演示,可以使用自定义放映功能,先将演示文稿的共同部分显示给所有观众,再根据观众的不同,分别跳转到相应的自定义放映中。

自定义放映的操作步骤如下。

步骤 1:单击"幻灯片放映"→"开始放映幻灯片"→"自定义幻灯片放映",弹出"幻灯片放映"对话框。

步骤 2:单击"新建"按钮,出现如图 6-67 所示的"定义自定义放映对话框"。

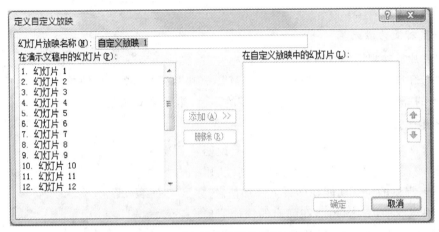

图 6-67　"定义自定义放映"对话框

步骤 3:在"幻灯片放映名称文本框中输入自定义的文件名。

步骤 4:"演示文稿中的幻灯片列表框中列出了当前演示文稿中所有幻灯片编号和标题。从中选定要添加到自定义放映的幻灯片,然后单击"添加"按钮,选定的幻灯片被添加到"在自定义放映中的幻灯片"列表框中。

步骤 5:调整幻灯片顺序,选定的幻灯片,单击上箭头和下箭头调整。

步骤 6:调整完毕后单击"确定"按钮返回"自定义放映"对话框中,新建的自定义放映文件名出现在"自定义放映"列表框中。

6.7.3　排练计时

PowerPoint 可以自动控制文稿的演示放映,使用"排练计时"功能设置每张幻灯片在屏幕上显示时间的长短来进行自动演示。在排练时自动记录时间,也可以调整已设置的时间,然后再排练新的时间。

图 6-68　"预演"工具栏

单击"幻灯片放映"→"设置"→"排练计时",激活排练方式,进入幻灯片放映方式,同时屏幕上出现了如图 6-68 所示的"预演"工具栏。

在该工具栏中单击"下一项"按钮 ，将进入演示的下一个动作;单击"暂停"按钮,可暂停排练,再单击时继续排练;"当前幻灯片时间"显示框为 0:00:02 ;重复按 ↻ 钮,将重新计算当前幻灯片的时间;"总计时间"显示框为 0:00:02 。

放映完最后一张幻灯片后,系统会显示这次放映的总时间,单击"是"按钮,接受这次排列的时间。

要使用排练时间进行自动放映,可单击"幻灯片放映"→"设置"→"设置幻灯片放映",弹出"设置放映方式"对话框,在"换片方式"选项区中选中"如果存在排练时间,则使用它"选项,单击"确定"按钮即可。

6.7.4 笔的使用

在幻灯片放映视图或阅读视图中,可以将鼠标变为激光笔,以将观众的注意力吸引到幻灯片上的某个内容上。

1. 将鼠标变为激光笔

在幻灯片放映视图时,按住"Ctrl"+鼠标左键,鼠标变为激光笔。若要更改激光笔的颜色,单击"幻灯片放映"→"设置"→"设置幻灯片放映",弹出"设置放映方式"对话框,在"放映选项"下的"激光笔颜色"列表中选择所需的颜色,然后单击"确定"。

2. 绘图笔使用

在演示文稿放映过程中,用户可能需要说明一些问题,或需要进行一些着重说明,可以利用PowerPoint 提供的"笔"功能在屏幕上添加信息。

在放映过程中,右击鼠标,在弹出的快捷菜单中选择"指针选项"子菜单中的"笔"或"荧光笔",如图 6-69 所示,这时就可按住鼠标左键直接在正在放映的幻灯片上书写或绘画,如果要改变绘图笔的颜色,只需在如图 6-69 所示菜单中选择"墨迹颜色"选项,在下一级菜单中选择颜色。

利用绘图笔所书写的内容将在幻灯片放映时显示,而不会改变制作的幻灯片的内容。如要擦除所书写的内容,只需右击鼠标,在弹出的快捷菜单中单击"指针选项"→"橡皮擦"选项即可。

图 6-69 "指针选项"子菜单

在书写或绘画时,幻灯片将保持停止不动状态,要想继续播放,需选择图 6-69 中的"指针选项"子菜单中的"箭头"选项,即恢复原样,或按"ESC"键便可退出。

6.7.5 录制幻灯片演示

"幻灯片放映"→"设置"→"录制幻灯片演示"的下拉菜单。根据开始录制幻灯片放映的位置,单击"从头开始录制"或"从当前幻灯片开始录制"。这时,弹出"录制幻灯片演示"对话框,如图 6-70 所示。

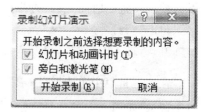

在"录制幻灯片演示"对话框中,选中"旁白和激光笔"复选框,如果还想录制每个幻灯片或动画的放映时间长度,再选中"幻灯片和动画计时"复选框。然后,单击"开始录制"。

图 6-70 "录制幻灯片演示"对话框

按住"Ctrl"+鼠标左键,这时,出现激光笔。把激光笔指向希望观众注意的幻灯片内容。若要移动到下一张幻灯片,松开"Ctrl"键。

若要暂停录制旁白,在"录制"快捷菜单中,单击"暂停";若要继续录制旁白,单击"继续录制"。

若要结束幻灯片放映录制,右击幻灯片,然后单击"结束放映"。

放映结束后,将自动保存录制的幻灯片放映计时。幻灯片放映显示在幻灯片浏览视图中,每个幻灯片下面都显示了计时。要查看刚录制的笔移动和计时,在"幻灯片放映"选项卡上的"开始放映幻灯片"组中,单击"从头开始"或"从当前幻灯片开始"。

6.7.6 演示文稿打包与解包

演示文稿制作完成后,往往不是在同一台计算机上放映,如果仅仅将制作好的课件复制到另一台计算机上,而该机又未安装 PowerPoint 应用程序,或者课件中使用的链接文件或 TrueType 字体在该机上不存在,则无法保证课件的正常播放。将演示文稿打包成 CD 可打包演示文稿和所有支持文件,包括链接文件,并从 CD 自动运行演示文稿。

1. 将演示文稿打包成 CD

步骤1:打开要打包的演示文稿。

步骤2:将空白的可写入 CD 插入到刻录机的 CD 驱动器中。

步骤3:单击"文件"→"保存并发送"→"将演示文稿打包成 CD",弹出"打包成 CD"对话框,如图 6-71 所示。在"将 CD 命名为"框中键入文件名。

步骤4:若要添加其他演示文稿或其他不能自动包括的文件,单击"添加",选择要添加的文件,然后单击"添加"。默认情况下,演示文稿被设置为按照"要复制的文件"列表中排列的顺序进行自动运行,若要更改播放顺序,请选择要调整的演示文稿,单击向上或向下箭头调整到新位置;若要删除演示文稿,选中后单击"删除"。

步骤5:若要更改默认设置,可单击"选项",弹出"选项"对话框,如图 6-72 所示,然后选择下列操作.若要排除播放器,清除"PowerPoint 播放器"复选框;若要禁止演示文稿自动播放,或指定其他自动播放选项,在"选择演示文稿在播放器中的播放方式"列表中设置;若要包括 TrueType 字体,选中"嵌入的 TrueType 字体"复选框;若需要打开或编辑打包的演示文稿的密码,在"帮助保护 PowerPoint 文件"下面输入要使用的密码。

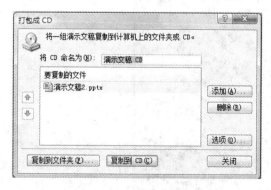

图 6-71 "打包成 CD"窗口

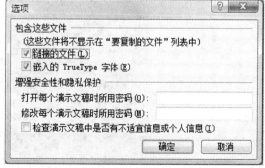

图 6-72 "选项"对话框

步骤6:单击"复制到 CD"。若复制到计算机上,则单击"复制到文件夹"。

2. 解包运行

若演示文稿被打包成 CD,则该 CD 能够自动播放。如果将 CD 盘插入光驱时,没有自动播放,或者是将演示文稿打包到文件夹,当要播放打包的演示文稿时,可以在"Windows 资源管理器"窗口中,转到 CD 或文件夹,双击 play. bat 文件进行自动播放,或者双击 PowerPoint 播放器文件 Pptview.exe,然后选择要播放的演示文稿,单击"打开"即可。

6.8　习　题

1.在电视上我们经常看到屏幕下方有一串文字从右向左滚动显示。请用 PowerPoint 来实现滚动字幕效果。

2.演示汉字"天"字的书写笔画顺序。

3.用 PowerPoint 制作一个漂亮的有声电子相册。

4.制作汽车爬楼梯功能,如图 6-73 所示。

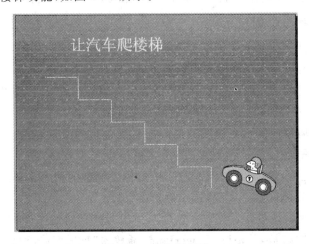

图 6-73　汽车爬楼梯

5.制作一张漂亮的春节贺卡,如图 6-74 所示。

图 6-74　春节贺卡

6.设计一个转轴能从中间慢慢向两边展开(同时字也慢慢展开)的幻灯片,如图 7-75 所示。

图 6-75　卷轴

7.使用触发器设计一个选择题交互课件或判断题的交互课件。

8.设计一个圆饼图,能让数据图表动起来。

9.制作如图 6-76 所示的三维图形。

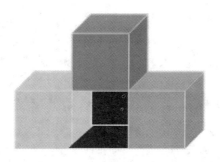

图 6-76　三维图形

第 四 篇

Outlook 高级应用

Outlook 是 Microsoft office 套装软件的组件之一。也许，Outlook 并没有像 Microsoft office 的常用组件 Word、Excel 和 PowerPoint 那么令人熟知。也许，有人会将 Outlook 与 Outlook express 混为一谈，认为 Outlook 只不过是收发邮件而已，并没有太吸引人的功能。但实际上，Microsoft office Outlook 与 Microsoft Windows 自带的 Outlook express 是两个不同的应用软件。除了可以收发电子邮件之外，Microsoft office Outlook 2010(后面简称 Outlook 2010)提供的功能更多，还可以方便快捷地管理邮件信息、管理联系人信息、设置日程日历、安排日常任务和建立便笺等。

- 邮件管理功能

Outlook 2010 提供了方便快捷的邮件管理功能，只需要在一个软件平台位置，就可以方便地同步来自不同服务商的多个电子邮件账户，特别是通过"搜索文件夹"、"快速步骤"和"规则"可以高效快捷地集中或分类管理多个电子邮件账户的邮件信息。

Outlook 2010 提供了多种查找或查看邮件的视图方式，方便对同类电子邮件对话的跟踪，从而缓解了信息超载，轻松管理数量庞大的电子邮件。

Outlook 2010 很好地将会议安排日历与邮件结合起来，可以通过在邮件中收发会议日历并通过简单的方式直接列入日历，自动提供日程的跟踪和提醒。

Outlook 2010 提供了多种图形和图片编辑工具，可以创建极具视觉效果的电子邮件；可以通过在邮件中插入屏幕截图并设置其格式更方便地将创意传达给邮件接收者。另外，还可以在邮件阅读区直接阅读附件图片、音乐、动画等内容。

- 联系人管理功能

Outlook 2010 提供了在联系人文件夹中,组织和保存与通信人相关的个人和机构的相关信息。联系人信息可以基本到只有姓名和电子邮件地址,也可以包含额外的详细信息,如街道地址、多个电话号码、照片、生日以及与联系人相关的其他任何信息。

创建联系人有多种形式,可以基于导入的联系人创建联系人;可以基于收到的电子邮件发件人创建联系人;也可以根据电子名片创建联系人等。

- 日历安排功能

Outlook 2010 提供了全新的日程安排视图,使用它可以更加轻松地安排时间和日程,并根据需要设置跟踪提醒。

Outlook 2010 可以在日历中方便地计划个人约会活动,也可以在日历中计划包含其他人的会议,通过邮件发出邀请要求,其他人对会议要求的响应将出现在收件箱中,同时会议的日程安排将醒目地出现在日历视图和待办事项列表中。

- 任务计划功能

Outlook 2010 提供了任务计划和跟踪提醒功能,可以方便地将日常生活或工作中的待办事项和任务计划管理起来。设置的任务将显示在"待办事项栏"、"任务"以及"日历"中的"日常任务列表"三个位置。

- 便笺管理功能

Outlook 2010 提供了便笺管理功能,可以记录一些临时的创意念头、只言片语或是提醒自己需要考虑的事情等。只要Outlook 2010 平台开启,就可以将创建的便笺拖放到桌面上或打开,以方便看到。

- 其他功能

Outlook 2010 还提供了日记、打印、数据导入导出、宏和网络社交关联等功能。

本篇将主要介绍 Outlook 2010 最常用的功能,为了便于理解和操作,所有相关内容的介绍将围绕一个应用示例展开。

第 7 章

邮件与事务日程管理软件

Outlook 2010 提供了高级商业和个人电子邮件管理工具,并集成日程日历安排管理功能于一身,满足用户在工作、家庭和学校的通信和事务日程管理方面的需求。Outlook 2010 的主要功能模块和概括性的邮件管理功能如图 7-1 和图 7-2 所示。

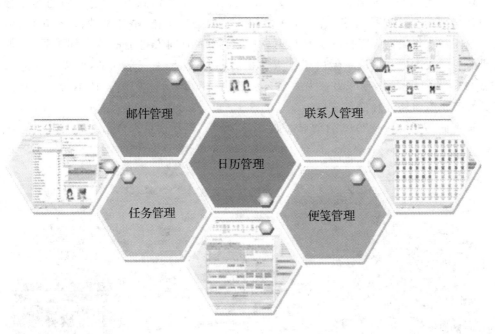

图 7-1　Outlook 2010 的主要功能模块

如果日常邮件收发频繁、数量庞大,日常事务繁忙,日程安排满档;如果常常为了处理繁杂的邮件、安排约会和会议日程档期而耗费大量的时间和精力。那么,只要拥有一台属于自己的计算机,就可以考虑选择用 Outlook 2010 来打理这一切。

下面从一个具体的应用示例出发,学习和掌握 Outlook 2010 是怎样实现邮件与事务日程管理功能的。

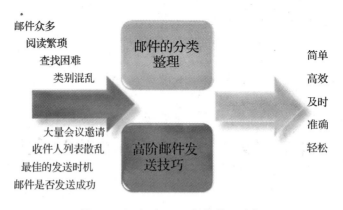

图 7-2　Outlook 2010 邮件管理功能

7.1　应用示例

黄小仙,女,28 岁,未婚,就职于一家高端婚庆公司,担任婚礼策划职务。

除了私人的约会和邮件来往,她日常的工作邮件来往信息量大且繁杂,与客户会面约谈和公司部门会议安排密集,婚礼布景、婚礼酒店、婚礼用花、婚礼婚纱、婚礼司仪、婚礼幻灯片制作和工作出差等工作任务档期常常排满,有些时间安排上的冲突和矛盾,必须花费大量的时间去沟通和协调。但由于她天性粗心,总是容易丢三落四的,所以常常遗漏一些该做的事情,为此她感到压力很大。但自从使用了 Outlook 2010,就让她所有的邮件和事务处理工作变得格外轻松和简单。

黄小仙的 Outlook 2010 启动界面如图 7-3 所示,显示信息来自系统的默认数据文件。

图 7-3　黄小仙的 Outlook 启动界面

下面就以邮件账户管理、联系人管理、日历管理和任务管理为主题,介绍黄小仙运用 Outlook 2010 处理邮件与事务日程管理的方法。

7.1.1　邮件账户管理

在 Outlook 2010 中,黄小仙添加了三个新账户,其中两个分别是自己工作和私人的邮箱账户,另外一个是公司同部门的同事王小贱的工作邮箱账户(方便好友彼此互助处理工作中的海量邮件)。信息界面如图 7-4 所示。

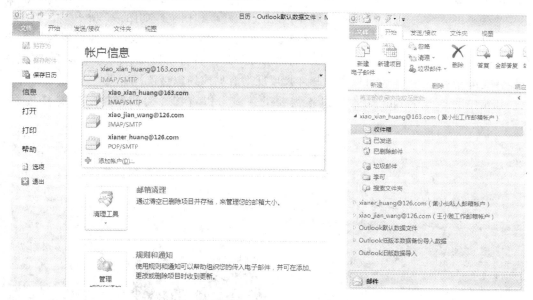

图 7-4　多个邮箱账户共处一个 Outlook 平台

需要特别说明的是,三个不同的邮箱账户的信息存储是相互独立的,分别设置为三个不同的 Outlook 数据文件。另外,还有两个来自较低版本的 Outlook 数据文件,这样更便于

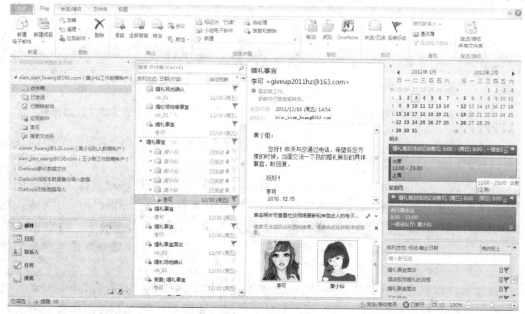

图 7-5　黄小仙工作邮箱的信息查阅界面
(日期对话排列方式)

保存查看和延续使用以前的通信联系人和邮件等信息。

　　在邮箱信息的查阅方面，可以依照不同的排列方式浏览邮件。如果与某些联系人有比较固定的邮件联系，还可以在账户文件夹中建立子文件夹以方便进一步归类，如图7-4右侧黄小仙工作邮箱账户中的李可子文件夹所示。

　　黄小仙工作邮箱的信息查阅界面（日期对话排列方式——可以将一个主题邮件的所有回复对话集中显示在一起，可以折叠展开，方便分类管理和回复），如图7-5所示。

　　可以直接在邮件的阅读窗格中播放查看多种格式的附件；也可以对邮件设置类别色彩和后续标志，便于归类和查找。如果加了后续标志，邮件将自动出现在任务列表中，实现自动监督提醒功能。另外，还可以通过邮件投票征询意见或约定会议等。

　　邮箱中的PowerPoint附件信息不需要下载就可以直接在阅读窗格中动态播放，如图7-6所示。

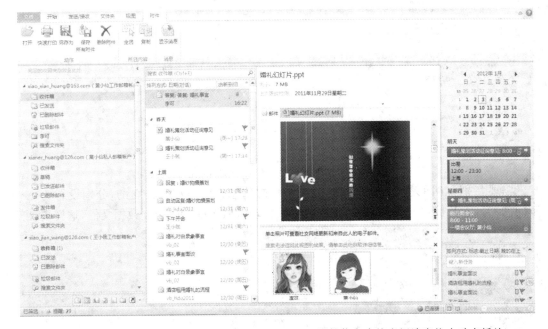

图7-6　黄小仙工作邮箱的信息查阅界面（PowerPoint附件信息直接在阅读窗格中动态播放）

　　虽然共处同一个平台，但又可以同时方便地处理在私人邮箱的邮件信息。黄小仙在私人邮箱与妈妈的邮件联系，如图7-7所示。

　　同样共处同一个平台，虽然王小贱的邮箱账户是添加在黄小仙的计算机上，但是如果有隐私保护需要，可以设置数据文件保护密码。当需要查看账户中的信息时，必须输入正确的密码，否则无法展开邮箱账户文件夹。这种方式也适合于多人共用同一台电脑的情况。王小贱查看设置保护密码的邮箱账户的过程如图7-8所示。王小贱查看带有音乐附件信息的工作邮箱的过程如图7-9所示。

　　通过邮件可以直接将日历安排按日、月或年等形式发送给邮件接收者，让参与者可以直观看到日历的日程安排，或者与他人共同确认时间。如图7-10所示是王小贱查看带有日历信息的邮件。

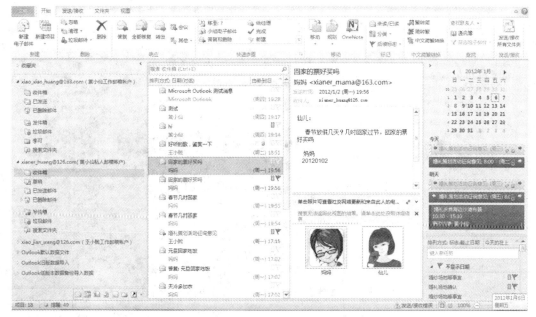

图 7-7　黄小仙在私人邮箱与妈妈的邮件联系

图 7-8　王小贱查看设置了保护密码的邮箱账户过程

图 7-9　王小贱查看自己邮箱中的音乐信息

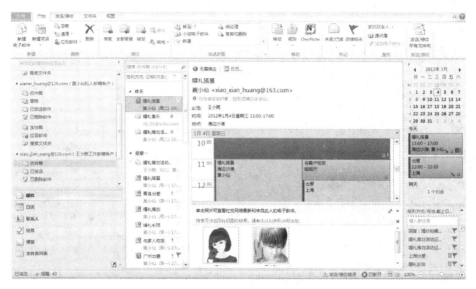

图 7-10　王小贱查看自己邮箱中的黄小仙日历信息

7.1.2　联系人管理

　　联系人呈现了与黄小仙邮件来往联系的个人或组的信息,一旦建立,在邮件来往中能比较直观地反映收发件人的信息。

　　在邮件信息量大且繁杂的情况下,联系人信息建立得越详尽,邮件处理时就越方便。同时,联系人信息还可以分组归类,在群发邮件时非常方便。当联系人众多时,可以方便地根据不同的搜索和筛选方式快速定位所要找的联系人。

　　另外,联系人信息也可以分类存放在不同的 Outlook 数据文件中。如图 7-11 所示是黄小仙的联系人名片信息。

图 7-11　黄小仙的联系人名片信息

7.1.3　日历管理

日历管理是黄小仙繁忙工作日程安排的有利助手,可以创建单个或多个日历,也可以创建日历组。日历日程设置时可以有多种形式选择,如个人的约会日程、与他人约定会议或活动;设置重复周期循环日程,如周、月、季度和年例会等。

可以通过邮件发送发生和接收会议邀请,接收的会议邀请可以直接拖放到自己的日历或任务列表中,不需要另外建立,方便日程管理和跟踪提醒。

设置的日程可以通过设置分类颜色来快速分类,既直观又规范,多而不乱。系统自动在待办事项栏的日历上定时跟踪提醒。

如图 7-12 所示是黄小仙 2012 年 1 月 4 日的日历日程安排情况,右边的待办事项栏同步显示跟踪提醒条目。如图 7-13 所示是黄小仙 2012 年 1 月的日历日程安排情况。如果与他人商榷约会或会议时间,也可以将彼此的日历信息重叠比对,这样就很容易找到适合彼此的空闲时间。

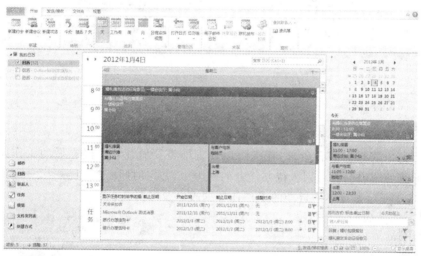

图 7-12　黄小仙 2012 年 1 月 4 日的日历日程安排

图 7-13　黄小仙 2012 年 1 月的日历日程安排

如图 7-14 所示是黄小仙将两份日历重叠之后的效果试图，空白处就是共同有空的时间段。

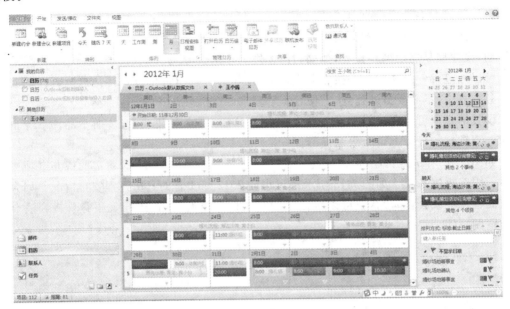

图 7-14　比较两份重叠的日历找出空闲时段

7.1.4　任务管理

除日历可以安排时间日程外，任务可以规划即将要做或者已经在做的工作监督，同时对邮件的标志处理也会自动列入待办任务的列表中，并定时跟踪提醒。

如图 7-15 所示是黄小仙近期的工作任务列表以及参与人。

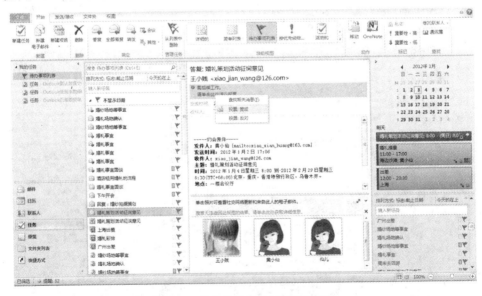

图 7-15　黄小仙近期的工作任务列表

7.2　界面环境与基本配置

Outlook 2010 提供了非常友好的软件环境,各种窗格的显示视图既漂亮又直观,提供了多种功能,让我们可以有条不紊地处理邮件和日程安排等事务,工作效率得以显著提高。

下面从 Outlook 2010 的界面环境与基本配置开始,介绍 Outlook 2010 的具体操作和使用方法。

7.2.1　界面环境

Outlook 2010 的界面环境风格与 Microsoft Office 2010 的其他组件一样。

Outlook 2010 功能区的"视图"选项卡提供了项目的多种视图显示方式。Outlook 2010 的每种项目都有类似的"视图"显示选择。"视图"布局显示界面,如图 7-16 所示。

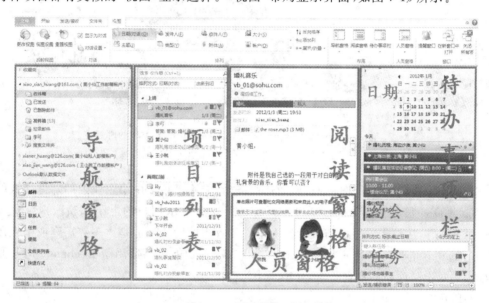

图 7-16　视图布局显示

选择"视图"→"排列",可以在项目列表栏中按不同的排列方式显示信息,方便整理和查找项目;选择"视图"→"布局",可以设置导航窗格、阅读窗格、待办事项栏的项目条目数量以及是否关闭等;选择"视图"→"人员窗格",可以设置是否在阅读窗格下部显示人员信息,如果将 Outlook 2010 连接到社交网络,还可以获取更多有关人员的网络社交信息,选择"视图"→"提醒窗口",可以查看提醒的项目列表并可设置具体提醒方式。

7.2.2　添加配置邮件账号

首次启动 Outlook 2010 发送和接收电子邮件之前,必须先添加和配置电子邮件账户。如果使用过早期版本的 MS Outlook,在同一台计算机上安装了 Outlook 2010,则系统会自动导入旧版的账户设置。

1. 账户类型

Outlook 2010 支持 Microsoft Exchange、POP3 和 IMAP 类型的邮箱账户,如图 7-17 所示。

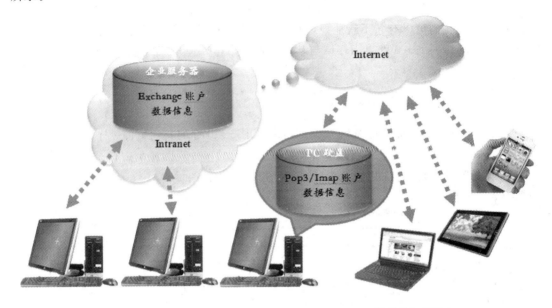

图 7-17   Outlook 2010 支持 Exchange 、Pop3 和 Imap 类型的邮箱账户

(1)Exchange

Exchange 是基于电子邮件的协作通信服务器,应用于很多中小企业内部邮件交换的电子邮件提供商。很多配备 Android 操作系统的手机会要求用户的电子邮箱账户绑定一个 Exchange 账户,从而实现手机与服务器上邮件和日历的同步。但是大多数家庭或个人用户没有 Exchange 电子邮件账户。Outlook 2010 有一些功能是只适用于 Exchange 电子邮件账户的,如同步邮件和共享日历等,在本章中将被略过。

(2)POP3

POP3 是从 Internet 电子邮件服务器检索电子邮件的常用协议。POP3 账户是最常见的电子邮件账户类型。

(3)IMAP

IMAP 是指 Internet 邮件访问协议。IMAP 账户是一种增强的电子邮件账户类型,与仅提供一个服务器收件箱文件夹的 POP3 等 Internet 电子邮件协议不同,IMAP 允许创建多个服务器文件夹,以便保存和组织邮件,这些邮件可从多台计算机访问。

电子邮件账户包含在配置文件中。配置文件包含账户、数据文件以及指定电子邮件保存位置的设置。首次运行 Outlook 时,系统将自动创建一个新配置数据文件。

2. 自动添加电子邮件账户

首次使用 Outlook 2010,"自动账户设置"功能将自动启动,并以向导的方式引导用户为电子邮件配置账户设置。此设置过程只需提供姓名、电子邮件地址和密码,但必须保持 Internet 网络状态畅通,具体操作步骤如下。

①启动 Outlook，当系统提示配置电子邮件账户时，单击"Internet 电子邮件"→"下一步"；在"自动账户设置"对话框中输入姓名、电子邮件地址（必须是已经存在的邮箱账户）和密码，单击"下一步"，如图 7-18 所示。

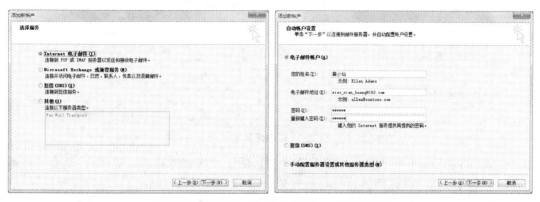

图 7-18　首次进入 Outlook 2010 自动账户设置

②在自动配置账户时，系统会显示一个进度指示器。设置过程需要几分钟时间。成功添加账户后（系统默认配置的是 IMAP 类型），可以通过单击"添加其他账户"来添加其他账户。若要退出"添加新账户"对话框，单击"完成"，如图 7-19 所示。

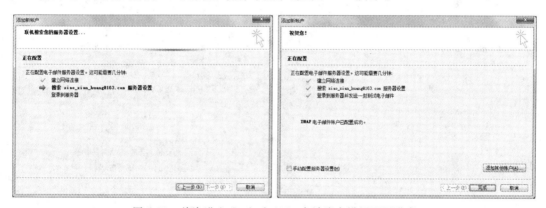

图 7-19　首次进入 Outlook 2010 自动账户设置配置进度

如果电子邮件账户无法自动配置，则系统会提示手动配置。

3. 手动添加电子邮件账户

如果自动添加邮箱账户不成功，可以选择手动配置。手动配置的过程与"自动账户设置"类似，只是需要自己填写更多有关邮箱账户的信息。具体操作步骤如下。

①启动 Outlook，当系统提示配置电子邮件账户时，单击"Internet 电子邮件"→"下一步"；在"自动账户设置"对话框中，单击"手动配置服务器设置或其他服务器类型"→"下一步"，如图 7-20 左图所示。

②在"Internet 电子邮件设置"对话框上依次输入姓名、电子邮件地址（必须是已经存在的邮箱账户）、账户类型（POP3 或 IMAP 都可以）、接收和发送邮件服务器（如果不清楚自己邮箱账户收发邮件服务器名，可以登录对应网站的邮箱，查看帮助信息）和密码，选中"记住密码"复选框。另外，还可以指定接收邮件信息的数据文件。

图 7-20　手动配置服务器设置或其他服务器类型

　　如果选择"记住密码"选项,则无需在每次访问账户时键入密码。但是,这也会使该账户容易受到有权访问你计算机的任何人的攻击,如图 7-20 右图所示。

　　③单击"其他设置",在"Internet 电子邮件设置"对话框中进行以下多项设置。

　　• SMTP 身份验证:在"发送服务器"选项卡上选中"我的发送服务器(SMTP)要求验证"复选框;如图 7-21 左图所示。

图 7-21　电子邮件账户的其他设置

　　• POP3 传递(IMAP 没有此项):在"高级"选项卡上选中"在服务器上保留邮件副本"复选框。这样,服务器上的邮件可以一直保留,其他地方也能看到,如图 7-21 右图所示。

　　如果电子邮件账户还有其他的设置要求,只要在对应项目上按照要求设置即可。

　　④在"Internet 电子邮件设置"对话框中,单击"测试账户设置"或"下一步",验证账户是否有效。如果信息缺失或不正确,系统会提示提供缺失的信息或做相应更正。如果测试成功,单击"完成",如图 7-22 所示。

　　Outlook 2010 可以添加多个不同的账户,添加成功之后,可以进一步设置账户所属的 Outlook 数据文件属性。

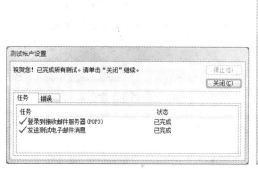
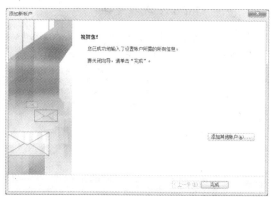

图 7-22　测试账户设置并成功完成

7.2.3　Outlook 数据文件

Outlook 数据文件是计算机上用来存储邮件、联系人、日历、任务和便笺等所有项目相关数据信息的文件,扩展名为.pst。

1. 数据文件组织形式

首次运行 Outlook 2010,系统会自动创建一个默认的 Outlook 数据文件。另外,Outlook 2010 可以专门为电子邮件账户(如 POP3 或 IMAP 等)创建独立的 Outlook 数据文件,用来存储特定账户的邮件信息和联系人信息。根据个人处理信息的数量和种类情况,决定数据组织存储形式。如果日常的信息量不大,可以简单地将所有信息都集中存放在默认的 Outlook 数据文件中。否则,可以创建多个数据文件,将不同的项目保存在各自的 Outlook 数据文件中。如图 7-23 所示是 Outlook 2010 数据文件组织形式的理解示意图。

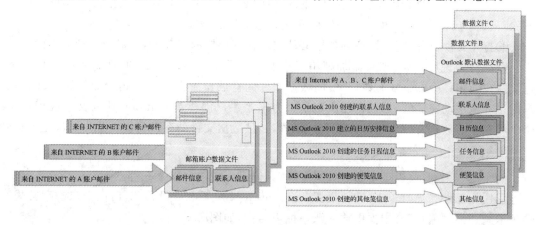

图 7-23　Outlook 2010 中数据文件的组织形式

如果有多个邮箱账户,可以为每个电子邮件账户分配一个 Outlook 数据文件,指定一个默认送达位置;也可以使用一个 Outlook 数据文件专门用来组织和备份项目以保护项目。

尽管在 Outlook 2010 中可以创建多个数据文件,但是系统一次只能指定一个 Outlook 数据文件为默认设置值。

2. 查看 Outlook 数据文件

数据文件的存储位置以及数量情况,可以通过"文件"→"信息"→"账户设置"→"账户设置",在弹出的"账户设置"对话框中,单击"数据文件"查看,并实现"添加"、"设置"、"设置默认值"、"删除"和"打开文件位置"等操作,如图 7-24 所示。

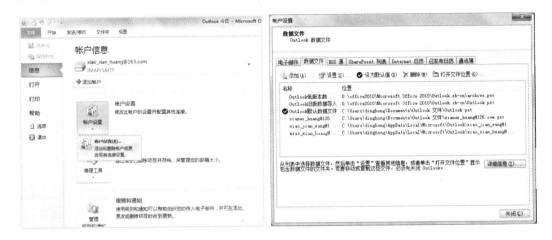

图 7-24　查看 Outlook 数据文件

①添加数据文件:创建一个新的 Outlook 数据文件或添加一个已经存在的数据文件到文件列表中,用来存放指定的信息。

②设置数据文件:设置指定数据文件的相关属性信息,如名称和密码等。

③设置默认值:在数据文件列表中选择其中一个作为默认数据文件,系统对设置为默认设置值的数据文件内容提供优先访问和定时跟踪提醒功能。

④删除数据文件:从文件列表中删除选中的数据文件,但实际的数据文件本身并没有删除,只是 Outlook 2010 暂时不提供访问该数据文件的功能。

⑤打开文件位置:直接切换到数据文件实际存储位置的 Windows 资源管理器界面。

需要特别说明的是,如果添加邮箱账户的过程是系统自动完成的,那么系统会自动为每个账户创建一个 Outlook 数据文件,数据文件的存放位置由系统决定。如果添加邮箱账户的过程是手动完成的,可以自己决定是否为邮箱账户创建新 Outlook 数据文件或指定一个已经存在的数据文件作为邮件接收的位置,并且数据文件的存放位置由你自己决定。

3. 设置 Outlook 数据文件

为了便于识别,可以重新命名数据文件,具体设置方法有以下三种。

①添加邮件账户时单击"其他设置",在"Internet 电子邮件设置"对话框中,选择"常规"选项卡,在"邮件账户"文本框中输入账户标识名称,如图 7-25 左图所示。

②通过 Outlook 2010 主窗口上的导航窗格,右击某个数据文件或邮件账户,在弹出快捷菜单中选择"数据文件属性",如图 7-25 右图所示,在弹出的相应数据文件的属性对话框中单击"高级"按钮,弹出"Outlook 数据文件"对话框,在"常规"选项卡的"名称"文本框中输入账户标识名称,如图 7-26 所示。

③通过单击"文件"→"信息"→"账户设置"→"账户设置",弹出"账户设置"对话框,如图 7-24 右图所示,直接双击"数据文件"选项卡上的某个数据文件或单击"设置"按钮,弹出

图 7-25　设置 Outlook 数据文件

“Outlook 数据文件”对话框，在“常规”选项卡的“名称”文本框中输入账户标识名称。另外，在这里也可以设置数据文件的访问密码（需要重新启动，设置才能生效），如图 7-26 右图所示。

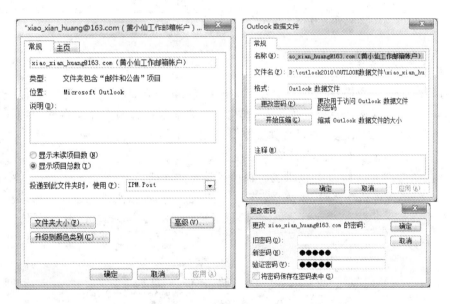

图 7-26　设置数据文件属性对话框

4. 移动数据文件

Outlook 数据文件可移到计算机的另一文件夹中。移动之前必须先退出 Outlook 并确保任何打开的项目均已关闭或保存。前面已经介绍过如何查看数据文件，先确定数据文件的存储路径位置后，可以直接使用 Windows 资源管理器将 Outlook 数据文件移到另一文件夹，然后按照以下步骤操作。

①重新启动 Outlook 2010，如果移动的是系统默认数据文件，那么系统首先会显示一

个错误对话框,提示无法找到 Outlook 数据文件;如果移动的是其他数据文件,只有当访问被移动的数据文件夹时,才会显示错误对话框,提示无法找到 Outlook 数据文件(archive.pst,被移动旧版备份数据文件),单击"确定",如图 7-27 左图所示是弹出"创建/打开 Outlook 数据文件"对话框。

②在对话框中,通过浏览找到新文件夹的位置,选择被移动的 Outlook 数据文件(archive.pst),单击"打开"即可,如图 7-27 右图所示。

图 7-27　移动数据文件

5. 自动存档到数据文件

随着不断地创建和接收项目,如电子邮件、约会、联系人、任务和便笺等,存储各个项目信息的 Outlook 数据文件会越来越庞大,查找和归类整理信息的工作变得麻烦,同时"收件箱"、"日历"、"任务"或"便笺"项目文件夹都具有默认不超过 6 个月的龄期。所以,可以将过期的或很少使用但很重要的旧项目移至存档位置。

自动存档是 Outlook 2010 提供的备份项目信息的功能,存档文件是 Outlook 数据文件(.pst)。首次运行自动存档时,系统会自动创建存档文件,而该文件的创建位置取决于计算

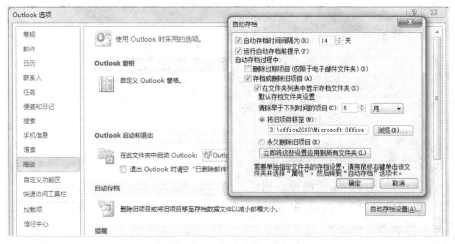

图 7-28　自动存档设置

机上运行的操作系统。

　　首次运行 Outlook 2010 时,系统默认打开自动存档,并且每 14 天运行一次。但是,如果希望将自动存档的项目信息直接存储到指定数据文件中,可以通过重新设置存档来完成。单击"文件"→"选项"→"高级"→"自动存档"→"自动存档设置",更改自动存档的运行频率,指定用于存储已存档项目的 Outlook 数据文件(.pst),以及 Outlook 文件夹中的项目存档的时间。如果更改"将旧项目移至"下面列出的存档文件,则每次运行自动存档时都将使用这个新文件,如图 7-28 所示。

7.3　联系人

　　Outlook 2010 中的"联系人"文件夹用于组织和保存有关人员、组织和业务信息的位置。联系人信息有多种视图显示形式,便于浏览和查找。如图 7-29 所示是列表形式。

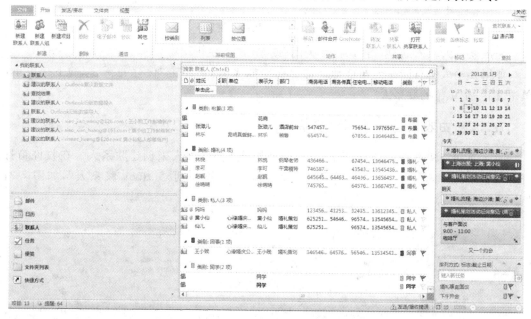

图 7-29　联系人信息列表

　　联系人信息可以存储在一个数据文件中,也可以分类存储在多个数据文件中,还可以创建归属于某个联系人的子文件夹,可以根据需要归类存放(可复制、移动、粘贴等操作),便于查找和整理。

7.3.1　新建联系人

　　在联系人窗口,单击"新建联系人",在弹出的联系人对话框中,输入联系人姓名以及有关该联系人的其他任何信息,如图 7-30所示。

　　若要在一个字段中输入多个条目(如多个电话号码或电子邮件地址),可以单击该字段旁下拉菜单,填写更详尽的信息。

　　若要添加联系人的照片,可以双击照片图标,单击"联系人"→"选项"→"图片"→"添加图片"。

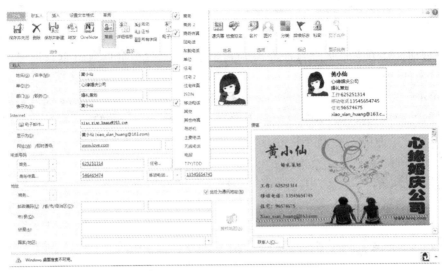

图 7-30　创建联系人信息

完成联系人输入后,单击"保存并关闭"或单击"保存并新建"。

如果要输入来自同一公司或地址的另一个联系人,可单击"保存并新建"的下拉菜单,单击"同一个单位的联系人"。

7.3.2　由收到的邮件创建联系人

除了直接新建联系人外,还可以由收到的电子邮件发件人来创建联系人。在收件箱打开并预览发件人的电子邮件,右击发件人姓名,选择"添加到 Outlook 联系人",如图 7-31所示。

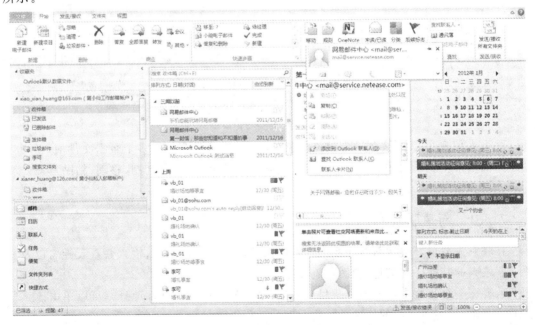

图 7-31　由邮件收件人创建联系人信息

在打开的联系人信息对话框中,填写补全其他字段的信息。

7.3.3　由收到的电子名片添加联系人

如果发件人将其签名设置为电子名片（不是一般的图片，而是 Outlook 2010 自动生成的电子名片），那么可以直接通过电子邮件中电子名片创建联系人。

在打开的邮件中，右击电子名片或附加在邮件附件中的 .vcf 文件，选择"添加到联系人"，然后根据需要编辑信息，保存即可，如图 7-32 所示。

图 7-32　由接收的电子邮件发件人创建联系人信息

7.3.4　建议联系人

默认情况下，创建的联系人信息直接存储在默认数据文件的联系人文件夹中。但如果还有多个邮箱账户数据文件，那么还会配备相应的建议联系人。

建议联系人是指通过某个账户发送邮件时，收件人的地址不是在已有联系人列表中选的，而是直接通过手工输入地址，那么 Outlook 2010 会将这个地址自动列入建议联系人文件夹。

Outlook 2010 提供了联系人地址记忆式键入功能，当键入姓名和电子邮件地址时，系统会显示对这些内容的建议信息，这些建议信息是从之前键入过的姓名和电子邮件地址列表中选择的可能匹配项，该列表被称为"记忆式键入姓名列表"。如果下次再输入同样收件人地址时，系统就会自动显示与之相匹配的建议邮件地址，图 7-33 所示。

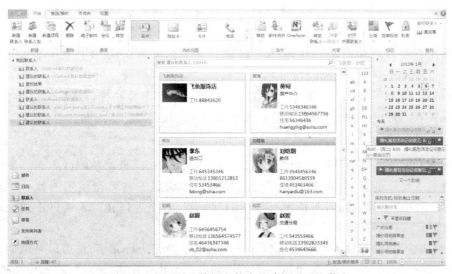

图 7-33　在不同的数据文件中的建议联系人信息

如果有些收件人地址只是偶尔使用,不希望系统自动列入建议联系人,那么可以通过联系人选项的设置来取消这个功能。单击"文件"→"选项"→"联系人"→"建议的联系人",去掉"自动将不属于 Outlook 通讯簿的收件人创建为 Outlook 联系人"复选框。

7.4 邮 件

添加邮箱账户和主要联系人信息后,就可以开始收发邮件了。Outlook 2010 为邮件的收发和管理提供了丰富的功能,除了常规的邮件收发功能外,还提供了日历传递、会议邀请和答复、意见征询投票和快速步骤等功能。

7.4.1 选择账户创建新邮件

如果有多个邮箱账户,可以方便地选择不同的邮箱账户创建新邮件。

只要在导航窗格的邮件文件夹中,将光标定位在某个邮箱账户上,单击"开始"→"新建"→"新建电子邮件",就可以由当前账户为发件人创建新邮件了。如果临时想改变发件人,可以通过单击"收件人"按钮,在账户列表中选择其他的发件人账户。

如果要为这封邮件和将来的所有邮件显示"密件抄送"框,可以在"选项"卡上的"显示字段"组中单击"密件抄送"。在"收件人"、"抄送"、"密件抄送"框中,可以直接输入收件人的电子邮件地址或姓名,用分号分隔多个收件人。也可以单击"收件人"、"抄送"或"密件抄送"按钮,系统会自动跳出一个"选择姓名:建议联系人"对话框,单击通讯录下拉菜单选择联系人列表选项,在列出的建议联系人列表中单击所需的姓名,再单击"收件人"、"抄送"或"密件抄送"按钮。单击"确定",所有收发人账户信息就填写完成了。接着在"主题"框中,键入邮件的主题。完成撰写邮件正文之后,单击"发送"即可。

7.4.2 邮件正文与附件

Outlook 2010 提供了丰富的邮件编辑工具,除了常规的文本编辑和附件功能外,还可以在邮件正文中插入更多类似 Word 文档图文混排的生动元素,如信纸、图片、表格、形状、Smartart、艺术字、特殊符号和截屏等,可以传递极具视觉效果的邮件正文信息。运用Smartart 工具编辑邮件正文并在附件中添加一个 Powerpoint 幻灯片的界面,如图 7-34所示。

Outlook 2010 还提供了添加个性化签名、日历和电子名片功能,通过邮件将会议邀请与日历相关联,通过发送电子名片与联系人相关联等功能。

1. 添加个性化签名

在创建和回复邮件时,通常发件人需要在邮件末尾署名,也就是邮件签名。虽然每次可以直接输入自己的签名,但是推荐的比较简单的方法是先将可能使用的签名制作设置好,具体可以创建要添加到所有待发邮件中的默认签名,也可以在待发邮件中选择不同的签名。

Outlook 2010 的邮件签名可以是包含发件人信息的若干行文字,也可以是纸质名片的照片图片,还可以是 Outlook 2010 联系人信息的电子名片。单击"文件"→"选项"→"邮件"→"撰写邮件"→"签名"。在"签名和信纸"对话框中的"电子邮件签名"选项卡的"选择要编

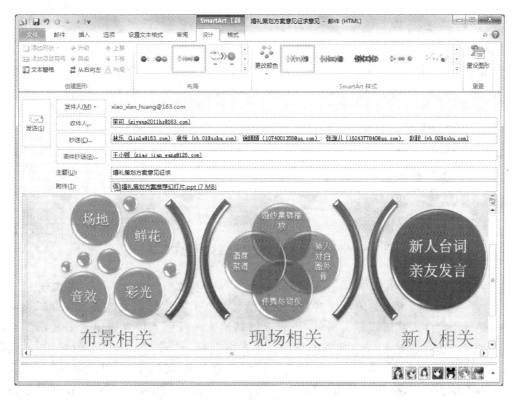

图 7-34　编辑新邮件正文

辑的签名"列表中,选择所需的签名,如图 7-35 所示;或者单击"新建"按钮创建签名。在对话框右上部的"新邮件"列表中的"选择默认签名"下,选择所需签名。如果要在答复和转发的邮件中包含签名,可以在"答复/转发"列表中选择签名。如果不希望这些邮件中包含签名,可以选择"无"。最后单击"确定"。

图 7-35　设置邮件个性化签名

签名设置完成后,新建或回复电子邮件时,系统都会自动插入设置好的默认签名,当然,如果希望选择不同的签名,可以单击"邮件"→"添加"→"签名",然后选择所需的签名即可,如图 7-36 所示。

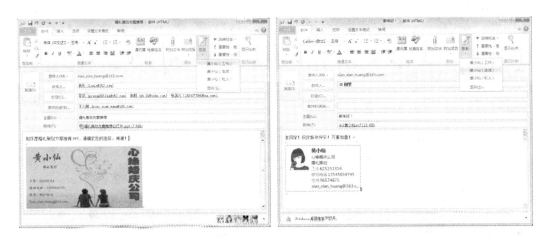

图 7-36　新建或回复邮件时使用默认或手动选择签名

2. 邮件中添加电子名片

通过电子名片,可以更方便地共享联系人信息。电子名片可以迅速插入到要发送的邮件中,并可由收件人立即识别。另外,还可以将其他人的联系人信息以电子名片的形式发送或转发,以达到联系人信息共享的目的。单击"邮件"→"添加"组,单击附加项目,选择"名片",然后单击列表中的姓名。如果看不到所需的名字,可以单击"其他名片",在"表示为"列表中单击该名字,然后单击"确定"。"名片"菜单会显示作为电子名片在邮件中插入的后 5 个联系人的名字。在一封邮件中,可以插入多个电子名片,如图 7-37 所示。

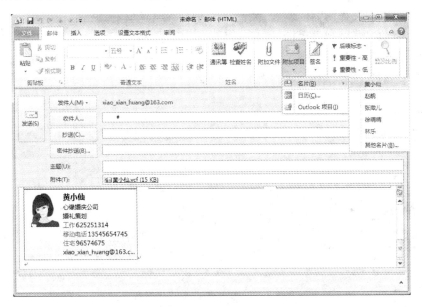

图 7-37　邮件中添加电子名片

3. 邮件中添加日历

通过添加日历,可以方便地与他人共享日历信息,合理安排事务日程。日历可以方便地插入到要发送的邮件中,并可由收件人直接打开查看,以及与自己的日历行程进行对比。

　　"邮件"→"添加"组,单击附加项目,选择"日历",在弹出的对话框中进行日历选项设置并确定即可,如图 7-38 所示。

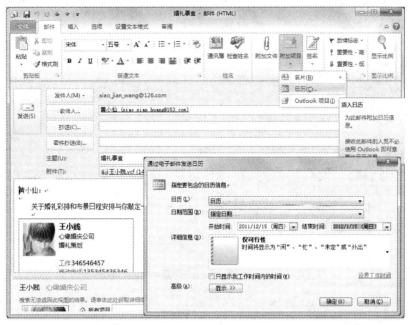

图 7-38　邮件中添加日历

　　邮件中添加日历之后,在发送和接收的邮件中,会直接附有日历。在阅读窗格顶部会有"打开该日历"的图标,可以通过单击图标直接将收到的日历添加到收件人自己的日历组中;如图 7-39 所示也可以直接打开邮件,在"邮件"选项卡的"打开"组中单击"打开该日历",

图 7-39　添加日历的邮件阅读窗格

实现同样的操作,如图 7-40 所示。

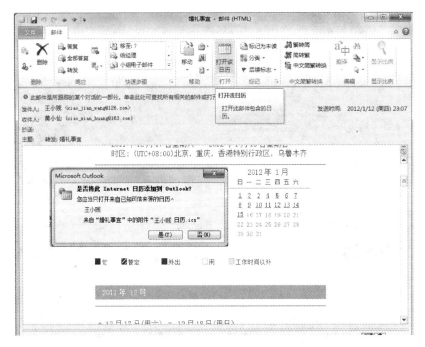

图 7-40　在邮件中打开收到的日历

打开邮件中的日历后,会直接添加到其他日历组中,方便日历的比对和日程时间确定,如图 7-41 所示。

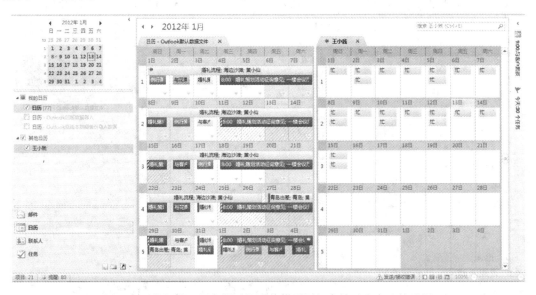

图 7-41　将邮件日历直接添加到其他日历组中并对比自己的日历

7.4.3　向电子邮件添加跟踪

Outlook 2010 提供了跟踪发出的电子邮件并产生操作的功能,包括:①送达和已读回执,当邮件被送达或阅读后得到通知;②征询投票,要求对邮件进行简单的"是"或"否"投票,或者添加自定义投票按钮;③对结果进行跟踪和计数等。设置方法如下:单击"文件"→"选项"→"邮件"→"跟踪",勾选需要设置的选项,单击"确定",设置如图 7-42 所示。

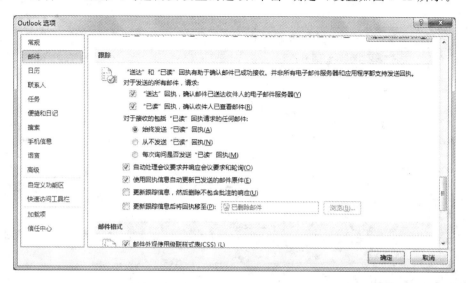

图 7-42　设置邮件跟踪属性

1. 获取送达或已读回执

送达回执说明发出的电子邮件已送达收件人的邮箱,但并不表明收件人已看到或阅读该邮件。已读回执说明邮件已被打开。在这两种情况下,收件箱中都会收到一封邮件通知。但是,邮件收件人可以拒绝发送已读回执。在打开的邮件中,选中"选项"选项卡上"跟踪"组中的"请求送达回执"或"请求已读回执"复选框,如图 7-43 所示。

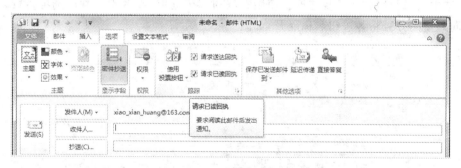

图 7-43　设置邮件回执跟踪

收件人在阅读邮件之前会被系统提示"是否发送回执",如果回答"是",那么发件人可以收到回执邮件,如图 7-44 所示。

2. 添加投票按钮

在 Outlook 2010 中,通过在要发送的电子邮件中包含投票按钮,可以很容易地创建意见征询投票。系统会将收件人的投票送回发件人的收件箱。在打开的邮件中,单击"选项"选项卡上"跟踪"组中的"使用投票按钮"。单击提供的选项之一,也可以创建自己的自定义投票按钮名称。例如,可以请收件人在多个方案中选择其中一个,如图 7-45 所示。

图 7-44　邮件回执跟踪信息

图 7-45　设置邮件投票跟踪

如果选择自定义,系统会跳出一个"属性"对话框。在"属性"对话框的"投票和跟踪选项"下,选中"使用投票按钮"复选框。使用默认的按钮选项,或者删除默认选项再键入所需文本,同时使用分号将各按钮名称隔开,如图 7-46 所示。

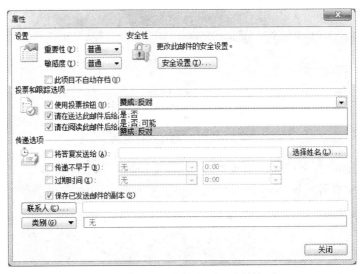

图 7-46　设置邮件投票跟踪属性

收件人可在阅读窗格或打开的邮件中投票。在阅读窗格中,单击邮件头中的"请单击此处进行投票"行,然后单击所需选项。如图 7-47 所示,在打开收到的邮件中,单击"邮件"→"响应"→"投票",然后单击所需选项。

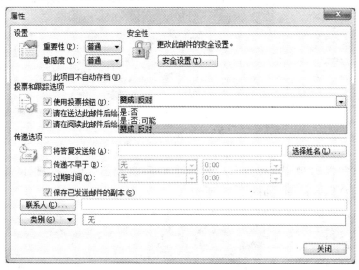

图 7-47　响应邮件投票跟踪

发件人可在表格中看到所有响应。在其中一封响应邮件上,单击邮件头中的"发件人响应"行,然后单击"查看投票响应",如图 7-48 所示。回执和投票信息都记录在"已发送邮件"中的原始邮件中。打开邮件,然后在"邮件"选项卡的"显示"组中,单击"跟踪"。如图 7-49 所示。

图 7-48　收到响应投票邮件

3. 标记要求执行操作的邮件

Outlook 2010 可以标记要求执行后续操作的邮件作为自己设置的提醒。标记的邮件可为自己或电子邮件的收件人创建待办事项,有助于更好地管理邮件。

(1)为自己的邮件添加标记

在邮件列表中单击所需邮件,单击"邮件"→"标记"→"后续标志"→选择要设置的标志的类型。也可以在打开的邮件中同样设置。

还可以简单地通过快速单击邮件列表右端的标记小旗子来标记邮件。如果希望添加

图 7-49　查看投票结果

对此带标志邮件的提醒,弹出"邮件"→"标记"→"后续标志"→"添加提醒"。如果需要,还可以更改提醒的日期和时间,如图 7-50 所示。

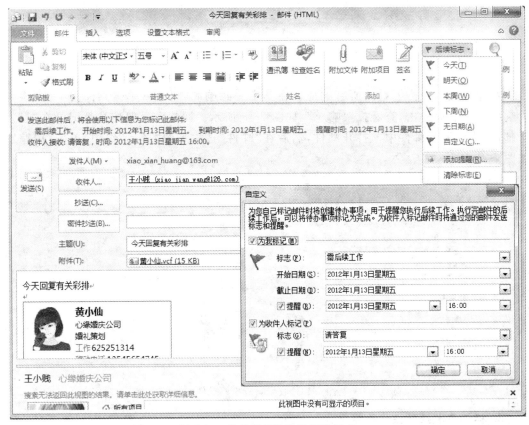

图 7-50　为发送邮件设置后续标志

(2)为收件人的邮件添加标记

可以根据需要为收件人邮件添加标记,以提醒收件人注意期限。单击"邮件"→"标记"→"后续标志"→"自定义"→"为收件人标记"。若要给收件人添加此带标志邮件的提醒,可以选中"提醒"复选框,然后更改日期和时间。发件人发送的添加了后续标志的邮件,如图 7-51所示。收件人收到该邮件时,会显示一个标志。当在 Outlook 中打开该邮件后,会在阅读窗格的信息栏中和该邮件的顶部显示一条消息,如图 7-52 所示。

图 7-51　发件人已发送的设置了后续标志的邮件

图 7-52　收件人查看设置了后续标志的邮件

7.4.4　用会议要求答复电子邮件

如果收到一封电子邮件,并希望召开与该邮件相关的会议,则可在 Microsoft Outlook 2010 中用会议要求答复这封邮件,而无需打开日历。

1. 答复会议

如果用"答复会议"答复邮件,则创建一个会议要求,原始邮件中"收件人"行上的所有人都将作为必选与会者受到邀请,"抄送"行上的所有人将作为可选与会者受到邀请。

可以在阅读窗格中单击所需项目,单击"开始"→"响应"→"会议"。也可以在阅读窗格中,单击所需的项目,然后将其拖到导航窗格中的"日历"选项卡中,或拖到"待办事项栏"上的日历中。还可以在打开邮件的"邮件"选项卡上的"响应"组中,单击"会议",如图 7-53 所示。

在会议邮件对话框中,输入会议地点以及开始和结束时间,还可以添加或删除与会者。系统会提醒选择的时间是否与日历上的其他日程冲突,如图 7-54 所示。

原始电子邮件包含在会议要求的正文中。如果邮件列表是按日期对话排列的,则使用

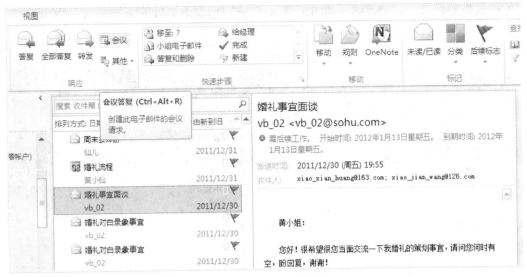

图 7-53　用会议答复邮件

图 7-54　用会议答复邮件

"答复会议"创建的会议要求会与对话相关联,该对话也与原始邮件相关联,可以在展开的对话中看到会议要求。

2. 答复邀请

如果收到的是一封会议邀请,可以直接在邮件的阅读窗格答复邀请,也可以打开邮件答复邀请。在阅读窗格答复会议邀请的界面,如图 7-55 所示。在打开邮件之后通过"定期会议"的"响应"组答复会议邀请的界面,如图 7-56 所示。

收件人对会议邀请的答复有三种:接受、暂定和拒绝。根据自己的日称安排情况,可以选择其中一个作为回复的结果,并以邮件的形式发送给发出邀请的发件人,如图 7-57 所示。

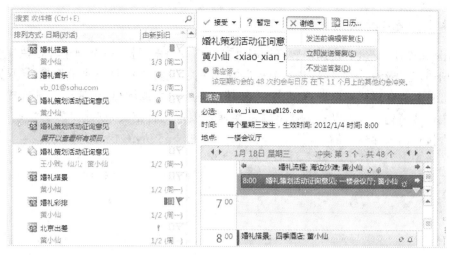

图 7-55 会议邀请

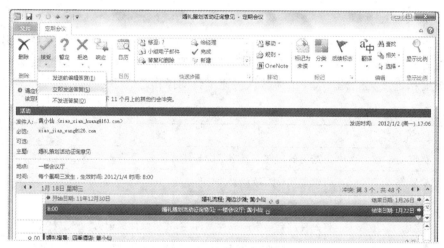

图 7-56 应答会议邀请

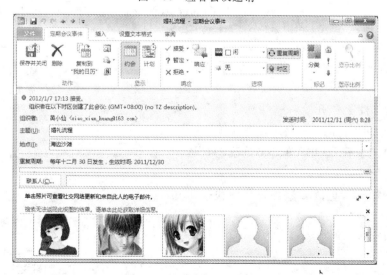

图 7-57 会议邀请的回复

7.4.5 快速步骤

Outlook 2010 提供的快速步骤可以同时对邮件应用多项操作,有助于轻松快捷地管理邮箱。例如,如果经常将邮件移到某个特定的文件夹,便可以使用快速步骤,这样只需单击一次即可将邮件移到目标位置;如果要将邮件转发给同学或同事,则通过一键式的快速步骤也可令任务简化。也可以对系统默认的快速步骤进行自定义,创建自己的快速步骤,以便将经常执行的邮件操作都纳入快速步骤库中,如图 7-58 所示"快速步骤"组。

图 7-58　系统默认快速步骤和自定义之后的快速步骤

1. 默认的快速步骤

可以对所有默认的快速步骤进行自定义。首次使用某些快速步骤时,系统将提示对它们进行配置。例如,如果要通过快速步骤将邮件移到某个特定的文件夹中,则必须在使用快速步骤前指定该文件夹。表 7-1 为默认快速步骤的操作意义。

表 7-1　Outlook 2010 中的默认快速步骤

快速步骤	操　作
移至:?	将选定的邮件移至指定的邮件文件夹,并将邮件标记为"已读"
给经理	将邮件转发给经理
小组电子邮件	将邮件转发给小组中的其他成员
完成	将邮件移到指定的邮件文件夹,并将邮件标记为"已完成"和"已读"
答复和删除	打开选定邮件的答复邮件,并删除原来的邮件
新建	可以创建自己的快速步骤来执行任何命令序列,同时还可以通过命名和应用图标的方式来帮助自己标识快速步骤

若要配置或更改现有的快速步骤,可以执行下列操作。

①单击"邮件"→"开始"→"快速步骤"→"快速步骤"框旁边的"其他"→"管理快速步骤"。

②在"快速步骤"框中,单击要更改的快速步骤,然后单击"编辑"。

③在"操作"下,更改或添加要让此快速步骤执行的操作。

编辑和执行快速步骤的界面,如图 7-59 和图 7-60所示。

如果需要,可在"快捷键"框中单击要分配给

图 7-59　编辑快速步骤

图 7-60　编辑快速步骤并执行"同学"快速步骤

该快速步骤的键盘快捷方式。

如果要更改快速步骤的图标,可以单击"名称"框旁边的图标,再单击要使用的图标,然后单击"确定"。

2. 创建快速步骤

若要创建自定义的快速步骤,可以执行下列操作。

①单击"邮件"→"开始"→"快速步骤"→"快速步骤"→"新建"快速步骤。

②从列表中单击一种操作类型或单击"自定义"。

③在"名称"框中,为新的快速步骤键入一个名称。

④单击"名称"框旁边的图标按钮,再单击一个图标,然后单击"确定"。

⑤在"操作"下,选择要让快速步骤执行的操作。若还要添加任何其他操作,可以单击"添加操作"。

编辑自定义快速步骤的界面,如图7-61 和图 7-62 所示。

若要创建键盘快捷方式,可以在"快捷键"框中单击要分配的键盘快捷方式。

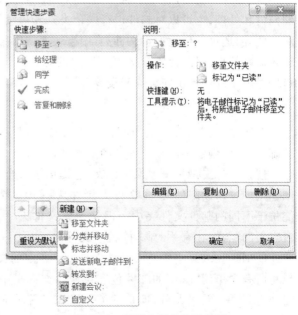

图 7-61　新建自定义快速步骤

图 7-62　编辑自定义快速步骤

　　新建的快速步骤将显示在"开始"选项卡上"快速步骤"组的库顶部。而经过更改的快速步骤在库中的位置仍保持不变,可以通过"管理快速步骤"对它们进行重新排列。

　　特别需要说明的是,基于不同的数据文件可以建立不同的快速步骤。也就是说,所设置的所有快速步骤仅对当前的电子邮件账户(数据文件)有效。

7.4.6　管理邮件

　　Outlook 2010 提供了多种视图显示和工具来管理邮件,可以通过快速步骤完成对邮件的归类和处理;也可以对邮件进行颜色类别和后续标记的设置,来分类和跟踪邮件。

　　此外,还可以创建搜索文件夹,用来快速搜索某个数据文件中的所有指定的邮件;可以创建规则管理邮件,使所有接收和发送的邮件自动完成符合预先设置规则的操作;另外还可以对电子邮件提供安全保密设置等。

1. 创建搜索文件夹

　　在每个数据文件或电子邮件账户文件中,都存在多个邮件文件夹,如果想快速搜索某类邮件,可以创建不同分类邮件的搜索文件夹。

　　搜索文件夹是一个虚拟文件夹,它提供了符合特定搜索条件的所有电子邮件项目的视图。例如,"未读邮件"搜索文件夹允许从一个位置查看所有未读的邮件,即使这些邮件可能位于不同的邮件文件夹中。但是搜索文件夹不能包含跨越多个数据文件的搜索结果。自定义的"与婚礼有关的邮件"搜索文件夹,如图 7-63 所示。

　　Outlook 2010 中的搜索文件夹支持在指定的文本字符串中进行前缀匹配。例如,如果想将所有含单词"rain"的邮件包含在搜索文件夹中,则搜索文件夹还将包含含有"raining"或"rainy"等单词的邮件,但是不包含"brain"等单词。

图 7-63　创建搜索"与婚礼有关的邮件"文件夹

(1)创建"选择搜索文件夹"

单击"邮件"→"文件夹"→"新建"→"新建搜索文件夹";也可以右击某个数据文件或账户文件中的"搜索文件夹",在弹出的快捷键中选择"新建搜索文件夹",如图 7-64 所示。

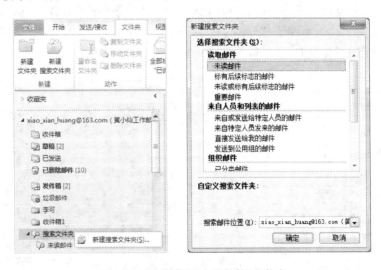

图 7-64　创建搜索"未读邮件"文件夹

另外,可以在 Outlook 的任何视图中执行键盘快捷方式操作。按"Ctrl"+"Shift"+"P"打开"新建搜索文件夹"对话框。

在"新建搜索文件夹"的"选择搜索文件夹"列表中,单击某个(如"未读邮件")预定义的搜索文件夹,按"确定"即可,如图 7-64 所示。

若要选择搜索其他邮箱,可以在"自定义搜索文件夹"下单击"搜索邮件位置"下拉菜单,然后从列表中选择邮箱。

(2)创建"自定义搜索文件夹"

如果要使用搜索条件,可以创建自定义搜索文件夹。

单击"新建搜索文件夹"→"选择搜索文件夹"→"创建自定义搜索文件夹"→"自定义搜索文件夹"→"选择",键入自定义搜索文件夹的名称,单击"条件",选择所需选项,如图7-65所示。

图 7-65 创建自定义搜索文件夹

"邮件"选项卡包含基于邮件内容或属性(如发件人、关键字或收件人)的条件;"其他选择"选项卡包含基于其他邮件条件(如重要性、标志、附件或分类)的条件;通过"高级"选项卡,可以定义详细的条件,如图7-66所示。

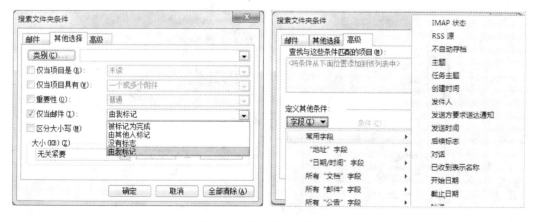

图 7-66 自定义搜索文件夹条件

在"定义其他条件"下,单击"字段",单击所需条件的类型,然后单击列表中的特定条件。随后在"条件"框和"值"框中单击所需的选项,然后单击"添加到列表"。对要添加到此搜索文件夹中的每个条件重复此操作,然后单击"确定"。

单击"浏览",选择要搜索的文件夹,然后单击"确定"。

若要更改搜索文件夹的条件,可以在导航窗格中右击该文件夹,单击"自定义此搜索文件夹"→"条件",然后更改条件。但是"读取邮件"组中的搜索文件夹的条件不可更改,包括"收件箱"、"草稿"或"已发送邮件"。

2. 使用规则管理邮件

所谓规则,就是 Outlook 2010 对满足规则中指定条件的接收或发送邮件自动执行的操作。既可以通过模板和邮件创建规则,也可以使用自己的条件创建规则。使用规则有助于保持邮件的有序状态和最新状态。

规则向导模板信息界面,如图 7-67 所示。单击"开始"→"移动"→"规则"→"管理规则和通知"。功能区的"规则"项如图 7-68 所示。

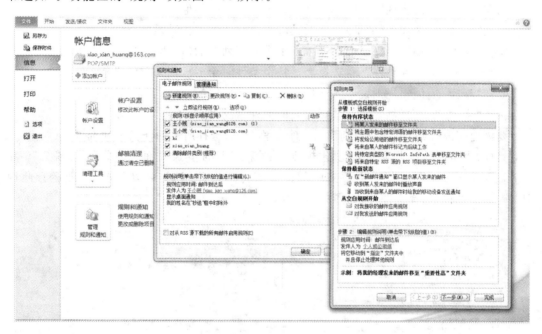

图 7-67　规则向导模板信息界面

图 7-68　"开始"选项卡"移动"组中的"规则"界面

规则属于组织和通知两种类别之一。规则对已读邮件无效,它仅对未读邮件起作用。可以通过使用"规则向导"选择多个条件和操作。"规则向导"包含最常用的规则的模板。

• 保持有序状态。这些规则可以实现邮件归档和执行后续操作。例如,可以创建如下规则:对于特定发件人(如"王小贱")发来的"主题"行中包含"会议"的邮件,将其标记为后续处理、归类为"活动"并移至名为"王小贱的活动邮件"的文件夹中。

• 保持最新状态。这些规则在收到特定邮件时以某种方式发出通知。例如,可以创建如下规则:当收到来自家人的一个邮件时,自动向移动电话发送通知。

• 从空规则开始。这些是从头开始创建的规则。

如果要从模板创建规则,具体创建步骤如下:

①在"步骤 1:选择模板"下,从"保持有序状态"或"保持最新状态"模板集合中选择所需的模板。

②在"步骤 2:编辑规则说明"下,单击某个带下划线的值。

③在"步骤 1:选择条件"下,选择对其应用规则的邮件要满足的条件。

④在"步骤 2:编辑规则说明"下,单击某个带下划线的值,然后单击"下一步"。

⑤在"步骤 1:选择操作"下,选择满足特定条件时希望规则采取的操作。

⑥在"步骤 2:编辑规则说明"下,单击某个带下划线的值,然后单击"下一步"。

⑦在"步骤 1:选择例外"下,选择规则的例外情况,然后单击"下一步"。

要创建完成规则,可以为规则输入一个名称,然后选择所需的任何其他选项。

另外,也可以从空规则开始创建规则。创建规则的步骤界面,如图 7-69、图 7-70 和图 7-71所示。如果要对某个文件夹中的已有邮件运行此规则,可以单击"立即运行此规则",勾选复选框,选择文件夹,如图 7-72 所示。

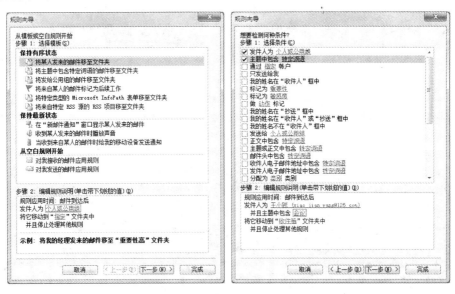

图 7-69 规则向导模板创建规则步骤界面 1

图 7-70　规则向导模板创建规则步骤界面 2

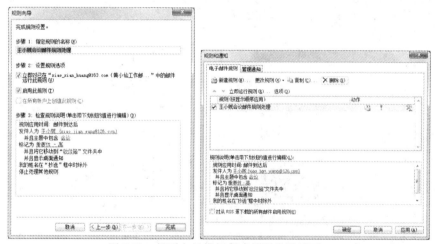

图 7-71　规则向导模板创建规则步骤界面 3

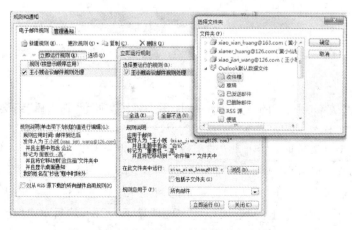

图 7-72　规则向导模板创建规则步骤界面 4

7.5　日　历

Outlook 2010 提供的日历功能可以方便地创建个人约会日程或与他人相关的会议日程。功能区提供的多种视图显示方式,便于安排和查看日历,并方便跟踪和提醒。同时根据当前的日程情况,系统还可以自动提示时间是否冲突,能否安排新约会或者接受会议邀请。

7.5.1　个人约会日程

个人约会是在日历中计划的个人活动,不涉及邀请其他人参与。通过将每个约会指定为"忙"、"闲"、"暂定"或"外出",可以为个人的日历日程提供直观的安排依据和跟踪提醒,同时,也可以将日历发送给他人或接收他人的日历,进而方便彼此日历的对照比较,了解彼此的空闲状况,确定可行的会议时间。

1. 创建约会

创建约会的方法有多种,可以单击"日历"→"开始"→"新建"→"新建约会";可以右键单击日历网格中的任何位置,在快捷菜单中单击"新建约会";还可以双击日历网格上的任意空白区域,直接打开新建约会窗口,如图 7-73 所示。

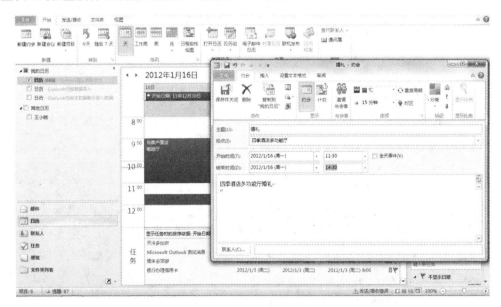

图 7-73　新建约会

另外,也可以从 Outlook 的任意文件夹中通过"新建项目"中选择"约会";还可以通过键盘快捷方式按"Ctrl"+"Shift"+"A"新建约会。

在"主题"框中键入说明;在"地点"框中键入地点,并输入会议开始和结束时间。

可以在"开始时间"和"结束时间"框中键入特定的字词和短语,而不是日期。例如,可以键入"今天"、"明天"、"元旦"、"从明天开始的两周"、"元旦前的三天"以及大多数节假日名称。可以在"约会"选项卡上的"选项"组中单击"显示为"框,然后单击"闲"、"暂定"、"忙"或"外出",标明在此期间的空闲状况。

2. 重复周期约会

若要将约会设置为重复周期约会,可以单击"约会"→"选项"→"重复周期" 。选定约会重复发生的频率,如"按天"、"按周"、"按月"或"按年",然后选定该频率的选项,单击"确定"。

当添加约会重复周期后,"约会"选项卡将更改为"定期约会",同时系统会自动检查新建的约会是否与日历原有日程发生冲突,如果有,就会在"主题"上方提示冲突信息,如图 7-74 所示。

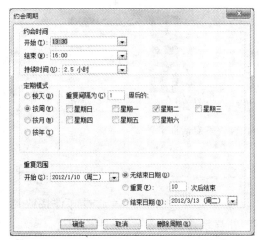

图 7-74　约会重复周期设置

另外,还可以单击"约会"→"显示"→"计划",进一步查看新建约会在原有日历中的时间定位情况,很容易发现冲突所在位置,并重新调整确定最佳时段。

默认情况下,在约会开始前 15 分钟系统就会自动显示提醒。若要更改提醒的显示时间,可以单击"约会"→"选项"→"提醒"下拉菜单中,建立新的提醒时间;若要关闭提醒,刚单击"无",如图 7-75 所示。

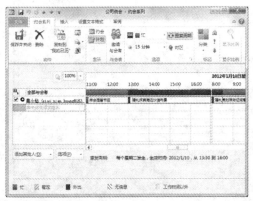

图 7-75　约会计划时间视图和提醒对话框

新建的约会会出现在日历视图和待办事项栏中。另外,还可以对约会进行颜色类别设置,如图 7-76 所示。

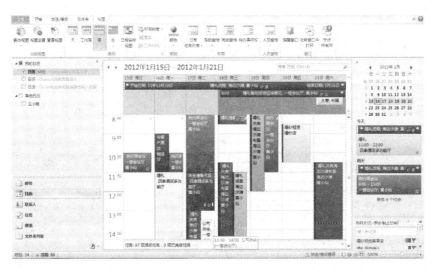

图 7-76 约会计划时间视图和提醒对话框

7.5.2 与他人关联的会议

会议是有其他人参与的约会,还可能需要会议室等资源。被邀请者通过邮件接收邀请,而对会议要求的响应同样会以邮件的方式回复,并显示在邀请者的"收件箱"中。

创建会议的方法也有多种,与创建约会的方法类似。①单击"日历"→"开始"→"新建"→"新建会议";②右击日历网格中的任何位置,在快捷菜单中单击"新建会议要求"或者"新定期会议";③双击日历网格上的任意空白区域,直接打开新建约会窗口,单击"约会"→"参与者"→"邀请参与者",如图 7-77 所示;④在 Outlook 的任意文件夹的"新建项目"中选择

图 7-77 新建会议

在"主题"框中键入说明;在"地点"框中键入说明或地点。在"开始时间"和"结束时间"列表中选择会议的开始时间和结束时间。如果选中"全天事件"复选框,则事件显示为 24 小时全天事件,从第一天午夜持续到第二天午夜。

如果要根据其他时区安排会议,可以单击"会议"→"选项"→"时区"。在会议要求正文中,键入要与收件人共享的所有信息。另外还可以添加附件文件。

单击"会议"→"显示"→"计划",可以直观查看日程安排上是否有冲突,并查找会议的最佳时间。所有内容都填写完毕后,单击"发送",如图 7-78 所示。

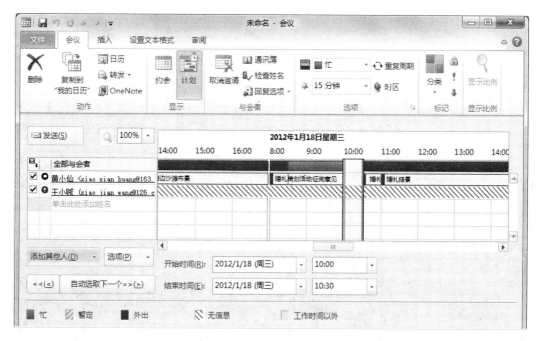

图 7-78　会议计划

若要设置定期会议,单击"会议"→"选项"→"重复周期",选择所需的定期模式的选项,然后单击"确定"。添加定期模式后,"会议"选项卡将变为"定期会议"。

若要更改会议的提醒时间,单击"会议"→"选项"→"提醒",然后单击所需的时间。单击"无"则关闭提醒。组织者也可以通过更改会议邀请上的提醒时间来设置收件人的提醒时间。如果组织者没有更改邀请上的默认提醒时间,则收件人将分别使用他们自己的默认提醒。

7.5.3　创建附加日历

除了 Outlook 2010 默认的日历外,还可以创建其他的 Outlook 日历。例如,可以创建个人约会日历,单击"日历"→"文件夹"→"新建"→"新建日历"。也可以在其他项目视图的"文件夹"选项卡中,单击"新建"→"新建文件夹"→"日历项目",如图 7-79 所示。

键入要在导航窗格中显示的日历名称。确保在"文件夹包含"下拉菜单中选择"日历项目",单击"选择放置文件夹的位置"→"日历"→"确定"。

新日历显示在日历导航窗格中。若要删除某个日历,可以在导航窗格中右击该日历名称,然后单击"删除日历"。若要查看某个日历,可以选中该日历名称的复选框。如果选中

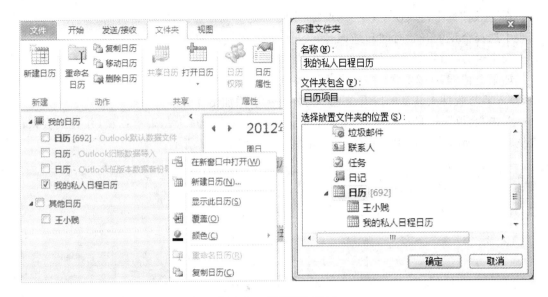

图 7-79　建议附加日历

多个复选框，则多个日历将以并排视图显示。如图 7-80 所示。

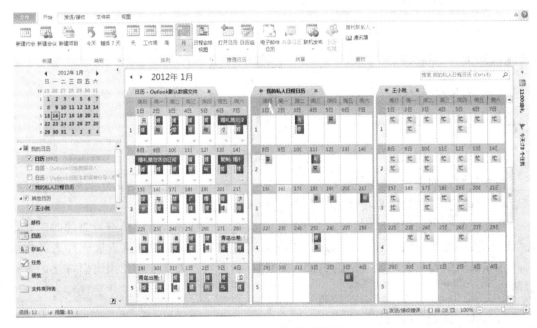

图 7-80　多个日历并排显示

7.5.4　管理日历

与在笔记本中书写一样，单击 Outlook 日历中的任何空白时间段，直接键入主题，就可以创建约会；双击 Outlook 日历中的任何时间段，就可以新建或修改编辑现有的约会或会议。可以选择使用声音或消息来提醒约会、会议和事件，并且可以给项目添加颜色以便快速标识。

1. 回应和组织会议

选择日历上的某个时间，创建会议要求，并选择要邀请的人。会议组织者可以通过电子邮件发送会议要求，应邀者在其"收件箱"中收到该要求。当应邀者打开该要求时，他们可以单击一个按钮接受、暂时接受或拒绝会议，如图 7-81 所示。

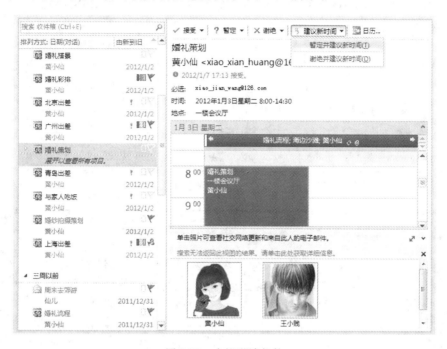

图 7-81　会议邀请邮件

如果会议要求与应邀者日历上的项目冲突，Outlook 会显示通知。如果会议组织者允许，应邀者可以建议一个备选的会议时间。作为组织者，可以通过打开会议要求来跟踪谁接受或拒绝了会议要求，或者谁建议了另外的会议时间。

邀请者接收到会议邀请邮件后，邮件阅读窗格的顶部会提供答复会议的多个选项，邀请者只需要单击系统提供的答复选项，系统会自动将其对会议的响应以邮件的方式发送给组织者。也单击"建议新时间"，对照自己的日历提供适合彼此的会议时间。如图 7-82、图 7-83 和图 7-84 所示。

通过"建议新时间"对话框可以查找会议的最佳时间（大多数与会者有空参加的时间），在"闲"/"忙"网格上选择一个时间。单击"建议时间"后系统会弹出一个新建议时间的会议响应，通过发送传递给邀请者。

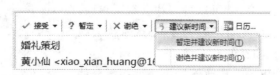

图 7-82　会议邀请答复

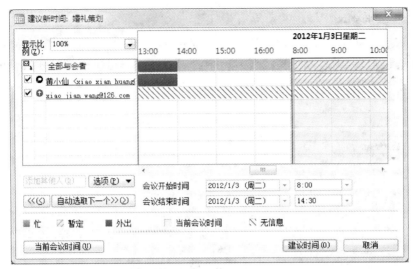

图 7-83　建议新时间会议计划

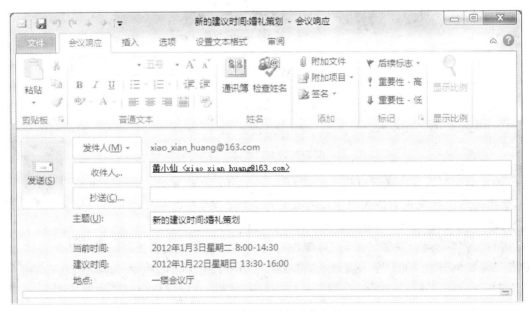

图 7-84　建议新时间会议邮件

2. 更改编辑约会或会议

即使是已经建立的约会,也可以随时方便地更改。通过双击日历网格中的约会,就可以进入约会编辑界面。但是如果打开的是一个重复周期的约会,那么系统会跳出对话框,提问打开定期项目的方式,如图 7-85 所示。

图 7-85　打开定期项目对话框

更改约会的方法如下。①更改不属于序列一部分的约会的选项:更改想要更改的选项,如主题、地点和时间。②更改序列中所有约会的选项:单击"打开序列",更改要更改的所有选项。若要更改定期选项,单击"约会系列"

→"选项"→"重复周期",更改选项,然后单击"确定"。③更改属于序列一部分的某个约会的选项:单击"打开本次事件"→"约会系列",更改所需的选项。

另外,在"日历"中,还可以直接将约会拖动到其他日期实现移动约会操作,而配合"Ctrl"键将约会拖动到其他日期则可实现复制约会操作。也可以直接对主题进行编辑重命名,单击说明文字→按"F2"键→键入更改内容。

3. 并排或重叠视图查看日历

可以并排查看自己创建的多个日历以及由其他 Outlook 用户共享的日历。例如,可以为个人约会创建单独的日历,然后并排同时查看工作和个人日历,如图 7-80 所示。

也可以在所显示的日历间复制或移动约会。使用导航窗格可快速共享自己的日历和打开其他共享日历。根据日历所有者授予的权限,可以创建或修改共享日历上的约会。

可以使用重叠视图显示自己创建的多个日历以及由其他 Outlook 用户共享的日历。例如,可以为个人约会创建单独的日历,并重叠工作和个人日历以快速查看有冲突或有空闲的时间,如图 7-86 所示。

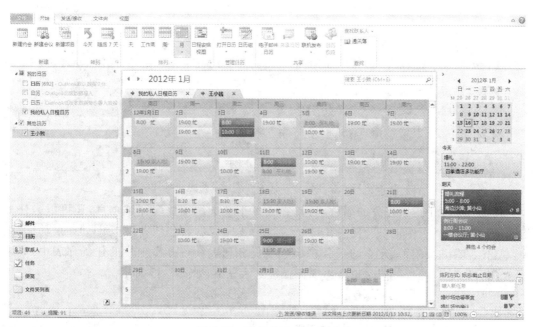

图 7-86　重叠查看多个日历

4. 通过电子邮件将日历发送给任何人

可以通过邮件发送日历,同时控制共享的信息量。使日历信息作为 Internet 日历附件出现在电子邮件正文中,收件人可以在 Outlook 中打开该附件。

7.6　任　务

我们通常会将自己的工作计划进程和待办事项列表写在纸上、记在电子表格中或使用纸和电子方式双管齐下的方式,但频繁勾划、删掉、修改和添加非常麻烦。而在 Outlook

2010 中,可以轻松地将各种列表合并为一个列表,设置类别颜色和轻重缓急标记,并获得系统自动提醒和任务进度跟踪。

7.6.1　建立任务

1. 创建任务

单击"任务"→"开始"→"新建"→"新建任务";或者在任何文件夹中单击"开始"→"新建"→"新建项目"→"任务"。也可以通过键盘快捷方式"Ctrl"+"Shift"+"K"在 Outlook 中的任何文件夹创建新任务,如图 7-87 所示。

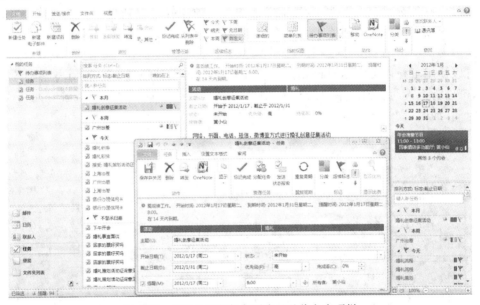

图 7-87　创建任务和任务列表以及待办事项栏

在"主题"框中键入任务的名称,可以在任务正文中添加更多详细信息,还可以为任务指定颜色类别、后续标记以及任务提醒。填写设置完成后,在"任务"选项卡上的"动作"组中,单击"保存并关闭"。建立的任务将出现在任务列表和待办事项栏的任务列表中,如果设置了提醒,建立的任务同时也会出现在提醒对话框中,如图 7-88 所示。

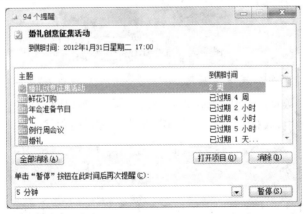

图 7-88　任务提醒

2. 将 Outlook 项目创建为任务

可以将 Outlook 任何项目,如电子邮件、联系人、日历项目或便笺等创建为任务。

(1)将项目拖到"待办选项栏"中

直接将选中的电子邮件、联系人、日历项目或便笺拖到"待办事项栏"的任务列表部分,当想要放置任务的位置出现一条两端带有箭头的红线时,释放鼠标按钮即可,如图 7-89 左图所示。

 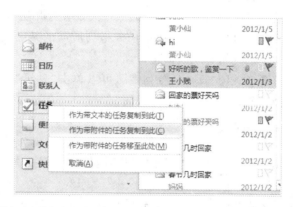

图 7-89　将项目拖放到待办事项栏(左)和将带附件的项目拖放到"任务"(右)

(2)将项目拖到"任务"中

同样,直接将选中的电子邮件、联系人、日历项目或便笺拖到"任务"中。如果将项目拖到导航窗格的"任务"中,系统会自动弹出一个创建任务的对话框,项目的内容(除附件外)都可复制到任务的正文中。若要将项目作为附件添加到任务中,而不是将文本粘贴到任务正文中,可以右击项目,并将其拖到任务列表中,然后单击"作为带附件的任务复制到此",如图 7-89 右图所示。即使以后删除了原始项目,该任务仍可用,包括已复制的项目内容。

3. 在"待办事项栏"中创建任务

创建任务方法如下。①在"待办事项栏"中,单击"键入新任务"框并输入任务说明单击"Enter"完成。任务显示在待办事项列表中,包含当天的日期,如图 7-90 所示。②在"待办事项栏"中,双击"键入新任务"框,在新窗口中打开一个任务,这样可以输入更多详细信息。

图 7-90　在待办事项栏和日历中的任务列表中创建新任务

默认情况下,"待办事项栏"出现在所有项目的 Outlook 视图中。若要打开或关闭"待办事项栏",可以"视图"→"布局"→"待办事项栏"→"普通"、"最小化"或"关闭"。这样将仅更改当前项目视图(而不是所有项目视图)中的"待办事项栏"显示状态。

4. 在"日历"的"日常任务列表"中创建任务

"日常任务列表"仅出现在 Outlook 日历的天视图和周视图中。

将指针停留在所需日期下的"日常任务列表"中,当显示"单击可添加任务"时,单击鼠标,键入任务的主题,然后单击"Enter"键,如图 7-90 所示。

默认情况下,自动将插入任务的那一天设置为开始日期和截止日期。若要更改任务的开始日期或截止日期,可以直接将任务拖到所需的某一天或者双击任务,在弹出的任务编辑窗口手动更改开始日期或截止日期。

若要打开或关闭"日常任务列表",可以单击"日历"→"视图"→"布局"→"日常任务列表",并选择"普通"、"最小化"或"关闭"。

7.6.2 管理任务

在 Outlook 2010 中,可以指定以不同的排序方式查看任务,决定是否显示已完成的任务,为任务添加不同的标记。

在 Outlook 2010 中,已经创建的任务显示在三个位置:"任务"、"待办事项栏"以及"日历"的"日常任务列表",如图 7-91 所示。

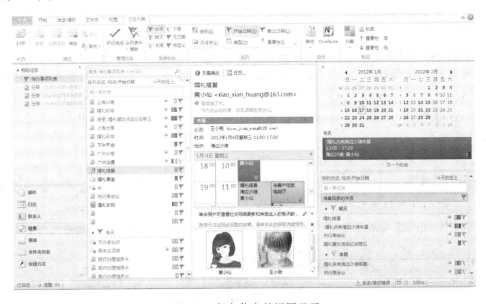

图 7-91　任务信息的视图显示

1. 查看任务

可以执行以下操作查看任务。在"导航窗格"中单击"任务",单击某个任务以在阅读窗格中查看,或双击该任务以在新窗口中打开。还可以在"开始"选项卡上的"当前视图"组中单击某个样式,从而更改任务列表的外观,如图 7-92 所示。

在"待办事项栏"中的"任务列表"位于"待办事项栏"底部"约会"下方。可以展开"待办事项栏"以获取有关任务的详细信息,或者双击某个任务以在新窗口中打开。

图 7-92 任务信息的视图显示选择

2. 管理任务

可以在任何显示视图为任务设置分类颜色、添加后续标记、标注重要性、标记完成标记、设置提醒或者从列表中删除任务项目，可以按不同排序方式整理归类任务或按不同的方式查找任务等。

通过"任务"的"开始"选项卡中的"管理任务"、"后续标记"、"标记"和"当前视图"，可以方便地对任务实现各种标记和管理，如图 7-93 所示。

图 7-93 管理和标记任务

7.6.3 自定义外观

在 Outlook 2010 中，可以为任务的显示指定自定义外观，包括：更改任务的显示顺序；更改所显示的任务数；显示或不显示已完成的任务；更改过期任务的颜色；更改已完成任务的颜色等。

1. 按任务优先级排序

若要依据优先级顺序对任务进行排序，首先必须指定每个任务的优先级。默认情况下,任务设置为"普通"优先级别。

可以通过"标记"组的❗(高)或⬇(低)为任务设置优先级;也可以在任务列表中,通过"优先级"下拉列表框,单击某个优先级(如图 7-94 所示)。

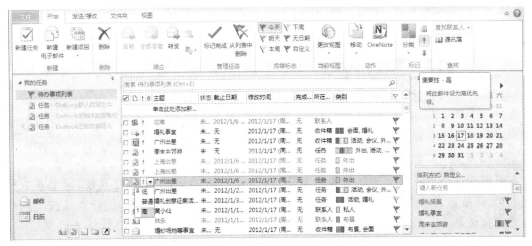

图 7-94　设置任务优先级

分配优先级后,返回到任务列表,然后使用本主题中的对任务列表中的所有任务排序过程,依据优先级对任务列表排序。

2.更改所显示的任务数

可以更改"待办事项栏"和"日常任务列表"中显示的任务数,目的是腾出或多或少的空间(如图 7-95 所示)。

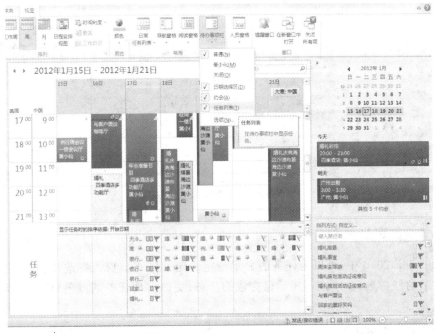

图 7-95　设置任务显示空间

（1）在"待办事项栏"中

可以执行下列操作之一：

在"视图"选项卡上的"布局"组中，单击"待办事项栏"，然后单击"日期选择区"、"约会"或"任务列表"，以清除用于指示功能已启用的复选标记。这将从"待办事项栏"中删除功能。若要重新启用功能，可以单击以还原复选标记。

指向"约会"区域和任务列表之间的任务栏。当指针变为 �#↕ 时，向上或向下拖动任务栏可增加或减小区域的大小。

当释放鼠标按钮时，所显示的任务数将会增加或减少以填充可用空间。可以对"任务"和"快速联系人"之间的任务栏执行相同的操作。

（2）在"日常任务列表"中

指向日历和"日常任务列表"之间的任务栏。当指针变为 ↕ 时，向上或向下拖动日常任务列表可增加或减小其大小。所显示的任务数将会增加或减少以填充可用空间。

3. 是否显示已完成的任务

默认情况下，将某个项目标记为已完成时，它将保留在任务列表上并带有删除线。例外情况是待办事项栏，其中默认不会显示已完成的任务。可以选择是否要在各种视图中显示已完成的任务。

（1）"任务"中的任务列表

在"任务"中"开始"选项卡上的"当前视图"组中，单击"活动"、"今天"、"随后 7 天"或"过期"以排除标记为已完成的任务，所有其他选择将包括标记为已完成的项目（如图 7-96 所示）。

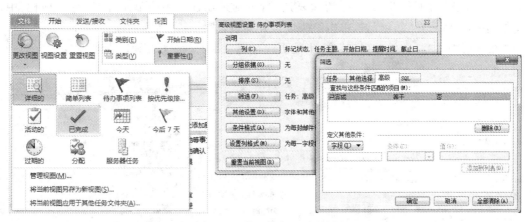

图 7-96　设置任务显示空间

（2）待办事项栏中的任务列表

要在待办事项栏中显示已完成的任务，可以执行以下操作：右键单击"排列方式"，然后单击"视图设置"；在"高级视图设置：待办事项列表"对话框中，单击"筛选"；单击"全部清除"。

如果更改了待办事项栏中的高级筛选以显示已完成的任务，并且现在希望返回到仅显示活动任务的默认视图，如图 7-96 所示，可以执行以下操作：右键单击"排列方式"，然后单击"视图设置"；在"高级视图设置：待办事项列表"对话框中，单击"筛选"；在"高级"选项卡上，单击"字段"，指向"所有'任务'字段"，然后单击"已完成"，在"条件"列表中，单击"等于"，在"值"列表中单击"否"，然后单击"添加到列表"。

（3）日常任务列表

在"日历"中的"日常任务列表"中，右键单击"显示任务时的排序依据"，清除或选中"显示完成的任务"复选框（如图 7-97 所示）。

图 7-97　设置日历中任务列表显示空间

4．更改过期或已完成任务的颜色

可以将过期或已完成任务的颜色设置为不同于进行中的任务的颜色，便于查看和识别。

（1）在"任务"视图的任务列表中

单击"文件"选项卡打开后台视图；在"Outlook"选项卡上，单击"选项"；在"任务"的"任务选项"下，单击以打开"过期任务的颜色"列表，然后单击所需的颜色，单击以打开"已完成任务的颜色"列表，然后单击所需的颜色（如图 7-98 所示）。

（2）在"待办事项栏"中

右键单击"排列方式"，然后单击"视图设置"；单击"设置条件格式"，然后在"该视图的规则"下，单击"过期任务"。不要清除复选框，否则过期任务不会显示在"待办事项栏"中。单击"字体"，然后在"颜色"下，单击箭头以打开列表，然后单击所需的颜色。

在日历中的"日常任务列表"中，不能更改过期项目的颜色（如图 7-98 所示）。

图 7-98　设置任务颜色

7.7　其　他

Outlook 2010 除了前面介绍的功能外，还可以根据需要进入 Backstage 后台视图，自定义设置 Outlook 项目参数，以实现不同的功能；可以借助 Outlook 2010 提供的 VBA 环境编写宏代码来实现个性化的自定义功能；可以为待发送的邮件设置安全保密的数字签名。另外，还可以将 Outlook 2010 的联系人信息作为 Word 2010 邮件合并的收件人数据源。

7.7.1　Backstage 后台视图

可以在 Backstage 视图中管理文件及其相关数据，创建、保存、检查隐藏的数据或个人信息以及设置选项。简而言之，可通过该视图对文件执行法在文件内部无法完成的操作。

1. 进入 Backstage 后台视图

单击"文件"选项卡后，会看到 Outlook 2010 Backstage 视图。

2. Backstage 后台视图中的功能

Backstage 视图提供的功能繁多，限于篇幅，本章仅简单归纳。

① 单击"信息"可以实现对与账户相关的信息设置和管理。

② 单击"打开"可以打开日历、数据文件以及数据的导入导出操作，单击"打印"可以输出打印 Outlook 2010 任何项目，如图 7-99 所示。

图 7-99　Backstage 后台视图"打开"和"打印"功能

③ 单击"选项"可以实现对多种项目相关参数的设置和管理，如图 7-100 所示。

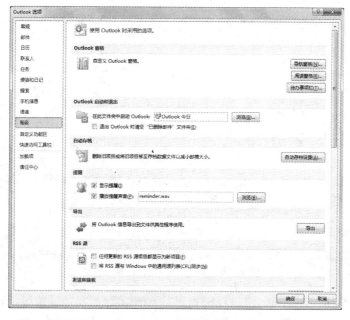

图 7-100　Backstage 后台视图"Outlook 选项"功能

7.7.2 宏

虽然 Outlook 2010 为邮件的操作和处理提供了方便快捷的"快速步骤"和"规则",但如果除系统提供的功能外,还想完成一些个性化的功能,如发邮件时提醒自动检查是否已挂附件,自动修改联系人信息等,就可以借助 Outlook 2010 提供的 VBA(Visual Basic for Applications)编程环境编写宏代码来实现。

1. 启用 VBA 编程环境

编写宏代码需要使用 Visual Basic 编辑器。尽管该编辑器是在 Outlook 2010 默认情况下安装的,但在功能区中启用该编辑器之前,并看不到该编辑器的存在。所以,首先需要一系列步骤来启用 VBA 环境。

(1)打开"开发工具"选项卡

Outlook 2010 功能区中有一个"开发工具"选项卡,在此可以访问 Visual Basic 编辑器和其他开发人员工具。由于 Office 2010 在默认情况下不显示"开发工具"选项卡,因此必须使用以下过程启用该选项卡。如图 7-101 所示,启用"开发工具"选项卡步骤如下:①单击"文件"→"选项",打开"Outlook 选项"对话框;②单击该对话框左侧的"自定义功能区";③在该对话框左侧的"从下列位置选择命令"下,选择"常用命令";④在该对话框右侧的"自定义功能区"下,选择"主选项卡",然后选中"开发工具"复选框;⑤单击"确定"。

图 7-101 启用"开发工具"选项卡

启用"开发工具"选项卡后,可以轻松找到"Visual Basic"和"宏"按钮,如图 7-102 所示。

图 7-102　启用"开发工具"选项卡和启用"宏"

（2）启用宏

默认情况下，Outlook 2010 禁用 VBA 宏。若要启用这些宏，可以使用以下过程，如图 7-102 所示。①单击"文件"选项卡上，选择"Outlook 选项"打开"Outlook 选项"对话框，然后单击"信任中心"；②单击"信任中心设置"→"宏设置"选项；③选择"为所有宏提供通知"，然后单击"确定"，该选项允许在 Outlook 中运行宏，但在宏运行之前，Outlook 会提示您确认是否要运行宏，也可以选择"启用所有宏"；④重新启动 Outlook 以使配置更改生效。

2. Visual Basic 编辑器

在显示"开发工具"选项卡后，可以打开 Visual Basic 编辑器，该编辑器是用于编写和编辑 Outlook 的 VBA 代码的内置工具。使用以下过程可以打开 Visual Basic 编辑器。单击"开发工具"→"Visual Basic"，直接进入 Visual Basic 编辑器，但是需要自己键入宏过程。或者，单击"开发工具"选项卡上的"宏"按钮；在随后出现的"宏"对话框中的"宏名称"下键入 Test；单击"创建"按钮打开 Visual Basic 编辑器，其中包含已键入的新宏的过程。Sub 寓意子过程，可理解为"宏"。运行 Test 宏将运行"Sub Test()"与"End Sub"之间的所有代码。在"Sub Test()"和"End Sub"之间，填写简单的问候信息代码。如图 7-103 所示。

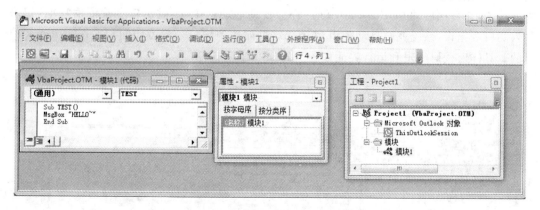

图 7-103　创建宏

返回 Outlook"开发工具"选项卡，单击"宏"按钮，在列表中选择"Project1. Test"宏，系统就会弹出一个显示包含文本"Hello～"的小消息框，如图 7-104 所示。

也可以通过"Outlook 选项"的"快速访问工具栏"，将宏添加到快速访问工具栏上，如图 7-105 所示。在"从下列位置选择命令："下的列表中，选择"宏"。在随后出现的列表中选择"Project1. Test"文本；单击"添加"按钮将宏添加到右侧的列表中，然后单击"修改"按钮选择与该宏关联的按钮图像。这样就可以在"快速访问工具栏"中看到宏的新按钮，如图 7-104 所示。

图 7-104　运行宏

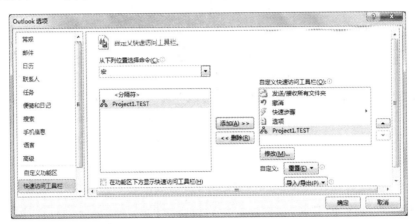

图 7-105　将宏添加到快速工具栏

3. 宏代码范例

（1）设置进入 Outlook 口令验证

尽管 Outlook 2010 可以为每个邮件账户数据文件设置登录密码，但无法控制整个 Outlook 所有项目的访问权。现在只要编写几行宏代码，就可以实现进入 Outlook 的口令验证功能，在每次启动 Outlook 2010 时，都会自动启动这个宏，跳出口令验证信息框，如果输入的口令错误，系统就会自动关闭 Outlook，进而达到防范入侵者访问和使用 Outlook 的目的。具体宏代码编辑和运行界面如图 7-106 和图 7-107 所示。

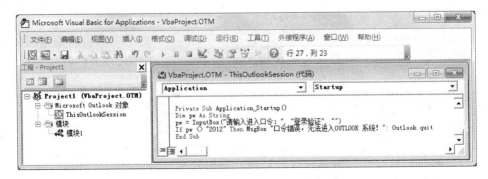

图 7-106　进入 Outlook 口令验证宏代码

图 7-107　进入 Outlook 口令验证宏运行

（2）自动检查并提醒添加附件的宏代码

邮件发送时，通过宏检查标题和正文里面有没有"附件"两个字，如果有这两个字，却又没有附件，就会出现提醒信息。

这个宏代码不需要单击执行，在发送邮件时，系统自动触发这个宏代码过程，因为这段代码写在发送邮件的默认事件响应过程中。宏代码的编辑界面如图 7-108 所示。发送邮件时，宏代码自动运行界面如图 7-109 所示。

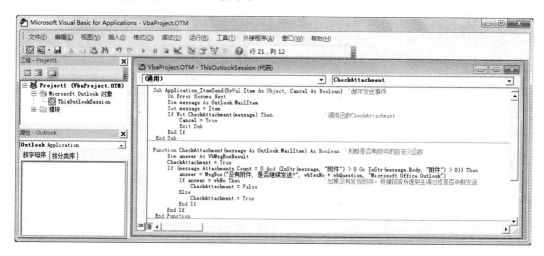

图 7-108　自动检查并提醒添加附件的宏代码

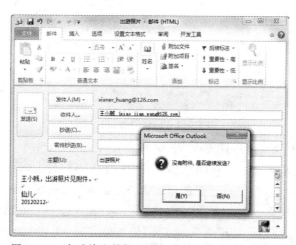

图 7-109　自动检查并提醒添加附件的宏代码运行效果

（3）自动按邮件地址分类创建目录来保存附件

如果邮件来往数量庞大，附件的存储和分类就显得特别重要。编写一个自动按邮件地址分类创建目录来保存附件的宏代码，可以方便地实现对邮件附件的分类存储处理。

宏代码的编辑界面如图 7-110 所示。打开一个或多个邮件，启动运行宏如图 7-111 所示。如果邮件有附件，根据邮件地址自动创建的文件夹如图 7-112 所示。存储在对应邮件地址文件夹中的附件内容如图 7-113 所示。

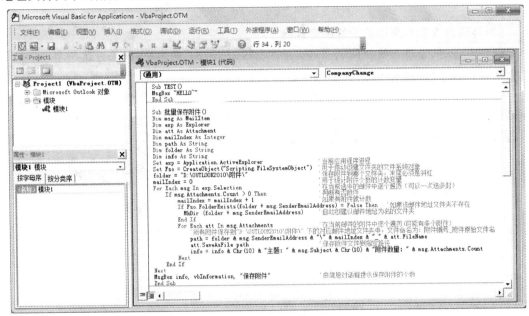

图 7-110　自动按邮件地址分类创建目录来保存附件宏代码

图 7-111　启动运行宏代码

（4）自动批量更改联系人地址宏代码

当前在黄小仙的联系人中，"精锐广告公司"中有多个联系人，每个联系人的电子邮件地址都包含 @jingrui_ad.com 域。现在，"思创广告公司"收购了"精锐广告公司"，并将所有员工的电子邮件地址更改为 @originality.com。如果只有一个或两个联系人在"精锐广告公司，则手动更改这些地址是很简单的工作，但如果有 50 或 100 个联系人，那么可以通过运行宏来自动执行此类重复性任务。

图 7-112　自动按邮件地址分类创建目录情况

图 7-113　自动按邮件地址分类创建目录来保存附件情况

宏代码的编辑界面如图 7-114 所示。

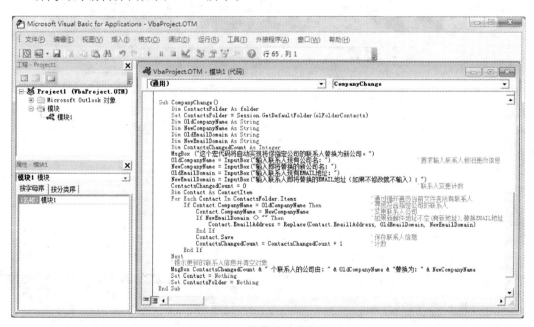

图 7-114　宏代码的编辑界面

修改前的联系人信息如图 7-115 和图 7-116 所示。

运行宏的界面如图 7-117、图 7-118 和图 7-119 所示。替换完成的联系人新信息如图 7-120 所示。

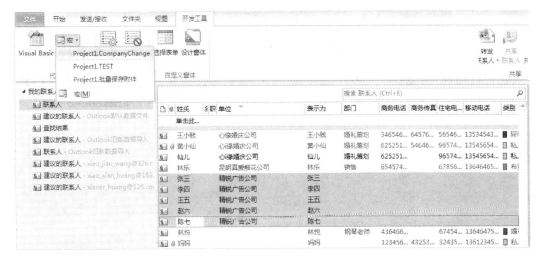

图 7-115　修改前联系人信息 1

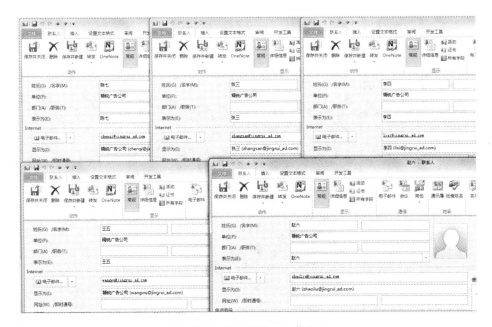

图 7-116　修改前联系人信息 2

图 7-117　运行宏的信息对话框

图 7-118　运行宏的信息对话框

图 7-119　运行宏的信息对话框

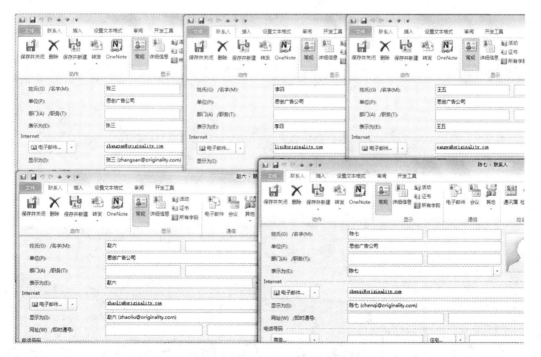

图 7-120　替换完成的联系人新信息

7.7.3　邮件合并

可以将 Outlook 2010 中的联系人作为 MS Word 2010 中的邮件合并的数据源。由于邮件合并是 Word 2010 的任务，因此它不能从 Outlook2010 启动。

在 Word 2010 中，单击"邮件"→"开始邮件合并"→"开始邮件合并"，然后单击要创建的信函文档的类型，当前活动文档成为主文档。单击"开始邮件合并"→"选择收件人"→"从 Outlook 联系人中选择"。在"选择联系人"对话框中，单击要在邮件合并中使用的联系人文件夹，然后单击"确定"；或者选择"邮件合并分步向导"，按照向导步骤进行，如图 7-121 所示。

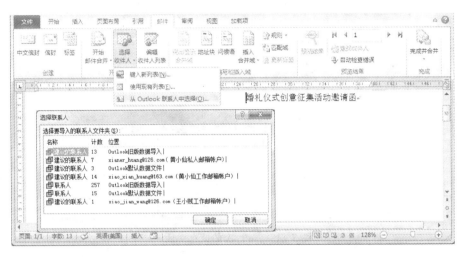

图 7-121　选择"从 Outlook 联系人中选择"邮件合并的收件人

收件人列表将显示在"邮件合并收件人"对话框中，可以在该对话框中调整收件人列表，如图 7-122 所示。选中要包含的收件人旁边的复选框，清除要排除的收件人旁边的复选框。单击"确定"。如果使用的是"邮件合并分步向导"，可以单击"下一步：写入文档类型"。完成文档撰写，然后完成邮件合并。

图 7-122　在联系人列表中选择邮件合并的收件人

保存主文档,即也保存它与数据源之间的连接。下一次要进行类似的邮件合并时,打开主文档就可以快速完成邮件合并或连接到不同源了。

7.7.4　安全保密

电子邮件个性签名实质上是可自定义的结束语,任何人都可以复制。对邮件进行数字签名与在待发邮件中包含文本或图片签名性质不同。

通过对电子邮件进行数字签名,可将唯一数字标记应用于邮件。数字签名包括证书和公钥。经过数字签名的邮件可以向收件人证明该邮件的内容是经发件人签名的而非冒名的,而且内容在传输过程中未被修改。为了更好地保护隐私,还可以对电子邮件进行加密。

数字签名是指宏或文档上电子的、基于加密的安全验证戳。此签名确认该宏或文档来自签发者且没有被篡改。证书是指证明用户身份的数字方法由证书颁发机构来颁发,如驾照一样,会发生过期或被取消的情况。在发送数字签名邮件时,证书和公钥一起发送。公钥是指发件人给收件人的密钥,这样收件人能够验证发件人签名并确认邮件没有被篡改。收件人还可以使用公钥来加密(锁定)给发件人的电子邮件。

必须强调的是只有先获取数字标识,然后才能对电子邮件进行数字签名。

如果对单个邮件进行数字签名,那么可以在创建邮件界面中单击"选项"→"权限"→"对邮件签名"。如果看不到"对邮件签名"按钮,可以在邮件中单击"选项"→"其他选项"→"选项对话框启动器"→"安全设置",然后选中"为此邮件添加数字签名"复选框,单击"确定"→"关闭",如图 7-123 所示。

图 7-123　对单封邮件设置"对邮件签名"

如果对所有邮件进行数字签名,可以单击"文件"选项卡打开 Backstage 视图,然后单击"选项"→"信任中心"→"信任中心设置"→"电子邮件安全性"→"加密邮件",选中"给待发邮件添加数字签名"复选框,如图 7-124 所示。

如果可用,则可以选择下列选项之一。

如果希望未设置 S/MIME 安全性的收件人能够阅读该邮件,可以选中"以明文签名发送邮件"复选框。默认情况下此复选框处于选中状态。S/MIME 是指安全多用途 Internet 邮件扩展的缩写,是一种 Internet 标准,适用于数字签名和加密的电子邮件。

若要确认目标收件人收到了经过数字签名的邮件且该邮件未经任何修改,可以选中

图 7-124　对所有邮件设置"对邮件签名"

"对所有 S/MIME 签名邮件要求 S/MIME 回执"复选框。可以请求通知,了解谁打开了该邮件以及何时打开的邮件。如果发送了附带 S/MIME 回执要求的邮件,此确认信息会以邮件形式发送到发件人的"收件箱"。

　　若要更改其他设置,如在多个证书之间选择要使用的证书,单击"设置",最后单击"确定"即可。

7.8　习　题

　　1. 申请几个电子邮箱账户或者将现有的电子邮箱账户,通过自动和手动两种方法将邮箱账户添加到 Outlook 2010 中。观察数据文件状态。

　　2. 建立项目齐全的联系人信息(真实存在的)。

　　3. 新建邮件,附有名片签名发给联系人(由自己的一个账户发送给另一个账户),观察邮件状态。

　　4. 分别用两个日历文件管理自己的课表和私人活动日程。以日、周、月不同视图形式观察日历。将日历,并发送给同学或接收同学的日历,将收到的日历添加到自己的日历列表中。

　　5. 建立学生活动或会议日历发给与会联系人(同时也发给自己另一个账户),观察会议日历和会议邀请邮件。

　　6. 创建自己即将要做的任务列表,为任务设置颜色类别和后续标志。

　　7. 创建几个便于记录只言片语的便笺。

　　8. 给邮件创建 5 个快速步骤,每个快速步骤至少包含 5 个操作的,并命名和指定图标,执行并观察效果。

9.在一个账户文件夹创建自定义搜索文件夹,并查找搜索满足条件的邮件。

10.创建至少 5 个不同的规则来管理邮件并执行观察效果。

11.编写一个宏,可以在每次退出关闭 Outlook 2010 时,显示一个信息框,提示"你确定要退出吗? 看看是否还有没有完成的任务?"。

12.将 Outlook 2010 联系人信息作为收件人信息,给每个人发送一个演讲比赛活动邀请函,要求用邮件合并方法完成。

第五篇

Office 2010 文档安全和宏

本篇将介绍 Office 2010 中的文档保护和 VBA 应用两部分内容。

随着计算机技术的不断发展，Office 系列办公软件得到了广泛应用，Office 系列的办公软件以其方便快捷的性能，大大地改进了人们的办公效率，现已成为人们学习、生活和工作中不可缺少的一部分。但是，Office 系列软件的广泛应用带来的一些安全性和便利性问题也逐步显露了出来。

(1)Office 文档的安全问题。很多时候，文档的所有者不希望其他用户对这些文档进行修改和查看等操作；一些保密性要求更高的文档，除了授权用户外，其他用户不应当看到它们，但是由于工作环境的开放性等种种原因，一些文档有可能在不经意间被其他用户打开、查看或者修改。所以，对于 Office 来说，文档的安全保护是非常重要的。

(2)如何让办公软件自动完成一些重复性的操作。通常，在日常的办公中，我们可能需要完成一些类似甚至重复的操作，如许多同样的复制、剪切、粘贴文字和文件等操作。如果可以将这些重复的操作记录下来，将记录下来的操作应用到一个新的使用场景上去，那将避免重复，大大提升我们的工作效率。

本篇将着重解决上述两个问题，第 8 章介绍 Office 2010 中文档的安全设置和对文档的保护；第 9 章主要介绍通过 VBA 语言了解宏的录制和应用，以及宏的修改、宏的安全性等内容。

第8章

Office 2010 文档的安全和保护

随着 Office 系列办公软件的流行,越来越多的企事业单位、科研院校和个人选择 Office 作为必备的办公软件,用来存放和管理个人或企业的文档,方便个人或企业的办公。而这些文件中存储的一般是涉及公司或者个人的重要内容和个人隐私,很多时候我们希望禁止他人修改或查看。因此,Office 的文档安全问题也就浮现出来,本章将解决文档的安全问题。

8.1　文档的安全设置

8.1.1　安全权限设定

安全权限设定是保证文档安全的一种常用方式。Microsoft Office 2010 继承了 Office 2003 的功能,并提供了"信息权限管理(IRM)"功能,通过 Microsoft .NET Passport 授权后,它可以有效地保护机密文件的内容,并且能为用户指定其他操作文档的权限,如编辑、打印或复制文档内容等。IRM 对文档的访问控制保留在文档本身中,即使文件被移动到其他地方,这种限制依然存在,它比单纯的密码保护要可靠得多。IRM 可以保护 Word、Excel、PowerPoint 的文档。下面介绍在 Microsoft Word 2010 中如何使用 IRM 在其他 Office 组件里的使用方法类似。

首先单击"文件"→"信息"→"保护文档"→指向"按人员限制权限",如图 8-1 所示,再单击"限制访问"。在 Windows 7 操作系统下,系统会自动启动 Windows"信息权限服务",启动完毕后,如图 8-2 所示,选择"是,我希望注册使用 Microsoft 的这一免费服务",单击"下一步"。服务启动后,需要使用已经注册的 Hotmail Passport 账号,也可以是 MSN 账号,或者注册一个新的 Windows Live ID 账号,注册使用"信息权限管理"服务。下面就举例来说明"文档安全权限设定"的具体操作步骤。

注册完毕后,会出现如图 8-3 所示的选择用户,选择一个自己已注册的账号,如图中的 MSN 账号"yeruixiangyu3@hotmail.com";也可以添加一个新的用户。选择账号后单击确定,该账户就具有完全控制文档权限的功能,可以分配给其他账户编辑、打印或复制该文档等权限。

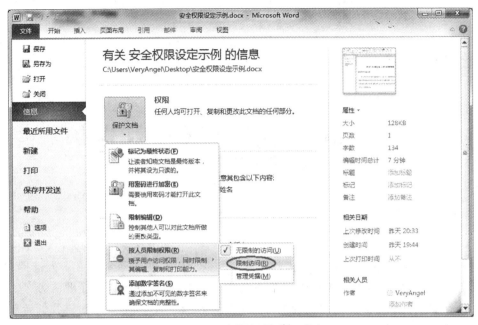

图 8-1　此时单击"限制访问"按钮

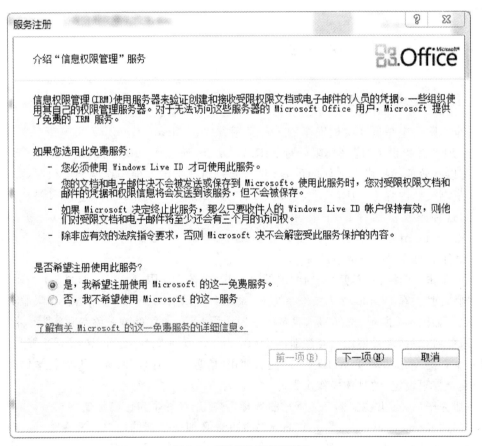

图 8-2　"服务注册"对话框

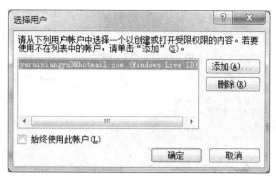

图 8-3　"服务注册"对话框

①单击"文件"→"信息"→"保护文档"→"按人员限制权限"→"限制访问",弹出"权限"对话框,如图 8-4 所示。

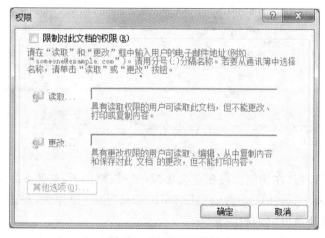

图 8-4　"权限"对话框

②选中图 8-4"权限"对话框中的"限制对此文档的权限"复选框,在"读取"文本框中,输入具有读取权限的用户电子邮箱地址,如 security_zj@hotmail.com;在"更改"文本框中,输入具有更改权限的用户电子邮箱地址,如 security_zk@hotmail.com,如图 8-5 所示。

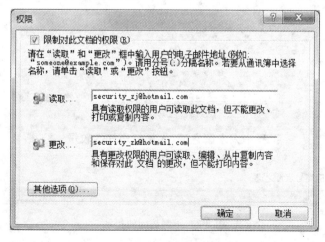

图 8-5　"权限"对话框

③单击"其他选项"按钮,弹出如图 8-6 所示对话框,选中"允许具有读取权限的用户复制内容"复选框。如果用户选中"此文档的到期日期为"复选框,则可为文档指定到期日期(如 2012-2-22),即设定该文档权限限制的失效期。

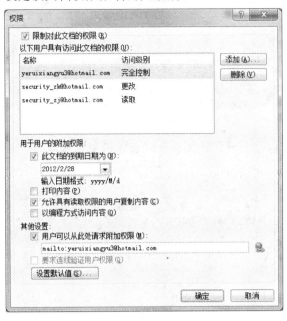

图 8-6　"权限"对话框

④单击"确定"按钮,在功能区按钮下会出现一行权限提示,如图 8-7 所示。如果是完全控制的用户,如当前的"yeruixiangyu3@hotmail.com"用户操作下,单击"更改权限",可查看或修改该文档目前所设定的权限状态。

在该文档的权限设置到期日期之前,文档的权限保护会一直生效。如果该文件不在当前的用户"yeruixiangyu3@hotmail.com"操作下,用户无法打开或修改该文件;如果是在"security_zj@hotmail.com"登录用户下,用户可以打开此文档;如果是在"security_zk@hotmail.com"登录用户下,用户可以修改此文档,否则无法打开或修改文件。这样,就实现了对文档权限的设置。

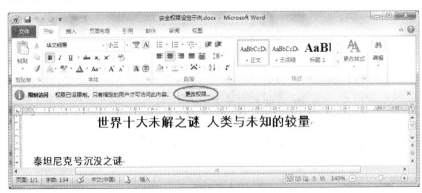

图 8-7　限制访问的提示

8.1.2　文件安全性设置

在日常工作生活中，出于安全考虑，往往需要对文件加以一定的限制，常见的有防打开、防修改、防丢失、防泄私和防篡改。

1. 防打开

对于一些重要的文件，必须加设密码，防止任意用户打开。具体操作步骤如下。

①在 Word 2010 中，可以通过单击"文件"→"另存为"菜单项，弹出"另存为"对话框，如图 8-8 所示。

图 8-8　"另存为"对话框

②单击"工具"→"常规选项"菜单项，出现"常规选项"对话框，如图 8-9 所示，在"打开文件时的密码"和"修改文件时的密码"文本框中输入要设置的密码。

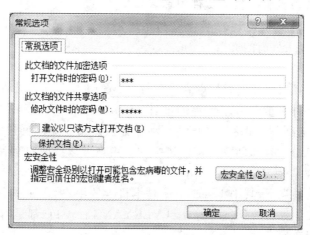

图 8-9　"常规选项"对话框

③单击"确定"按钮，打开"确定密码"对话框，如图 8-10 所示，在"请再次键入打开文件时的密码"文本框中输入确认的密码。

④单击"确定"按钮，完成对打开文件的密码保护设置。

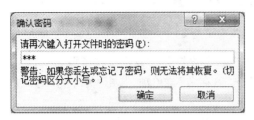

图 8-10 "确认打开密码"对话框

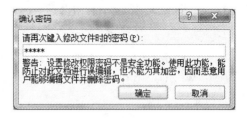
图 8-11 "确认修改密码"对话框

2. 防修改

对于一些重要的文档，可以设置修改密码或者设置权限，限制用户对文档的修改，具体操作步骤如下。

①打开如图 8-9 所示"常规选项"选项卡对话框，在"修改文件时的密码"文本框中输入修改文件时的密码。

②单击"确定"，弹出"确认密码"对话框，如图 8-11 所示，在"请再次键入修改文件时的密码"文本框中输入确认的密码。

③单击"确定"，完成文件修改密码的设置。

3. 防丢失

文档在保存过程中，由于不可预料的因素（如计算机突然重启、程序出错崩溃等），有可能导致文档的丢失或者损坏。因此，必须对这类文件加以备份。

（1）自动备份

单击"文件"→"选项"，打开"Word 选项"对话框，单击"高级"选项卡，找到 Word 的"保存"部分，如图 8-12 所示。

勾选"始终创建备份副本"复选框，单击"确定"，完成保留备份设置。当原文件损坏

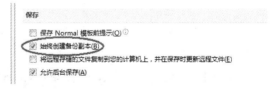
图 8-12 Word 选项"高级"选项卡

或者丢失时，或者当计算机出现忽然重启和系统崩溃等情况时，打开备份文件，另存为 Word 文档，即可恢复丢失前的文档。

（2）自动保存

如果程序意外崩溃、计算机意外重启或者断电，Word 会在下次启动时打开"自动恢复"文件，"自动恢复"文件可能包含未保存的信息。Office 2010 可以为文档设置自动保存时间，单击"文件"→"选项"→"保存"，勾选"自动保存恢复信息时间间隔"复选框，默认情况下，Word 以每隔 10 分钟自动创建文档恢复文件。用户可以修改自动保存时间间隔。"自动恢复"文件默认被保存于"C:\Documents and Settings\UserName\Application Data\Microsoft\Word"文件夹下，其中 UserName 是本机上的用户名，如图中的"VeryAngel"是本机的用户名（后文中提到的 VeryAngel 和 VERYANGEL－PC 都是指本机名），默认文件名为"'自动恢复'保存 ∗（原文件名）.asd"，如图 8-13 所示。

图 8-13　Word 选项"保存"选项卡

单击"选项"→"文件位置"选，可查看或者修改"自动恢复"文件夹位置，默认的文件位置为"C:\Documents and Settings\UserName\My Document\"文件夹下。双击打开"自动恢复"文件，另存为 Word 文档即可。

提示：Excel 和 PowerPoint 的自动保存选项与 Word 有不同，但都有自动保存功能，打开的方式都是单击"文件"→"选项"→"保存"。

4.防泄私

对于一些内容敏感的文档，应在保存时删除文件属性中的关键词或摘要，以防止泄露私密。步骤如下：单击"文件"→"信息"→"属性"下拉菜单，打开"高级属性"对话框，单击"摘要"选项卡，如图 8-14 所示。删除对话框中的敏感信息，单击"确定"，然后保存文档即可。

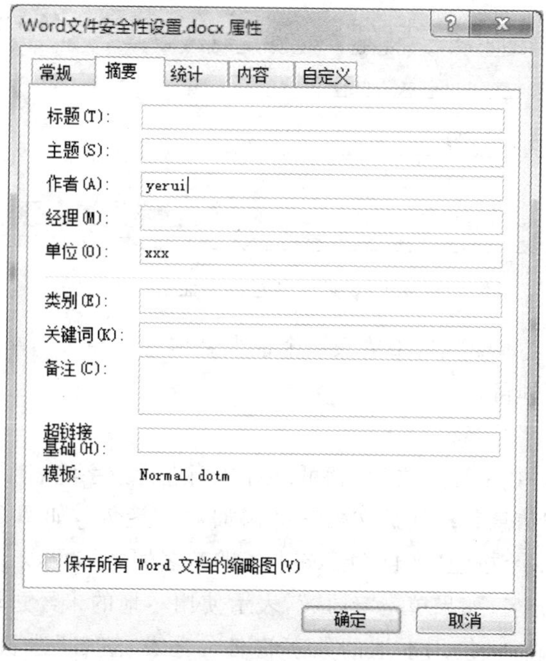

图 8-14　"属性"对话框

5.防篡改

Word 中可以对文件进行数字签名,以确认文档是否被其他用户篡改过。

(1)获得数字签名

获取数字签名的方式有以下三种:①从商业认证机构获得数字证书(如 VeriSign,Inc.,但是此类证书一般要付费才能获取);②从内部安全管理员或者 IT 专业人员处获得;③使用 Selfcert 程序自己创建数字签名。

需要注意的是,添加了本地签名后,由于没有经过网络验证,一般不具有太大的意义,只能在本地计算机上使用,如果需要数字签名业务,请选择"来自 Office 市场的签名服务",选择验证过的数字签名。

下面简单介绍下使用 Selfcert.exe 程序创建数字签名的过程。该方式生成的数字签名仅适用于本地计算机,具体步骤如下。

①单击"开始"→"所有程序"→"Microsoft Office"→"Microsoft Office 工具"→"VBA 项目的数字证书"命令,打开创建数字证书程序,如图 8-15 所示。

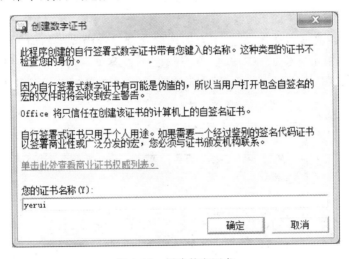

图 8-15 创建数字证书

②在图 8-15 所示文本输入框中输入一个证书名称,如"yerui",单击"确定"按钮,出现提示信息,再单击"确定"即可。

(2)为文档进行数字签名

通过上述步骤获得数字证书之后,就可以对文档进行数字签名了,具体步骤如下。

①单击"文件"→"信息"→"保护文档"→"添加数字签名",如图 8-16 所示,出现一个确认信息。如果单击第一个按钮"来自 Office 市场的签名服务",可以到 Office 市场里下面专业的经过验证的数字签名;如果单击"确认",表示使用本地的未经过验证的数字签名,如图 8-17 所示。本例单击确认,使用本地的数字签名。进入"签名"选项卡,编辑数字签名,如图 8-18所示。

②如果需要,在"签署此文档的目的"输入框中,填写签署证书的目的,如图 8-19 所示。

③在"签署为"后有一个默认的数字签名,如果需要修改,单击"更改"按钮,出现 Windows 安全下的"选择证书"对话框,选择一个签名,单击确定,如图 8-20 所示。

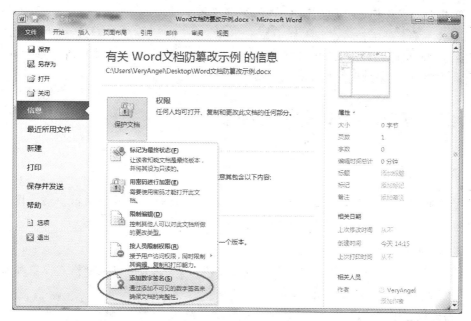

图 8-16　单击"添加数字签名"

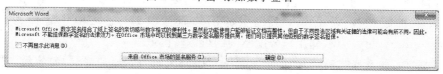

图 8-17　数字签名选择的提示对话框

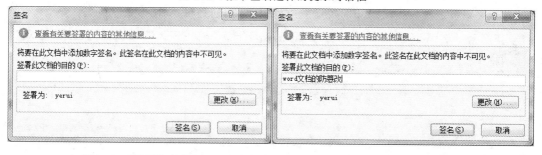

图 8-18　"选项"对话框　　　　　　　　　图 8-19　"选择证书"对话框

图 8-20　"数字签名"对话框

④单击"确定"按钮,完成对当前文档的数字签名设置。

添加数字签名的文档将在状态栏中显示 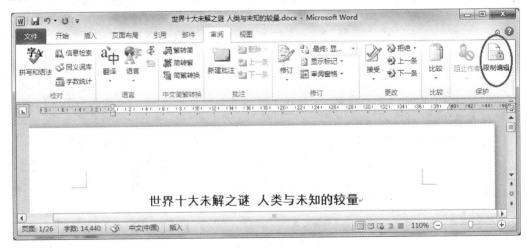 图标。在"数字签名"对话框中,单击"查看证书"按钮,查看数字签名的详细内容,以判断文档是否被篡改。如果文档被修改,则数字签名就会失效,以此来判别文档是否被篡改过。

8.2 Office 2010 文档的保护

8.2.1 文档保护

文档保护可以限制用户对文档或者文档的某些部分的内容进行编辑和格式设置。由于 Office 各组件的文档保护功能各不相同,因此如下进行分别介绍。

1. Word 文档保护

Office 2010 中的 Word 组件继承并改进了文档保护功能,可以限制格式设置和有选择地允许用户编辑并引入了权限机制。

- 格式设置限制用以保护文档的部分或者全部格式不被用户修改。
- 编辑限制中可允许用户进行修订、批注、填写窗体和未作任何更改的操作。
- 权限机制就像 Windows 系统中的用户权限管理,把文档作者作为"管理员(Administrator)",可以为不同用户分配不同的可编辑区域。

单击"文件"→选择"信息"→"保护文档"→"限制编辑"命令;或者选择"审阅"选项卡→"保护"选项卡→限制编辑,如图 8-21 所示;出现"限制格式和编辑"的任务窗格,对示例文档"世界十大未解之谜人类与未知的较量"进行文档保护的编辑,如图 8-22 所示。

图 8-21 "限制编辑"按钮

(1)格式设置限制

对 Word 文档进行"格式设置限制"的具体操作步骤如下。

①单击"格式设置限制"中"限制对选定的样式设置格式"复选框下面的"设置",打开"格式设置限制"对话框,如图 8-23 所示。

②选中"格式设置限制"对话框中的"限制对选定的样式设置格式"复选框,系统默认全

部选中"当前允许试用的样式"选项,如图 8-24 所示。

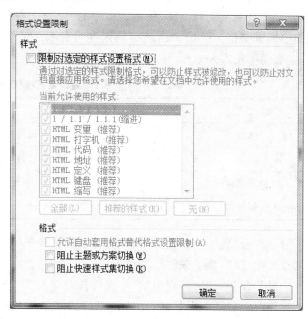

图 8-22　"限制格式和编辑"任务窗格　　　　图 8-23　"格式设置限制"对话框

如图 8-24 所示对话框中有"全部"、"推荐的样式"、"无"三个按钮。用户可根据实际需要单击相应的按钮或自己选择需要勾选的复选框。若单击"全部"按钮,在文档保护后,这些样式均可用于文档中。若单击"推荐的样式"按钮,则允许更改文档的基本样式,可以进一步限制为更少的格式,但是这样会删除 Word 在某些功能中使用的样式。若单击"无"按钮,则不允许用户更改任何样式和格式。如果选中格式下面的"允许自动套用格式替代格式设置限制"复选框,可保留部分自动套用格式功能。

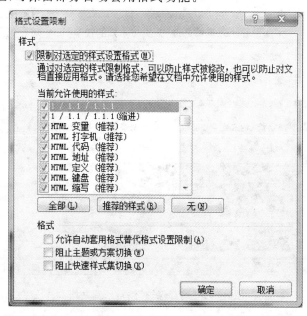

图 8-24　"格式设置限制"对话框

(2)编辑限制

勾选"限制格式和编辑"任务窗格中的"仅允许在文档中进行此类编辑"复选框时,可限制用户编辑文档。保护文档的编辑限制分修订、批注、填写窗体、未作任何修改(只读)四种,详细说明见表8-1。

表 8-1　编辑限制操作说明

编辑操作	说　明
修订	限制用户只能以修订的方式进行文档的更改
批注	限制用户只能以批注的方式进行文档的更改
填写窗体	限制用户只能在窗体域中进行编辑
不允许任何更改(只读)	用户只能看而无法修改文档

"修订"及"批注"的功能比较简单,这里就不作介绍了,有关"填写窗体"的功能将在后面的章节中介绍,接下来将详细介绍"未作任何更改(只读)"功能。

①局部保护:编辑限制中的"不允许任何更改(只读)"功能可以保护文档或者文档的局部不被修改。在局部保护时,允许用户编辑不受保护的区域,这些区域可以是一个连续区域,也可以是任意多个区域。

下面以用户只能编辑"泰坦尼克号沉没之谜"这一小节为例,如图 8-25 所示,具体介绍局部保护的操作方法,操作步骤如下。

图 8-25　"局部保护"编辑示例文档

步骤 1:选取"泰坦尼克号沉没之谜"这一小节中第一段的内容。

步骤 2：勾选"限制适合和编辑"任务窗格中的"仅允许在文档中进行此类编辑"复选框，在下拉列表框中选择"不允许任何更改（只读）"项，在"例外项（可选）"下方的"组"列表框中选中"每个人"复选框，如图 8-26 所示。

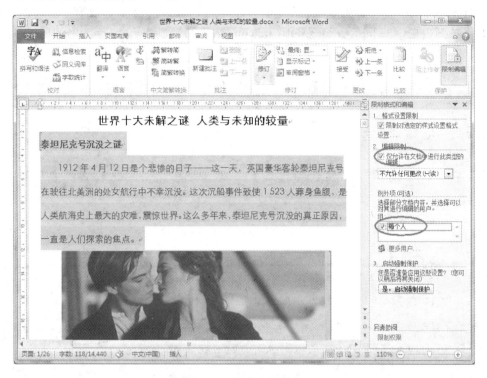

图 8-26　局部文档保护

当启用强制保护后，所选的区域会添加灰色底纹，并且用户只能在所选的区域范围内进行编辑。

② 多用户编辑限制：在图 8-25 所示的文档中，用户可以为其他用户设定各自可以编辑的区域，当文档启动强制启动并保存于共享的文件夹中，不同的用户只能对自己允许编辑的区域进行操作，权限之外的内容会受到保护而不允许更改。具体操作步骤如下。

步骤 1：为该文档添加共享编辑用户，单击"例外项（可选）"下方的"更多用户"，弹出"添加用户"对话框，如图 8-27 所示，为用户添加 hdu_angel@hotmail.com，hdu_sakura@hotmail.com，hdu_yerui@hotmail.com 三个账户，单击"确定"按钮，接收 Word 验证并添加

图 8-27　"添加用户"对话框

到用户列表中。

步骤 2:选取第一段,选中"单个用户"下拉列表框中的 hdu_angel@hotmail.com,表示第一段只可以由用户 hdu_angel@hotmail.com 编辑,同时文字颜色会被添加底纹。选取第二段,选中"单个用户"下拉列表框中的 hdu_sakura @hotmail.com;选取第三段,选中"单个用户"下拉列表框中的 hdu_yerui@hotmail.com,表示第二段和第三段可以分别由这两个用户编辑,文字也会添加不同的底纹,如图 8-28 所示。

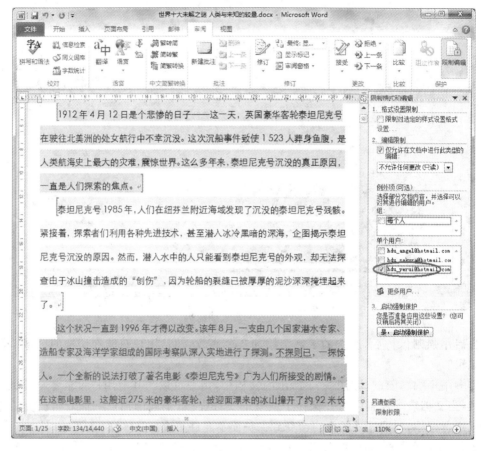

图 8-28 "多用户编辑限制"示例

步骤 3:最后单击"是,启动强制保护",如图 8-28 所示,文档保护便生效。

(3)启动强制保护

若要使格式设置限制或者编辑限制生效,必须启动强制保护。单击"限制格式和编辑"任务窗格中的"是,启动强制保护"按钮,弹出"启动强制保护"对话框,如图 8-29 所示。

如果不输入密码,单击"确定"后,文档保护生效,则在取消文档保护时也无需输入密码。如果要解除文档保护,单击"限制格式和编辑"任务窗格中的"停止保护",输入取消文档保护密码即可。

2. Excel 文档保护

在 Excel 中,同样可以通过文档保护来保证文件的安全性。

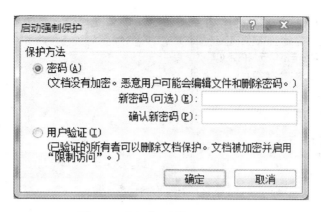

图 8-29 "启动强制保护"对话框

(1)保护工作表

若要防止工作表中的重要数据被更改、移动或删除,可以保护特定工作表,具体步骤如下。

步骤 1:单击"文件"→"信息"→"保护工作表"菜单项→"保护当前工作表",或者单击"审阅"选项卡→"更改"任务组→"保护工作表"按钮,如图 8-30 所示;弹出"保护工作表"对话框,如图 8-31 所示,选中"保护工作表及锁定的单元格内容"复选框,并在"取消工作表保护时使用的密码"文本框中输入要设定的密码,在"允许此工作表的所有用户进行"下拉列表中选择允许用户进行的操作。

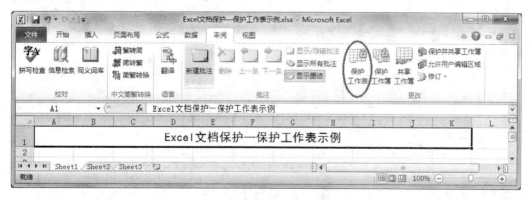

图 8-30 "保护工作表"按钮

步骤 2:单击"确定",弹出"确认密码"对话框,如图 8-32 所示,在"重新输入密码"文本框中输入确认密码,单击"确定"即可完成对工作表的保护。此后用户仅能对工作表中进行如图 8-31"保护工作表"对话框中设定的操作。

(2)保护工作簿

在 Office 2010 中,也可以对工作簿进行更改、移动或删除的保护,具体步骤如下。

步骤 1:单击"文件"→"信息"→"保护工作表"菜单项→"保护工作簿结构",或者单击"审阅"选项卡→"更改"任务组→"保护工作簿"按钮,如图 8-33 所示。弹出"保护结构和窗口"对话框,如图 8-34 所示。此时要保护的,是当前文档的工作簿,即保护 Sheet1、Sheet2 和 Sheet3。选中"保护工作簿"下的"结构"和"窗口"复选框,并在"密码(可选)"文本框中输入要设定的密码。

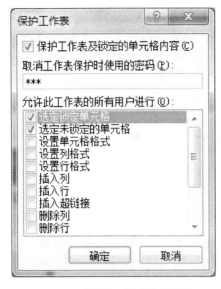

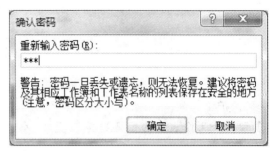

图 8-31 "保护工作表"对话框   图 8-32 "确认密码"对话框

步骤 2:单击"确定",弹出"确认密码"对话框,如图 8-35 所示,在"重新输入密码"文本框中输入确认密码。单击"确定"即可完成对工作表的保护。此后用户需要修改文档的结构和工作簿时,需要输入密码确认。

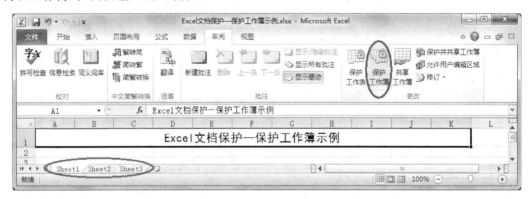

图 8-33 "保护工作簿"按钮

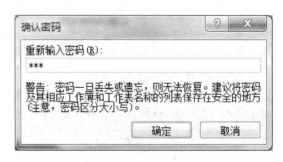

图 8-34 "保护结构和窗口"对话框   图 8-35 "确认密码"对话框

(3)允许用户编辑区域

①使用密码访问保护区域:有时并不是工作表中的所有单元格都需要保护,对部分单

元格可以允许拥有访问密码的用户访问，此时需要设置受保护的编辑区域，具体操作步骤如下。

步骤 1：选定一个或者一片区域的单元格，单击"审阅"选项卡→"更改"任务组→"允许用户编辑区域"按钮，如图 8-36 所示；弹出"允许用户编辑区域"对话框，如图 8-37 所示。

图 8-36　"允许用户编辑区域"按钮

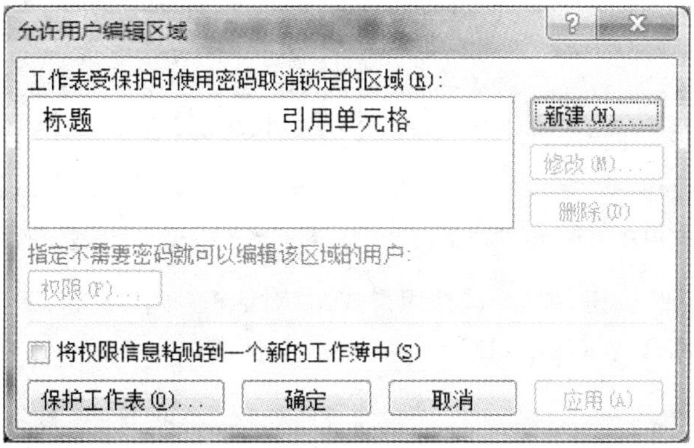

图 8-37　"允许用户编辑区域"对话框

步骤 2：单击"新建"按钮，弹出"新区域"对话框，然后在"引用单元格"文本框中设定单元格区域，在"区域密码"文本框中输入密码，如图 8-38 所示。

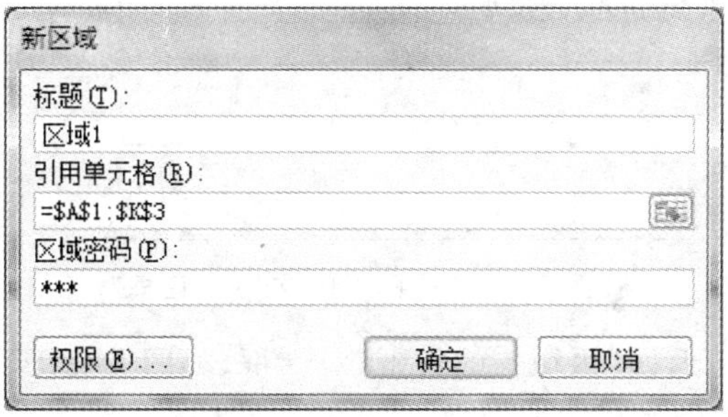

图 8-38　设定区域

步骤 3：单击"确定"，弹出"确认密码"对话框，如图 8-35 所示，在"重新输入密码"文本框中输入确认密码。

步骤 4：单击"确定"，返回"允许用户编辑区域"对话框，单击"保护工作表"，弹出"工作表"对话框,接下来的操作与"保护工作表"的操作相同,在此不再赘述。

②设定权限访问保护区域:若要允许特定的用户不需要密码即可直接访问保护的区域,可给这些用户指定权限,具体步骤如下。

步骤1:单击"审阅"选项卡→"更改"任务组→"允许用户编辑区域"按钮,如图 8-36 所示;弹出"允许用户编辑区域"对话框,如图 8-39 所示。

步骤2:单击"权限"按钮,弹出"区域1的权限"对话框,如图 8-40 所示。

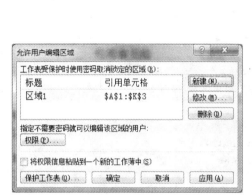

图 8-39 "允许用户编辑区域"对话框

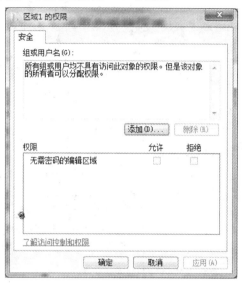

图 8-40 "区域1的权限"对话框

步骤3:单击"添加"按钮,弹出"选择用户或组"对话框,如图 8-41 所示,在其中选择需要设定的用户,这里的 VERYANGEL－PC\Guest 是本机 Windows 7 用户账户下的 Guest 用户。

图 8-41 "选择用户或组"对话框

步骤4:单击"确定",返回"区域1的权限"对话框,如图 8-42 所示,在对话框中已经显示了添加的用户,然后在下侧的列表框中选择"允许"复选框。

步骤5:单击"确定"按钮,返回"允许用户编辑区域"对话框,然后单击"保护工作表"按钮,接下来的操作步骤与"保护工作表"相同,在此不再赘述。

③保护并共享工作簿:保护并共享工作簿,可以对工作簿中的修订进行跟踪,或者删除用户对文件修订日志。保护共享工作簿的具体操作如下。

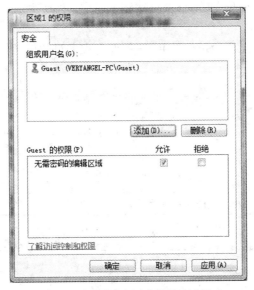

图 8-42　"设定用户权限"对话框

步骤 1：单击"审阅"选项卡→"更改"任务组→"保护共享工作簿"按钮，如图 8-43 所示，打开"保护并共享工作簿"对话框，如图 8-44 所示。

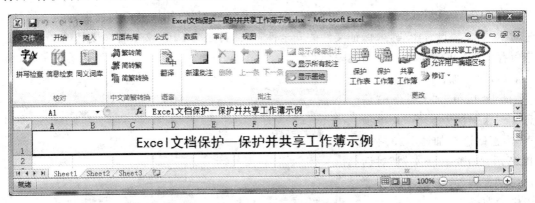

图 8-43　"保护共享工作簿"对话框

步骤 2：在"保护共享工作簿"对话框中，选中"以追踪修订方式共享"复选框，然后在"密码"文本框中输入密码，单击"确定"按钮，弹出"确认密码"对话框，如图 8-35 所示。

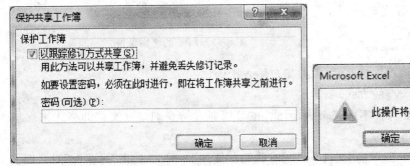

图 8-44　"保护共享工作簿"对话框

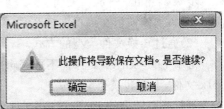

图 8-45　提示对话框

步骤3:在"重新输入密码"文本框中再次输入密码,单击"确定",弹出如图8-45所示对话框。

步骤4:单击"确定",工作簿被保护并共享,此时在窗口的标题栏上显示"共享"字样,如图8-46所示。

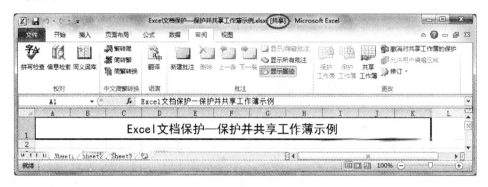

图8-46　显示共享字样

若要取消该文档的共享,单击"视图"选项卡"更改"任务组中的"撤销对共享工作簿的保护",再输入密码即可。

3. PowerPoint 文档保护

对于 PowerPoint 文档,可以通过两种方式对其进行保护:第一种跟前面提到的一样,通过对 PPT 文档设置密码,来保证文件的安全性;第二种是将 PPT 文档转换成其他文件格式来保存,如 PDF 格式等。下面逐一介绍。

(1)通过加密的方式

步骤1:单击"文件"→"信息"→"保护演示文稿"菜单项→"用密码进行加密",如图8-47所示,弹出"加密文档"对话框,在"密码"文本框中输入要设定的密码。

步骤2:单击"确定",弹出"确认密码"对话框,在"重新输入密码"文本框中输入确认密码。单击"确定"即可完成对 PPT 演示文稿的保护。

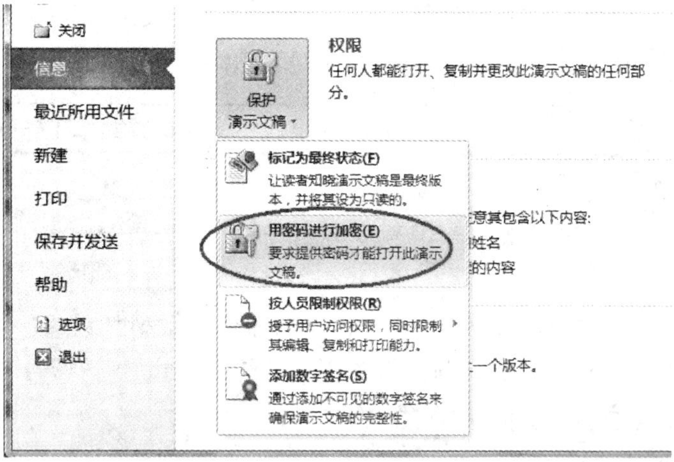

步骤3:单击"确定",关闭演示文稿,当该演示文稿再次打开时,需要用户输入密码。

图8-47　PPT 的密码保护

(2)通过转换文件类型的方式

由于 PDF 文件是受保护不可编辑的,因此,也可以通过转换幻灯片文档的格式来保护pptx 文件,下面转换介绍步骤。

①打开要转换的 PPT,单击"文件"→"另存为",如图8-48所示,弹出"另存为"对话框。

图 8-48　"另存为"对话框

②单击"选项"按钮,如图 8-49 所示,在"选项"对话框中设置要转换成的 PDF 格式文件的一些,如要转换的幻灯片的范围和发布选项等属性,一般情况下可以不用重新设置。

③单击确定,完成 PPT 到 PDF 文件格式的转换,如图 8-50 所示。

图 8-49　转换成 PDF 格式文件的"选项"对话框　　图 8-50　转换后的 PDF 文件

8.2.2　Word 文档窗体保护

在 Word 中,不仅可以对文档的安全性和权限进行保护,也可以按照节和窗体域来保护文档,通过保护文档窗体的方式,对窗体进行编辑的限制等。下面介绍两种方式的窗体保护,分节保护和窗体域保护。

1. 分节保护

对于多节文档,可以把窗体以节为单位分成一个或者多个连续区域,以限制用户对节的编辑。下面可以保护页眉为例，介绍文档分节保护操作。具体操作步骤如下。

①文档中插入一个页眉，如图 8-51 所示，插入完成后单击"关闭页眉和页脚"。

②单击"页面布局"选项卡→"页面设置"任务组→"分隔符"下拉菜单→连续"分节符"，在页面下方插入一个连续型分节符，如图 8-52 所示。

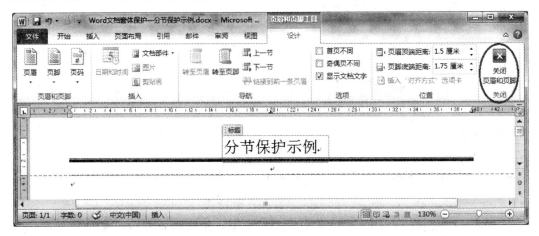

图 8-51　插入页眉

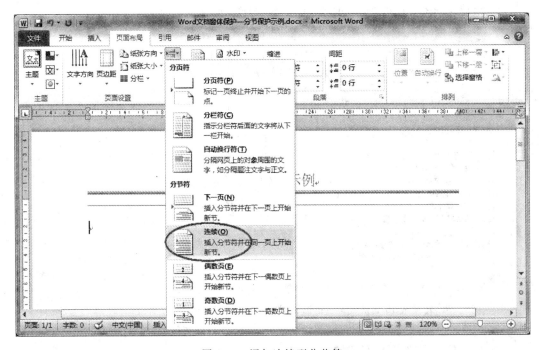

图 8-52　添加连续型分节符

③按照 9.2.1 的第一部分中的过程，或者单击"审阅"选项卡保护任务组下的"限制编辑"按钮，打开"限制格式和编辑"的任务窗格，单击"仅允许在文档中进行此类型的编辑"复选框，选择"填写窗体"下拉项，单击"选择节"命令，取消"节保护"对话框的"节 2"复选框，如图 8-53 所示。

图 8-53　"节保护"对话框

④单击"确定"按钮,在启动强制保护后,页眉内容将受到保护。

2. 窗体域保护

窗体域是位于窗体中的特殊区域,相当于文档中的"自治区",是在窗体受到保护时允许用户进行特定编辑行为的域。如果需要分发通过电子邮件或其他网络方法手机的联机信息时,可以选择使用窗体域功能。复选框可以对控件的信息进行收集和操作,或者可以在按钮上添加一些宏的操作等。这里将分别介绍复选框型窗体域、文字型窗体域和下拉型窗体域等四种类型的窗体保护。

(1)复选框型窗体域

单击"开发工具"选项卡→选择"控件"任务组→选择"旧式窗体"下拉菜单,可以看到"旧式窗体"工具栏,如图 8-54 所示。

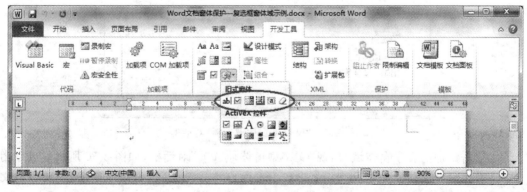

图 8-54　"旧式窗体"的按钮

这个工具栏可向窗体中添加三种类型的窗体域:文字型窗体域,复选框型窗体域,下拉型窗体域。

复选框型窗体域主要用于需要用户进行选择或者判断的场合,添加复选框型窗体域的具体步骤如下。

①单击"旧式窗体"工具栏中的按钮,可在插入点位置后添加一个复选框型窗体域。

②双击新添加的复选框型窗体域,或者右键单击"复选框型窗体域"选择"属性",出现"复选框型窗体域选项"对话框,如图 8-55 所示。

这个窗口可以设置复选框型窗体域的默认值,在取消"启用复选框"时,将保持默认状态不被用户更改。在窗体保护时单击该域可在勾选与清除复选框之间切换。

图 8-55 "复选框型窗体域选项"对话框

(2)复选框型窗体域

若要允许用户在受保护的节中添加文本,可使用文字型窗体域。文字型窗体域可以限制用户录入的文本类型或者格式,添加文字型窗体域的具体操作步骤如下。

①单击"窗体"工具栏,可在插入点位置添加一个文字型窗体域。

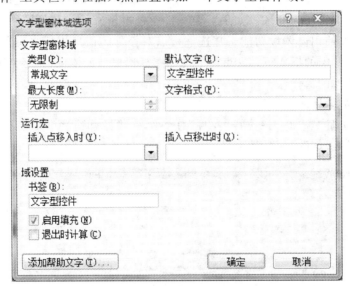

图 8-56 "文字型窗体域选项"对话框

②双击添加的文字窗体域,出现"文字型窗体域选项"对话框,如图 8-56 所示。可以为文字型窗体域设置默认文字、类型、文字长度和文字格式等,并且可以使用书签,可以对文字型窗体域进行数据计算。

(3)复选框型窗体域

下拉型窗体域允许用户在受保护的节中选择单个列表项目,具体操作步骤如下。

①单击"旧式窗体"工具栏中的，可在插入点位置添加一个下拉型窗体域。

②双击添加的下拉型窗体域，打开"下拉型窗体域选项"对话框，如图 8-57 所示。

图 8-57　"下拉型窗体域选项"对话框

在下拉型窗体中，可以添加、修改和移动加载项，运行宏和域的设置等。要真正保护窗体并限制用户只能在窗体域中编辑，则应启动强制保护。

8.3　习　题

1. 简述文档权限设置的操作步骤。

2. 文件的安全性设置有哪些方面，简述如何防止别人修改和打开一个 Word 文档。

3. Word 文档保护的方式有哪几种？

4. 分别说明 Word 文档的编辑限制保护的几种方式。

5. Excel 中的文档保护功能分别有哪几种？

6. 如何保护 PowerPoint 文档？

7. Word 文档窗体保护有哪几种形式？

8. 编辑一个文档，输入三段文字，将每一个段落作为一节，采用 Word 的分节保护来保护每一节的文字，如何实现？

9. 在日常生活中，丢失文件是一件令人头疼的事情，除了提到的防止文件丢失的方法，联系实际，还可以采取哪些措施来防止文件丢失？

第9章

Office 2010 中的 VBA 宏及其应用

Office 办公软件的出现,大大提高了人们的工作效率,除了文档的安全性问题之外,在使用 Office 过程中,像 Word、Excel 中的一些相同的操作经常需要重复进行。那么,将这些操作能不能编成程序保存下来,在下次需要进行同样类似的操作时使用呢? 在 Office 中,我们可以通过宏来解决这个问题。

宏是微软公司为其 Office 软件包设计的一个特殊功能,利用简单的语法,将常用的动作写成宏,这样就可以避免重复相同的动作。本章将通过 VBA 语言制作宏来回答以上问题。

9.1 宏的概念和 VBA 基础

9.1.1 宏的概念

什么是宏? 简单来讲,宏是通过一次单击就可以应用的命令集,是一段定义良好的操作,是一批指令的集合。在 Microsoft Office 软件中创建的宏大多数是用 Visual Basic for Applications(通常称为 VBA)语言编写的。因此,宏也可以是一段程序代码。VBA 是 Microsoft 公司用于其 Office 软件套件的一个语言,是 Visual Basic 程序语言的一个分支,供用户撰写宏,对 Office 进行二次开发。这种二次开发的能力和弹性,是 Microsoft Office 远胜于其他(缺乏宏能力的)办公软件的一大关键。使用 VBA 宏可以实现如下功能。

(1)自动执行一串操作

若需要经常进行有规律的汇总操作,就可以制作一个宏来代替这一操作。

(2)自动执行重复操作

若需要在多个文档中执行同样的操作,则可以在第一次执行该操作时录制宏,然后在其他文档上执行该宏,完成这些重复的操作。

(3)创建定制的命令

用户可以将几个菜单项命令结合在一起,然后通过输入一次键盘指令就可以执行这一操作。

（4）创建定制的工具栏按钮

用户可以使用自己定义的命令按钮，自定义工具栏，执行自己创建的宏。

（5）创建自定义插件

用户可以根据需要创建自定义插件。

9.1.2　VBA 基础

1. 变量及数组

（1）VBA 允许使用未定义的变量，默认是变体变量 Variant。

（2）在模块通用说明部分，加入 Option Explicit 语句可以强迫用户进行变量定义。

（3）变量定义语句及变量作用域如下：①Dim 变量 as 类型，定义为局部变量；

②Private 变量 as 类型，定义为私有变量；

③Public 变量 as 类型，定义为公有变量；

④Global 变量 as 类型，定义为全局变量；

⑤Static 变量 as 类型，定义为静态变量。

一般变量作用域的原则是，在哪部分定义就在哪部分起作用。

（4）常量为变量的一种特例，用 Const 定义，且定义时赋值，程序中不能改变值，作用域也如同变量作用域。

数组是包含相同数据类型的一组变量的集合，对数组中的单个变量引用通过数组索引下标进行。在内存中表现为一个连续的内存块，必须用 Global 或 Dim 语句来定义。二维数组是按行列排列的。

除了以上固定数组外，VBA 还有一种功能强大的动态数组，定义时无大小维数声明；在程序中再利用 Redim 语句来重新改变数组大小，原来数组内容可以通过加 preserve 关键字来保留。

2. 子过程及函数

（1）子过程

过程由一组完成所要求操作任务的 VBA 语句组成。子过程不返回值，因此，不能作为参数的组成部分。

其语法为：

```
［Private|Public］［Static］Sub ＜过程名＞（［参数］）
［指令］
［Exit Sub］
［指令］
End Sub
```

说明：

①Private，Public 和 Static 为可选。如果使用 Private 声明过程，则该过程只能被同一个模块中的其他过程访问；如果使用 Public 声明过程，则表明该过程可以被工作簿中的所有其他过程访问。但是如果用在包含 Option Private Module 语句的模块中，则该过程只能用于所在工程中的其他过程。如果使用 Static 声明过程，则该过程中的所有变量为静态变

量,其值将保存。

②Sub 为必需的。表示过程开始。

③<过程名>为必需的。可以使用任意有效的过程名称,其命名规则通常与变量的命名规则相同。

④参数为可选。代表一系列变量并用逗号分隔,这些变量接受传递到过程中的参数值。如果没有参数,则为空括号。

⑤Exit Sub 为可选。表示在过程结束之前,提前退出过程。

⑥End Sub 为必需的。表示过程结束。

如果在类模块中编写子过程并把它声明为 Public,它将成为该类的方法。

(2)函数

函数(function)是能完成特定任务的相关语句和表达式的集合。当函数执行完毕时,它会向调用它的语句返回一个值。如果不显示指定函数的返回值类型,就返回缺省的数据类型值。

声明函数的语法为:

```
[Private|Public] [Static] Function <函数名>([参数])[As 类型]
[指令]
[函数名 = 表达式]
[Exit Function]
[指令]
[函数名 = 表达式]
End Function
```

说明:

①Private,Public 和 Static 为可选。如果使用 Private 声明函数,则该函数只能被同一个模块中的其他过程访问。如果使用 Public 声明函数,则表明该函数可以被所有 Excel VBA 工程中的其他过程访问;不声明函数过程的作用域时,默认的作用域为 Public。如果使用 Static 声明函数,则在调用时,该函数过程中的所有变量均保持不变。

②Function 为必需的。表示函数过程开始。

③<函数名>为必需的。可以使用任意有效的函数名称,其命名规则与变量的命名规则相同。

④参数为可选。代表一系列变量并用逗号分隔,这些变量是传递给函数过程的参数值。参数必须用括号括起来。

⑤类型为可选。指定函数过程返回的数据类型。

⑥Exit Function 为可选。表示在函数过程结束之前,提前退出过程。

⑦End Function 为必需。表示函数过程结束。

通常,在函数过程执行结束前给函数名赋值。函数可以作为参数的组成部分。但是,函数只返回一个值,它不能执行与对象有关的动作。如果在类模块中编写自定义函数并将该函数的作用域声明为 Public,则该函数将成为该类的方法。

3. VBA 内部函数

VBA 内部函数有许多种,以下就介绍最主要的几种内部函数。

（1）测试类函数

如 IsNumeric(x)，判断是否为数字；IsDate(x)，判断是否是日期；IsEmpty(x)判断是否为 Empty；IsArray(x)—判断变量是否为一个数组，都返回 Boolean 结果等。

（2）数学函数

如 Sin(X)、Cos(X)、Tan(X)、Atan(x)分别为三角函数，单位为弧度；Log(x)、Exp(x)分别返回 x 的自然对数、指数；Abs(x)返回 x 的绝对值；Int(number)、Fix(number)都返回参数的整数部分，区别是 Int 将-8.4 转换成-9，而 Fix 将-8.4 转换成-8；Sgn(number)返回一个 Variant(Integer)，指出参数的正负号；Sqr(number)—返回一个 Double，指定参数的平方根；Round(x,y)—把 x 四舍五入得到保留 y 位小数的值等。

（3）字符串函数

如 Trim(string)、Ltrim(string)、Rtrim(string)分别表示去掉 string 左右两端空白、左边的空白、右边的空白；Len(string)计算 string 长度；Replace(expression,find,replace)为替换字符串函数；Left(string, x)、Right(string, x)、Mid(string, start,x)为取 string 左、右、指定段 x 个字符组成的字符串；Ucase(string)、Lcase(string)转换字符串为大、小写等。

（4）转换函数

如 CBool（expression）将表达式转换为 Boolean 型；CByte（expression）、CCur(expression)、CDate(expression)、CDbl(expression)、CDec(expression)、CInt(expression)、CLng(expression)、CSng(expression)、CStr(expression)、CVar(expression)分别将表达式转换为 Byte 型、Currency 型、Date 型、Double 型、Decemal 型、Integer 型、Long 型、Single 型、String 型、Variant 型。Val（string）函数将 String 转换成数据型，Str（number）将 number 转换为 String 型。

（5）时间函数

Now、Date、Time 都返回一个 Variant（Date），根据计算机系统设置的日期和时间来指定日期和时间；Timer 返回一个 Single，代表从零时开始到现在经过的秒数；TimeSerial (hour, minute, second)返回一个 Variant（Date），包含具有具体时、分、秒的时间；DateDiff (interval, date1, date2[, firstdayofweek[, firstweekofyear]])返回 Variant（Long）的值，表示两个指定日期间的时间间隔数目。

Second(time)返回一个 Variant(Integer)，其值为 0～59 的整数，表示一分钟之中的某个秒；Minute(time)返回一个 Variant(Integer)，其值为 0～59 的整数，表示一小时中的某分钟；Hour(time)返回一个 Variant(Integer)，其值为 0～23 的整数，表示一天之中的某一钟点；Day(date)返回一个 Variant(Integer)，其值为 1～31 的整数，表示一个月中的某一日；Month(date)返回一个 Variant(Integer)，其值为 1～12 的整数，表示一年中的某月；Year (date)返回 Variant(Integer)，包含表示年份的整数等。

（6）其他常用函数

如 Shell 表示运行一个可执行的程序；RGB 返回指定 R、G、B 分量的颜色数值。

9.2　VBA 宏的简单应用

下面分别以在 Word 和 Excel 中举例介绍如何使用宏录制器创建简单宏应用，并在

VBE(Visual Basic 编辑器)中查看修改宏代码,以适应新的需要。

9.2.1 设置 Word 文本格式宏

①选择"视图"选项卡→"宏"→"录制宏"菜单项,打开"录制新宏"对话框,如图 9-1 所示。

②在"录制宏"对话框的"宏名"文本框中可输入录制新宏的名称,如"ModifyPara"。

③然后在"将宏保存在"下拉列表框中选择一个文件,则此次录制的宏只会对该文件生效。若选择"所有文档(Normal.dot)",则在任何打开的 Word 文档中都可以使用该宏。

④默认情况下,Word 将自动添加有关宏的说明。若要进行修改,可以在"说明"文本框中输入说明。

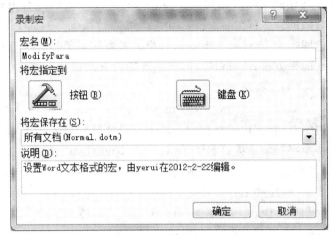

图 9-1 "录制宏"对话框

⑤接下来可以将宏指定到工具栏或者指定为快捷方式。这里单击"将宏指定到"下的"按钮",可以将宏指定到一个按钮(如果选择键盘,可以设置快捷键来启动宏),弹出如图 9-2 所示的 Word 选项中的"快速访问工具栏"对话框。

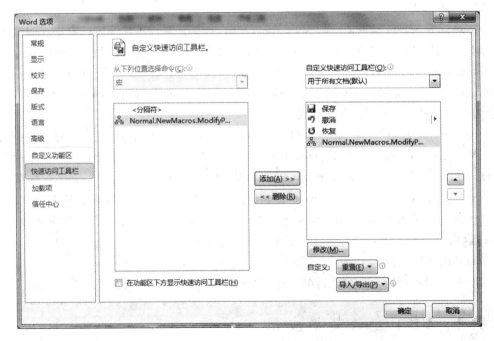

图 9-2 "自定义"对话框

在"快速访问工具栏"选项卡中，可以将左边列表框的中的"Normal. NewMacros. ModifyPara"命令单击"添加"移到右边的工具栏中，此时工具栏中出现了"Normal. NewMacros. ModifyPara"按钮，表示单击这个按钮，可以运行 ModifyPara 宏。单击确定，开始宏的录制操作，如图 9-3 所示菜单。

图 9-3　复制到工具栏的宏的快捷方式

⑥单击"开始"选项卡→单击"段落"任务组的右下角箭头，系统将弹出"段落"对话框，如图 9-4 所示，将各段落参数值设置成如图 9-4 所示数值，单击确定；再单击字体右下角的箭头，如图 9-5 所示，将字体设置成图 9-5 所示的值。注意，此时不用选定文字进行操作，直接设置段落和文字样式即可。

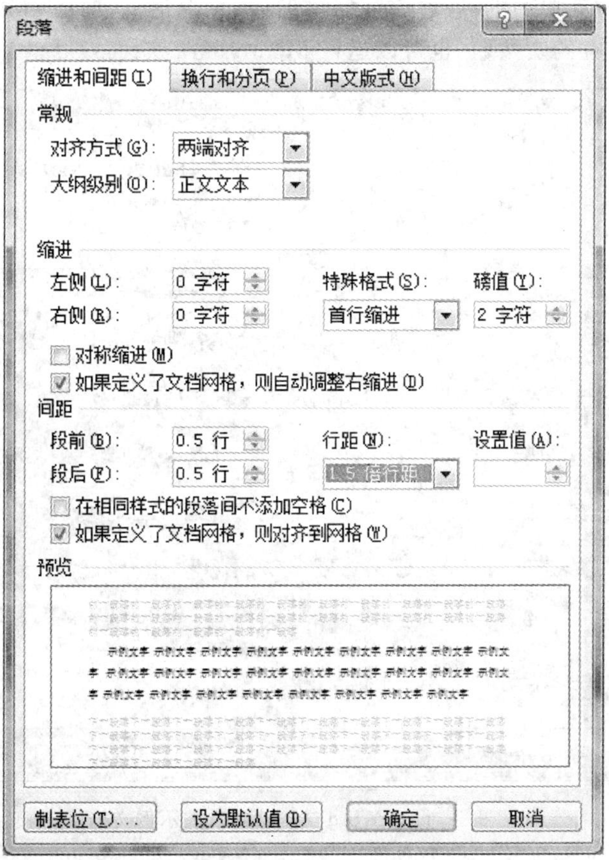

图 9-4　"段落"对话框

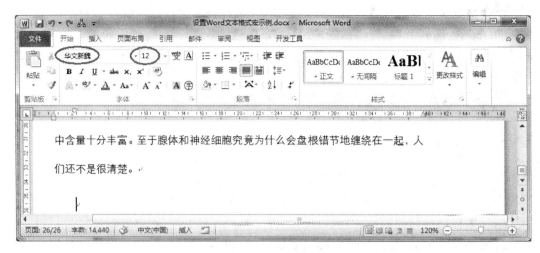

图 9-5　"字体"对话框

⑦单击"视图"选项卡中"宏"的下拉菜单,此时有"停止录制"和"暂停录制"两个选项,此时选择"停止录制",完成这个宏的录制操作。

⑧打开示例文档,如图 9-6 所示,选定要设置格式的段落。要运行刚刚录制的宏,有两种办法,第一是单击刚才在工具栏上的宏的快捷方式,见图 9-3,即可运行宏;第二是单击视图选项卡中的宏下拉菜单中的"查看宏",如图 9-7 所示对话框,选择 ModifyPara,单击运行,或者,单击工具栏上方的宏按钮,也可以运行 ModifyPara 宏。

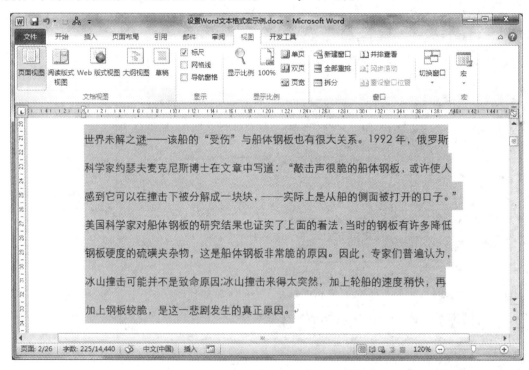

图 9-6　设置 Word 文本格式宏的示例文档

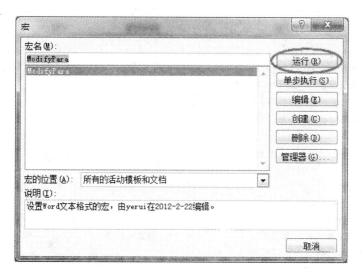

图 9-7　宏对话框

⑨运行效果如图 9-8 所示。

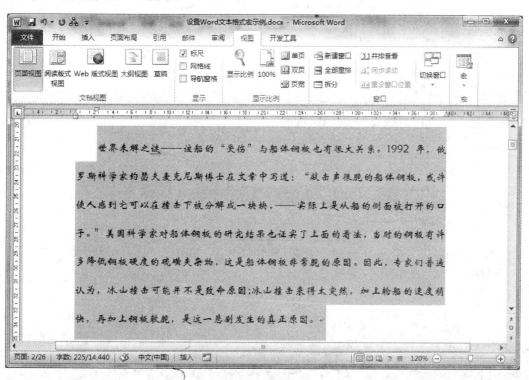

图 9-8　运行效果

⑩打开"查看宏"对话框,选择宏 1,单击编辑,可进入 VBA,看到该宏的源代码如下所示。

```
Sub ModifyPara()
'
' ModifyPara Macro
```

```
' 宏在 2012 - 2 - 22 由 yerui 录制
'

    With Selection.ParagraphFormat
        .LeftIndent = CentimetersToPoints(0)
        .RightIndent = CentimetersToPoints(0)
        .SpaceBefore = 2.5
        .SpaceBeforeAuto = False
        .SpaceAfter = 2.5
        .SpaceAfterAuto = False
    .LineSpacingRule = wdLineSpace1pt5
        .Alignment = wdAlignParagraphJustify
        .WidowControl = False
        .KeepWithNext = False
        .KeepTogether = False
        .PageBreakBefore = False
        .NoLineNumber = False
        .Hyphenation = True
        .FirstLineIndent = CentimetersToPoints(0.35)
        .OutlineLevel = wdOutlineLevelBodyText
        .CharacterUnitLeftIndent = 0
        .CharacterUnitRightIndent = 0
    .CharacterUnitFirstLineIndent = 2
    .LineUnitBefore = 0.5
    .LineUnitAfter = 0.5
        .AutoAdjustRightIndent = True
        .DisableLineHeightGrid = False
        .FarEastLineBreakControl = True
        .WordWrap = True
        .HangingPunctuation = True
        .HalfWidthPunctuationOnTopOfLine = False
        .AddSpaceBetweenFarEastAndAlpha = True
        .AddSpaceBetweenFarEastAndDigit = True
        .BaseLineAlignment = wdBaselineAlignAuto
    End With
Selection.Font.Name = "华文新魏"
Selection.Font.Size = 12
End Sub
```

☞ **程序说明**

①.LineSpacingRule = wdLineSpace1pt5 设置行距为 1.5 倍；

②.CharacterUnitFirstLineIndent = 2 设置首行缩进 2 字符；

③.LineUnitBefore = 0.5 设置段前间距 0.5 行；

④.LineUnitAfter = 0.5 设置段后间距 0.5 行；

⑤Selection.Font.Name = "华文新魏"设置字体为"华文新魏"；

⑥Selection.Font.Size = 12 设置字体大小为 12 磅。

9.2.2　Word 批量设置图片格式并添加题注

在 Word 中,除了可以设置文字样式外,还可以对文档中的其他元素(比如图片等)进行操作和处理。下面制作一个裁剪图片并给图片添加题注的宏,来进一步介绍宏的应用。下面制作一个将文档中图片上下左右各裁剪 100 磅,并在图片下方添加这张图片的题注的宏,步骤如下。

①选择"视图"选项卡→"宏"→"查看宏"菜单项,打开"录制新宏"对话框,如图 9-9 所示。

图 9-9　"宏"的创建对话框

②在宏名输入框中输入"SetPicForm",单击创建,创建一个名为"SetPicForm"的宏,进入 VBA 编辑页面。

③在打开的 VBA 编辑器中,输入以下代码,如图 9-10 所示:

```
Sub SetPicForm()
'
' SetPicForm 宏
' 设置文档中图片的格式和添加题注的宏。
'
    Dim i, count As Integer
    count = ActiveDocument.InlineShapes.count      '计算文档中图片总数
        For i = 1 To count                          '从第一张开始循环
        With ActiveDocument.InlineShapes(i).PictureFormat
        '对于每一张图片的格式进行操作
            .CropTop = 100                          '图片顶部裁剪下 100 磅
            .CropBottom = 100                       '图片底部裁剪下 100 磅
            .CropLeft = 100                         '图片左边裁剪下 100 磅
            .CropRight = 100                        '图片右边裁剪下 100 磅
        End With
        ActiveDocument.InlineShapes(i).Select       '选择一张图片
Selection.Range.InsertAfter (Chr(13) & "图 1-" & i)
        '在这张图片下方回车加上一行题注再回车
    Next i
End Sub
```

图 9-10　VBA 编辑器

④保存输入的代码,关闭 VBA 编辑器,同时打开需要进行图片转换的文档,如图 9-11 所示。打开"宏"下拉菜单中的查看宏,选定 SetPicForm 宏,单击运行,看到效果,如图 9-12 所示。

图 9-11　待修改格式的原图　　　　图 9-12　SetPicForm 宏修改过格式后的图片

9.2.3　制作语音朗读的宏

Word 中没有语音朗读功能,但是 Excel 具有这个功能,如何使 Word 也具有朗读功能呢? 在 Microsoft Office 套件中,各个组件间可以相互调用,通过调用 Excel 对象使 Word 也具有朗读功能。下面通过制作一个宏来完成调用,具体操作步骤如下。

①单击"视图"选项卡→"宏"→"查看宏"菜单项,创建一个宏"SpeakText",再单击编辑,打开 Visual Basic 编辑器编辑宏"SpeakText"。

②在 Visual Basic 编辑器中输入如下代码:

```
Sub SpeakText()
    Dim spo As Object
    Set spo = CreateObject("Excel.Application")
    spo.Speech.Speak Selection.Text
    Set spo = Nothing
End Sub
```

选择相应的文本,然后打开如图 9-13 所示的宏对话框,选择 SpeakText 宏,单击"运行",Word 便会自动朗读选择的文本。

图 9-13　宏对话框

☞**程序说明**

　(1)CreateObject 函数创建一个 Execl.Application 对象,并赋值给 spo 该对象的引用。

　(2)接着调用 Speech 子对象的 Speak 方法来朗读选取的文本。

　(3)最后设置 spo 为空引用,释放资源。

9.2.4　Excel 日期格式转换的宏

Excel 中宏录制的方法与 Word 中类似,不同的是 Excel 中将宏保存在工作表或工作簿中。还有一点不同的是，Excel 不能将宏添加到工具栏中，只能为宏指定某个快捷键。

下面制作一个宏，将图 9-14 中出生年月的格式，由“yyyy/mm/dd”改成“yyyy 年 mm 月 dd 天”的格式，并通过控件的方式来调用宏。宏制作的具体操作步骤如下。

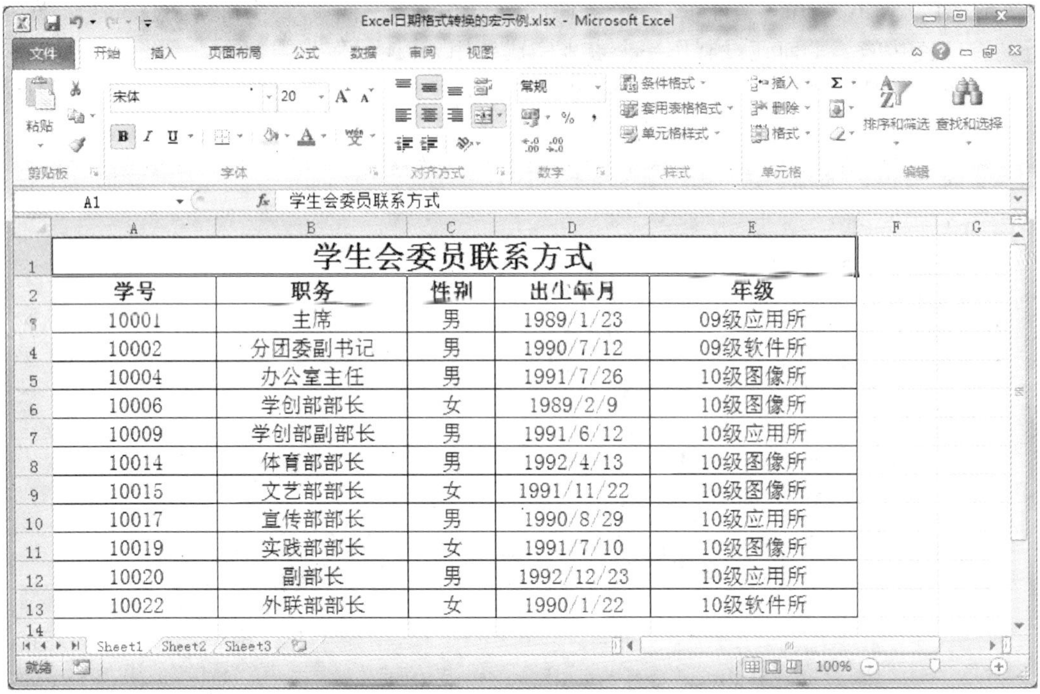

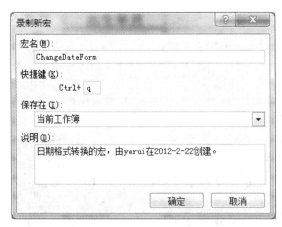

Excel日期格式转换的宏示例.xlsx - Microsoft Excel
文件
开始
插入
页面布局
公式
数据
审阅
视图
A1
学生会委员联系方式
学生会委员联系方式
学号 职务 性别 出生年月 年级
10001 主席 男 1989/1/23 09级应用所
10002 分团委副书记 男 1990/7/12 09级软件所
10004 办公室主任 男 1991/7/26 10级图像所
10006 学创部部长 女 1989/2/9 10级图像所
10009 学创部副部长 男 1991/6/12 10级应用所
10014 体育部部长 男 1992/4/13 10级图像所
10015 文艺部部长 女 1991/11/22 10级图像所
10017 宣传部部长 男 1990/8/29 10级应用所
10019 实践部部长 女 1991/7/10 10级图像所
10020 副部长 男 1992/12/23 10级应用所
10022 外联部部长 女 1990/1/22 10级软件所
Sheet1
Sheet2
Sheet3
就绪
100%

图 9-14 Excel 日期格式转换的宏示例

①单击“视图”选项卡→“宏”任务组→“宏”下拉菜单→“录制宏”，打开“录制新宏”对话框，创建一个新的名为“ChangeDateForm”的宏，如图 9-15 所示。

录制新宏
宏名(M):
ChangeDateForm
快捷键(K):
Ctrl+ q
保存在(I):
当前工作簿
说明(D):
日期格式转换的宏，由yerui在2012-2-22创建。
确定
取消

图 9-15 “录制新宏”对话框

②选中一个出生年月的单元格，如 D3，单击“开始”选项卡→“数字”任务组→单击“日期”下拉菜单→选择“长日期”，此时 D3 中格式由“1989/1/23”变为“1989 年 1 月 23 日”，如图 9-16 所示。

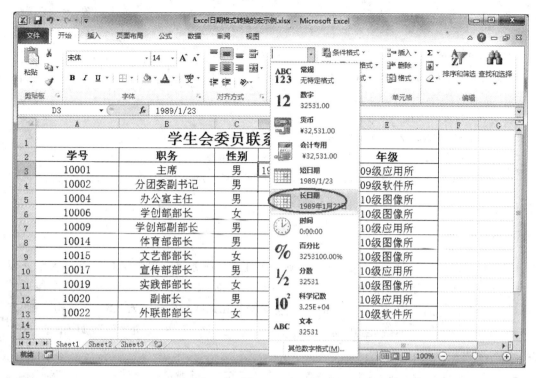

图 9-16　设置 D1 中日期格式

③选择"宏"下拉菜单中的"停止录制",再选择"工具"→"宏"→"Visual Basic 编辑器",打开 Visual Basic 编辑器,如图 9-17 所示。

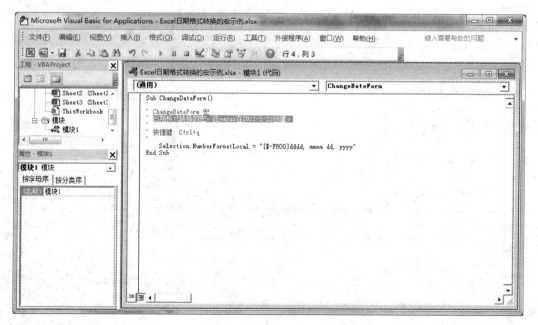

图 9-17　Visual Basic 编辑器

④修改代码如下,修改完宏的代码后按"Ctrl"+"S"保存。

```
Sub ChangeDateForm()
'
' ChangeDateForm 宏
' 日期格式转换的宏,由 yerui 在 2012 - 2 - 22 创建。
'
    For Each cell In Selection
        If IsDate(cell.Value) Then
        cell.Select
        Selection.NumberFormatLocal = "[ $ - F800]dddd, mmmm dd, yyyy"
        End If
    Next cell
End Sub
```

⑤制作好宏之后,单击"开发工具"选项卡→"控件"任务组→单击"插入"下拉菜单→表单控件中的"按钮"(第一个),在工作表中画一个按钮,如图 9-18 所示,会出现将这个控件指定到一个宏上的"指定宏"对话框,选择 ChangeDateForm 宏,单击确定,则宏 ChangeDateForm 就被指定到这个按钮上,单击该按钮就相当于调用了一次 ChangeDateForm 宏。

图 9-18 指定宏对话框

⑥选择"出生年月"列中的单元格,如 D6 到 D9,单击"转换日期格式"按钮(右键单击控件,单击"编辑文字",可以修改文字),日期转换成"1990 年 7 月 12 日",以此类推,如图 9-19 所示。

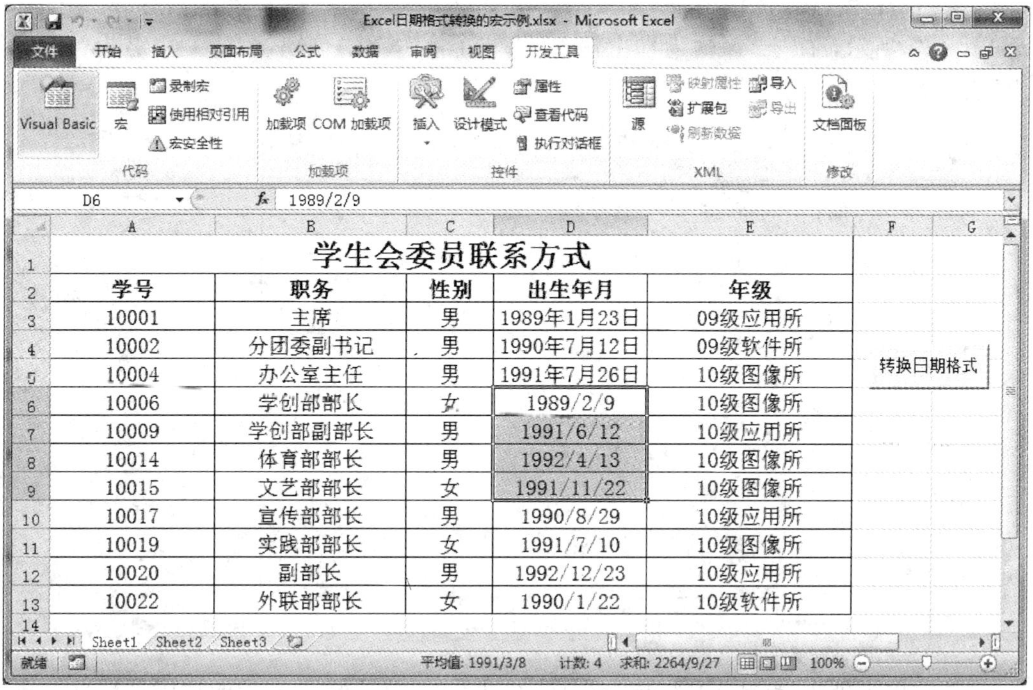

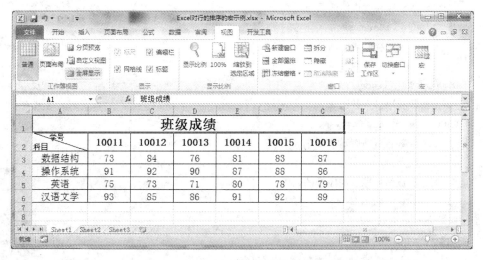

图 9-19　单击控件执行宏

9.2.5　Excel 对行的排序

宏对 Excel 的作用不止于对文本的操作,还包括可以对单元格中的内容进行分析和处理,比如,对行和列的排序等。对于列的排序,我们可以直接借助 Excel 工具栏中的按钮来实现,可以使用宏对 Excel 中的行进行排序。下面制作一个宏,对图 9-20 中的班级成绩表中一个科目的成绩进行排序,在选定某一行的成绩后,单击排序按钮,可以将该行的成绩进行排序,如果选择的内容不符合要求,则报错。

图 9-20　Excel 对行的排序的宏示例

步骤 1：单击"视图"选项卡→"宏"任务组→"宏"下拉菜单→"查看宏"，打开"宏"对话框，如图 9-21 所示，在"宏名"输入框中输入"成绩排序"，单击创建，创建一个名为"成绩排序"的宏。

图 9-21 "录制新宏"对话框

步骤 2：单击创建，打开 VBA 编辑器，输入以下的代码，输入完宏的代码后按"Ctrl"＋"S"保存。

```
Sub 成绩排序()

    '选择的区域不符合要求后的错误处理
    On Error GoTo er
    '声明数组用于某科目的成绩和成绩个数
    Dim scores(100) As Single
    Dim nums As Integer
    '调用函数获取存放成绩的数组
    GetScores scores, nums
    '声明数组用于存储成绩的学号及其个数
    Dim titles(100) As String
    Dim numt As Integer
    '调用函数获取学号数组
    GetTitles titles, numt
    '如果两者数目不同则不能排序
    If nums <> numt Then GoTo er
    '声明存储成绩排序后的序号的数组
    Dim sort(100) As Integer
    Dim numo As Integer

    '调用 Excel 内置的 Rank()函数获取排序序号
    For numo = 1 To nums
```

```vba
        sort(numo) = Application.WorksheetFunction. _
            Rank(CStr(scores(numo)), Selection)
    Next numo
    Dim list As String    '声明一个 list 来存储排序结果
    list = "排序结果如下:" & Chr(10)
    '循环输出排序后的结果
    Dim i As Integer
    For i = 1 To nums
        Dim temp As Integer
        temp = FindIndex(sort(), i)
        list = list + titles(temp) + ":" + CStr(scores(temp)) _
            + Chr(10)
    Next i
    '用对话框将结果显示出来
    MsgBox list
    Exit Sub
er: '错误处理代码
    MsgBox "选择区域不能进行排序"
End Sub


'用于查找指定内容在数组中序号的函数
Function FindIndex(sort() As Integer, aim As Integer) As Integer
    '声明循环变量并初始化
    Dim index As Integer
    index = 0
    '在数组中查找
    For Each one In sort()
        '如果找到相同项目则返回其序号
        If one = aim Then
            FindIndex = index
            Exit Function
        Else
            index = index + 1
        End If
    Next one
    '如果没有找到则返回 0
    FindIndex = 0
End Function


'从用户选择区域获取销售额数组的函数
Sub GetScores(scores() As Single, nums As Integer)
    '将循环变量初始化
    nums = 1
```

```
    For Each one In Selection
        '将内容输入对应数组位置
        If one.Value <> "" Then
            scores(nums) = CSng(one.Value)
            nums = nums + 1
        End If
    Next one

    '修正数组项目数
    nums = nums - 1
End Sub


'从指定区域获取标题数组的函数
Sub GetTitles(titles() As String, numt As Integer)
    '与 GetScores()函数类似
    numt = 1

    '指定区域为"B2：G2"单元格,如果不是在这个单元格范围内,会报错
    For Each one In Range("B2：G2")
        titles(numt) = CStr(one.Value)
        numt = numt + 1
    Next one
    numt = numt - 1
End Sub
```

步骤3:按照前面的方法创建一个按钮,将宏"成绩排序"指定到一个按钮上,如图9-22
所示。

图9-22 将"成绩排序"宏指定到一个按钮上去

步骤 4：任意选中一行中第二列到第七列中的成绩，如 B4 到 G4，单击按钮，出现按降序排列成绩的对话框，如图 9-23 所示。

图 9-23　排序结果

9.3　宏安全性

9.3.1　宏安全性设置

VBA 宏中可能包含一些潜在的病毒，也就是"宏病毒"，为了保证 VBA 的安全，就要设置其安全性。在 Office 中要与他人共享宏，则可以通过数字签名来验证，以保证 VBA 宏的可靠来源。

在打开包含 VBA 宏的文档时，都可以先验证 VBA 宏的来源，再启用宏。下面介绍设置 VBA 安全性的具体操作步骤。

单击"文件"→"选项"→选择"信任中心"选项卡→单击"信任中心设置"→选择"宏设置"选项卡，或者选择"开发工具"选项卡→"代码"任务组→"宏安全性"，进入宏的安全性设置，如图 9-24 所示。

在"安全级"选项卡中有 4 个单选按钮。

- 禁用所有宏，并且不通知

选中该选项，文档中所有宏及其有关的安全警报将全部禁用，该选项的安全级别是最高的。

- 禁用所有宏，并发出通知

选中该选项，宏的运行将被禁止，此时用户可以根据需要，选择是否启用宏。

- 禁用无数字签署的所有宏

选中该选项，当宏是由发行者进行数字签名后的，如果是受信任的发行者，则宏可以直接运行，否则将发出安全警报。

图 9-24 "安全性"设置对话框

• 启用所有宏

选中该选项,所以宏都将可以运行。

默认情况下,"安全级"设置为"禁用所有宏,并发出通知"。这里将其设置为"禁用无数字签署的所有宏",然后单击"确定"即可,然后重新启动程序才能使安全级别更改生效。

9.3.2　宏病毒

(1)宏病毒定义

宏病毒就是利用 VBA 进行编写的一些宏,这些宏可以自动运行,干扰用户工作,轻则降低工作效率,重则破坏文件,使用户遭受巨大损失。

(2)宏病毒特点

• 传播快

宏病毒成为传播最快的病毒,其原因有三个:①现在用户几乎对可执行文件病毒和引导区病毒已经有了比较一致的认识,对这些病毒的防治都有一定的经验,许多公司、企业对可执行文件和磁盘的交换都有严格的规定。但对宏病毒的危害还没有足够的认识,而现在主要的工作就是交换数字文件,因此使宏病毒得到迅速传播。②现在的查病毒、防病毒软件主要是针对可执行文件和磁盘引导区设计的,一般都假定数据文件中不会存在病毒,而人们相信查病毒软件的结论,从而使隐藏在数据文件中的病毒成为漏网之鱼。③Internet普及以及各种网络通讯软件的大量应用使病毒的传播速度大大加快。

- 制作和变种方便

目前宏病毒原型已有很多,并在不断增加中。只要修改宏病毒中病毒激活条件和破解条件,就可以制造出一种新的宏病毒,甚至比原病毒的危害更加严重。

- 破坏性大

鉴于宏病毒用 VBA 语言编写,VBA 语言提供了许多系统及底层调用,如直接使用 Dos命令,调用 Windows API,调用 DDE 和 DDL 等。这些操作均可能对系统构成直接威胁,而Office 中的 Word、Excel 等软件在指令的安全性和完整性上的检测能力很弱,破坏系统的指令很容易被执行。

- 兼容性差

宏病毒在不同版本 Office 的 Word、Excel 中不能运行。

(3)宏病毒的预防

当打开一个含有可能携带病毒的宏文档时,系统将自动显示宏警告信息,这样就可选择打开文档时是否要包含宏。如果希望文档包含要用到的宏,打开文档时就包含宏。如果您并不希望在文档中包含宏,或者不了解文档的确切来源,例如,文档是作为电子邮件的附件收到的,或来自网络。在这种情况下,为了防止可能发生的病毒传染,打开文档过程中出现宏警告提示框时,最好单击"取消宏"按钮,以取消该文档允许宏。

9.4　习　题

1. 简述 VBA 宏的基本概念。

2. 列举一些 VBA 语言中的内部函数,并说明该函数的作用。

3. 如何使用 VBA 语言创建一个宏?

4. 修改 SpeakText 过程,使其能够朗读整个 Word 文档。

5. 修改"成绩排序"宏,使之将成绩降序排列。

6. 宏安全性的设置有什么意义,如何设置宏安全性?

7. 什么是宏病毒,有何特点?

8. 制作一个 Word 宏 MyFormat,使其能将一个 Word 文档中的中文文字设置成微软雅黑字体、5 号,英文字母设置成小写、5 号、Time New Roman 字体,数字设置成宋体、5 号、加粗。

9. 制作一个 Excel 宏 PriceSort,首先创建一个三列的表格,列名称依次是"单价"、"数量"和"总价",都是数字格式,在"单价"和"数量"分别输入至少三行的数值,写一个宏,不使用 Excel 自带的组件,将"单价"和"数量"的乘积填入"总价"栏中,同时使文档中的行按照"总价"从小到大的顺序排序。

办公软件高级应用技术考试大纲(2012)

基本要求

1. 掌握 Office2010 各组件的运行环境、视窗元素等。

2. 掌握 Word2010 的基础理论知识以及高级应用技术,能够熟练掌握长文档的排版(页面设置、样式设置、域的设置、文档修订等)。

3. 掌握 Excel2010 的基础理论知识以及高级应用技术,能够熟练操作工作簿、工作表、熟练地使用函数和公式,能够运用 Excel 内置工具进行数据分析、能够对外部数据进行导入导出等

4. 掌握 PowerPoint2010 的基础理论知识以及高级应用技术,能够熟练掌握模版、配色方案、幻灯片放映、多媒体效果和演示文稿的输出。

5. 了解 Office2010 的文档安全知识,能够利用 Office2010 的内置功能对文档进行保护。

6. 了解 Office2010 的宏知识、VBA 的相关理论,并能够简单应用 VBA。

考试范围

一、Word2010 高级应用

1. Word2010 页面设置

正确设置纸张、版心、视图、分栏、页眉页脚、掌握节的概念并能正确使用。

1)纸张大小。

2)版心的大小和位置。

3)页眉与页脚(大小位置、内容设置、页码设置)。

4)节的概念(节的起始页、奇偶页的页眉/页脚不同、自动编列行号)。

2. Word2010 样式设置

1)掌握样式的概念,能够熟练地创建样式、修改样式的格式,使用样式(样式涵盖的各

种格式、修改既有样式、新增段落样式、新增字符样式、内建样式)。

2)掌握模板的概念,能够熟练地建立、修改、使用、删除模板(模板的概念,各种设置的栖身规则、Word 内建模板、Normal.dot、全局模板、模板的管理)。

3)正确使用脚注、尾注、题注、交叉引用、索引和目录等引用。

(1)脚注(注及尾注概念、脚注引用及文本)。

(2)题注(题注样式、题注标签的新增、修改、题注和标签的关系)。

(3)交叉引用(引用类型、引用内容)。

(4)索引(索引相关概念、索引词条文件、自动化建索引或手动建索引)。

(5)目录(自动生成目录、手工添加目录项、目录的更新、图表目录的生成)。

3. Word 2010 域的设置

掌握域的概念,能按要求创建域、插入域、更新域。

1)域的概念。

2)域的插入及更新(插入域、更新域、显示或隐藏域代码)。

3)常用的一些域(Page 域[目前页次]、Section 域[目前节次]、NumPages 域[文档页数]、TOC 域[目录]、TC 域[目录项]、Index 域[索引]、StyleRef 域)。

4)StyleRef 域选项(域选项、域选项的含义、StyleRef 的应用)。

4. 文档修订

掌握批注、修订模式,审阅。

1)批注、修订的概念。

2)批注、修订的区别。

3)批注、修订使用。

4)审阅的使用。

二、Excel2010 高级应用

1. 工作表的使用

1)能够正确地分割窗口、冻结窗口,使用监视窗口。

2)深刻理解样式、模板概念,能新建、修改、应用样式,并从其他工作薄中合并样式,能创建并使用模板,并应用模板控制样式。

3)使用样式格式化工作表。

2. 单元格的使用

1)单元格的格式化操作。

2)创建自定义下拉列表。

3)名称的创建和使用。

3. 函数和公式的使用

1)掌握函数的基本概念。

2)熟练掌握 Excel 内建函数(统计函数、逻辑函数、数据库函数、查找与引用函数、日期与时间函数、财务函数等),并能利用这些函数对文档数据进行统计、分析、处理。

3)掌握公式和数组公式的概念，并能熟练掌握对公式和数组公式的使用（添加，修改，删除）。

4.数据分析

1)掌握 Excel 表格的概念，能设计表格，使用记录单，利用自动筛选、高级筛选以及数据库函数来筛选数据列表，能排序数据列表，创建分类汇总。

2)了解数据透视表和数据透视图的概念，并能创建数据透视表和数据透视图，在数据透视表中创建计算字段或计算项目，并能组合数据透视表中的项目。

3)使用切片器对数据透视表进行筛选，使用迷你图对数据进行图形化显示。

5.外部数据导入与导出

与数据库、XML 和文本的导入与导出。

三、PowerPoint2010 高级应用

1.模板与配色方案的使用

1)掌握设计模板的使用，并能运用多重设计模板。

2)掌握使用、创建、修改、删除配色方案，包括以下颜色的设置（背景颜色、文本与线条颜色、阴影颜色、标题文本颜色、填充颜色、强调颜色、强调文字与超链接、强调文字与已访问的超链接等）。

2.母板的使用

掌握标题母板、幻灯片母板的编辑并使用（母板字体设置、日期区设置、页码区设置）。

3.幻灯片动画设置

自定义动画的设置、动画延时设置、幻灯片切换效果设置、切换速度设置、自动切换与鼠标单击切换设置、动作按钮的使用。

4.幻灯片放映

幻灯片隐藏、实现循环播放。

5.演示文稿输出

掌握将演示文稿发布成 WEB 页的方法、掌握将演示文稿打包成 CD 的方法。

四、Outlook2010 邮件与事务日程管理软件

1.邮件与帐户管理

1)创建邮件帐户（IMAP 或 POP3）并管理 outlook 数据文件（创建和删除邮件文件夹、更改数据文件设置、在文件夹中移动邮件、设置自动存档、清空已删除和已发送文件夹)等。

2)配置电子邮件的安全设置、发送设置、附件存档、敏感度和重要性等。

3)选择帐户创建邮件并进行日历传递、会议邀请和答复、跟踪、标记、意见征询投票等操作设置。

4)使用默认或创建"快速步骤"，一键实现经常进行的多步操作。

5)创建搜索文件夹，用来快速搜索某个数据文件中的所有指定的邮件。

6)创建规则管理邮件,将所有接收和发送的邮件自动完成符合预先设置规则的操作(设置移动邮件规则、设置分类邮件规则、设置转发邮件规则、设置删除邮件规则)。

2.管理日程与计划时间

1)自定义日历设置、设定每周工作日、显示多个时区、更改时区、向日历内添加预设假期、与其他人共享日程、查看其他日程、个人忙或闲设定、日历提醒设置等。

2)查看他人的日历、以重叠模式查看多个日历等。

3)发送会议请求、发送强制会议要求、发送可选会议要求、查看与会者忙闲状态、追踪会议要求的回复、安排会议资源、建议或拒绝和响应会议要求、建议更改会议时间、增加与会者、修改周期性会议请求、只向新与会者发送会议更新、取消会议电脑等。

4)从邮件中创建约会或会议和事件、从任务中创建约会或会议和事件、对约会或会议和事件进行标记等。

3.管理任务

1)创建周期性任务、从邮件创建任务、设置任务的状态、优先性和完成百分比、标记任务、任务提醒设置等。

2)创建或修改和标记为已完成任务、接受或拒绝或转让或更新和回应任务、向他人指派任务等。

3)管理联系人和个人联系信息。

4)从邮件头创建联系人、从电子名片创建联系人、将接收到的联系人记录保存为联系人、修改联系人信息等。

5)编辑和使用电子名片、向他人发送电子名片、将电子名片设置为签名等。

6)建立和修改通讯组列表、为联系人添加二级通讯簿、从文件中导入二级通讯簿等。

4.组织与管理信息

1)通过色彩来分类 outlook 2010 中的各项目(标记邮件、约会、会议、联系人和任务)、按照颜色排序 Outlook 条目等。

2)搜索功能定位 outlook 2010 中的项目使用(查找全部邮件文件夹、搜寻关于某个人的信息、搜寻任务或联系人)等。

3)邮件视图设置(显示、隐藏和移动阅读窗格、自定义 Outlook、显示或隐藏或最小化待办事项栏、自定义待办事项栏等)。

4)创建和管理 outlook 2010 资料文件、导入或导出数据文件等。

五、Office 公共组件的使用

1.安全设置

Word 文档的保护,Excel 中的工作薄、工作表、单元格的保护,演示文稿安全设置:正确设置演示文稿的打开权限、修改权限密码。

1)文档安全权限设置。

2)Word 文档保护机制:格式设置限制、编辑限制。

3)Word 文档窗体保护:分节保护、复选框窗体保护、文字型窗体域、下拉型窗体域。

4)Excel 工作表保护:工作薄保护、工作表保护、单元格保护、文档安全性设置、防打开设置、防修改设置、防泄私设置、防篡改设置。

2.宏的使用

1）宏概念。

2）宏的制作及应用。

3）宏与文档及模板的关系（与文档及模板关系、宏的存储位置管理）。

4）VBA 的概念（VBA 语法基础、Word 对象及模型概念、常用的一些 Word 对象）。

5）宏安全（宏病毒概念、宏安全性设置）。

参考文献

［1］［美］泰森著. Word 2007 宝典. 社杜玲,孙文磊,胡志勇译. 北京:人民邮电出版社,2008.

［2］徐小青,王淳灏编著. Word 2010 入门与实例教程. 北京:电子工业出版社,2011.

［3］王定,李雪等. 精通 Office 商务应用. 北京:清华大学出版社,2005.

［4］［美］Loren Abdulezer 著. Excel 求生指南. 王安鹏译. 北京:人民邮电出版社,2007.

［5］李东博编著. Excel 2010 函数、图表与数据分析超级技巧. 北京:电子工业出版社,2011.